近三十年我国典型易灾地区生态格局演变研究

王业耀　何立环　马广文◎等著

STUDY ON THE EVOLUTION OF ECOLOGICAL
PATTERNS IN TYPICAL DISASTER-PRONE AREAS
OF CHINA IN THE PAST 30 YEARS

U0235725

中国环境出版集团·北京

图书在版编目（CIP）数据

近三十年我国典型易灾地区生态格局演变研究 / 王业耀等著 .
—北京：中国环境出版集团，2018.12
ISBN 978-7-5111-3373-1

Ⅰ.①近…　Ⅱ.①王…　Ⅲ.①生态环境—地区演变—研究—中国
Ⅳ.① X83

中国版本图书馆 CIP 数据核字（2018）第 297360 号

出 版 人　武德凯
责任编辑　曲　婷
责任校对　任　丽
封面设计　艺友品牌

出版发行　中国环境出版集团
　　　　　（100062　北京市东城区广渠门内大街 16 号）

　　　　　网　　　址：http：//www.cesp.com.cn
　　　　　电子邮箱：bjg1@cesp.com.cn
　　　　　联系电话：010-67112765（编辑管理部）
　　　　　　　　　　010-67112736 第五图书出版中心
　　　　　发行热线：010-67125803，010-67113405（传真）
印　　刷　北京中科印刷有限公司
经　　销　各地新华书店
版　　次　2018 年 12 月第 1 版
印　　次　2018 年 12 月第 1 次印刷
开　　本　787×1092　1/16
印　　张　33.5
字　　数　600 千字
定　　价　140.00 元

中国环境出版集团郑重承诺：
中国环境出版集团合作的印刷单位、材料单位均具有中国环境标志产品认证；
中国环境出版集团所有图书"禁塑"。

编委会

主　编：王业耀　　何立环　　马广文

副主编：李宝林　　李晓红　　胡　梅　　郑洪萍　　张秋劲
　　　　　董贵华

编　委：（以姓氏笔画为序）

山洪地质灾害的发生与陆地水文循环有着密切的关系。大气降水、地表径流、蒸发蒸腾、入渗和地下径流等陆地水循环过程，以及风化剥蚀、重力作用、人类活动等外在动力构成了山洪地质灾害的诱发因素。狭义的山洪一般仅指溪河洪水，有学者将泥石流归于一种特殊的山洪。此外，我国防汛部门出于行政管理的需要，将山洪灾害分为溪河洪水灾害以及由其引发的滑坡、泥石流灾害三类。在适当的地形条件下，大量的水体浸透流水山坡或沟床中的固体堆积物质，使其稳定性降低，饱含水分的固体堆积物质在自身重力作用下发生运动，就形成了泥石流。山洪和泥石流是山区小流域水土物质快速输移过程，破坏力强，往往造成毁灭性灾害。山洪和泥石流广泛发育约占中国陆地面积2/3的山地，频繁成灾，损失巨大，严重威胁广大山区人民生命财产和重大工程安全，制约社会经济发展。根据国家防洪抗旱总指挥部统计，中国2 058个县（区、市）有山洪和泥石流分布，分布区面积达487万 km^2，受威胁人口达到5.7亿人。山洪和泥石流灾情表明，预防和减轻山洪泥石流是国家减灾战略的重要部分。因此，研究易发生山洪和泥石流灾害地区（简称易灾地区）生态格局的动态变化对分析灾害和预警意义重大。

在对某一区域多年生态格局动态变化研究方面，徐新良等在多期遥感图像支持下，通过对生态系统类型进行辨识，获得了三江源地区生态系统类型空间分布数据集，并在此基础上分析了20世纪70年代中后期到2004年青海三江源地区生态系统格局和空间结构的动态变化。胡云锋等以中国北方干旱-半干旱草原的典型区锡林郭勒盟为研究区，建立了 1975—2009 年长时间序列生态系统宏观结构及其动态变化数据库，分析了区域生态系统空间分布格局、动态变化及驱动机制。在利用多源遥感影像研究生态格局研究方面，Xueyan Zhang 和 Terry L Sohl 等人利用 NDVI 数据集开展长时间序列、大空间尺度陆地生态系统植被健康和生长态势研究，或者是在一些局部地区开展一些短时间序列的土地分布格局及其变化研究。采用科学合理的理论和模型对土地资源进行分析，以此来合理地优化土地利用格局、提高生态安全系数和扩展生态系统服务价值领域越来越得到研究学者的青睐。选择的白龙江上游、岷江上游、赣江上游和闽江上游典型易灾区：在生态服务功能、灾害风险评价和区划等方面有一定的研究基础。分析其生态系统分布与格局及其时空变化特征，可为开展生态环境功能评估服务。

全书由马广文统稿，王业耀、何立环定稿。具体的分工如下：第 1 章由王业耀、马广文、王伟、于洋、孙聪、齐杨、姜永伟、史宇撰写完成；第 2 章由马广文、董贵华、王晓斐、孙聪、李文君、李嘉力撰写完成；第 3 章由何立环、李宝林、袁烨成、孙庆龄、张涛、王娟、颜长珍撰写完成；第 4 章由李晓红、程慧波、冯坤、葛晨、梁慧洁、陆泗进、问青春撰写完成；第 5 章由张秋劲、徐亮、周春兰、潘倩、尹晓东、许丽丽、王伟民撰写完成；第 6 章由胡梅、张起明、卢成芳、李丹、刘海江、赵晓军、彭福利撰写完成；第 7 章由郑洪萍、陈增文、陈文惠、张涌、丁永秀、刘海江、彭福利、明珠撰写完成。

由于作者水平有限，书中不妥之处在所难免，请读者不吝指正！

作　者

2017 年 6 月

目 录

第 1 章

概 述

GATSHI

1.1 目标

建立完善的土地覆被分类信息提取质量保障体系，利用卫星遥感数据结合地面核查，提取 1985 年、1990 年、1995 年、2000 年、2005 年、2010 年和 2013 年白龙江上游、岷江上游、赣江上游和闽江上游典型易灾地区土地覆被分类信息。掌握典型易灾地区不同生态系统类型在空间上的分布、配置、数量上的比例等状况，评价陆地生态系统类型、分布、比例与空间格局，分析各类型生态系统相互转化特征，分析白龙江上游、岷江上游、赣江上游和闽江上游等易灾地区生态系统分布与格局及其时空变化，揭示其过去 30 年生态环境格局变化的特点和规律，为白龙江上游、岷江上游、赣江上游和闽江上游等典型易灾地区生态环境功能评估提供技术支持。

1.2 内容

1.2.1 典型易灾地区土地覆被分类信息提取

进行地面土地覆被类型分类解译，是为提高土地覆被分类精度、分析生态环境状况变化情况提供基础数据。土地覆被类型地面核查，采用分层系统抽样方法布设样点和样线，获取土地覆被类型和相关自然地理特征信息，验证和修正遥感解译结果。

（1）卫星遥感数据收集处理

遥感卫星数据收集赣江上游、闽江上游、岷江上游和白龙江上游流域包括 1985 年、1990 年、1995 年、2000 年、2005 年、2010 年和 2013 年七期，以 Landsat TM/ETM 中分辨率卫星影像数据为主，数据有缺失的地区以同等分辨率同一时相的其他遥感影像数据作为补充。在对遥感数据进行土地覆被信息提取时要对影像的时相、云量、波段、噪声、变形、条带等进行检查，并对遥感数据进行处理，包括大气校正、正射校正和几何校正等。为规范中分辨率卫星遥感数据投影信息，将卫星遥感数据的地理投影参考定义为：①大地基准：2000 国家大地坐标系；②投影方式：采用 Albers 投影；③中央经线：110°；④原点纬度：10°；⑤标准纬线：北纬25°、北纬 47°；⑥高程基准：1985 年国家高程基准。

（2）土地覆被分类体系

满足典型易灾地区生态环境功能评估的需要，以生态系统为对象，考虑植被类型特征，建立典型易灾地区土地覆被分类体系。采用该土地覆被分类体系（一级为6 类，二级为 38 类），对遥感影像分类解译。土地覆被分类系统如表 1.2.1-1 所示。

表 1.2.1-1 典型易灾地区土地覆被分类体系及一级、二级分类系统

序号	一级分类	代码	二级分类	指标
1	林地	101	常绿阔叶林	自然或半自然植被, H=3~30 m, C>20%, 不落叶, 阔叶
		102	落叶阔叶林	自然或半自然植被, H=3~30 m, C>20%, 落叶, 阔叶
		103	常绿针叶林	自然或半自然植被, H=3~30 m, C>20%, 不落叶, 针叶
		104	落叶针叶林	自然或半自然植被, H=3~30 m, C>20%, 落叶, 针叶
		105	针阔混交林	自然或半自然植被, H=3~30 m, C>20%, 25%<F<75%
		106	常绿阔叶灌木林	自然或半自然植被, H=0.3~5 m, C>20%, 不落叶, 阔叶
		107	落叶阔叶灌木林	自然或半自然植被, H=0.3~5 m, C>20%, 落叶, 阔叶
		108	常绿针叶灌木林	自然或半自然植被, H=0.3~5 m, C>20%, 不落叶, 针叶
		109	乔木园地	人工植被, H=3~30 m, C>20%
		110	灌木园地	人工植被, H=0.3~5 m, C>20%
		111	乔木绿地	人工植被, 人工表面周围, H=3~30 m, C>20%
		112	灌木绿地	人工植被, 人工表面周围, H=0.3~5 m, C>20%
2	草地	21	草甸	自然或半自然植被, K>1.5, 土壤水饱和, H=0.03~3 m, C>20%
		22	草原	自然或半自然植被, K=0.9~1.5, H=0.03~3 m, C>20%
		23	草丛	自然或半自然植被, K>1.5, H=0.03~3 m, C>20%
		24	草本绿地	人工植被, 人工表面周围, H=0.03~3 m, C>20%
3	湿地	31	森林沼泽	自然或半自然植被, T>2 或湿土, H=3~30 m, C>20%
		32	灌丛沼泽	自然或半自然植被, T>2 或湿土, H=0.3~5 m, C>20%
		33	草本沼泽	自然或半自然植被, T>2 或湿土, H=0.03~3 m, C>20%
		34	湖泊	自然水面, 静止
		35	水库/坑塘	人工水面, 静止
		36	河流	自然水面, 流动
		37	运河/水渠	人工水面, 流动
4	耕地	41	水田	人工植被, 土地扰动, 水生作物, 收割过程
		42	旱地	人工植被, 土地扰动, 旱生作物, 收割过程

序号	一级分类	代码	二级分类	指标
5	人工表面	51	居住地	人工硬表面，居住建筑
		52	工业用地	人工硬表面，生产建筑
		53	交通用地	人工硬表面，线状特征
		54	采矿场	人工挖掘表面
6	其他	61	稀疏林	自然或半自然植被，H=3～30 m，C=4%～20%
		62	稀疏灌木林	自然或半自然植被，H=0.3～5 m，C=4%～20%
		63	稀疏草地	自然或半自然植被，H=0.03～3 m，C=4%～20%
		64	苔藓/地衣	自然，微生物覆盖
		65	裸岩	自然，坚硬表面
		66	裸土	自然，松散表面，壤质
		67	沙漠/沙地	自然，松散表面，沙质
		68	盐碱地	自然，松散表面，高盐分
		69	冰川/永久积雪	自然，水的固态

注：C：覆盖度/郁闭度（%）；F：针阔比率（%）；H：植被高度（m）；T：水一年覆盖时间（月）；K：湿润指数。

一级、二级类型定义如下：

1：林地：木本为主的植物群落。其郁闭度不低于 20%，高度在 0.3 m 以上。包括自然、半自然植被及集约化经营和管理的人工木本植被。

101：常绿阔叶林：双子叶、被子植物的乔木林，叶型扁平、较宽；一年中没有落叶或少量落叶时期的物候特征。乔木林中阔叶占乔木比例大于 75%，常绿阔叶林占阔叶林 50% 以上，高度在 3 m 以上。半自然林属于此类，该植被可以恢复到与达到其非干扰状态的物种组成、环境和生态过程无法辨别的程度，如绿化造林、用材林、城外的行道树等。

102：落叶阔叶林：双子叶、被子植被的乔木林，叶型扁平、较宽；一年中因气候不适应、有明显落叶时期的物候特征。乔木林中阔叶占乔木比例大于 75%，落叶阔叶林占阔叶林 50% 以上，高度在 3 m 以上，包括半自然林。

103：常绿针叶林：裸子植物的乔木林，具有典型的针状叶；一年中没有落叶或少量落叶时期的物候特征。乔木林中针叶占乔木比例大于 75%，常绿针叶林占针叶林 50% 以上，高度在 3m 以上，包括半自然林。

104：落叶针叶林：裸子植物的乔木林，具有典型的针状叶；一年中因气候不适应、有明显落叶时期的物候特征。乔木林中针叶占乔木比例大于 75%，落叶针叶林占针叶林 50% 以上，高度在 3 m 以上，包括半自然林。

105：针阔混交林：针叶林与阔叶林各自的比例分别在 25%~75%，高度在 3 m 以上，包括半自然林。

106：常绿阔叶灌木林：叶面保持绿色的被子灌木群落。具有持久稳固的木本的茎干，没有一个可确定的主干。生长的习性可以是直立的、伸展的或伏倒的。半自然灌木属于此类，该植被可以恢复到与达到其非干扰状态的物种组成、环境和生态过程无法辨别的程度。部分幼林属于此类（根据高度与盖度）。

107：落叶阔叶灌木林：叶面有落叶特征的被子灌木群落。一年中因气候不适应、有明显落叶时期的物候特征，包括半自然灌木，也包括部分幼林（根据高度与盖度）。

108：常绿针叶灌木林：叶面保持绿色的裸子灌木群落。具有典型的针状叶，包括半自然灌木，也包括部分幼林（根据高度与盖度）。

109：乔木园地：指种植以采集果、叶、根、干、茎、汁等为主的集约经营的多年乔木植被的土地。包括果园、桑树、橡胶、乔木苗圃等园地。高度在 3 m 以上。

110：灌木园地：指种植以采集果、叶、根、干、茎、汁等为主的集约经营的多年生灌木、木质藤本植被的土地。包括茶园、灌木苗圃、葡萄园等。高度在 0.3~5 m。

111：乔木绿地：分布居住区内的人工栽培的乔木林，包括郊外人工栽培的休闲地，不包括城镇内自然形成的、人为扰动少的乔木林。

112：灌木绿地：分布居住区内的人工栽培的灌木林、乔木与草地混合绿地，包括郊外人工栽培的休闲地，不包括城镇内自然形成的、人为扰动少的灌木林。

2：草地：一年或多年生的草本植被为主的植物群落，茎多汁、较柔软，在气候不适应季节，地面植被全部死亡。草地覆盖度大于 20% 以上，高度在 3 m 以下。乔木林和灌木林的覆盖度分别在 20% 以下。包括人类对草原保护、放牧、收割等管理状态的土地。

21：草甸：生长在低温、中度湿润条件下的多年生草本植被，属中生植物，也包括旱中生植物，属非地带性植被。

22：草原：温带半干旱气候下的有旱生草本植物组成的植被，植被类型单一。属地带性植被，分布于我国北方、青藏高原地区。

23：草丛：中生和旱生多年草本植物群落。属地带性植被，多分布于我国东部、南方地区。

24：草本绿地：居住区内的人工栽培的草地，包括郊外人工栽培的休闲地、运动场地。

3：湿地：一年中水面覆盖在植被区超过 2 个月或长期在饱和水状态下、在非植被区超过 1 个月的表面。包括：人工的、自然的表面；永久性的、季节性的水面；植被覆盖与非植被覆盖的表面。

31：森林沼泽：乔木植物为主的湿地。乔木郁闭度不低于 20%。

32：灌丛沼泽：灌木植物为主的湿地。灌木覆盖度不低于 20%。

33：草本沼泽：以喜湿苔草及禾本科植物占优势、多年生植物。植被覆盖度不低于 20%。

34：湖泊：天然、相对静止的水面。

35：水库 / 坑塘：人工建造的静止水面，包括鱼塘、盐场。

36：河流：天然流动、线状水面。包括一年洪水位以下的滩地，不包括干旱区径流时间很短的干河谷。

37：运河 / 水渠：人工建造的、大于 30 m 宽的流动的、线状水面。

4：耕地：人工种植草本植物，一年内至少播种一次，以收获为目的、有耕犁活动的植被覆盖表面。

41：水田：有水源保证和灌溉设施，筑有田埂（坎），可以蓄水，一般年份能正常灌溉，用以种植水稻或水生作物的耕地，包括莲藕等。在多类作物轮作中，只要有一季节为水稻或水生作物，则视为水田。

42：旱地：种植旱季作物的耕地，包括有固定灌溉设施与灌溉设施的耕。包括种植旱生作物、菜地、药材、草本果园（如西瓜）等土地，也包括人工种植和经营的饲料、草皮等土地，不包括草原上的割草地。

5：人工表面：人工建造的陆地表面，用于城乡居民点、工矿、交通等，不包括期间的水面和植被。由于人工表面常与绿地交叉，在制图单元内，人工表面占到 50% 以上面积属于该类。

51：居住地：城市、镇、村等聚居区。

52：工业用地：独立于城镇居住区外的或主体为工业和服务功能的区域，包括独立工厂、大型工业园区、服务设施。

53：交通用地：宽度大于 30 m 的道路，不包括相应站场用地（机场、车站）和防护林带。

54：采矿场：土地覆被、岩石或土质的物质被人类的活动或机械被搬离后的状态，包括采石、河流采沙、采矿、采油等。其包括大型露天垃圾填埋场，不包括垃圾处理厂、采矿场附近的矿石 / 石料加工厂，也不包括废弃的采矿 / 石场地。

6：其他：一年最大植被覆盖度小于 20% 的地表、冰雪。

61：稀疏林：植被覆盖度为 4% ~20% 森林，其中灌木、草地的覆盖度分别小于 20%。

62：稀疏灌木林：植被覆盖度为 4%~20% 灌木林，其中草地的覆盖度小于 20%。

63：稀疏草地：植被覆盖度为 4%~20% 草地。包括干旱区一年中曾经返青过、后来又枯死的草地。

64：苔藓 / 地衣：地衣是真菌类和藻类的联合共生形成的复合生物体，出现并包裹在岩石、树干等的外面；苔藓是一类没有真正的叶、茎或根的光合自养的陆地植物，但有类茎和类叶的器官。出现在极端恶劣海拔高或纬度高的环境条件下。苔藓 / 地衣的覆盖度大于 25% 时属于该类型。

65：裸岩：地表覆盖为硬质的岩石、砾石覆盖的表面（以铁锹不能撬动为准），植被覆盖度小于 4% 的土地，包括废弃的采石、采矿场。

66：裸土：地表被土层覆盖、结构松散、植被覆盖度小于 4% 的土壤，土壤允许一定量的沙粒、砾石成分，大部分戈壁属于该类。

67：沙漠 / 沙地：地面完全被松散沙粒所覆盖、植被覆盖度小于 4% 的土地。

68：盐碱地：地表盐碱聚集、植被覆盖度小于 4%、只能生长强耐盐植物的土地。

69：冰川 / 永久积雪：表层由冰、雪永久覆盖、植被覆盖度小于 4% 的土地。

（3）土地覆被分类信息提取

采用决策树分析方法，通过采用人工与自动相结合的方式，对于光谱划分机理清楚的类型采用人工建树方法，对于类型的光谱变化比较大、规律不清楚的类型采用自动方法（最邻近方法）。其中土地覆被分类精度：行政区划到县级行政单位，编码执行《中华人民共和国行政区划代码》（GB/T 2260—2002）。利用 1∶100 000 地形图行政边界数字化；数据的交换格式执行《地球空间数据交换格式》（GB/T 17798—1999）。易灾地区土地覆被信息提取的总体精度 >85%，一级分类 >90%，二级分类 >80%，三级分类 >75%。单类别的最低精度 >65%；变化检测的总体精度大于 72%，单类别的最低精度 >42%；通过地面核查提高土地覆被分类精度，为分析生态环境状况变化情况提供基础数据。

1.2.2 典型易灾地区生态环境格局变化分析

综合遥感解译地面核查、生态定位研究、环境监测、社会经济统计数据，全面分析典型易灾地区生态系统分布与格局时空变化，揭示其生态环境质量基本状况，掌握典型易灾地区过去 30 年间生态环境格局变化的特点和规律。分别从生态系统一级类型和二级类型，以 2013 年土地覆被数据为基础，分析与评价易灾地区生态系统类型和空间分布特征；以 1985 年、1990 年、2000 年、2010 年和 2013 年土地覆被数据为基础，分析与评价典型易灾地区生态系统类型和空间分布与变化趋势；建立典型易灾地区生态系统类型转移矩阵，分析与评价生态系统类型转换特征。

1.3 技术路线

以 Landsat TM/ETM 中分辨率卫星影像数据为主，包括 1985 年、1990 年、1995 年、2000 年、2005 年、2010 年和 2013 年 7 期，范围为赣江上游、闽江上游、岷江上游和白龙江上游。根据典型易灾地区土地覆被分类体系，提取这 7 期典型易灾地区各种生态系统类型空间分布信息，通过面积单元统计、动态度计算、转移矩阵和景观格局指数等指标和方法，得到生态系统类型与空间分布、各类生态系统构成以及生态系统格局。分析典型易灾地区生态系统类型空间分布与变化、生态系统类型转换时空变化特征、生态系统内部结构特征及其变化、生态系统景观格局特征。技术路线见图 1.3.1-1。

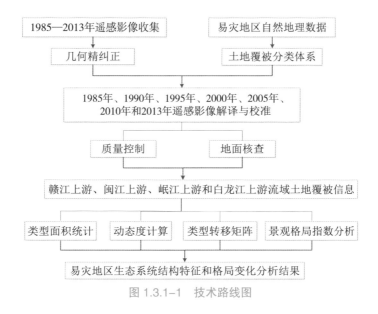

图 1.3.1-1 技术路线图

第 2 章

土地覆被信息提取质量控制

2.1　质量保证体系

2.1.1　管理体系

成立技术研究组和指导组,设置组长作为负责人,明确任务分工,切实履行职责,对各个技术环节都提出具体质量控制要求,做到对各技术环节层层把关,保证数据质量。工作人员需有一定的专业基础和求真务实负责任的工作态度,遥感影像获取、图像处理、土地利用 / 覆被解译以及野外地面核查等各个环节都执行质量控制要求。

(1)制定实施原则

本着求真务实、科学客观的态度,以收集、整理各有关行业部门已有的数据资料及研究成果为主,同时适当地补充一些必要的核查数据,并在此基础上进行综合性总结分析,确保真实性、客观性、科学性和实用性。

(2)建立组长责任制

研究组实行组长负责制。组长全面负责工作的实施,总体把握所在研究组的各项研究和工作事宜,确保各环节工作、报告编写工作均能够及时、准确、高效完成。

(3)设立咨询顾问组

根据研究工作需要聘请有关专家组成专题指导组,即咨询顾问组,参加对研究进度、工作质量、阶段成果等检查和审查,以此考核、监督并促进总体进度和研究工作成效。

2.1.2　质量控制体系

为了确保易灾地区土地覆盖分类信息提取数据质量,质量控制体系包括五个环节,具体如下:原始影像数据质量控制、几何纠正过程中的质量控制、解译过程中的质量控制、地面核查过程中的质量控制、解译准确率质量检查与控制。

根据质控体系要求对解译数据实行过程检查和最终检查,建立自检、互检、复检的三级成果检查验收制度。自检由各个作业人员负责完成,针对数据获取、处理等任务,除按照相关的技术规范严格执行外,还要对处理结果进行自检,自检覆盖率必须 100%,不合格数据产品重新返工;互检由各个作业人员互相之间对数据处理等结果进行交叉互检,互检覆盖率为 100%,对疑问或存在的问题数据反馈给数据处理人员,进行修改;复检指定专人对全部成果数据进行汇总与质量检查,并形成整改要求。

（1）遥感影像处理要求

影像处理过程中，要求工作人员严格按照技术规范进行操作，确保影像几何配准全部达到技术参数要求，影像几何纠正满足实施方案的精度要求。

（2）遥感影像解译要求

在影像解译之前进行严格的技术培训，使工作人员熟练掌握软件操作，深入领会影像特征与信息提取规则，并通过标准影像分类考核，统一规范工作人员理解影像特征和运用规则的尺度；影像解译过程中，通过选择有代表性的地物类型，建立遥感影像野外标志数据库，强化影像判读和运用规则的能力；要求参与影像解译的人员全部参加地面核查工作，通过沿途观察和核查点的重点观察、分析与记录，根据流域内自然分异、人类活动特征以及信息提取过程中遇到的问题、地面核查修正判读过程中出现的误判，检验遥感判读的正确率，并对判读数据进行室内修正。通过全过程质量控制，确保分类结果达到精度要求。

（3）地面核查数据要求

在地面覆盖核查前进行培训，利用植物志、照片、实物等材料训练核查人员识别植物的能力；通过野外实训培训设计路线、野外定位、土地覆盖类型识别等能力；按照地面核查技术方案训练车载 GPS 路线跟踪、手持 GPS 点位查找、野外记录、拍照等技术规范，确保获得描述实地生态功能和生态问题的野外记录表、景物照片、类型描述等资料满足室内应用要求。

（4）各环节严格质量检查

设立专门的质量检查员，在工作的各环节进行质量检查，保证工作人员严格按照生态遥感监测各环节的技术要求进行操作，保证数据的精确度。

2.2 数据处理质量控制

2.2.1 遥感数据选取

遥感卫星数据包括 1985 年、1990 年、1995 年、2000 年、2005 年、2010 年和 2013 年 7 期，以美国陆地资源卫星 Landsat TM/ETM 中分辨率卫星影像数据为主，数据有缺失的地区以同等分辨率相邻年份遥感影像数据作为补充。

（1）白龙江上游流域

白龙江上游流域共 6 个县（市、区），7 期遥感影像中前 6 期以美国陆地资源卫星 Landsat TM/ETM/MSS 中分辨率卫星影像数据为主，数据有缺失的地区以同等分辨率相邻年份遥感影像数据作为补充。其他数据以 Landsat TM/ETM 中分辨率卫星影像数据为主，资源三号和高分一号中高分辨率影像作为辅助。Landsat TM/ETM/MSS 影像为每期 4 景（1990 年为 5 景），2013 年资源三号和高分一号中高分辨率影像 17 景，共 50 景影像，见表 2.2.1-1。

表 2.2.1-1　白龙江上游流域遥感影像时相和行列号情况

年份	卫星传感器	空间分辨率 /m	时相	行列号	备注
1985 年	Landsat4-MSS	60	1976 年 4 月	139037	4 景
			1975 年 6 月	139037	
			1975 年 5 月	140036	
			1975 年 10 月	140037	
1990 年	Landsat-5 和 Landsat-4	30	1992 年 9 月	129037	5 景
			1993 年 8 月	130036	
			1992 年 11 月	130037	
			1994 年 6 月		
			1990 年 7 月	131036	
1995 年	Landsat-5	30	1996 年 7 月	129037	4 景
			1996 年 8 月	130036	
			1994 年 6 月	130037	
			1994 年 8 月	131036	
2000 年	Landsat-7	30	2001 年 8 月	129037	4 景
			1999 年 7 月	130036	
			2002 年 8 月	130037	
			2000 年 8 月	131036	
2005 年	Landsat-7	30	2006 年 5 月	129037	4 景
			2006 年 10 月	130036	
			2006 年 9 月	130037	
			2006 年 8 月	131036	
2010 年	Landsat TM-7	30	2009 年 6 月	129037	4 景
			2009 年 8 月	130036	
			2009 年 8 月	130037	
			2009 年 7 月	131036	
2013 年	Landsat8 OLI	30	2013 年 5 月	129037	4 景
			2013 年 10 月	130036	
			2013 年 7 月	130037	
			2013 年 8 月	131036	

年份	卫星传感器	空间分辨率/m	时相	行列号	备注
2013年	高分一号PMS	8（融合2）	2013年8月8日	E104.3、N34.1	17景
			2013年8月12日	E103.7、N33.6	
				E103.8、N33.9	
				E103.9、N34.2	
				E104.0、N33.2	
				E104.1、N33.5	
				E104.2、N33.8	
			2013年9月29日	E104.7、N33.6	
			2013年11月29日	E103.0、N34.1	
				E103.3、N33.8	
			2013年12月7日	E104.5、N33.0	
				E104.9、N33.0	
				E105.0、N33.2	
			2013年12月27日	E105.1、N32.8	
				E105.2、N33.0	
			2013年12月31日	E105.5、N32.8	
				E105.6、N33.0	
	资源三号MUX	5.8	2013年12月23日	E114.4、N24.7	12景
				E114.6、N25.5	
				E114.6、N25.9	
			2013年3月8日	E114.7、N25.1	
			2013年12月28日	E114.9、N24.7	
				E115.6、N24.7	
				E115.7、N25.1	
				E115.8、N25.5	
			2013年11月9日	E115.9、N25.9	
				E116.0、N26.3	
				E116.1、N26.7	
				E116.1、N27.1	

（2）岷江上游流域

为确保影像的质量，这七期遥感影像数据在时相、单景影像云量、单景影像噪音以及影像变形情况等方面的选取均符合项目的质量要求：采用影像的时相为监测年 6—9 月份，或者是 11 月、12 月份，个别影像选用的是 3 月份；有些年份的影像由于很难获取，因此选用监测年相邻年份的影像来代替。单景影像云量和噪音均小于 10%；影像无严重变形情况。岷江上游流域所使用的遥感影像数据情况见表 2.2.1-2。

表 2.2.1-2　岷江上游流域遥感影像时相和行列号情况

年份	卫星传感器	空间分辨率 /m	时相	行列号	备注
1985 年	Landsat4-MSS	30	1987 年 7 月 25 日	130039	2 景
		80	1986 年	不详	
1990 年	Landsat-5 和 Landsat-4	30	1990 年 12 月 8 日	130037	3 景
			1990 年 12 月 8 日	130038	
			1991 年 7 月 20 日	130039	
1995 年	Landsat-5	30	1994 年	130037	3 景
			1994 年	130038	
			1994 年	130039	
2000 年	Landsat-7	30	2002 年 7 月 10 日	130037	3 景
			1999 年 12 月 9 日	130038	
			1999 年 12 月 9 日	130039	
2005 年	Landsat-7	30	2007 年 9 月 18 日	130037	3 景
			2007 年 9 月 18 日	130038	
			2007 年 9 月 18 日	130039	
2010 年	HJ–1A	30	2011 年 6 月 27 日	130037	4 景
			2011 年 6 月 27 日	130038（上）	
			2010 年 3 月 20 日	130038（下）	
			2010 年 3 月 20 日	130039	
2013 年	Landsat 8	15	2013 年 12 月 7 日	130037	3 景
			2013 年 12 月 7 日	130038	
			2013 年 12 月 7 日	130039	

影像几何校正精度也全部达到技术参数要求：卫星遥感数据的地理投影完全按照技术要求；控制点的选取及分布也达到几何校正的技术要求；点位中误差（影像分辨率）平原和丘陵≤ 2 倍、山地≤ 3 倍。在镶嵌后的影像中同一地物类型色彩基本统一、无模糊现象，边界清晰、无明显错位。

（3）赣江上游流域

赣江上游流域由于 1985 年影像缺失，主要以 1987 年影像作为替代，2013 年以 Landsat TM/ETM 中分辨率卫星影像数据为主，资源三号和高分一号中高分辨率影像作为辅助。Landsat TM/ETM 影像为每期 4 景（1995 年为 5 景），2013 年资源三号和高分一号中高分辨率影像 34 景，共 63 景影像，见表 2.2.1-3。

表 2.2.1-3　赣江上游流域遥感影像时相和行列号情况

年份	卫星传感器	空间分辨率 /m	时相	行列号	备注
1985 年	Landsat5–TM	30	1987 年 12 月	121042	4 景
			1986 年 7 月	122042	
			1987 年 12 月	121043	
			1986 年 11 月	122043	
1990 年	Landsat–5 和 Landsat–4	30	1989 年	121042	4 景
			1988 年	122042	
			1990 年	121043	
			1990 年	122043	
1995 年	Landsat–5	30	1995 年	121042	2 景
			1995 年	122042	3 景
			1995 年	121043	
			1995 年	122043	
2000 年	Landsat–7	30	1999 年 12 月	121042	4 景
			2001 年 11 月	122042	
			1999 年 12 月	121043	
			2000 年 9 月	122043	
2005 年	Landsat–7	30	2006 年 11 月	121042	4 景
			2007 年 1 月	122042	
			2006 年 12 月	121043	
			2006 年 9 月	122043	

年份	卫星传感器	空间分辨率 /m	时相	行列号	备注
2010 年	Landsat TM–7	30	2010 年 1 月	121042	4 景
			2010 年 3 月	122042	
			2010 年 3 月	121043	
			2010 年 3 月	122043	
2013 年	Landsat8 OLI	30	2013 年 10 月	121042	4 景
			2013 年 11 月	122042	
			2013 年 10 月	121043	
			2013 年 11 月	122043	
	高分一号 PMS	8（融合 2）	2013 年 12 月 25 日	E114.1、N25.2	22 景
			2013 年 12 月 25 日	E114.2、N25.5	
				E114.2、N25.8	
				E114.3、N26.1	
			2013 年 12 月 21 日	E115.1、N24.7	
				E115.5、N25.2	
				E115.2、N25.2	
				E115.6、N25.4	
				E115.3、N25.5	
			2013 年 10 月 5 日	E116.5、N26.1	
				E116.6、N26.4	
				E116.7、N26.6	
				E113.8、N25.4	
				E113.9、N25.7	
				E113.9、N26.0	
	高分一号 PMS	8（融合 2）	2013 年 12 月 9 日	E115.3、N24.6	22 景
				E115.4、N24.9	
				E115.1、N25.0	
			2013 年 12 月 29 日	E116.1、N25.7	
				E116.2、N26.0	
				E116.2、N26.3	
				E116.3、N26.6	

续表

年份	卫星传感器	空间分辨率/m	时相	行列号	备注
2013 年	资源三号 MUX	5.8	2013 年 12 月 23 日	E114.4、N24.7	12 景
				E114.6、N25.5	
				E114.6、N25.9	
			2013 年 3 月 8 日	E114.7、N25.1	
			2013 年 12 月 28 日	E114.9、N24.7	
	资源三号 MUX	5.8	2013 年 11 月 9 日	E115.6、N24.7	12 景
				E115.7、N25.1	
				E115.8、N25.5	
				E115.9、N25.9	
				E116.0、N26.3	
				E116.1、N26.7	
				E116.1、N27.1	

对影像数据质量控制，在对遥感数据进行土地覆盖信息提取时特别加强对影像的时相、云量、波段、变形、条带等检查，以成像时间相同或相近、云量少的影像为首选。在影像时相方面，考虑气象条件和本区域土地覆盖特点，以秋冬季影像为主。云量方面选择单景平均云量小于 10% 的影像，受干扰影响比较小的不易发生变化的区域，少量选取；受干扰影响比较大易发生变化的区域要求没有云覆盖。噪音方面，单景影像噪音面积小于 10%。变形、条带方面，在拍摄过程中可能受到传感器拍摄角度、旋转速度、地面接收等的影响，致使影像变形、有条带，情况严重者，不符合质量要求的不采用。

（4）闽江上游流域

闽江上游流域空间跨度涉及的影像共 5 景：主体部分为 2 景影像：行列号为 120041 和 120042；其他 3 景影像行列号为：121041（建宁西部一条）、121042（宁化西部一条），119042（延平区东部一块）。

由于年代较早的有些影像获取难度较大，使用相近年份的影像替代。其中 1985 年、1990 年和 1995 年无法获取标准年份影像，2000 年、2005 年 2013 年基本可获取标准年份影像，2010 年影像部分用 2009 年影像替代。各期影像准备情况见表 2.2.1-4。

表 2.2.1-4　闽江上游流域遥感影像时相和行列号情况

年份	卫星传感器	空间分辨率 /m	时相	行列号	备注
1985 年	Landsat-4	30	1986 年 7 月 25 日	119042	7 景
			1986 年 11 月 1988 年 10 月 9 日	120041	
			1988 年 10 月 9 日	120042	
			1988 年 4 月 1988 年 10 月 16 日	121041	
			1987 年 12 月	121042	
1990 年	Landsat-5 和 Landsat-4	30	1991 年 8 月 24 日	119042	5 景
			1992 年 10 月 20 日	120041	
			1992 年 10 月 20 日	120042	
			1989 年 7 月 15 日	121041	
			1991 年 10 月 9 日	121042	
1995 年	Landsat-5	30	1995 年 11 月 23 日	119042	5 景
			1996 年 2 月 2 日	120041	
			1995 年 9 月 27 日	120042	
			1995 年 12 月 7 日	121041	
			1995 年 12 月 7 日	121042	
2000 年	Landsat-7	30	2000 年 5 月 4 日	119042	5 景
			2000 年 4 月 17 日	120041	
			2000 年 4 月 17 日	120042	
			2000 年 5 月 10 日	121041	
			2000 年 1 月 27 日	121042	
2005 年	Landsat-7	30	2004 年 10 月 30 日 2005 年 10 月 1 日	119042	7 景
			2005 年 4 月 15 日	120041	
			2004 年 10 月 5 日 2005 年 4 月 15 日	120042	
			2006 年 11 月 3 日	121041	
			2005 年 3 月 5 日	121042	
2010 年	Landsat-7	30	2010 年 5 月 24 日	119042	5 景
			2009 年 12 月 6 日	120041	
			2009 年 12 月 6 日	120042	
			2010 年 1 月 14 日	121041	
			2010 年 1 月 14 日	121042	

年份	卫星传感器	空间分辨率/m	时相	行列号	备注
2013 年	Landsat-8	30	2013 年 10 月 23 日	119042	5 景
			2013 年 12 月 1 日	120041	
			2013 年 12 月 1 日	120042	
			2013 年 10 月 5 日	121041	
			2013 年 10 月 5 日	121042	

2.2.2　遥感图像处理

遥感数据处理包括大气校正、正射校正、几何校正、数据镶嵌等，为规范卫星遥感数据投影信息，将卫星遥感数据的地理投影参考定为大地基准：2000 国家大地坐标系；投影方式：采用 Albers 投影；中央经线：110°；原点纬度：12°；标准纬线：北纬 25°、北纬 47°；高程基准：1985 国家高程基准。

（1）大气校正

Landsat TM 等影像采用 6S 模型进行大气纠正，考虑了目标高程、表面的非朗伯体特性、新的吸收分子种类的影响（CO、N_2O 等），适用于可见光和近红外的多角度数据。该模型需要输入：①几何参数：太阳天顶角、卫星天顶角、太阳方位角、卫星方位角、观测时间，也可以通过输入卫星轨道与时间参数代替；②大气模式：大气组分参数：包括水汽、灰尘颗粒度等参数，若缺乏精确的实况数据，可以根据卫星数据的地理位置和时间，选用 6S 提供的标准模型来替代；气溶胶模式：气溶胶组分参数，包括水分含量以及烟尘、灰尘等在空气中的百分比等参数，若缺乏精确的实况数据，可以选用 6S 提供的标准模型来代替；气溶胶浓度：气溶胶的大气路径长度，一般可用当地的能见度参数表示，可以输入波长为 550 nm 处的光学厚度和气象能见度；③高度：观测目标的海拔高度及遥感器高度，地面以上都是负值，地基观测为 0；④探测器的光谱条件：光谱条件可以直接输入光谱波段范围，也可以将遥感器波段作为输入条件；地表反射率，定义了地表反射率模型，采用 6S 的基于朗伯体地面的大气校正反演模式。

（2）正射校正

为保证卫星数据正射校正精度，用于控制点选取的参考数据为：高精度参考影像库、高精度控制点库、1∶50 000 比例尺的地形图 DRG 库、野外高精度 GPS 点。用于遥感数据正射校正的 DEM 数据，分辨率应不低于 30 m。控制点选取原则：地面控制点一般选择在图像和地形图上都容易识别定位的明显地物点，如道路、河流等交叉点、田块拐角、桥头等；地面控制点的地物应不随时间的变化而变化，尽量选择地物不易变化的控制点；控制点要有一定的数量，要求在影像范围内尽量均匀分布。在影像放大 2~3 倍的条件下完成控制点选取；根据纠正模型和地形情况等条件确定控制点个数：TM 一景不少于 16 个。

采用校正模型有理函数模型（Rational Function Model）进行校正。正射校正所选控制点须均匀分布，控制点残差（影像分辨率）平原和丘陵小于（等于）1 倍、山地小于（等于）2 倍，对明显地物点稀疏的山区、沙漠、沼泽等，精度可放宽至原有精度的 2 倍。正射影像采用原影像分辨率，重采样方法为双线性内插法。正射校正结果影像上的同名地物点相对于实地同名地物点的误差，点位中误差（影像分辨率）为平原和丘陵小于（等于）2 倍、山地小于（等于）3 倍。

（3）几何校正

在对影像进行大气校正与正射校正后，需对影像进行几何校正，控制资料，用于控制点选取的参考数据为：①高精度参考影像库；②高精度控制点库；③ 1∶50 000 比例尺的地形图 DRG 库；④野外高精度 GPS 点。校正模型采用多项式校正法进行校正。正射校正所选控制点须均匀分布，控制点残差（影像分辨率）为平原和丘陵小于（等于）1 倍、山地小于（等于）2 倍。对明显地物点稀疏的山区、沙漠、沼泽等，精度可放宽至原有精度的 2 倍。重采样方式，正射影像采用原影像分辨率，重采样方法为双线性内插。

通过选取控制点，采取自动校正的方法，利用多项式几何校正模型，实现遥感数据的空间配准，配准精度控制在 1 个像元以内。

（4）数据镶嵌

由于后期的解译工作是多人合作，合作方式是分区块进行，这就需要用到影像镶嵌和分割。影像镶嵌主要过程包括：①影像导入：即导入进行镶嵌的影像；②标准影像确定：为确保影像镶嵌质量，首先应在进行影像镶嵌的数据中选取一幅影像作为标准影像，标准影像往往选择处于研究区中央的影像；③影像接边处理：当调查区涉及多景数据时，须对重叠带进行严格配准，确保配准误差满足要求。接边限差（影像分辨率）为平原和丘陵小于（等于）2 倍、山地小于（等于）3 倍；④色彩均衡：使其整体色调基本一致；⑤影像镶嵌质量检查：须保证整体色调均匀，色调均匀采用直方图法，接边重叠带无模糊或重影现象。为保证接边自然，接边影像保证有 10~50 个像素的重叠。镶嵌后的影像符合同一地类色彩统一、无模糊现象、边界清晰、无明显错位，并进行影像接边及颜色等方面的检查。

根据研究区自然地理特点及参与工作人员情况进行分工，相应进行影像切割。为避免解译结果接边时出现缝隙，同时减少重复工作量，切割出来的相邻影像需要有 3 个像元左右重叠区域。

2.2.3　质量控制实施

为保证整个工作过程产生的数据满足精度和研究要求，工作组设立专门的质量检查员，在工作的各环节进行质量检查，以保证工作人员严格按照生态遥感监测各环节的技术要求进行操作，保证数据质量。

几何校正精度控制实施：一是检查控制点定位精度；二是采用叠合方法检查影像实际校正精度。

地面核查点精度：一是检查实际核查点位与预设点位距离，尽量接近预设核查点。二是样点要满足大面积纯地类要求，若有多种类型混杂，需要确定主要类型及其可见边界范围。

第 3 章

生态系统格局变化分析方法

SHENGTAI XITONG

GEJU BIANHUA

FENXI FANGFA

3.1　主要目标

3.1.1　目的

了解典型易灾地区岷江上游、白龙江上游、赣江上游以及闽江上游流域，不同生态系统类型在空间上的分布与配置、数量上的比例等状况，评价陆地生态系统类型、分布、比例与空间格局，分析各类型生态系统相互转化特征，揭示其1985—2013年30年间生态环境格局变化的特点和规律。

3.1.2　内容

典型易灾地区生态系统类型转换的变化特征评价以遥感数据为基础，通过解译的易灾地区1985年、2000年和2013年三个年份土地利用/覆被数据为时间节点，分析岷江上游、白龙江上游、赣江上游以及闽江上游等易灾地区生态系统分布与格局及其时空变化，评价陆地生态系统类型、分布、比例与空间格局，分析各类型生态系统相互转化特征。具体内容为：

（1）生态系统类型与分布；

（2）各类型生态系统构成与比例变化；

（3）生态系统类型转换特征分析与评价。

3.1.3　指标体系

根据典型易灾地区生态系统类型转换的变化特征评价内容，构建了生态系统格局评价指标体系，如表3.1.3-1所示。

表 3.1.3-1　典型易灾地区生态系统格局及变化评价指标

评价内容	评价指标
生态系统构成	（1）面积
	（2）构成比例
生态系统构成变化	（3）类型面积变化率
生态系统景观格局特征及其变化	（4）斑块数（Number of Patches，NP）
	（5）平均斑块面积（Mean Patch Size，MPS）
	（6）类斑块平均面积（MPS）

评价内容	评价指标
生态系统景观格局特征及其变化	（7）边界密度（m/hm²）（Edge Density，ED）
	（8）聚集度指数（%）（Contagion Index，CONT）
生态系统结构变化各类型之间相互转换特征	（9）生态系统类型变化方向
	（10）综合生态系统动态度
	（11）类型相互转化强度

（1）面积

土地覆被分类系统中，各类生态系统面积统计值（单位 km²）。

（2）构成比例

1）指标含义

土地覆被分类系统中，基于一级分类的各类生态系统面积比例。

2）计算方法

$$P_{ij} = \frac{S_{ij}}{TS}$$

3）基本参数

P_{ij}——土地覆被分类系统中基于一级分类的第 i 类生态系统在第 j 年的面积比例；

S_{ij}——土地覆被分类系统中基于一级分类的第 i 类生态系统在第 j 年的面积；

TS——评价区域总面积。

（3）类型面积变化率

1）指标含义

研究区一定时间范围内某种生态系统类型的数量变化情况。目的在于分析每一类生态系统在研究时期内的面积变化量。

2）计算方法

$$E_v = \frac{EU_b - EU_a}{EU_a} \times 100\%$$

3）基本参数

E_v——研究时段内某一生态系统类型的变化率；

EU_a/EU_b——研究期初及研究期末某一种生态系统类型的数量（如面积、斑块数等）。

（4）斑块数（NP）

1）指标含义

评价范围内斑块的数量。该指标用来衡量目标景观的复杂程度，斑块数量越多说明景观构成越复杂。

2）计算方法

应用 GIS 技术以及景观结构分析软件 FRAGSTATS3.3 分析斑块数 NP。

3）基本参数

NP——斑块数量。

（5）平均斑块面积（MPS）

1）指标含义

评价范围内平均斑块面积。该指标可以用于衡量景观总体完整性和破碎化程度，平均斑块面积越大说明景观较完整，破碎化程度较低。

2）计算方法

应用 GIS 技术以及景观结构分析软件 FRAGSTATS3.3 分析平均斑块面积 MPS。

$$MPS = \frac{TS}{NP}$$

3）基本参数

MPS——平均斑块面积；

TS——评价区域总面积；

NP——斑块数量。

（6）类斑块平均面积

1）指标含义

景观中某类景观要素斑块面积的算术平均值，反映该类景观要素斑块规模的平均水平。平均面积最大的类可以说明景观的主要特征，每一类的平均面积则说明该类在景观中的完整性。

2）计算方法

$$\overline{A}_i = \frac{1}{N_i}\sum_{j=1}^{N_i} A_{ij}$$

3）基本参数

N_i——第 i 类景观要素的斑块总数；

A_{ij}——第 i 类景观要素第 j 个斑块的面积。

（7）边界密度（ED）

1）指标含义

边界密度也称为边缘密度，边缘密度包括景观总体边缘密度（或称景观边缘密度）和景观要素边缘密度（简称类斑边缘密度）。景观边缘密度（ED）是指景观总体单位面积异质景观要素斑块间的边缘长度。景观要素边缘密度（ED_i）是指单位面积某类景观要素斑块与其相邻异质斑块间的边缘长度。

它是从边形特征描述景观破碎化程度，边界密度越高说明斑块破碎化程度越高。

2）计算方法

$$ED = \frac{1}{A} \sum_{i=1}^{M} \sum_{j=1}^{M} P_{ij}$$

$$ED_i = \frac{1}{A_i} \sum_{j=1}^{M} P_{ij}$$

3）基本参数

ED——景观边界密度（边缘密度），边界长度之和与景观总面积之比；

ED_i——景观中第 i 类景观要素斑块密度；

A_i——景观中第 i 类景观要素斑块面积；

P_{ij}——景观中第 i 类景观要素斑块与相邻第 j 类景观要素斑块间的边界长度。

（8）聚集度指数

1）指标含义

反映景观中不同斑块类型的非随机性或聚集程度。聚集度指数越高说明景观完整性较好，相对的破碎化程度较低。

2）计算方法

$$C = C_{\max} + \sum_{i=1}^{n} \sum_{j=1}^{n} P_{ij} \ln\left(P_{ij}\right)$$

3）基本参数

$C_{\max}$——$P_{ij} = P_i P_{j/i}$ 指数的最大值；

n——景观中斑块类型总数；

P_{ij}——斑块类型 i 与 j 相邻的概率。

注：比较不同景观时，相对聚集度 C' 更为合理。

$$C' = C / C_{\max} = 1 + \frac{\sum_{i=1}^{n} \sum_{j=1}^{n} P_{ij} \ln\left(P_{ij}\right)}{2\ln\left(n\right)}$$

$C_{\max}$——聚集度指数的最大值；

n——景观中斑块类型总数；

P_{ij}——斑块类型 i 与 j 相邻的概率。

（9）生态系统类型变化方向（生态系统类型转移矩阵与转移比例）

1）指标含义

借助生态系统类型转移矩阵全面、具体地分析区域生态系统变化的结构特征与各类型变化的方向。转移矩阵的意义在于它不但可以反映研究初期、研究末期的土地利用类型结构，还可以反映研究时段内各土地利用类型的转移变化情况，便于了解研究初期各类型土地的流失去向以及研究末期各土地利用类型的来源与构成。

2）计算方法

在对生态系统类型转移矩阵计算的基础上，还可以计算生态系统类型转移比例，计算公式如下：

$$\begin{cases} A_{ij} = a_{ij} \times 100 / \sum_{j=1}^{n} a_{ij} \\ B_{ij} = a_{ij} \times 100 / \sum_{i=1}^{n} a_{ij} \\ 变化率（\%）= \left(\sum_{i=1}^{n} a_{ij} \right) / \sum_{j=1}^{n} a_{ij} \end{cases}$$

3）基本参数

i——研究初期生态系统类型；

j——研究末期生态系统类型；

a_{ij}——生态系统类型的面积；

A_{ij}——研究初期第 i 种生态系统类型转变为研究末期第 j 种生态系统类型的比例；

B_{ij}——研究末期第 j 种生态系统类型中由研究初期的第 i 种生态系统类型转变而来的比例。

（10）综合生态系统动态度（生态系统综合变化率）

1）指标含义

定量描述生态系统的变化速度。生态系统综合变化率综合考虑了研究时段内生态系统类型间的转移，着眼于变化的过程而非变化结果，反映研究区生态系统类型变化的剧烈程度，便于在不同空间尺度上找出生态系统类型变化的热点区域。

2）计算方法

计算公式如下：

$$EC = \frac{\sum_{i=1}^{n} \Delta ECO_{i-j}}{\sum_{i=1}^{n} ECO_{i}} \times 100\%$$

3）基本参数

ECO_i——监测起始时间第 i 类生态系统类型面积；ECO_i 根据岷江流域生态系统类型图矢量数据在 ArcGIS 平台下进行统计获取。

ΔECO_{i-j}——监测时段内第 i 类生态系统类型转为非 i 类生态系统类型面积的绝对值；ΔECO_{i-j} 根据生态系统转移矩阵模型获取。

（11）类型相互转化强度（土地覆被转类指数）

1）指标含义

反映土地覆被类型在特定时间内变化的总体趋势。

2）计算方法

定义土地覆被转类指数（Land Cover Change Index，LCCI）：

$$LCCI_{ij} = \frac{\sum[A_{ij} \times (D_a - D_b)]}{\sum A_{ij}} \times 100\%$$

$LCCI_{ij}$ 值为正，表示此研究区总体上土地覆被类型转好；$LCCI_{ij}$ 值为负，表示此研究区总体上土地覆被类型转差。

3）基本参数

① $LCCI_{ij}$——某研究区土地覆被转类指数；

② i——研究区；

③ j——土地覆被类型，j=1，…，n；

④ A_{ij}——某研究区土地覆被一次转类的面积；

⑤ D_a——转类前级别；

⑥ D_b——转类后级别。

3.1.4　数据源

生态系统格局评估主要利用遥感解译获取的 1985 年、2000 年和 2013 年 3 期岷江上游、白龙江上游、赣江上游以及闽江上游江流域生态系统分类数据。流域尺度的土地覆被类型满足生态环境保护与管理的需要，以生态系统为对象，考虑植被类型特征，设计土地覆被分类体系，从而能够反映岷江上游、白龙江上游、赣江上游以及闽江上游流域生态系统类型的动态监测，提炼生态系统结构的重要指标，评价生态系统功能与服务。设计的遥感土地覆被分类系统如表 1.2.1-1 所示。

3.2　分析方法

3.2.1　数据分析软件研究研发

由于研究涉及岷江上游、白龙江上游、赣江上游和闽江上游范围三个时段的遥感数据分类结果，统计单元包括整个流域和各小流域两级统计单元等，四个流域有6 611 个小流域，如果手工来进行相关指标统计，很难在短期内完成工作，专题组开发了生态系统类型转换数据处理软件，软件主要包括以下功能。

（1）多空间单元的相关指标自动统计

该功能统计完成指定研究区内不同空间单元内的生态系统类型转换的相关统计

指标自动计算，指标包括生态系统类型转移矩阵、生态系统类型转移方向矩阵、生态系统类型综合变化率和生态系统变化强度。

软件输入为需要统计的两期分类结果的栅格数据、需要统计的空间单元、空间图层和相应的统计字段、生态系统分类表，以及生成结果需要存储的路径，见图 3.2.1-1。

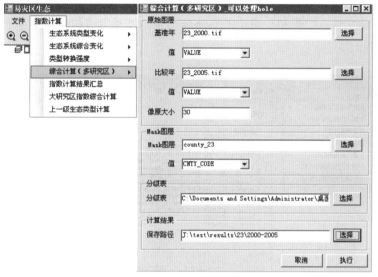

图 3.2.1-1　多空间单元的相关指标自动统计界面

统计结果统一存放在一个目录下，每个统计单元的统计结果都存放在一个 EXCEL 文件中，每项统计指标都分别存放在相应的数据表中，见图 3.2.1-2。

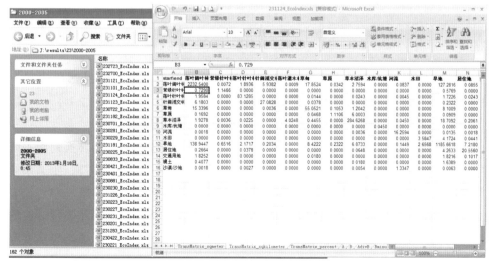

图 3.2.1-2　多空间单元的相关指标自动统计结果

（2）基于二级分类统计结果自动计算一级分类指标

该功能可以获取指定研究区内不同空间单元内的生态系统类型转换的二级分类相关统计指标，包括生态系统类型转移矩阵、生态系统类型转移方向矩阵、生态系统类型综合变化率和生态系统变化强度等，自动计算一级分类系统的相关指标。

软件输入可以获取指定研究区内不同空间单元内的二级分类系统相关统计指标统计的存储文件、二级和一级生态系统分类表，以及生成结果需要存放的路径，见图 3.2.1-3。

图 3.2.1–3　基于二级分类统计结果自动计算一级分类指标界面

统计结果统一存放在一个目录下，每个统计单元的统计结果都存放在一个 EXCEL 文件中，每项统计指标分别存放在相应的数据表中，见图 3.2.1-4。

（3）基于多空间单元统计结果自动全研究区统计指标

该功能可以获取指定研究区内不同空间单元内的生态系统类型转换的相关统计指标，获取整个研究区的相关统计指标，包括生态系统类型转移矩阵、生态系统类型转移方向矩阵、生态系统类型综合变化率和生态系统变化强度等。

软件输入功能可以获取指定研究区内不同空间单元内的生态系统类型转换的相关统计指标统计结果存储文件、相应级别生态系统分类表，以及生成结果需要存放的文件，见图 3.2.1-5。

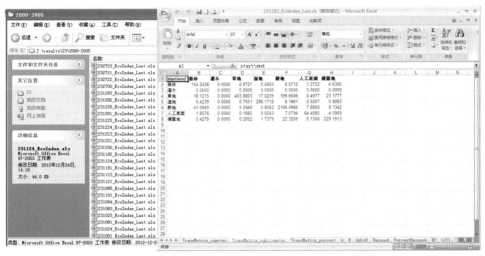

图 3.2.1-4 基于二级分类统计结果自动计算一级分类指标结果

图 3.2.1-5 基于多空间单元统计结果自动全研究区统计指标界面

统计结果统一存放在一个 EXCEL 文件中，每个统计单元的统计结果都存放在一个 EXCEL 文件中，每项统计指标分别存放在相应的数据表中，见图 3.2.1-6。

（4）不同空间单元分类统计自动汇总

该功能可以获取指定研究区内不同空间单元内的生态系统类型转换的相关统计指标，将各空间单元各项指标自动汇总，汇总的指标包括生态系统类型转移矩阵、生态系统类型转移方向矩阵、生态系统类型综合变化率和生态系统变化强度等，见图 3.2.1-7。

图 3.2.1-6　基于多空间单元统计结果自动全研究区统计指标结果

图 3.2.1-7　不同空间单元分类统计自动汇总界面

　　软件输入的主要功能是获取指定研究区内不同空间单元内的生态系统类型转换的相关统计指标统计结果文件、相应级别生态系统分类表，以及生成结果需要存储的文件。

统计结果统一存放在一个 EXCEL 文件中，全部统计单元的统计结果都存放在一个 EXCEL 文件中，各项统计指标分别存放在相应的数据表中，见图 3.2.1-8。

图 3.2.1–8　不同空间单元分类统计自动汇总结果

3.2.2　数据提取与分析

根据 1985 年、2000 年和 2013 年白龙江上游、赣江上游、闽江上游和岷江上游流域土地利用 / 覆被数据，完成了主要数据的提取工作，主要包括各流域（子流域）土地利用 / 覆被现状数据（面积、面积比）的提取和分析、流域（子流域）土地利用 / 覆被动态数据（图斑、面积、面积比、转移矩阵）的提取和分析、流域（子流域）生态系统构成变化（类型面积变化率）信息的提取和分析、流域（子流域）景观指数（斑块数、平均斑块、类斑块平均面积、边界密度、聚集度指数）的提取和分析、流域（子流域）生态系统结构变化信息（生态系统类型变化方向、综合生态系统动态度和类型相互转化强度）的提取和分析。

3.2.3　构建生态系统格局分级体系

根据生态类型变化特征及格局分布和变化特征，构建了典型易灾地区生态系统格局分级体系。

（1）生态系统综合变化分级体系

生态系统综合变化分级体系，以生态系统综合变化率为核心，综合考虑了研究时段内生态系统类型间的转移，是反映生态系统变化过程的一个重要指数，可以反映研究区生态系统类型变化的剧烈程度，以便在空间尺度上找到生态系统的变化热点区。

根据生态系统综合变化率，生态系统综合变化分级体系包括五级，分别为：扰动基本停止、扰动较小、扰动中等、扰动较强与扰动强烈，见表3.2.3-1。

表3.2.3-1 生态系统综合变化评估分级

变化类型	EC
扰动基本停止	0~1
扰动较小	1~2
扰动中等	2~5
扰动较强	5~10
扰动强烈	>10

（2）生态系统转化强度分级体系

根据生态系统类型转换指数，生态系统转化强度分级体系包括六级，即生态系统恢复良好、生态系统恢复明显、生态系统恢复缓慢、生态系统退化轻微、生态系统退化明显、生态系统退化较重，见表3.2.3-2。

表3.2.3-2 生态系统转化强度分级

变化类型	LCCI/%
恢复良好	>5.0
恢复明显	2.0~5.0
恢复缓慢	0~2.0
退化轻微	−2.0~0.0
退化明显	−5.0~−2.0
退化较重	<−5.0

（3）生态系统类型变化分级体系

生态系统类型变化分级体系，即某类生态系统类型的数量变化（面积），反映了生态系统研究时期内面积变化程度，包括六级，即快速增加、明显增加、轻微增加、轻微减少、明显减少、快速减少，见表3.2.3-3。

表3.2.3-3 生态系统转换趋势评估分级

变化类型	E_V
快速增加	>5.0
明显增加	2.0~5.0
轻微增加	0~2.0
轻微减少	−2.0~0
明显减少	−5.0~−2.0
快速减少	<−5.0

（4）生态系统景观破碎化分级趋势

利用平均斑块面积或者类平均斑块面积变化率反映区域景观破碎或聚集的趋势，包括六级，即快速聚集、中速聚集、缓慢聚集、缓慢破碎、中速破碎、快速破碎，具体指标见表 3.2.3-4。

表 3.2.3-4　生态系统景观破碎化趋势评估分级

变化类型	E_V
快速聚集	>30.0
中速聚集	10.0 ~ 30.0
缓慢聚集	0 ~ 10.0
缓慢破碎	−10.0 ~ 0
中速破碎	−30.0 ~ −10.0
快速破碎	<−30.0

第 4 章

白龙江上游土地覆被变化分析

BAILONGJIANG SHANGYOU TUDI FUBEI BIANHUA FENXI

4.1 生态系统面积及组成

4.1.1 各生态系统类型面积组成

遥感监测数据显示，1985 年白龙江上游流域森林、草地、湿地、耕地、人工表面和其他类型生态系统面积分别为 15 741.1 km²、5 378.47 km²、78.48 km²、3 130.81 km²、81.63 km² 和 1 556.36 km²，占区域面积比分别为 60.62%、20.71%、0.3%、12.06%、0.31% 和 5.99%。总体来看，白龙江上游流域是以森林和草地两种生态系统类型为主的地区，二者占区域总面积的 81.33%，其余类型比例较低，只占区域总面积的 18.67%。

遥感监测数据显示，2000 年白龙江上游流域森林、草地、湿地、耕地、人工表面和其他类型生态系统面积分别为 15 751.15 km²、5 402.1 km²、57.7 km²、3 083.69 km²、98.33 km² 和 1 547.16 km²，占区域面积比分别为 60.66%、20.8%、0.33%、11.88%、0.38% 和 5.96%。总体来看，白龙江上游流域是以森林和草地两种生态系统类型为主的地区，二者占区域总面积的 81.46%，其余类型比例较低，只占区域总面积的 18.54%。

遥感监测数据显示，2013 年白龙江上游流域森林、草地、湿地、耕地、人工表面和其他类型生态系统面积分别为 15 974.14 km²、5 618.35 km²、86.29 km²、2 589.93 km²、129.52 km² 和 1 568.63 km²，占区域面积比分别为 61.52%、21.64%、0.33%、9.97%、0.50% 和 6.04%。总体来看，白龙江上游流域是以森林和草地两种生态系统类型为主的地区，二者占区域总面积的 83.16%，其余类型比例较低，只占区域总面积的 16.84%，见图 4.1.1-1。

1985 年，在白龙江上游流域森林生态系统中，以落叶阔叶灌木林、落叶阔叶林和常绿针叶林为主要类型，面积分别为 7 442.99 km²、3 612.93 km² 和 3 541.94 km²，分别占区域总面积的 28.66%、13.91% 和 13.64%。另外，针阔混交林面积也较大，为 904.71 km²，占区域总面积的 3.48%。其余类型面积都相对较小（小于 300 km²），占区域总面积不足 1%。

1985 年，在白龙江上游流域草地生态系统中，以草丛为主导类型，面积为 4 439.21 km²，占区域总面积的 17.1%；草甸面积也占一定比例，面积为 938.96 km²，占区域总面积的 3.62%；草原面积较小，只有 0.3 km²。在湿地生态系统中，河流与水库/坑塘面积最多，分别为 58.43 km² 和 11.3 km²，草本湿地和湖泊的面积分别为 4.68 km² 和 4.06 km²。

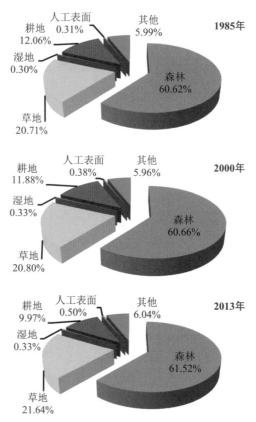

图 4.1.1-1 1985 年、2000 年和 2013 年白龙江上游流域生态系统面积构成

1985 年，在白龙江上游流域耕地生态系统中，旱地面积远大于水田，旱地和水田面积分别为 3 119.48 km² 和 11.33 km²，分别占研究区总面积的 12.01% 和 0.04%。人工表面以居住用地为主，面积为 75.83 km²，工业用地、采矿场和交通用地面积较少，分别为 1.92 km²、1.61 km² 和 2.27 km²。

1985 年，在白龙江上游流域其他类型生态系统中，主要以稀疏草地和裸岩为主，面积分别为 693.4 km² 和 644.26 km²，占区域总面积的 2.67% 和 2.48%；裸土面积也较大，为 215.08 km²，占区域总面积的 0.83%；稀疏林和稀疏灌木林面积都小于 5 km²。

2000 年，在白龙江上游流域森林生态系统中，以落叶阔叶灌木林、落叶阔叶林和常绿针叶林为主要类型，面积分别为 7 553.81 km²、3 624.52 km² 和 3 426.79 km²，分别占区域总面积的 29.09%、13.96% 和 13.2%。另外，针阔混交林面积也较大，为 906.38 km²，占区域总面积的 3.49%。其余类型面积都相对较小（小于 300 km²），占区域总面积不足 1%。

2000 年，在白龙江上游流域草地生态系统中，以草丛为主导类型，面积为 4 459.18 km²，占区域总面积的 17.17%；草甸面积也占一定比例，面积为 942.61 km²，占区域总面积的 3.63%；草原面积较小，只有 0.3 km²。在湿地生态系统中，河流与

水库 / 坑塘面积最多，分别为 57.7 km² 和 17.83 km²，草本湿地和湖泊的面积分别为
4.93 km² 和 3.96 km²。

2000 年，在白龙江上游流域耕地生态系统中，旱地面积远大于水田，旱地
和水田面积分别为 3 070.7 km² 和 12.99 km²，分别占区域总面积的 11.83% 和
0.05%。人工表面以居住用地为主，面积为 89.7 km²，工业用地、采矿场和交通
用地面积较少，分别为 2.26 km²、3.59 km² 和 2.79 km²。

2000 年，在白龙江上游流域其他类型生态系统中，主要以稀疏草地和裸岩为
主，面积分别为 682.06 km² 和 644.21 km²，占区域总面积的 2.63% 和 2.48%；裸土
面积也较大，为 217.27 km²，占区域总面积的 0.84%；稀疏林和稀疏灌木林面积都
小于 5 km²，见表 4.1.1-1。

表 4.1.1-1　白龙江上游流域生态系统构成特征

生态系统类型		1985 年		2000 年		2013 年	
		km²	%	km²	%	km²	%
森林	常绿阔叶林	5.33	0.02	5.33	0.02	5.33	0.02
	落叶阔叶林	3 612.93	13.91	3 624.52	13.96	3 690.75	14.21
	常绿针叶林	3 541.97	13.64	3 426.79	13.20	3 417.69	13.16
	针阔混交林	904.71	3.48	906.38	3.49	913.31	3.52
	常绿阔叶灌木林	233.11	0.90	234.24	0.90	234.56	0.90
	落叶阔叶灌木林	7 442.99	28.66	7 553.81	29.09	7 712.43	29.70
	乔木绿地	0.07	0.00	0.07	0.00	0.07	0.00
	合计	15 741.10	60.61	15 751.15	60.66	15 974.14	61.52
草地	草甸	938.96	3.62	942.61	3.63	947.55	3.65
	草原	0.30	0.00	0.30	0.00	0.61	0.00
	草丛	4 439.21	17.10	4 459.18	17.17	4 670.19	17.99
	合计	5 378.47	20.72	5 402.10	20.80	5 618.35	21.64
湿地	草本湿地	4.68	0.02	4.93	0.02	5.00	0.02
	湖泊	4.06	0.02	3.96	0.02	3.83	0.01
	水库 / 坑塘	11.30	0.04	17.83	0.07	21.46	0.08
	河流	58.43	0.23	57.70	0.22	56.00	0.22
	合计	78.48	0.31	84.42	0.33	86.29	0.33
耕地	水田	11.33	0.04	12.99	0.05	12.90	0.05
	旱地	3 119.48	12.01	3 070.70	11.83	2 577.02	9.92
	合计	3 130.81	12.05	3 083.69	11.88	2 589.93	9.97

生态系统类型		1985 年		2000 年		2013 年	
		km²	%	km²	%	km²	%
人工表面	居住地	75.83	0.29	89.70	0.35	113.02	0.44
	工业用地	1.92	0.01	2.26	0.01	6.78	0.03
	交通用地	2.27	0.01	2.79	0.01	3.18	0.01
	采矿场	1.61	0.01	3.59	0.01	6.53	0.03
	合计	81.63	0.32	98.33	0.38	129.52	0.50
其他	稀疏林	3.42	0.01	3.42	0.01	3.42	0.01
	稀疏灌木林	0.21	0.00	0.21	0.00	0.21	0.00
	稀疏草地	693.40	2.67	682.06	2.63	690.93	2.66
	裸岩	644.26	2.48	644.21	2.48	644.21	2.48
	裸土	215.08	0.83	217.27	0.84	229.86	0.89
	合计	1 556.36	5.99	1 547.16	5.96	1 568.63	6.04

2013 年，在白龙江上游流域森林生态系统中，落叶阔叶灌木林、落叶阔叶林和常绿针叶林为主要类型，面积分别为 7 712.43 km²、3 690.75 km² 和 3 417.69 km²，分别占区域总面积的 29.70%、14.21% 和 13.16%。另外，针阔混交林面积也较大，为 913.31 km²，占区域总面积的 3.52%。其余类型面积都相对较小（小于 300 km²），占区域总面积不足 1%。

2013 年，在白龙江上游流域草地生态系统中，以草丛为主导类型，面积为 4 670.19 km²，占区域总面积的 17.99%；草甸面积也占一定比例，面积为 947.55 km²，占区域总面积的 3.65%；草原面积较小，只有 0.61 km²。在湿地生态系统中，河流与水库 / 坑塘面积最多，分别为 56 km² 和 21.46 km²，草本湿地和湖泊的面积分别为 5 km² 和 3.83 km²。

2013 年，在白龙江上游流域耕地生态系统中，旱地面积远大于水田，旱地和水田面积分别为 2 577.02 km² 和 12.9 km²，分别占区域总面积的 9.92% 和 0.05%。人工表面以居住用地为主，面积为 113.02 km²，工业用地、采矿场和交通用地面积较少，分别为 6.78 km²、6.53 km² 和 3.18 km²。

2013 年，在白龙江上游流域其他类型生态系统中，主要以稀疏草地和裸岩为主，面积分别为 690.93 km² 和 644.21 km²，占区域总面积的 2.66% 和 2.48%；裸土面积也较大，为 229.86 km²，占区域总面积的 0.89%；稀疏林和稀疏灌木林面积都小于 5 km²。

4.1.2　各生态系统类型空间分布

白龙江上游流域因其海拔落差大，生态系统类型呈现明显的垂直分布特点，从河谷平原到山顶，依次为北亚热带半干旱气候、暖温带半干旱河谷气候、山地寒温带气候、山地亚寒带气候、高山高原高寒气候；植被则相应为常绿阔叶灌丛或落叶阔叶灌草丛、落叶阔叶灌木林、落叶阔叶林、常绿针叶林、高山草甸与稀疏草地为主。与人类活动密切的居住用地主要分布在海拔较低的河流谷地，而稀疏草地或裸岩等则主要分布在海拔 4 100 m 以上地区。耕地则主要分布在河谷平原区，在武都区和宕昌县河谷地带分布最为集中，见图 4.1.2-1 ~ 图 4.1.2-6。

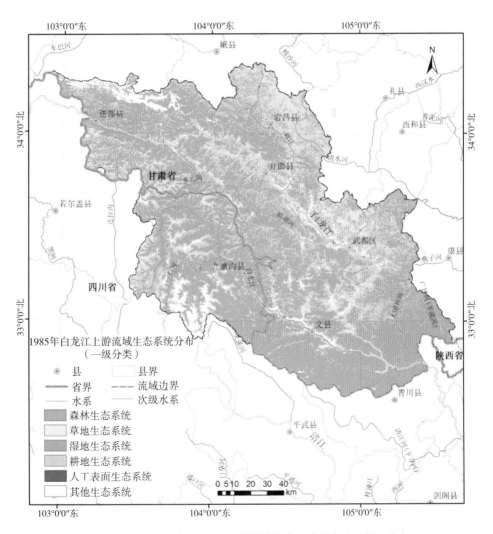

图 4.1.2-1　1985 年白龙江上游流域生态系统分布（一级分类）

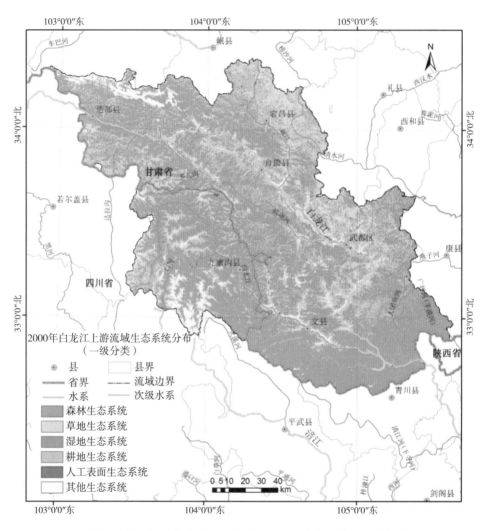

图 4.1.2-2　2000 年白龙江上游流域生态系统分布（一级分类）

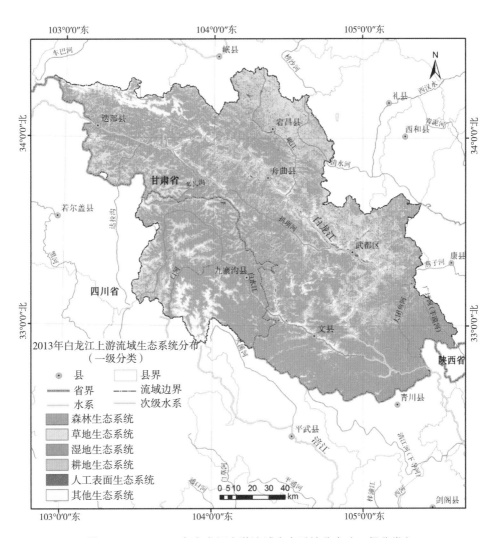

图 4.1.2-3　2013 年白龙江上游流域生态系统分布（一级分类）

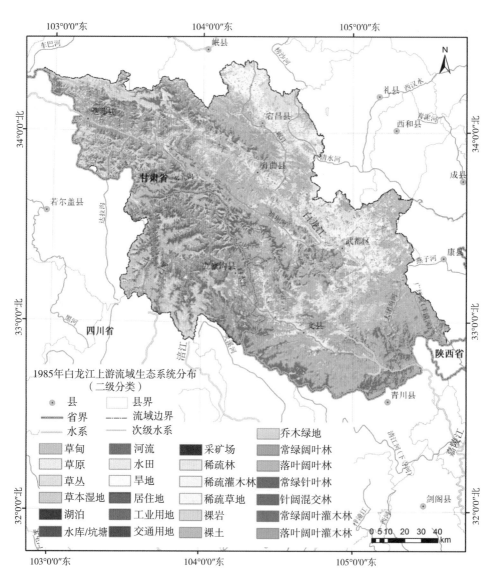

图 4.1.2-4　1985 年白龙江上游流域生态系统分布（二级分类）

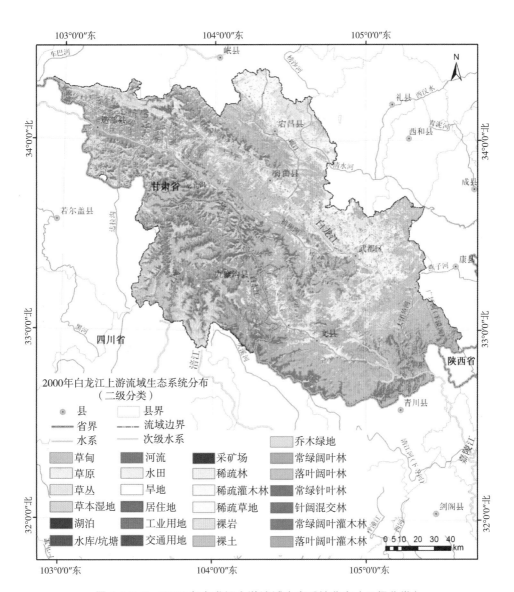

图 4.1.2-5　2000 年白龙江上游流域生态系统分布（二级分类）

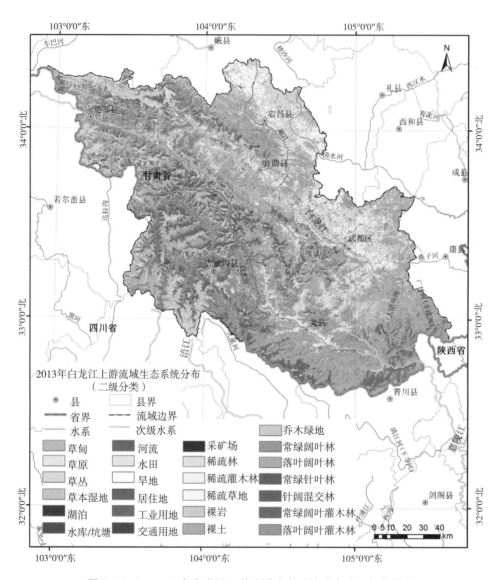

图 4.1.2-6　2013 年白龙江上游流域生态系统分布（二级分类）

4.2　生态系统变化总体特征

4.2.1　生态系统构成变化

（1）自然生态系统面积变化幅度相对较小，30 年间森林与草地两种生态类型变化幅度小于 5%

1985—2000 年，白龙江上游流域森林面积净增加量为 10.05 km²，增加比例为 0.06%，平均每年增加 0.67 km²。因此可以看出，该时段白龙江上游流域森林从数量来看，总体保持稳定。草地面积净增加了 23.63 km²，平均每年增加 1.58 km²，增加比例为 0.44%，总体上来说数量也保持稳定。其他生态系统类型面积减少了 9.2 km²，平均每年减少 0.6 km²，减少比例为 0.59%，总体上也保持稳定。只有湿地面积净增加了 5.94 km²，增加比例为 7.57%，数量增加较快。

2000—2013 年，白龙江上游流域森林面积净增加量为 222.99 km²，增加比例为 1.42%，平均每年增加 17.15 km²。因此可以看出，该时段白龙江上游流域森林从数量来看，总体保持稳定。草地面积净增加了 216.25 km²，平均每年增加 16.63 km²，增加比例为 4%，总体上来说数量也保持稳定。其他生态系统类型面积净增加了 21.47 km²，平均每年增加 1.65 km²，增加比例为 1.39%，总体上也保持稳定。只有湿地面积净增加了 1.87 km²，增加比例为 2.21%，数量增加较快。

1985—2013 年，白龙江上游流域森林面积净增加量为 233.04 km²，增加比例为 1.48%，平均每年增加 8.3 km²。因此可以看出，近 30 年间白龙江上游流域森林从数量来看，总体保持稳定。草地面积净增加了 239.88 km²，平均每年增加 8.6 km²，增加比例为 4.46%，总体上来说数量也保持稳定。其他生态系统类型面积净增加了 12.27 km²，平均每年增加 0.4 km²，增加比例为 0.79%，总体上也保持稳定。只有湿地面积净增加了 7.81 km²，增加比例为 9.95%，数量增加较快。

（2）人工生态系统面积变化幅度相对较大，30 年间耕地面积减少 17.28%，人工表面增加 58.67%

1985—2000 年，白龙江上游流域耕地面积净减少量为 47.12 km²，平均每年减少 3.14 km²，减少比例为 1.51%，从数量来看减少比较明显。人工表面面积净增加了 16.7 km²，平均每年增加 1.1 km²，增加比例为 20.46%，扩张较为迅速。

2000—2013 年，白龙江上游流域耕地面积净减少量为 493.76 km²，平均每年减少 37.98 km²，减少比例为 16.01%，从数量来看减少比较明显。人工表面面积净增加了 31.19 km²，平均每年增加 2.4 km²，增加比例为 31.72%，扩张较为迅速。

1985—2013 年，白龙江上游流域耕地面积净减少量为 540.88 km²，平均每年减少 19.3 km²，减少比例为 17.28%，从数量来看减少比较明显。人工表面面积净增加了 47.89 km²，平均每年增加 1.7 km²，增加比例为 58.67%，扩张较为迅速，见

图 4.2.1-1、图 4.2.1-2。

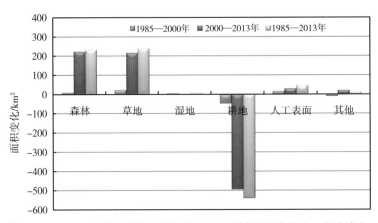

图 4.2.1-1　30 年间白龙江上游流域各生态系统面积变化（一级分类）

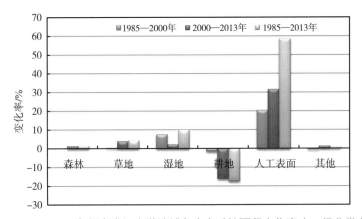

图 4.2.1-2　30 年间白龙江上游流域各生态系统面积变化率（一级分类）

4.2.2　生态系统变化强度

（1）生态系统变化强度较小，生态系统综合变化率只有 3.27%（一级分类系统）

从一级生态系统类型变化来看，1985—2000 年白龙江上游流域生态系统综合变化率为 1.22%，共有 315.75 km² 土地发生了生态系统类型变化；2000—2013 年生态系统综合变化率为 2.37%，共有 616.5 km² 土地生态系统类型发生了变化；1985—2013 年生态系统综合变化率为 3.27%，共有 848.67 km² 土地生态系统类型发生了变化，见表 4.2.2-1。

从二级生态系统类型变化来看，1985—2000 年生态系统综合变化率为 1.57%，共有 407.77 km² 土地生态系统类型发生了变化；2000—2013 年生态系统综合变化率为 2.42%，共有 629.26 km² 土地生态系统类型发生了变化；1985—2013 年生态系统综合变化率为 3.68%，共有 954.49 km² 土地生态系统类型发生了变化，见表 4.2.2-2。

表 4.2.2-1　白龙江上游流域生态系统综合变化率、相互转化强度（一级分类）

时段	1985—2000 年	2000—2013 年	1985—2013 年
EC/%	1.22	2.37	3.27
LCCI/%	−0.13	−0.14	−0.21

表 4.2.2-2　白龙江上游流域生态系统综合变化率、相互转化强度（二级分类）

时段	1985—2000 年	2000—2013 年	1985—2013 年
EC/%	1.57	2.42	3.68
LCCI/%	−0.55	−0.13	−0.64

（2）生态系统变化表现出阶段性特征，主要变化均发生在近 10 年

从一级生态系统类型变化来看，1985—2013 年生态系统综合变化率为 3.27%，2000—2013 年生态系统综合变化率达到 2.37%，而 1985—2000 年白龙江上游流域生态系统综合变化率为 1.22%。从二级生态系统类型变化来看，1985—2013 年生态系统综合变化率为 3.68%，2000—2013 年生态系统综合变化率达到 2.42%，而 1985—2000 年白龙江上游流域生态系统综合变化率为 1.57%。可见，30 年间白龙江上游流域生态系统类型变化主要出现在后 10 年间。

4.2.3　生态系统类型变化方向

（1）生态系统变化主要表现为耕地转变为森林和草地

从一级生态系统类型变化来看，1985—2013 年，耕地转为森林面积最大，为 288.51 km²，占该研究时段区域变化总面积的 34%；其他依次为耕地转为草地、森林转为草地、草地转为耕地、耕地转为人工表面和草地转为森林，面积分别为 270.21 km²、60.64 km²、50.74 km²、38.61 km² 和 31.18 km²，分别占发生变化总面积的 31.84%、7.14%、5.98%、4.55% 和 3.67%。

1985—2000 年，耕地转为森林面积最大，为 67.42 km²，占该时段区域变化总面积的 21.35%；其次为草地转为耕地、耕地转为草地、森林转为耕地和森林转为草地，面积分别为 57.48 km²、55.25 km²、35.96 km² 和 33.56 km²，分别占发生变化总面积的 18.2%、17.5%、11.39% 和 10.63%。

2000—2013 年，耕地转为森林面积最大，为 246.32 km²，占该研究时段区域变化总面积的 39.95%；其他依次为耕地转为草地、耕地转为人工表面和森林转为草地，面积分别为 233.95 km²、25.83 km² 和 25.34 km²，分别占发生变化总面积的

37.95%、4.19% 和 4.11%，见图 4.2.3-1、图 4.2.3-2。

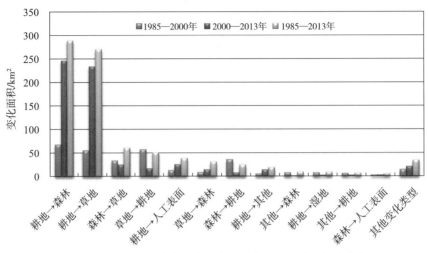

图 4.2.3-1 生态系统主要变化类型的变化面积（一级分类）

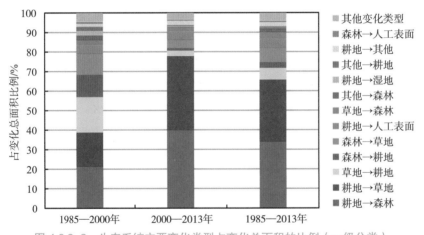

图 4.2.3-2 生态系统主要变化类型占变化总面积的比例（一级分类）

从二级生态系统类型变化来看，1985—2013 年，白龙江上游流域共有 954.49 km² 土地生态系统类型发生了变化。占总变化面积比例较大的转换类型主要为旱地转为草丛、旱地转为落叶阔叶灌木林、常绿针叶林转为落叶阔叶灌木林、旱地转为落叶阔叶林、草丛转为旱地、旱地转为居住地和常绿针叶林转为草丛，变化的面积分别为 269.39 km²、200.02 km²、93.82 km²、76.99 km²、50.39 km²、33.64 km² 和 20.50 km²；占总变化面积的比例分别为 28.22%、20.96%、9.83%、8.07%、5.28%、3.52% 和 3.24%。

1985—2000 年，白龙江上游流域共有 407.77 km² 土地生态系统类型发生了变化。占总变化面积比例较大的转换类型主要包括常绿针叶林转为落叶阔叶灌木林、草丛转为旱地、旱地转为草丛、旱地转为落叶阔叶灌木林、落叶阔叶灌木林转为草丛和常绿针叶林转为草丛，面积分别为 88.13 km²、57.07 km²、54.85 km²、51.56 km²、32.82 km² 和 24.03 km²；占总变化面积的比例分别为 21.61%、14.00%、13.45%、12.65%、8.05% 和 5.89%。

2000—2013 年，白龙江上游流域共有 629.26 km² 土地生态系统类型发生了变化。占总变化面积比例较大的转换类型主要包括旱地转为草丛、旱地转为落叶阔叶灌木林、旱地转为落叶阔叶林、旱地转为居住地、草丛转为旱地和落叶阔叶灌木林转为草丛，面积分别为 233.27 km²、170.05 km²、66.47 km²、21.22 km²、16.76 km² 和 16.50 km²，占总变化面积的比例分别为 37.07%、27.02%、10.56 %、3.37%、2.66% 和 2.62%，见图 4.2.3-3、图 4.2.3-4、表 4.2.3-1。

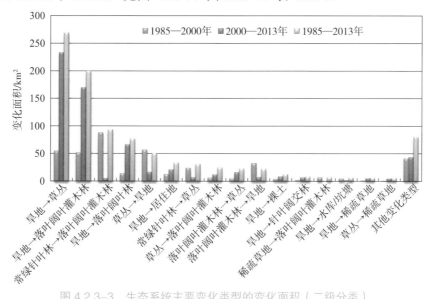

图 4.2.3-3　生态系统主要变化类型的变化面积（二级分类）

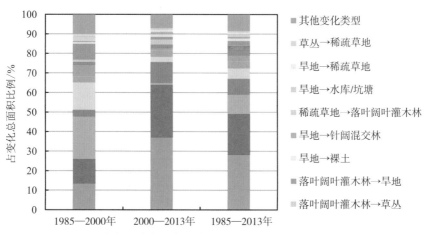

图 4.2.3-4　生态系统主要变化类型占变化总面积的比例（二级分类）

表 4.2.3-1　白龙江上游流域一级生态系统分布与构成转移矩阵

年份	类型	森林	草地	湿地	耕地	人工表面	其他
1985—2000年	森林	15 666.75 (60.33)	33.56 (0.13)	0.17 (0.00)	35.96 (0.14)	2.67 (0.01)	1.99 (0.01)
	草地	8.81 (0.03)	5 308.17 (20.44)	0.77 (0.00)	57.48 (0.22)	0.65 (0.00)	2.60 (0.01)
	湿地	0.09 (0.00)	0.41 (0.00)	75.60 (0.29)	1.74 (0.01)	0.19 (0.00)	0.44 (0.00)
	耕地	67.42 (0.26)	55.25 (0.21)	7.53 (0.03)	2 982.21 (11.48)	13.17 (0.05)	5.24 (0.02)
	人工表面	0.01 (0.00)	0.01 (0.00)	0.00 (0.00)	0.12 (0.00)	81.48 (0.31)	0.01 (0.00)
	其他	8.08 (0.03)	4.70 (0.02)	0.36 (0.00)	6.18 (0.02)	0.16 (0.00)	1 536.89 (5.92)
2000—2013年	森林	15 711.69 (60.51)	25.34 (0.10)	0.76 (0.00)	8.16 (0.03)	2.96 (0.01)	2.33 (0.01)
	草地	14.80 (0.06)	5 358.60 (20.64)	0.94 (0.00)	17.10 (0.07)	1.34 (0.01)	9.47 (0.04)
	湿地	0.06 (0.00)	0.04 (0.00)	80.71 (0.31)	1.60 (0.01)	0.36 (0.00)	1.65 (0.01)
	耕地	246.32 (0.95)	233.98 (0.90)	2.55 (0.01)	2 560.58 (9.86)	25.83 (0.10)	14.46 (0.06)
	人工表面	0.00 (0.00)	0.00 (0.00)	0.00 (0.00)	0.00 (0.00)	98.33 (0.38)	0.00 (0.00)
	其他	1.37 (0.01)	0.53 (0.00)	1.32 (0.01)	2.51 (0.01)	0.71 (0.00)	1 540.80 (5.93)
1985—2013年	森林	15 644.92 (60.25)	60.64 (0.23)	1.01 (0.00)	24.64 (0.09)	5.43 (0.02)	4.47 (0.02)
	草地	31.18 (0.12)	5 281.08 (20.34)	1.29 (0.00)	50.74 (0.20)	2.33 (0.01)	11.84 (0.05)
	湿地	0.10 (0.00)	0.18 (0.00)	73.69 (0.28)	2.24 (0.01)	0.58 (0.00)	1.69 (0.01)
	耕地	288.51 (1.11)	270.21 (1.04)	8.95 (0.03)	2 505.42 (9.65)	38.61 (0.15)	19.13 (0.07)
	人工表面	0.00 (0.00)	0.00 (0.00)	0.00 (0.00)	0.05 (0.00)	81.56 (0.31)	0.01 (0.00)
	其他	9.42 (0.04)	6.24 (0.02)	1.35 (0.01)	6.84 (0.03)	1.01 (0.00)	1 531.50 (5.90)

注：括号前的数据表示转移面积，单位为平方公里（km²），括号中的数据表示其面积百分比，单位为%。

（2）人类经济活动是生态系统空间格局变化的主因，30 年间有 84.02% 的生态系统类型变化与耕地生态系统和人工表面生态系统变化有关

从生态系统类型变化总体情况来看，与人类经济活动有关的耕地生态系统类型变化和人工表面生态系统类型变化最为突出，说明人类经济活动是生态系统类型变化的主因。具体来说基于一级分类系统，1985—2013 年有 84.02%（总面积达 713.04 km²）的生态系统类型变化与这两种生态系统类型变化有关。其中 1985—2000 年，79.46%（总面积达 250.89 km²）的生态系统变化与这两种生态系统类型变化有关，2000—2013 年有 89.84%（总面积达 553.87 km²）的生态系统类型变化与这两种生态系统类型变化有关。

（3）退耕还林还草政策影响明显，出现较高比例的耕地转为森林和草地

2000—2013 年，耕地转变为森林和耕地转变为草地两种转换类型面积分别为 246.32 km² 和 233.98 km²，占该研究时段内区域变化总面积的 39.95% 和 37.95%。这两种变化类型主要与从 1999 年开始在研究区试点的退耕还林还草政策有关。对比 1985—2000 年，耕地转变为森林和耕地转变为草地两种转换类型面积分别为 67.42 km² 和 55.25 km²，占该研究时段内区域变化总面积的 21.35% 和 17.5%；但是，与之相反的类型转换，即森林转变为耕地和草地转变为耕地的面积分别为 35.96 km² 和 57.48 km²，占该研究时段内区域变化总面积的 11.39% 和 18.20%。可见，1985—2000 年退耕还林还草政策正式实施前，以耕地与森林和草地相互转换为主，转换面积较小；2000—2013 年退耕还林还草政策实施后，主要表现为耕地转变为森林和草地，且转换面积较大。

4.2.4　生态系统格局变化

（1）区域整体各景观类型分布趋向于聚集，分布更为集中

1985—2000 年，白龙江上游流域斑块数由 56 420 个增加到 56 477 个，增加了 0.1%；边界密度由 43.0 m/hm² 增加到 43.1 m/hm²；平均斑块面积和聚集度指数则保持不变。可以看出，该时段内白龙江上游流域各景观类型分布保持稳定。

2000—2013 年，白龙江上游流域斑块数由 56 477 个减少到 56 199 个，减少了 0.5%；平均斑块面积则由原来的 46.0 hm² 增加到 46.2 hm²，增加了 0.4%；边界密度由 43.1 m/hm² 增加到 43.3 m/hm²；聚集度指数则由 61.5% 增加到 62.0%。可以看出，四个指标都表明该时段内白龙江上游流域各景观类型分布趋向于聚集，分布更为集中。

1985—2013 年，白龙江上游流域斑块数由 56 420 个减少到 56 199 个，减少了 0.4%；平均斑块面积则由原来的 46.0 hm² 增加到 46.2 hm²，增加了 0.4%；边界密度由 43.0 m/hm² 增加到 43.3 m/hm²；聚集度指数则由 61.5% 增加到 62.0%。可以看出，四个指标都表明白龙江上游流域各景观类型分布趋向于聚集，分布更为集中，

见表 4.2.4-1。

表 4.2.4-1　白龙江上游流域一级生态系统景观格局特征及其变化

年份	斑块数 NP	平均斑块面积 MPS/hm²	边界密度 ED/(m/hm²)	聚集度指数 CONT/%
1985	56 420	46.0	43.0	61.5
2000	56 477	46.0	43.1	61.5
2013	56 199	46.2	43.3	62.0

（2）湿地和人工表面景观格局破碎度减小，耕地景观格局破碎度增大，森林、草地与其他生态系统类型景观格局破碎度总体较为稳定

1985—2000 年，白龙江上游流域湿地类斑块面积由原来的 12.4 hm² 增加到 13.7 hm²，增加了 10.5%；人工表面类斑块面积由原来的 4.8 hm² 增加到 5.6 hm²，增加了 16.7%；耕地类斑块面积由原来的 23 hm² 减少到 22.5 hm²，减少了 2.2%；森林类斑块面积由原来的 139.9 hm² 减少到 139.5 hm²，减少了 0.3%；草地类斑块面积由原来的 23.1 hm² 增加到 23.2 hm²，增加了 0.4%；其他类型类斑块面积由原来的 26.5 hm² 增加到 26.8 hm²，增加了 1.1%，基本保持不变。

2000—2013 年，白龙江上游流域湿地类斑块面积由原来的 13.7 hm² 增加到 14.1 hm²，增加 2.9%；人工表面类斑块面积由原来的 5.6 hm² 增加到 7 hm²，增加了 25%；耕地类斑块面积由原来的 22.5 hm² 减少到 18.9 hm²，减少了 16%；森林类斑块面积由原来的 139.5 hm² 增加到 144.1 hm²，增加了 3.3%；草地类斑块面积由原来的 23.2 hm² 增加到 24.2 hm²，增加了 4.3%；其他类型类斑块面积由原来的 26.8 hm² 增加到 27.1 hm²，增加了 1.1%，基本保持不变。

1985—2013 年，白龙江上游流域湿地类斑块面积由原来的 12.4 hm² 增加到 14.1 hm²，增加了 13.7%；人工表面类斑块面积由原来的 4.8 hm² 增加到 7 hm²，增加了 45.8%；耕地类斑块面积由原来的 23 hm² 减少到 18.9 hm²，减少了 17.8%；森林类斑块面积由原来的 139.9 hm² 增加到 144.1 hm²，增加了 3%；草地类斑块面积由原来的 23.1 hm² 增加到 24.2 hm²，增加了 4.8%；其他类型类斑块面积由原来的 26.5 hm² 增加到 27.1 hm²，增加了 2.3%，基本保持稳定，见表 4.2.4-2。

表 4.2.4-2　白龙江上游流域一级生态系统类斑块平均面积　　　　　　单位：hm²

年份	森林	草地	湿地	耕地	人工表面	其他
1985	139.9	23.1	12.4	23.0	4.8	26.5
2000	139.5	23.2	13.7	22.5	5.6	26.8
2013	144.1	24.2	14.1	18.9	7.0	27.1

4.2.5 生态系统变化的区域差异

（1）生态系统变化主要表现为沿主要河流谷地的线状延伸

白龙江上游流域生态系统综合变化率主要表现为沿大型河谷两侧延伸的特征。在白龙江干流以及岷江与白水江等支流生态系统变化最为明显，其中尤以白龙江干流部分河段生态系统类型变化更为明显。相对于 1985—2000 年相对分散的扰动，2000—2013 年的扰动更为集中，尤其是在武都区、宕昌县和九寨沟县，大片地区生态系统综合变化率超过 2%，出现了集中成片的强烈或较强烈的扰动。

（2）主要城镇居民点附近生态系统类型变化较为突出

近 30 年间白龙江上游流域生态系统类型变化表现为围绕主要城镇及周边地区的生态系统类型点状快速变化。在武都区、宕昌县、九寨沟县、迭部县、舟曲县、文县等城镇周边的小流域，生态系统综合变化率要明显高于周边地区，见图 4.2.5-1～图 4.2.5-6。

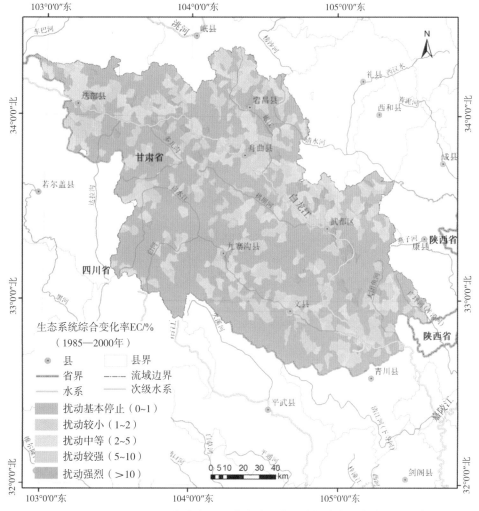

图 4.2.5-1 1985—2000 年白龙江上游流域生态系统综合变化率（一级分类）

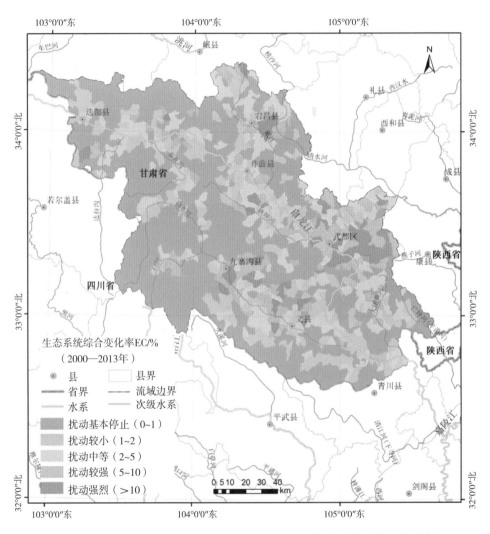

图 4.2.5-2　2000—2013 年白龙江上游流域生态系统综合变化率（一级分类）

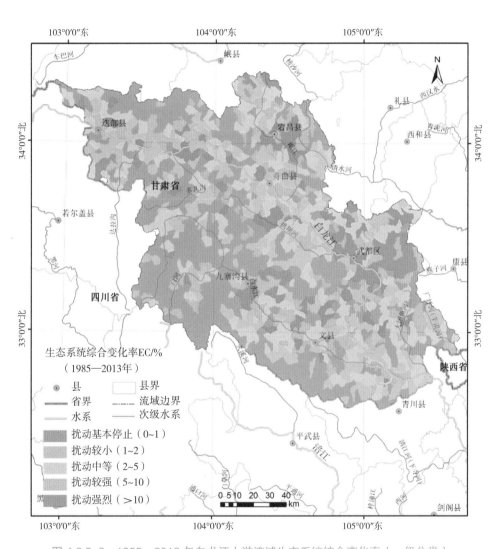

图 4.2.5-3　1985—2013 年白龙江上游流域生态系统综合变化率（一级分类）

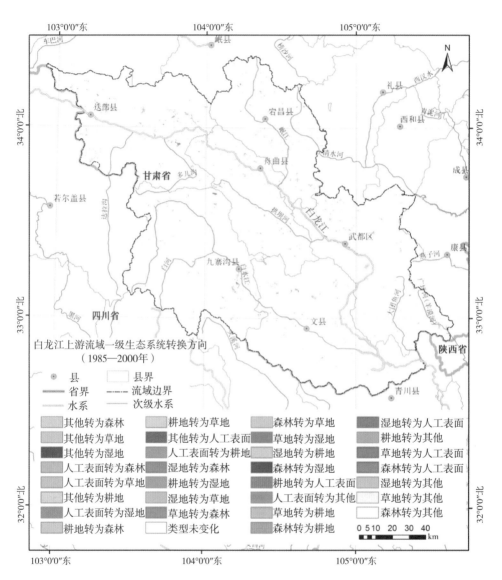

图 4.2.5-4　1985—2000 年白龙江上游流域生态系统转换（一级分类）

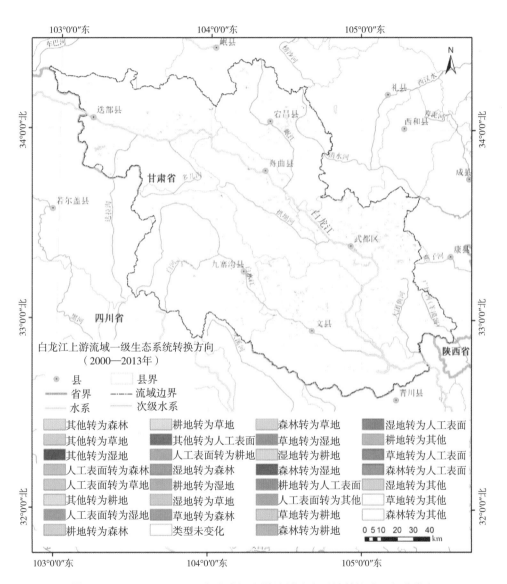

图 4.2.5-5　2000—2013 年白龙江上游流域生态系统转换（一级分类）

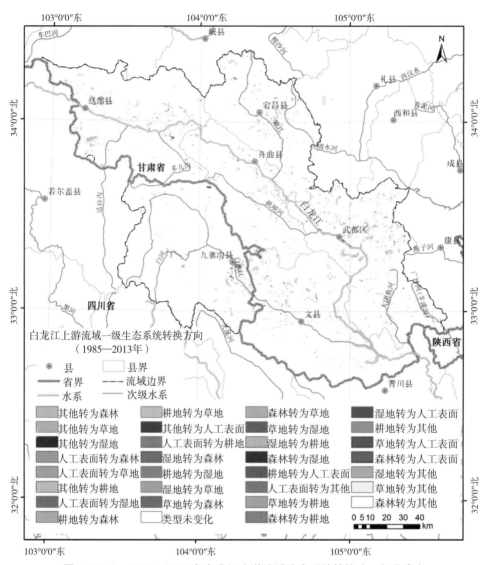

图 4.2.5-6 1985—2013 年白龙江上游流域生态系统转换（一级分类）

（3）主要变化热点地区

1）白龙江干流，主要位于武都区中北部、舟曲县中部，生态系统变化类型主要表现为耕地转变为人工表面以及耕地转变为森林和耕地转变为草地，表现为高强度经济活动下城镇化的迅速扩展，以及受国家退耕还林还草政策的影响十分明显。

2）白龙江支流宕昌县，生态系统类型变化主要变现为耕地转变为草地，受国家退耕还林还草政策的影响十分明显。

3）白龙江支流白水江流域以及大团鱼河流域，主要位于九寨沟县东南部、文县以及武都县南部，这些地区生态系统类型变化主要表现为耕地转变为森林，受国家退耕还林还草政策的影响十分明显。

4）白龙江上游河谷段，主要位于迭部县境内，这些地区生态系统类型变化表现为耕地与森林和草地的相互转换，受人口增长压力带来的开荒种地，以及国家退耕还林还草政策的影响明显。

4.3　各生态系统类型变化特征

4.3.1　森林生态系统

（1）森林生态系统数量总体稳定，类型间变动较大

1985—2000 年，森林生态系统占白龙江上游流域总面积由 15 741.10 km^2 增加到 15 751.15 km^2，增加了 10.05 km^2，增加比例为 0.06%，数量总体稳定。

从二级生态系统类型来看，1985—2000 年，部分类型面积变化较大。落叶阔叶灌木林面积增加了 110.82 km^2，占 1985 年落叶阔叶灌木林总面积的 1.49%。常绿针叶林减少了 115.18 km^2，占 1985 年常绿针叶林总面积的 3.25%。其他面积增加的类型主要为落叶阔叶林和针阔混交林，面积分别增加了 11.6 km^2 和 1.67 km^2。

2000—2013 年，森林生态系统占白龙江上游流域总面积由 15 751.15 km^2 增加到 15 974.14 km^2，增加了 222.99 km^2，增加比例为 1.42%，数量总体稳定。

从二级生态系统类型来看，2000—2013 年，部分类型面积变化较大。落叶阔叶灌木林面积增加了 158.62 km^2，占 2000 年落叶阔叶灌木林总面积的 2.1%。常绿针叶林减少了 9.1 km^2，占 2000 年常绿针叶林总面积的 0.27%。其他面积增加的类型主要为落叶阔叶林和针阔混交林，面积分别增加了 66.22 km^2 和 6.93 km^2，见表 4.3.1-1。

表 4.3.1-1　森林生态系统变化面积与变化百分比

森林生态系统类型	1985—2000 年		2000—2013 年		1985—2013 年	
	km^2	%	km^2	%	km^2	%
常绿阔叶林	0.00	0.00	0.00	0.00	0.00	0.00
落叶阔叶林	11.60	0.32	66.22	1.83	77.82	2.15
常绿针叶林	−115.18	−3.25	−9.10	−0.27	−124.28	−3.51
针阔混交林	1.67	0.19	6.93	0.76	8.61	0.95
常绿阔叶灌木林	1.14	0.49	0.31	0.13	1.45	0.62
落叶阔叶灌木林	110.82	1.49	158.62	2.10	269.44	3.62
乔木绿地	0.00	0.00	0.00	0.00	0.00	0.00
合计	10.05	0.06	222.99	1.42	233.04	1.48

1985—2013 年，森林生态系统占白龙江上游流域总面积由 15 741.10 km² 增加到 15 974.14 km²，增加了 233.04 km²，增加比例为 1.48%，数量总体稳定。

从二级生态系统类型来看，1985—2013 年，部分类型面积变化较大。落叶阔叶灌木林面积增加了 269.44 km²，占 1985 年落叶阔叶灌木林总面积的 3.62%。常绿针叶林减少了 124.28 km²，占 1985 年常绿针叶林总面积的 3.51%。其他面积增加的类型主要为落叶阔叶林和针阔混交林，面积分别增加了 77.82 km² 和 8.61 km²。

（2）森林生态系统对生态系统数量变化影响相对较大，森林转出方向主要为草地和耕地，转入来源主要为耕地

1985—2000 年，森林转变为其他类型与其他类型转变为森林的面积分别为 74.35 km² 和 84.41 km²，占总变化面积的比例分别为 23.55% 和 26.73%，与森林生态系统相关的变化占总变化面积的 50.28%。

2000—2013 年，森林转变为其他类型与其他类型转变为森林的面积分别为 39.55 km² 和 262.55 km²，占总变化面积的比例分别为 6.42% 和 42.59%，与森林生态系统相关的变化占总变化面积的 49.00%。

从 1985—2013 年整体来看，森林转变为其他类型与其他类型转变为森林的面积分别为 96.19 km² 和 329.21 km²，占总变化面积的比例分别为 11.33% 和 38.79%，与森林生态系统相关的变化占总变化面积的 50.12%。

1985—2000 年，森林转出方向主要为耕地和草地，面积达 35.96 km² 和 33.56 km²，占该时段变化总面积的 11.39% 和 10.63%；森林转变为人工表面的面积也达到 2.67 km²，占该时段变化总面积的 0.85%。其他转出类型依次为森林转变为其他生态系统和森林转为湿地，面积为 1.99 km² 和 0.17 km²，占该时段变化总面积的比例分别为 0.63% 和 0.05%。森林转入来源主要为耕地，转入面积为 67.42 km²，占总变化面积的 21.35%，其次为草地转为森林、其他生态系统转为森林和湿地转

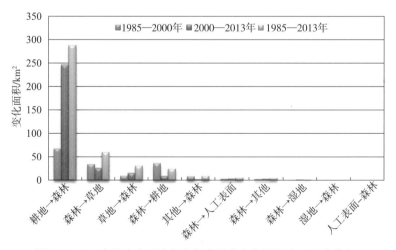

图 4.3.1-1　森林生态系统各变化类型的变化面积（一级分类）

为森林，转换面积分别为 8.81 km²、8.08 km² 和 0.09 km²，占总变化面积的 2.79%、2.56% 和 0.03%。

2000—2013 年，森林转出方向主要为草地和耕地，面积达 25.34 km² 和 8.16 km²，占该研究时段变化总面积的 4.11% 和 1.32%；森林转变为人工表面的面积也达到 2.96 km²，占该研究时段变化总面积的 0.48%。其他转出类型依次为森林转变为其他生态系统和森林转为湿地，面积为 2.33 km² 和 0.76 km²，占该研究时段变化总面积的比例分别为 0.38% 和 0.12%。森林转入来源主要为耕地，转入面积为 246.32 km²，占总变化面积的 39.95%，其次为草地转为森林、其他生态系统转为森林和湿地转为森林，转换面积分别为 14.8 km²、1.37 km² 和 0.06 km²，占总变化面积的 2.40%、0.22% 和 0.01%。

1985—2013 年，森林转出方向主要为草地和耕地，面积达 60.64 km² 和 24.64 km²，占该研究时段变化总面积的 7.15% 和 2.9%；森林转变为人工表面的面积也达到 5.43 km²，占该研究时段变化总面积的 0.64%。其他转出类型依次为森林转变为其他生态系统和森林转为湿地，面积为 4.47 km² 和 1.01 km²，占该时段变化总面积的比例分别为 0.53% 和 0.12%。森林转入来源主要为耕地，转入面积为 288.51 km²，占总变化面积的 34%，其次为草地转为森林、其他生态系统转为森林和湿地转为森林，转换面积分别为 31.18 km²、9.42 km² 和 0.1 km²，占总变化面积的 3.67%、1.11% 和 0.01%，见图 4.3.1-2。

从二级分类系统来看，1985—2000 年森林生态系统转出主要表现为常绿针叶林转变为落叶阔叶灌木林，面积为 88.13 km²，占总变化面积比例为 21.61%。其他主要转出类型依次为落叶阔叶灌木林转为旱地、常绿针叶林转为草丛和落叶阔叶灌木林转为草丛，面积分别为 32.82 km²、24.03 km² 和 4.86 km²，占总变化面积的比例分别为 8.05%、5.89% 和 1.19%。其他变化面积较多的类型为旱地转为落叶阔叶灌木林、旱地转为落叶阔叶林、稀疏草地转为落叶阔叶灌木林和草丛转为落叶阔叶灌木林，面积分别为 51.56 km²、13.85 km²、7.07 km² 和 6.3 km²，分别占该研究时段内变化总面积的 12.64%、3.4%、1.73% 和 1.54%。

从二级分类系统来看，2000—2013 年森林生态系统主要转出类型依次为落叶阔叶灌木林转为草丛、落叶阔叶灌木林转为旱地和常绿针叶林转为草丛，面积分别为 16.5 km²、7.58 km² 和 7.18 km²，占总变化面积的比例分别为 2.62%、1.2% 和 1.14%。

从二级分类系统来看，2000—2013 年森林转入类型主要为旱地转为落叶阔叶灌木林，面积为 170.05 km²，占总变化面积比例为 27.02%。其他变化面积较多的类型为旱地转为落叶阔叶林和草丛转为落叶阔叶灌木林，面积分别为 66.47 km² 和 12.33 km²，分别占该研究时段内变化总面积的 10.56% 和 1.96%。

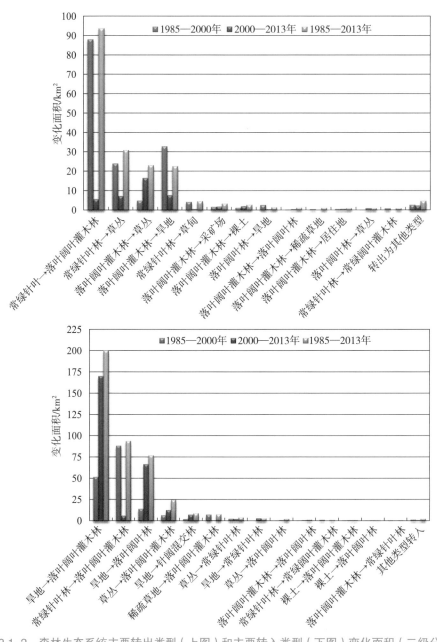

图 4.3.1-2　森林生态系统主要转出类型（上图）和主要转入类型（下图）变化面积（二级分类）

从二级分类系统来看，1985—2013 年森林生态系统转出主要表现为常绿针叶林转变为落叶阔叶灌木林，面积为 93.82 km²，占总变化面积比例为 9.83%。其他主要转出类型依次为常绿针叶林转为草丛、落叶阔叶灌木林转为草丛和落叶阔叶灌木林转为旱地，面积分别为 30.93 km²、23.18 km² 和 22.67 km²，占总变化面积的比例分别为 3.24%、2.43% 和 2.37%。

从二级分类系统来看，1985—2013 年森林转入类型主要为旱地转为落叶阔叶灌木林，面积为 200.02 km²，占总变化面积的 20.96%。其他变化面积较多的类型为常绿针叶林转为落叶阔叶灌木林、旱地转为落叶阔叶林和草丛转为落叶阔叶灌木林，面积分别为 93.82 km²、76.99 km² 和 24.6 km²，分别占变化总面积的 9.83%、8.07% 和 2.58%。

（3）森林生态系统格局整体没有表现出破碎化特征，仅常绿针叶林破碎度略为增大

1985—2000 年，白龙江上游流域森林类斑块平均面积由 139.9 hm² 减少到 139.5 hm²，略有减少，景观格局破碎度略为增加。常绿针叶林表现出一定的破碎化倾向，落叶阔叶林和落叶阔叶灌木林则表现出一定的聚集倾向，其余二级类型类斑块面积基本保持不变，景观格局没有表现出破碎化特征（表 4.3.1-2）。

2000—2013 年，白龙江上游流域森林类斑块平均面积由 139.5 hm² 增加到 144.1 hm²，略有增加，景观格局破碎度略为减少。常绿针叶林表现出一定的破碎化倾向，落叶阔叶林、落叶阔叶灌木林和针阔混交林则表现出一定的聚集趋势特征，其余二级类型类斑块面积基本保持不变，景观格局没有表现出破碎化特征（表 4.3.1-2）。

1985—2013 年，白龙江上游流域森林类斑块平均面积由 139.9 hm² 增加到 144.1 hm²，略有增加，景观格局破碎度略为减小。除常绿针叶林表现出一定的破碎化倾向外，落叶阔叶林、落叶阔叶灌木林和针阔混交林类斑块面积有所增加，表现出一定的聚集趋势特征，其余二级类型类斑块面积则基本保持不变，景观格局没有表现出破碎化特征。见表 4.3.1-2、图 4.3.1-3 ~ 图 4.3.1-5。

表 4.3.1-2　白龙江上游流域二级生态系统类斑块平均面积　　　　单位：hm²

森林生态系统	1985 年	2000 年	2013 年
常绿阔叶林	8.9	8.9	8.9
落叶阔叶林	16.6	16.7	17.0
常绿针叶林	20.3	19.2	19.1
针阔混交林	11.2	11.2	11.3
常绿阔叶灌木林	12.2	12.3	12.3
落叶阔叶灌木林	27.4	28.1	28.9
乔木绿地	3.6	3.6	3.6
总计	139.9	139.5	144.1

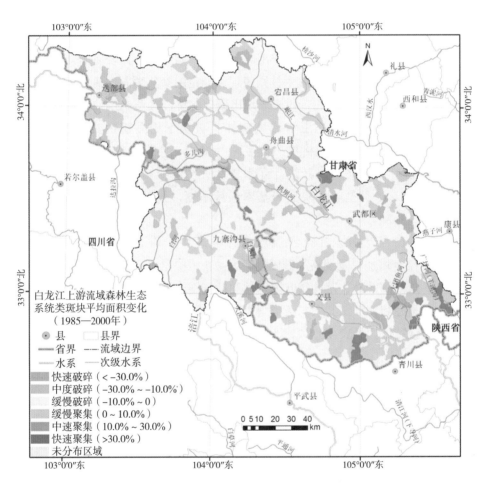

图 4.3.1-3　1985—2000 年白龙江上游流域森林生态系统类斑块平均面积变化率

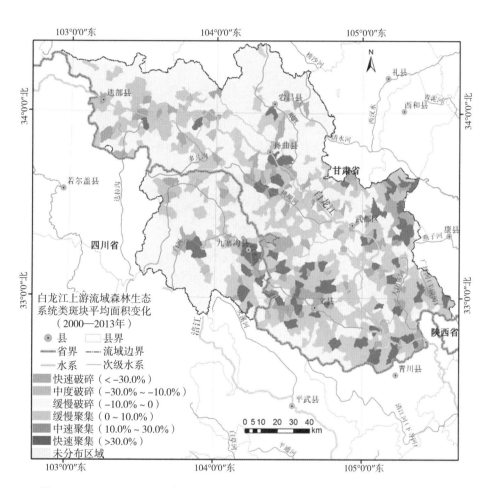

图 4.3.1-4　2000—2013 年白龙江上游流域森林生态系统类斑块平均面积变化率

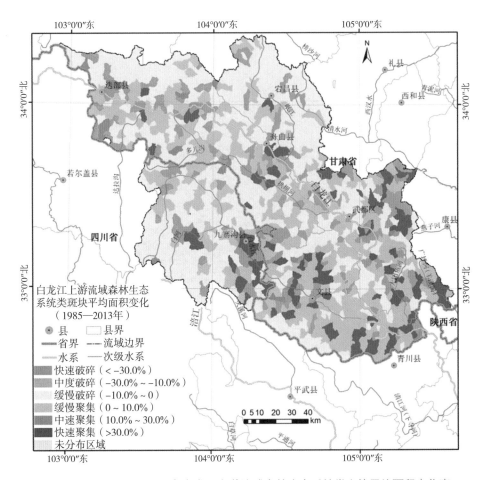

图 4.3.1-5 1985—2013 年白龙江上游流域森林生态系统类斑块平均面积变化率

（4）生态系统变化表现为中部增加，西北部减少的格局

1985—2000 年，在白龙江上游迭部县县城外东北部的小流域，森林减少迅速，景观破碎化较为明显，其平均类斑块面积都减少了 10% 以上，变化主要与森林转变为草地有关。在白龙江中游武都区中北部部分小流域，森林迅速增加，景观格局呈现聚集趋势，该变化主要与耕地转变为森林有关。其他地区森林生态系统基本保持稳定，见图 4.3.1-6。

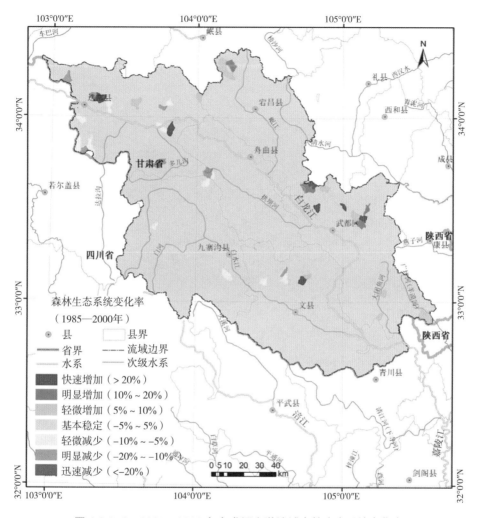

图 4.3.1-6　1985—2000 年白龙江上游流域森林生态系统变化率

2000—2013 年，在白龙江上游迭部县西南部的部分小流域，森林减少迅速，景观破碎化较为明显，其平均类斑块面积都减少了 10% 以上，变化主要与森林转变为草地有关。在白龙江中游武都区中北部、舟曲县县城南部、宕昌县县城东部以及白水江流域九寨沟县县城至文县县城段等地区的部分小流域，森林迅速增加，景观格局呈现聚集趋势，该变化主要与耕地转变为森林有关。其他地区森林生态系统基本保持稳定，见图 4.3.1-7。

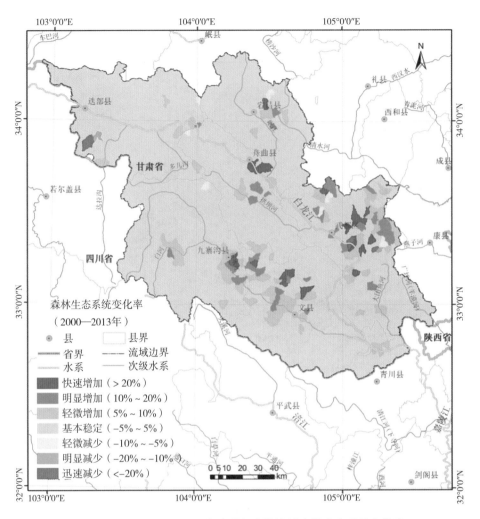

图 4.3.1-7　2000—2013 年白龙江上游流域森林生态系统变化率

　　1985—2013 年，在白龙江上游地区，尤其是迭部县西部，森林减少迅速，部分小流域减少比例超过 20%，这些地区景观破碎化较为明显，其平均类斑块面积都减少了 10% 以上，变化主要与森林转变为草地有关。

　　1985—2013 年，在白龙江流域中东部地区，尤其是从舟曲县—武都区白龙江河谷两侧，森林增加最为明显，较多小流域森林面积增加比例超过 20%。在这些地区森林聚集效应明显，平均类斑块面积多表现为增加趋势，很多小流域平均类斑块面积增加超过 10%，甚至 30% 以上，变化主要与耕地转变为各类森林有关。

　　1985—2013 年，在白龙江支流白水江流域，尤其是从九寨沟县—文县沿白水江河谷两侧，较多小流域森林面积增加比例都超过 20%。在这些地区，森林聚集效应较为明显，很多小流域平均类斑块面积减少超过 10%，主要与耕地转变为各类森林有关，见图 4.3.1-8。

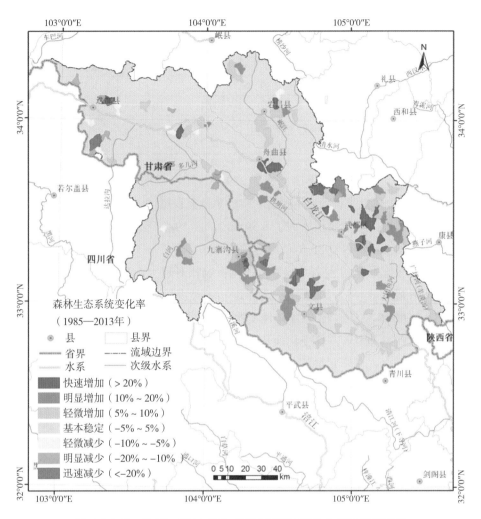

图 4.3.1-8　1985—2013 年白龙江上游流域森林生态系统变化率

4.3.2　草地生态系统

（1）草地生态系统数量总体稳定，变化主要与草原和草丛有关

1985—2000 年，草地面积净增加了 23.63 km²，平均每年增加 1.58 km²，增加比例为 0.44%，总体上来说数量也保持稳定。草丛面积增加了 19.98 km²，占 1985 年草丛面积的 0.45%。草甸面积增加了 3.65 km²，占 1985 年草甸面积的 0.39%。草原面积保持稳定。

2000—2013 年，草地面积净增加了 216.25 km²，平均每年增加 16.63 km²，增加比例为 4.00%，总体上来说数量也保持稳定。草丛面积增加了 211.00 km²，占 2000 年草丛面积的 4.73%。草甸面积增加了 4.94 km²，占 2000 年草甸面积的 0.52%。草原面积增加了 0.31 km²，占 2000 年草原面积的 103.28%，见表 4.3.2-1。

表 4.3.2-1 生态系统变化面积与变化百分比

草地生态系统	1985—2000 年		2000—2013 年		1985—2013 年	
	km²	%	km²	%	km²	%
草甸	3.65	0.39	4.94	0.52	8.59	0.91
草原	0.00	−0.30	0.31	103.89	0.31	103.28
草丛	19.98	0.45	211.00	4.73	230.98	5.20
合计	23.63	0.44	216.25	4.00	239.88	4.46

1985—2013 年，草地面积净增加了 239.88 km²，平均每年增加 8.6 km²，增加比例为 4.46%，总体上来说数量也保持稳定。草丛面积增加了 230.98 km²，占 1985 年草丛面积的 5.20%。草甸面积增加了 8.59 km²，占 1985 年草甸面积的 0.91%。草原面积增加了 0.31 km²，占 1985 年草原面积的 103.28%。

（2）草地生态系统对生态系统数量变化影响相对较大，草地转出方向主要为旱地和落叶阔叶灌木林，转入来源主要为旱地和各类森林

1985—2000 年，草地转变为其他类型与其他类型转变为草地的面积分别为 70.31 km² 和 93.93 km²，占总变化面积的比例分别为 22.77% 和 29.75%，与草地生态系统相关的变化占总变化面积的 52.02%。

2000—2013 年，草地转变为其他类型与其他类型转变为草地的面积分别为 43.65 km² 和 259.89 km²，占总变化面积的比例分别为 7.08% 和 42.16%，与草地生态系统相关的变化占总变化面积的 49.24%，见图 4.3.2-1。

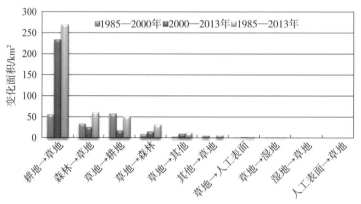

图 4.3.2-1 草地生态系统各变化类型的变化面积（一级分类）

从 1985—2013 年整体来看，草地转变为其他类型与其他类型转变为草地的面积分别为 97.38 km² 和 337.27 km²，占总变化面积的比例分别为 11.47% 和 39.74%，与草地生态系统相关的变化占总变化面积的 51.21%。

1985—2000 年，草地转出方向主要为耕地和森林，以草丛转为旱地和草丛转为落叶阔叶灌木林为主，面积分别为 57.07 km² 和 6.30 km²，占该研究时段变化总面积的 14.00% 和 1.54%；草地转入以耕地和森林为主，主要包括旱地转为草丛、常

绿针叶林转为草丛和落叶阔叶灌木林转为草丛，面积分别为 54.85 km²、24.03 km² 和 4.86 km²，分别占该研究时段内变化总面积的 13.45%、5.89% 和 1.19%。

2000—2013 年，草地转出方向主要为耕地和森林，以草丛转为旱地和草丛转为落叶阔叶灌木林为主，面积分别为 16.76 km² 和 12.33 km²，占该研究时段变化总面积的 2.66% 和 1.96%；草地转入以耕地和森林为主，主要包括旱地转为草丛、落叶阔叶灌木林转为草丛和常绿针叶林转为草丛，面积分别为 233.27 km²、16.5 km² 和 7.18 km²，分别占该研究时段内变化总面积的 37.07%、2.62% 和 1.14%。

1985—2013 年，草地转出方向主要为耕地和森林，以草丛转为旱地和草丛转为落叶阔叶灌木林为主，面积分别为 50.39 km² 和 24.60 km²，占该研究时段变化总面积的 5.28% 和 2.58%；草地转入以耕地和森林为主，主要包括旱地转为草丛、常绿针叶林转为草丛和落叶阔叶灌木林转为草丛，面积分别为 269.39 km²、30.93 km² 和 23.18 km²，分别占研究时段内变化总面积的 28.22%、3.24% 和 2.43%，见图 4.3.2-2。

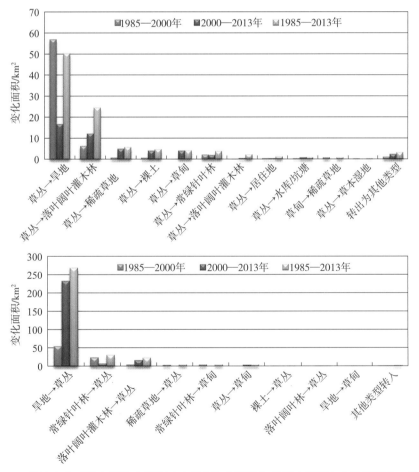

图 4.3.2-2　草地生态系统主要转出类型（上图）和主要转入类型（下图）变化面积（二级分类）

（3）草地生态系统格局整体没有表现出破碎化特征

1985—2000 年，白龙江上游流域草地类斑块平均面积由 23.1 hm² 增加到 23.2 hm²，增加了 0.4%，景观格局破碎度基本保持不变。草丛的类斑块平均面积略为增加，由 19.3 hm² 增加到 19.4 hm²，增加了 0.5%；草甸的类斑块平均面积由 66.8 hm² 增加到 67.5 hm²，增加了 1%；草原类斑块平均面积保持不变。

2000—2013 年，白龙江上游流域草地类斑块平均面积由 23.2 hm² 增加到 24.2 hm²，增加了 4.3%，景观格局破碎度略为减小。草原类斑块平均面积增加明显，由 10 hm² 增加到 61.3 hm²，增加了 513%；草丛的类斑块平均面积呈增加趋势，由 19.4 hm² 增加到 20.4 hm²，增加了 5.2%；草甸的类斑块平均面积由 67.5 hm² 增加到 68.2 hm²，增加了 1%，景观格局都没有表现出破碎化趋势特征。

1985—2013 年，白龙江上游流域草地类斑块平均面积由 23.1 hm² 增加到 24.2 hm²，增加了 4.8%，景观格局破碎度略为减小。草原类斑块平均面积增加明显，由 10 hm² 增加到 61.3 hm²，增加了 513%；草丛的类斑块平均面积呈增加趋势，由 19.3 hm² 增加到 20.4 hm²，增加了 5.7%；草甸的类斑块平均面积由 66.8 hm² 增加到 68.2 hm²，增加了 2.1%，景观格局都没有表现出破碎化趋势特征，见表 4.3.2-2、图 4.3.2-3 ~ 图 4.3.2-5。

表 4.3.2-2　白龙江上游流域二级生态系统类斑块平均面积　　　　单位：hm²

草地生态系统	1985 年	2000 年	2013 年
草甸	66.8	67.5	68.2
草原	10.0	10.0	61.3
草丛	19.3	19.4	20.4
总计	23.1	23.2	24.2

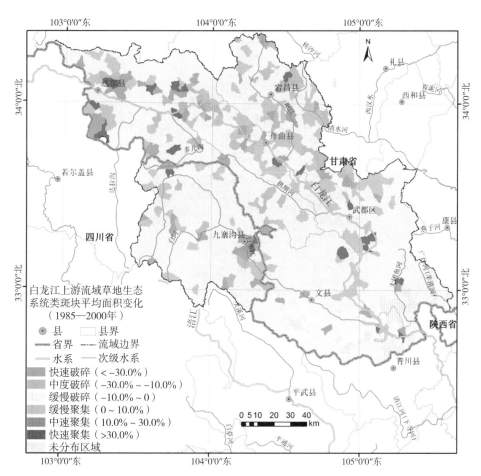

图 4.3.2-3　1985—2000 年白龙江上游流域草地生态系统类斑块平均面积变化率

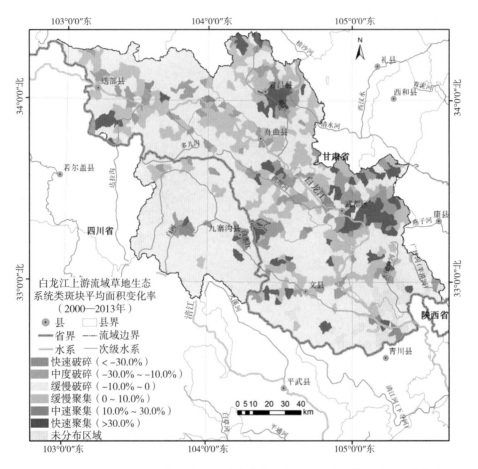

图 4.3.2-4　2000—2013 年白龙江上游流域草地生态系统类斑块平均面积变化率

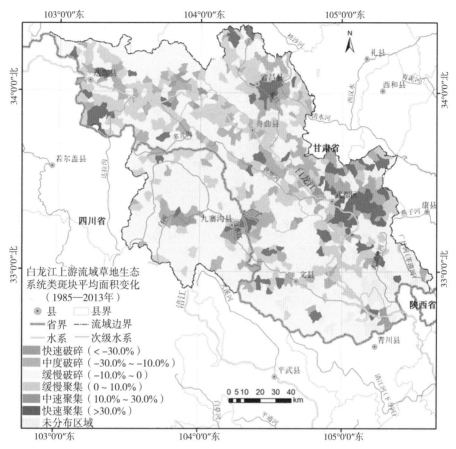

图 4.3.2–5　1985—2013 年白龙江上游流域草地生态系统类斑块平均面积变化率

（4）草地生态系统变化区域差异明显，在宕昌县中部岷江流域、舟曲县南部拱坝河流域和武都区中北部地区增加较快，在白龙江源头地区的白龙江以及九寨沟县—文县沿白水江河谷两侧同时存在耕地与草地相互转换的小流域

1985—2000 年，在白龙江干流地区，尤其是迭部县北部和武都区西部草地增加较为明显，很多小流域草地面积增加比例超过 25%，这些地区草地变化主要表现为耕地转变为草地，主要与我国退耕还林还草工程有关。在白龙江干流迭部县至舟曲县段以及九寨沟县东南部，草地减少明显，草地变化主要为草地转变为耕地，见图 4.3.2-6。

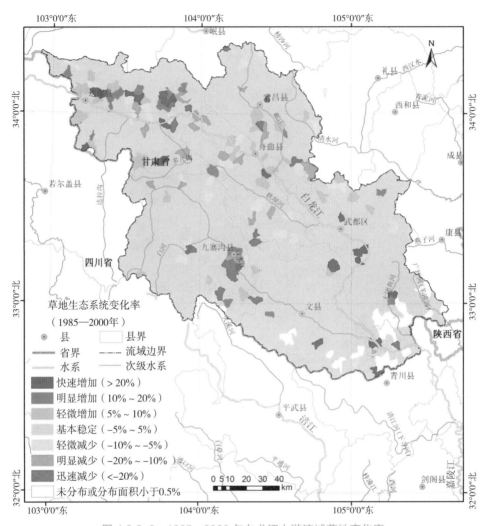

图 4.3.2-6　1985—2000 年白龙江上游流域草地变化率

2000—2013 年，在白龙江上游流域河谷两侧，尤其是宕昌县中部岷江流域、舟曲县南部拱坝河流域和武都区中北部草地增加较为明显，很多小流域草地面积增加比例超过 25%，这些地区草地变化主要表现为耕地转变为草地，主要与我国退耕还林还草工程有关。在九寨沟县县城附近及其西部以及迭部县东部的部分小流域，草地减少明显，主要为草地转变为森林，与我国退耕还林还草工程有关，见图 4.3.2-7。

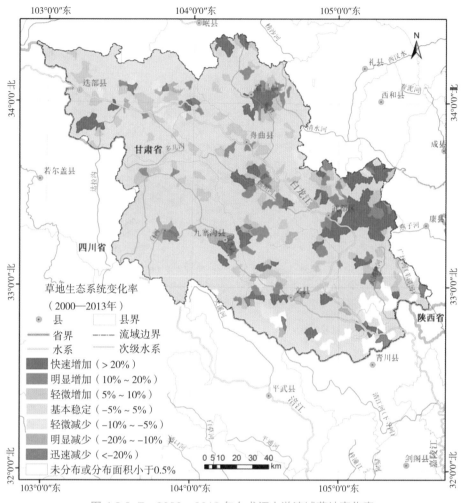

图 4.3.2-7 2000—2013 年白龙江上游流域草地变化率

1985—2013 年，在白龙江上游流域中部地区，尤其是宕昌县中部岷江流域、舟曲县南部拱坝河流域和武都区中北部草地增加较为明显，很多小流域草地面积增加比例超过 25%，这些地区草地变化主要表现为耕地转变为草地，主要与我国退耕还林还草工程有关。

1985—2013 年，在白龙江源头地区的白龙江及其支流河谷地区，草地增加和减少同时存在，草地变化主要为耕地转为草地和草地转变为耕地，主要与退耕还林还草政策有关。在西南部地区，尤其是九寨沟县—文县沿白水江河谷两侧多数小流域，草地变化主要表现为耕地转为草地和草地转为森林，主要与退耕还林还草政策相关。

总体来说，由于草地变化面积在各类生态中变化较大，景观格局变化在大多数地区较为明显，其变化主要与退耕还林还草政策相关，见图 4.3.2-8。

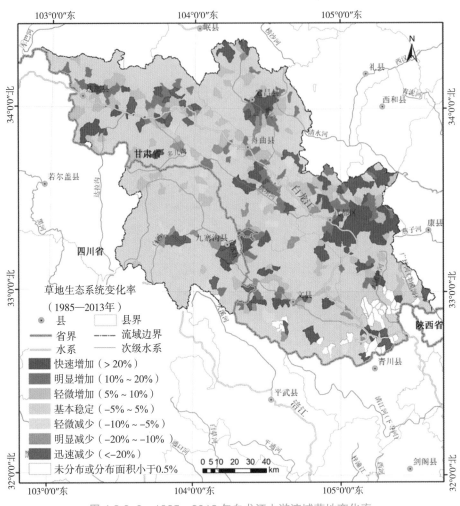

图 4.3.2-8　1985—2013 年白龙江上游流域草地变化率

4.3.3　湿地生态系统

（1）湿地生态系统数量增加比例较大，主要表现为水库／坑塘面积增加，主要与兴修水电站和水库等人类活动有关

白龙江上游流域，1985—2000 年，湿地面积净增加了 5.94 km²，增加比例为 7.57%，数量增加较多。从二级分类系统来看，1985—2000 年，水库／坑塘增加了 6.53 km²，占 1985 年水库／坑塘总面积的 57.74%。草本湿地面积增加了 0.25 km²，占 1985 年草本湿地总面积的 5.28%。湖泊和河流湿地面积则分别减少了 0.1 km² 和 0.73 km²，占 1985 年各自面积的 2.48% 和 1.25%。

2000—2013 年，湿地面积净增加了 1.87 km²，增加比例为 2.21%，数量增加较多。从二级分类系统来看，2000—2013 年，水库／坑塘增加了 3.62 km²，占 2000

水库／坑塘总面积的 20.32%。草本湿地面积增加了 0.07 km^2，占 2000 年草本湿地总面积的 1.42%。湖泊和河流湿地面积则分别减少了 0.12 km^2 和 1.71 km^2，占 2000 年各自面积的 3.12% 和 2.96%。

1985—2013 年，湿地面积净增加了 7.81 km^2，增加比例为 9.95%，数量增加较多。从二级分类系统来看，1985—2013 年，水库／坑塘增加了 10.15 km^2，占 1985 年水库／坑塘总面积的 89.8%。草本湿地面积增加了 0.32 km^2，占 1985 年草本湿地总面积的 6.78%。湖泊和河流湿地面积则分别减少了 0.22 km^2 和 2.44 km^2，占 1985 年各自面积的 5.52% 和 4.17%，见表 4.3.3-1。

表 4.3.3-1　白龙江上游流域湿地生态系统变化面积与变化百分比

湿地系统类型	1985—2000 年		2000—2013 年		1985—2013 年	
	km^2	%	km^2	%	km^2	%
草本湿地	0.25	5.28	0.07	1.42	0.32	6.78
湖泊	−0.10	−2.48	−0.12	−3.12	−0.22	−5.52
水库／坑塘	6.53	57.74	3.62	20.32	10.15	89.80
河流	−0.73	−1.25	−1.71	−2.96	−2.44	−4.17
合计	5.94	7.57	1.87	2.21	7.81	9.95

（2）湿地生态系统从变化数量上看 30 年来对生态系统变化影响较小，主要表现为耕地转变为湿地，以单向转化为主

从 1985—2000 年来看，与湿地生态系统相关的变化面积为 11.7 km^2，占总变化面积的 3.71%；湿地转变为其他类型与其他类型转变为湿地的面积分别为 2.87 km^2 和 8.83 km^2，占总变化面积的比例分别为 0.91% 和 2.8%，以单向转化为主。

从 2000—2013 年来看，与湿地生态系统相关的变化面积为 9.28 km^2，占总变化面积的 1.51%；湿地转变为其他类型与其他类型转变为湿地的面积分别为 3.71 km^2 和 5.57 km^2，占总变化面积的比例分别为 0.6% 和 0.9%，以单向转化为主。

从 1985—2013 年来看，与湿地生态系统相关的变化面积为 17.39 km^2，占总变化面积的 2.04%；湿地转变为其他类型与其他类型转变为湿地的面积分别为 4.79 km^2 和 12.6 km^2，占总变化面积的比例分别为 0.56% 和 1.48%，以单向转化为主，见图 4.3.3-1。

（3）湿地生态系统变化主要与兴建水电站和水库有关

从二级分类系统来看，1985—2000 年湿地生态系统转入主要表现为旱地转为水库／坑塘、旱地转为河流和河流转为水库／坑塘，面积分别为 5 km^2、2.51 km^2 和 1.35 km^2，占该研究时段总变化面积比例分别为 1.23%、0.62% 和 0.33%。转出类型主要为河流转为旱地，面积为 1.55 km^2，占总变化面积的 0.38%。

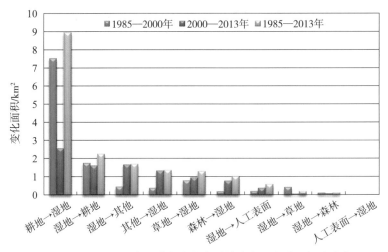

图 4.3.3-1　湿地生态系统各变化类型的变化面积（一级分类）

从二级分类系统来看，2000—2013 年湿地生态系统转入主要表现为旱地转为水库 /坑塘、裸土转为水库 / 坑塘和草丛转为水库 / 坑塘，面积分别为 2 km²、0.92 km² 和0.89 km²，占该研究时段总变化面积比例分别为 0.32%、0.15% 和 0.14%。转出类型主要为河流转为旱地，面积为 1.53 km²，占总变化面积的 0.24%，见图 4.3.3-2。

从二级分类系统来看，1985—2013 年湿地生态系统转入主要表现为旱地转为水库 / 坑塘、旱地转为河流和河流转为水库 / 坑塘，面积分别为 6.83 km²、2.07 km² 和 1.66 km²，占该研究时段总变化面积比例分别为 0.72%、0.22% 和0.17%。转出类型主要为河流转为旱地，面积为 2.11 km²，占总变化面积的 0.22%。

可以看出，湿地生态系统转出主要表现为旱地、水库 / 坑塘和河流之间的转换，而其余类型没有发生大的变化。这说明该研究时段内白龙江上游流域湿地变化还主要受人类活动的影响，主要与兴建水电站和水库有关。

（4）湿地生态系统格局整体没有表现出破碎化特征，水库 / 坑塘破碎度明显减小

1985—2000 年，白龙江上游流域湿地类斑块平均面积由 12.4 hm² 增加到13.7 hm²，增加了 10.5%，景观格局破碎度呈现减小趋势。水库 / 坑塘类斑块平均面积增加明显，由 24 hm² 增加到 45.7 hm²，增加了 90.4%；湖泊类斑块平均面积由17.7 hm² 增加到 18.8 hm²，增加了 6.2%；其余二级类型类斑块平均面积则基本保持不变，景观格局没有表现出破碎化特征。

2000—2013 年，白龙江上游流域湿地类斑块平均面积由 13.7 hm² 增加到14.1 hm²，增加了 2.9%，景观格局破碎度呈现一定的减小趋势。水库 / 坑塘类斑块平均面积增加较为明显，由 45.7 hm² 增加到 51.1 hm²，增加了 11.8%；河流类斑块平均面积由 18.8 hm² 减少到 18.3 hm²，减少了 2.7%；其余二级类型类斑块平均面积则基本保持不变，景观格局没有表现出破碎化特征。

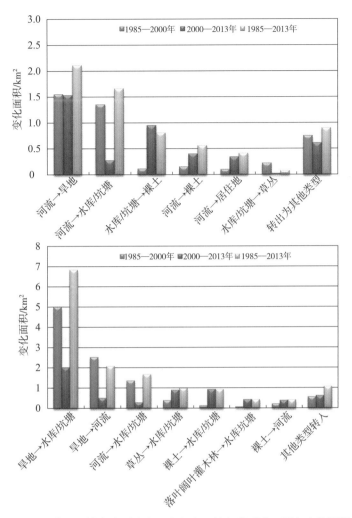

图 4.3.3–2　湿地生态系统主要转出类型（上图）和主要转入类型（下图）变化面积（二级分类）

　　1985—2013 年，白龙江上游流域湿地类斑块平均面积由 12.4 hm² 增加到 14.1 hm²，增加了 13.7%，景观格局破碎度呈减小趋势。水库/坑塘类斑块平均面积增加明显，由 24 hm² 增加到 51.1 hm²，增加了 112.9%；其余二级类型类斑块面积则基本保持不变，景观格局没有表现出破碎化特征，见表 4.3.3-2、图 4.3.3-3 ~图4.3.3-8。

表 4.3.3-2　白龙江上游流域二级生态系统类斑块平均面积　　　　　单位：hm²

湿地生态系统	1985 年	2000 年	2013 年
草本湿地	3.6	3.7	3.7
湖泊	17.7	18.8	18.3
水库/坑塘	24.0	45.7	51.1
河流	13.0	13.2	12.9
总计	12.4	13.7	14.1

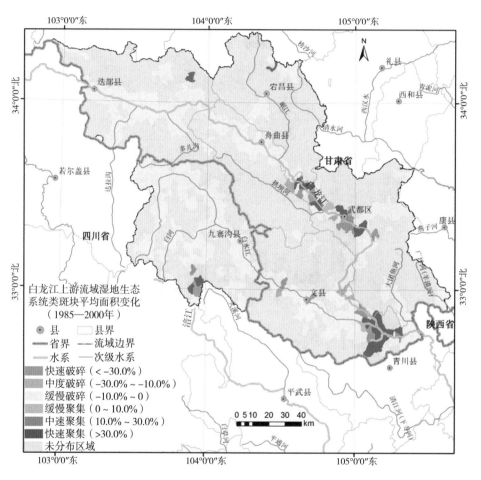

图 4.3.3-3　1985—2000 年白龙江上游流域湿地生态系统类斑块平均面积变化率

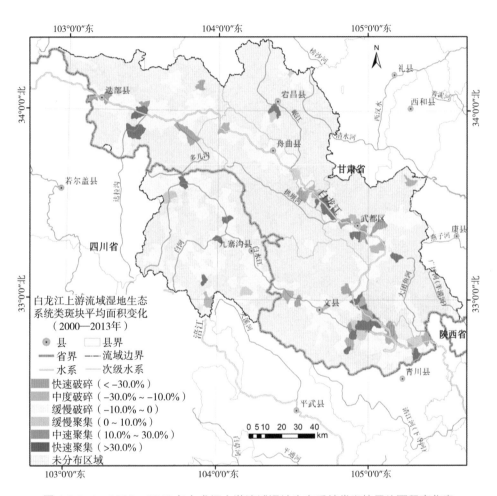

图 4.3.3-4　2000—2013 年白龙江上游流域湿地生态系统类斑块平均面积变化率

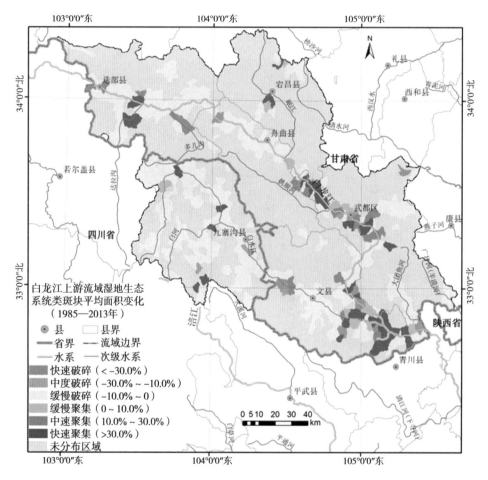

图 4.3.3-5　1985—2013 年白龙江上游流域湿地生态系统类斑块平均面积变化率

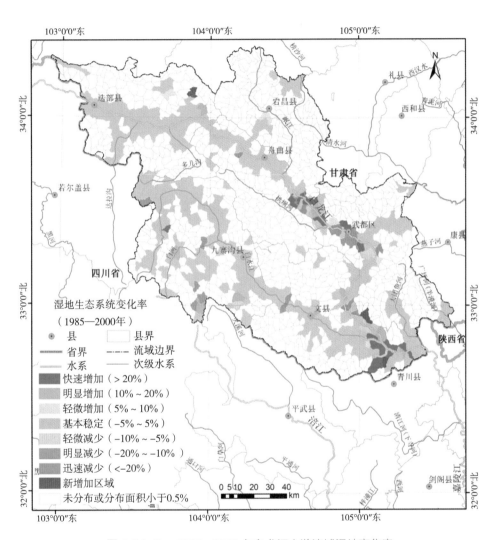

图 4.3.3-6　1985—2000 年白龙江上游流域湿地变化率

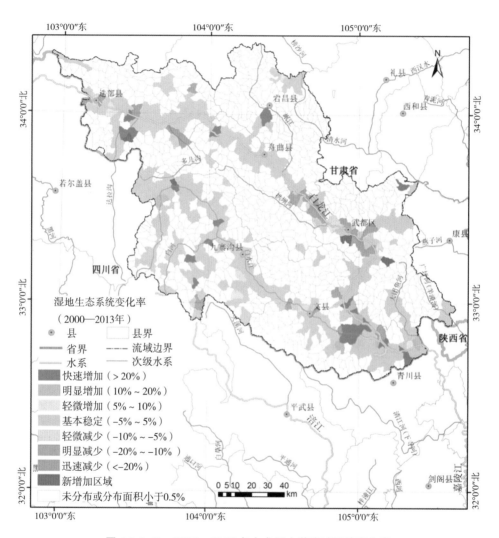

图 4.3.3-7　2000—2013 年白龙江上游流域湿地变化率

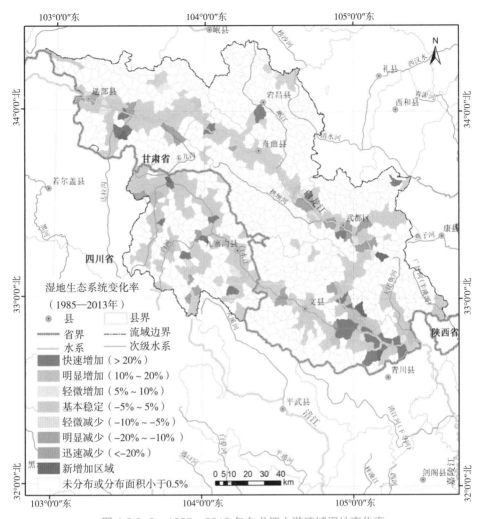

图 4.3.3-8 1985—2013 年白龙江上游流域湿地变化率

4.3.4 耕地生态系统

（1）耕地生态系统数量减少明显，尤以旱地更为突出

1985—2000 年，白龙江上游流域耕地面积净减少量为 47.12 km²，平均每年减少 3.14 km²，减少比例为 1.51%。从二级类型来看，旱地面积减少更为突出。1985—2000 年，旱地面积减少了 48.78 km²，占 1985 年旱地总面积的 1.56%。水田则增加了 1.66 km²，增加了 14.62%。

2000—2013 年，白龙江上游流域耕地面积净减少量为 493.76 km²，平均每年减少 37.98 km²，减少比例为 16.01%。从二级类型来看，旱地面积减少更为突出。2000—2013 年，旱地面积减少了 493.68 km²，占 2000 年旱地总面积的 16.08%。水田减少了 0.08 km²，减少了 0.65%。

1985—2013 年，白龙江上游流域耕地面积净减少量为 540.89 km²，平均每年减少 19.3 km²，减少比例为 17.28%。从二级类型来看，旱地面积减少更为突出。1985—2013 年，旱地面积减少了 542.46 km²，占 1985 年旱地总面积的 17.39%。水田则增加了 1.57 km²，增加了 13.87%，见表 4.3.4-1。

表 4.3.4-1　耕地生态系统变化面积与变化百分比

耕地生态系统类型	1985—2000 年		2000—2013 年		1985—2013 年	
	km²	%	km²	%	km²	%
水田	1.66	14.62	−0.08	−0.65	1.57	13.87
旱地	−48.78	−1.56	−493.68	−16.08	−542.46	−17.39
总计	−47.12	−1.51	−493.76	−16.01	−540.89	−17.28

（2）耕地生态系统是 30 年来对生态系统变化影响最大的类型，耕地转出方向主要为林草地和人工表面，表现出单向转化特征

1985—2000 年，耕地转变为其他类型与其他类型转变为耕地的面积分别为 148.61 km² 和 101.48 km²，占总变化面积的比例分别为 47.07% 和 32.14%，与耕地生态系统相关的变化占总变化面积的 79.21%，表现出双向转换特征。

2000—2013 年，耕地转变为其他类型与其他类型转变为耕地的面积分别为 523.14 km² 和 29.37 km²，占总变化面积的比例分别为 84.86% 和 4.76%，与耕地生态系统相关的变化占总变化面积的 89.62%，表现出单向明显的转化特征。

从 1985—2013 年来看，耕地转变为其他类型与其他类型转变为耕地的面积分别为 625.41 km² 和 84.51 km²，占总变化面积的比例分别为 73.69% 和 9.96%，与耕地生态系统相关的变化占总变化面积的 83.65%。可以看出，其他类型转变为耕地生态系统的面积较小，远小于耕地的转出面积，表现出单向转化特征，说明研究时段内对自然生态系统保护还是十分有效的，见图 4.3.4-1。

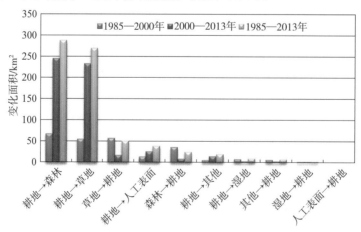

图 4.3.4-1　耕地生态系统各变化类型的变化面积（一级分类）

从二级分类系统来看，1985—2000 年，耕地转出方向主要为旱地转为草丛、旱地转为落叶阔叶灌木林、旱地转为落叶阔叶林、旱地转为居住地和旱地转为水库／坑塘，面积分别为 54.85 km²、51.56 km²、13.85 km²、12.91 km² 和 5.00 km²，分别占该研究时段变化总面积的 13.45%、12.64%、3.4%、3.17% 和 1.23%。耕地转入方向主要为草丛转为旱地和落叶阔叶灌木林转为旱地，面积分别为 57.07 km² 和 32.82 km²，分别占该时段变化总面积的 14.00% 和 8.05%。

从二级分类系统来看，2000—2013 年，耕地转出方向主要为旱地转为草丛、旱地转为落叶阔叶灌木林、旱地转为落叶阔叶林、旱地转为居住地和旱地转为裸土，面积分别为 233.27 km²、170.05 km²、66.47 km²、21.22 km² 和 8.80 km²，分别占该研究时段变化总面积的 37.07%、27.02%、10.56%、3.37% 和 1.40%。耕地转入方向主要为草丛转为旱地和落叶阔叶灌木林转为旱地，面积分别为 16.76 km² 和 7.58 km²，分别占该研究时段变化总面积的 2.66% 和 1.20%。

从二级分类系统来看，1985—2013 年，耕地转出方向主要为旱地转为草丛、旱地转为落叶阔叶灌木林、旱地转为落叶阔叶林、旱地转为居住地和旱地转为裸土，面积分别为 269.39 km²、200.02 km²、76.99 km²、33.64 km² 和 13.63 km²，分别占该时段变化总面积的 28.22%、20.96%、8.07%、3.52% 和 1.32%。耕地转入方向主要为草丛转为旱地和落叶阔叶灌木林转为旱地，面积分别为 50.39 km² 和 22.67 km²，分别占该时段变化总面积的 5.28% 和 2.38%。可见耕地变化主要表现为耕地转为林草地和人工表面，反映了退耕还林还草工程的影响以及城市化导致的建设用地增加，见图 4.3.4-2。

（3）耕地生态系统格局表现出明显的破碎化趋势，主要表现为旱地的明显破碎化，水田则表现出明显的聚集趋势

1985—2000 年，白龙江上游流域耕地类斑块平均面积由 23.0 hm² 减少到 22.5 hm²，减少了 0.5hm²，减少比例为 2.2%，表现出一定的破碎化趋势。其中，旱地类斑块平均面积由 22.9 hm² 减少到 22.4 hm²，减少了 0.5 hm²，减少比例为 2.2%；水田类斑块平均面积由 18.3 hm² 增加到 20.9 hm²，增加了 2.6 hm²，增加比例为 14.2%。

2000—2013 年，白龙江上游流域耕地类斑块平均面积由 22.5 hm² 减少到 18.9 hm²，减少了 3.6 hm²，减少比例为 16.0%，表现出明显的破碎化趋势。其中，旱地类斑块平均面积由 22.4 hm² 减少到 18.9 hm²，减少了 3.5 hm²，减少比例为 15.6%；水田类斑块平均面积由 20.9 hm² 增加到 21.2 hm²，增加了 0.3 hm²，增加比例为 1.4%。

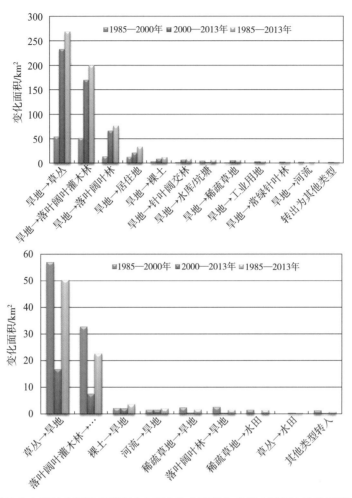

图 4.3.4-2　耕地生态系统主要转出类型（上图）和主要转入类型（下图）变化面积（二级分类）

1985—2013 年，白龙江上游发流域耕地类斑块平均面积由 23.0 hm² 减少到 18.9 hm²，减少 4.1 hm²，减少比例为 17.8%，表现出明显的破碎化趋势。其中，旱地类斑块平均面积由 22.9 hm² 减少到 18.9 hm²，减少了 4 hm²，减少比例为 17.5%；水田类斑块平均面积由 18.3 hm² 增加到 21.2 hm²，增加了 2.9 hm²，增加比例为 15.8%，见表 4.3.4-2。

表 4.3.4-2　白龙江上游流域耕地生态系统类斑块平均面积　　　　　　　　　　　单位：hm²

耕地生态系统	1985 年	2000 年	2013 年
水田	18.3	20.9	21.2
旱地	22.9	22.4	18.9
总计	23.0	22.5	18.9

研究时段内在整个流域受退耕还林还草政策影响，原来集中连片的耕地，随着

大量坡耕地的退耕，耕地斑块面积逐渐减小。在武都区以及其他城镇周边，随着大量耕地被居住用地和建设用地占用，耕地破碎化的趋势也十分明显，见图 4.3.4-3 ～图 4.3.4-5。

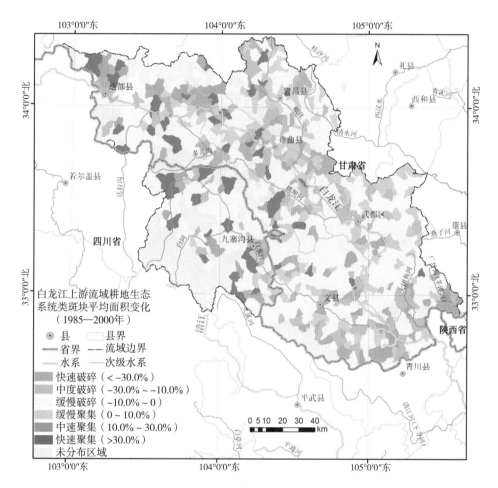

图 4.3.4-3　1985—2000 年白龙江上游流域耕地生态系统类斑块平均面积变化率

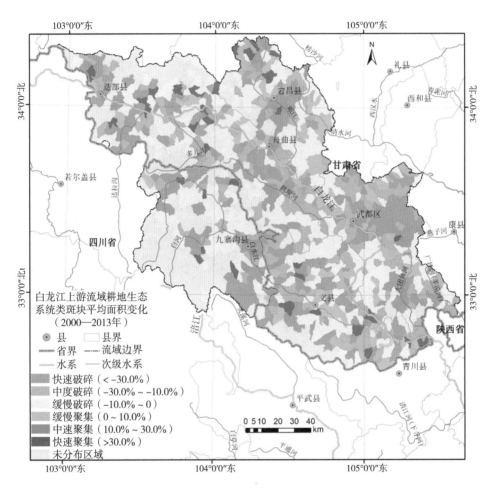

图 4.3.4-4　2000—2013 年白龙江上游流域耕地生态系统类斑块平均面积变化率

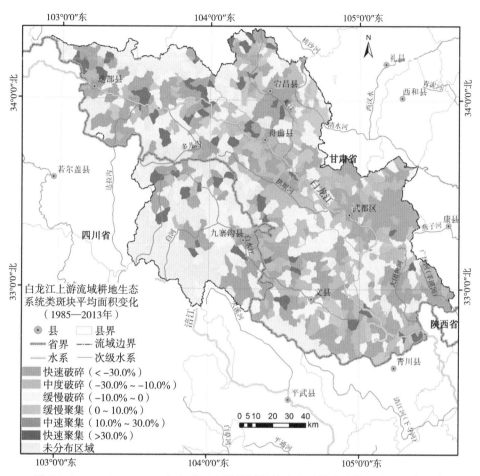

图 4.3.4-5　1985—2013 年白龙江上游流域耕地生态系统类斑块平均面积变化率

（4）耕地生态系统变化主体表现为减少趋势，但在白龙江上游流域迭部县—九寨沟县沿线部分区域耕地增加明显

1985—2000 年，在白龙江上游流域耕地变化分区明显，在迭部县中南部—九寨沟县南部一带的许多小流域，耕地增加明显，耕地景观格局呈现快速聚集趋势，耕地转入来源主要为森林和草地；在白龙江流域南部，尤其是文县南部和武都区南部，以及宕昌县西南部，耕地减少最为突出，耕地减少比例都超过 25%，这些地区减少的耕地主要转变为森林与草地，反映了国家退耕还林还草工程的影响，见图 4.3.4-6。

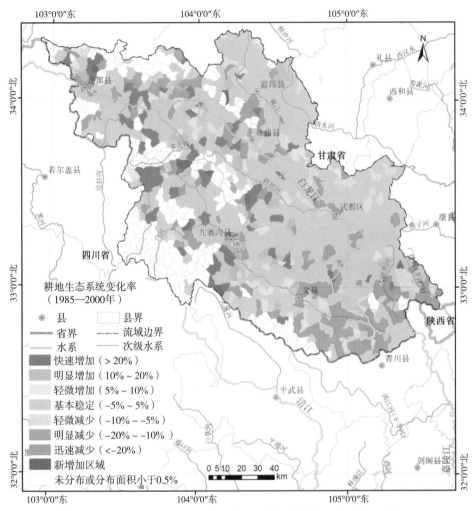

图 4.3.4-6　1985—2000 年白龙江上游流域耕地生态系统变化率

2000—2013 年，在白龙江上游流域大部分小流域，耕地呈现迅速减少趋势，尤其是在沿白龙江及其支流的河谷两侧的小流域耕地减少最为明显。在白龙江上游流域河谷、岷江以及白水江等支流河谷地区，耕地减少最为突出，耕地减少比例都超过 25%，这些地区减少的耕地主要转变为森林与草地，反映了国家退耕还林还草工程的影响，见图 4.3.4-7。

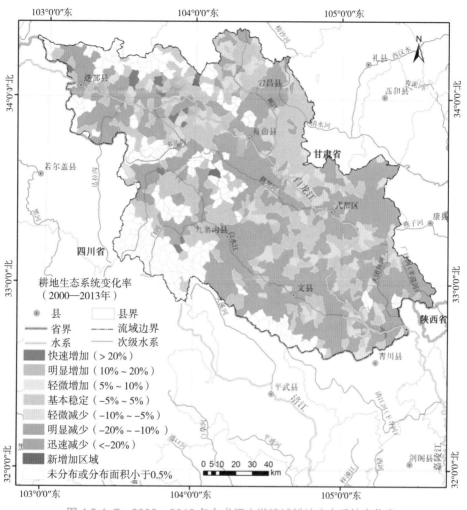

图 4.3.4-7　2000—2013 年白龙江上游流域耕地生态系统变化率

从 1985—2013 年来看，在白龙江上游流域耕地主体为减少趋势，尤其是在沿白龙江干流及其支流的河谷两侧的小流域耕地减少最为明显。在白龙江上游流域河谷、岷江以及白水江等支流河谷地区，耕地减少最为突出，耕地减少比例都超过25%，这些地区减少的耕地主要转变为森林与草地，反映了国家退耕还林还草工程的影响。

在迭部县—九寨沟县沿线部分小流域，耕地面积增加较为明显，有些小流域耕地面积增加比例超过了25%。这些地区耕地增加主要来源于森林或草地的开垦，说明当地为维持粮食生产，在部分地区开垦新的耕地以弥补部分地区耕地损毁对当地粮食生产的影响，见图 4.3.4-8。

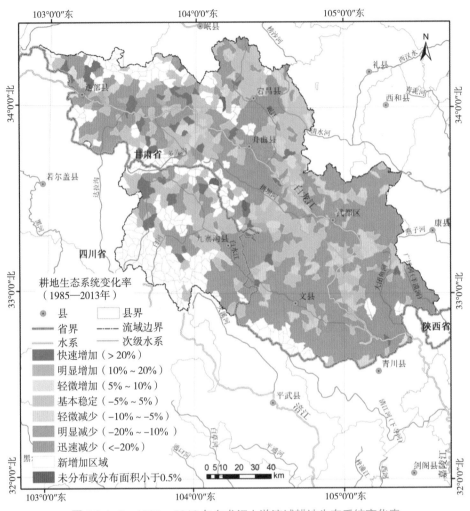

图 4.3.4–8　1985—2013 年白龙江上游流域耕地生态系统变化率

4.3.5　人工表面生态系统

（1）人工表面迅速扩张，增加比例为 58.67%，2000 年以后的扩张速度是 2000 年以前扩张速度的 2.2 倍

1985—2000 年，人工表面生态系统面积净增加了 16.7 km²，增加比例为 20.46%，平均每年增加 1.1 km²，扩张十分迅速。从二级类型来看，1985—2000 年，采矿场增加幅度最大，增加了 1.98 km²，为 1985 年采矿场总面积的 123.37%。交通用地、居住地和工业用地面积分别增加了 0.51 km²、13.87 km² 和 0.34 km²，占 1985 年各自总面积的 22.57%、18.29% 和 17.94%。

2000—2013 年，人工表面生态系统面积净增加了 31.19 km²，增加比例为 31.72%，平均每年增加 2.4 km²，是 1985—2000 年增长速度的 2.2 倍，扩张十分迅速。从二级类型来看，2000—2013 年，工业用地增加幅度最大，增加了 4.52 km^2，为 2000 年工业用地总面积的 200.04%。采矿场、居住地和交通用地面积分别增加了 2.95 km^2、23.32 km^2 和 0.40 km^2，占 2000 年各自总面积的 82.21%、26% 和 14.31%。

1985—2013 年，人工表面生态系统面积净增加了 47.89 km^2，增加比例为 58.67%，平均每年增加 1.70 km^2，扩张十分迅速。从二级类型来看，1985—2013 年，采矿场增加幅度最大，增加了 4.93 km^2，为 1985 年采矿场总面积的 307.01%。工业用地、居住地和交通用地面积分别增加了 4.86 km^2、37.19 km^2 和 0.91 km^2，占 1985 年各自总面积的 253.88%、49.04% 和 40.12%，见表 4.3.5-1。

表 4.3.5-1　人工表面生态系统变化面积与变化百分比

人工表面生态系统类型	1985—2000 年		2000—2013 年		1985—2013 年	
	km^2	%	km^2	%	km^2	%
居住地	13.87	18.29	23.32	26.00	37.19	49.04
工业用地	0.34	17.94	4.52	200.04	4.86	253.88
交通用地	0.51	22.57	0.40	14.31	0.91	40.12
采矿场	1.98	123.37	2.95	82.21	4.93	307.01
合计	16.70	20.46	31.19	31.72	47.89	58.67

（2）人工表面是 30 年来对生态系统数量变化影响相对较小的类型，转入来源主要为耕地，也表现为单向转化特征

1985—2000 年，人工表面转变为其他类型与其他类型转变为人工表面的面积分别为 0.15 km^2 和 16.84 km^2，占总变化面积的比例分别为 0.05% 和 5.33%，与人工表面相关的变化占到总变化面积的 5.38%。另外，人工表面转入面积远大于转出比例，表现出强烈的单向转化特征。

2000—2013 年，其他类型转变为人工表面的面积为 31.2 km^2，占总变化面积的比例为 5.06%，人工表面几乎没有转出，表现出强烈的单向转化特征。

从 1985—2013 年来看，人工表面转变为其他类型与其他类型转变为人工表面的面积分别为 0.06 km^2 和 47.96 km^2，占总变化面积的比例分别为 0.01% 和 5.65%，与人工表面相关的变化占到总变化面积的 5.66%。另外，人工表面转入面积远大于转出面积，表现出强烈的单向转化特征，见图 4.3.5-1、图 4.3.5-2。

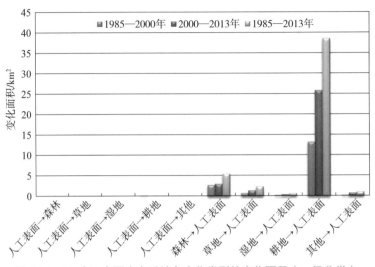

图 4.3.5-1 人工表面生态系统各变化类型的变化面积（一级分类）

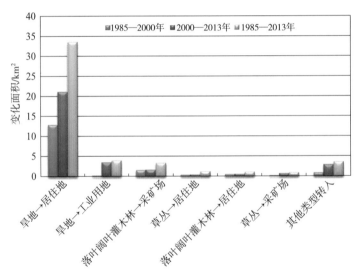

图 4.3.5-2 人工表面生态系统主要转入类型变化面积（二级分类）

1985—2000 年，人工表面转入主要表现为旱地转为居住地和落叶阔叶灌木林转为采矿场，面积分别为 12.91 km² 和 1.63 km²，占该研究时段变化总面积的 3.17% 和 0.4%。

2000—2013 年，人工表面转入主要表现为旱地转为居住地、旱地转为工业用地和落叶阔叶灌木林转为采矿场，面积分别为 21.22 km²、3.56 km² 和 1.70 km²，占该研究时段变化总面积的 3.37%、0.57% 和 0.27%。

1985—2013 年，人工表面转入主要表现为旱地转为居住地、旱地转为工业用地和落叶阔叶灌木林转为采矿场，面积分别为 33.64 km²、4.02 km² 和 3.38 km²，占该研究时段变化总面积的 3.52%、0.42% 和 0.35%。

可以看出，人工表面增加以占用耕地为主，主要分布在各城镇及其周边地区。

（3）人工表面生态系统格局表现出明显的聚集趋势特征，采矿场和工业用地聚集特征非常明显，仅交通用地表现出破碎化趋势特征

1985—2000 年，白龙江上游流域人工表面类斑块平均面积由 4.8 hm² 增加到 5.6 hm²，增加了 16.7%，表现出明显的聚集趋势特征。采矿场类斑块平均面积由 8.9 hm² 增加到 21.1 hm²，增加了 12.2 hm²，增加了 137.1%；工业用地类斑块平均面积由 5.8 hm² 增加到 6.5 hm²，增加了 0.7 hm²，增加了 12.1%；居住地类斑块平均面积由 4.7 hm² 增加到 5.4 hm²，增加 0.7 hm²，增加了 14.9%，表现出明显的聚集趋势；交通用地类斑块平均面积由 5 hm² 减少到 4.9 hm²，减少了 0.1 hm²，减少了 2%，景观破碎度较为稳定。

2000—2013 年，白龙江上游流域人工表面类斑块平均面积由 5.6 hm² 增加到 7.0 hm²，增加了 25%，表现出明显的聚集趋势特征。采矿场类斑块平均面积由 21.1 hm² 增加到 31.1 hm²，增加了 10.0 hm²，增加了 47.4%；工业用地类斑块平均面积由 6.5 hm² 增加到 12.8 hm²，增加了 6.3 hm²，增加了 96.9%；居住地类斑块平均面积由 5.4 hm² 增加到 6.5 hm²，增加 1.1 hm²，增加了 20.4%，表现出明显的聚集趋势；交通用地类斑块平均面积由 4.9 hm² 减少到 4.1 hm²，减少了 0.8 hm²，减少了 16.3%，表现出明显的破碎化趋势。

1985—2013 年，白龙江上游流域人工表面类斑块平均面积由 4.8 hm² 增加到 7.0 hm²，增加 2.2 hm²，增加了 45.8%，表现出明显的聚集趋势特征。采矿场类斑块平均面积由 8.9 hm² 增加到 31.1 hm²，增加了 22.2 hm²，增加了 249.4%；工业用地类斑块平均面积由 5.8 hm² 增加到 12.8 hm²，增加了 7.0 hm²，增加了 120.7%；居住地类斑块平均面积由 4.7 hm² 增加到 6.5 hm²，增加 1.8 hm²，增加了 38.3%，表现出明显的聚集趋势；交通用地类斑块平均面积由 5.0 hm² 减少到 4.1 hm²，减少了 0.9 hm²，减少了 18%，表现出明显的破碎化趋势，见表 4.3.5-2、图 4.3.5-3 ～图 4.3.5-8。

表 4.3.5-2　白龙江上游流域人工表面生态系统类斑块平均面积　　　单位：hm²

人工表面生态系统	1985 年	2000 年	2013 年
居住地	4.7	5.4	6.5
工业用地	5.8	6.5	12.8
交通用地	5.0	4.9	4.1
采矿场	8.9	21.1	31.1
总计	4.8	5.6	7.0

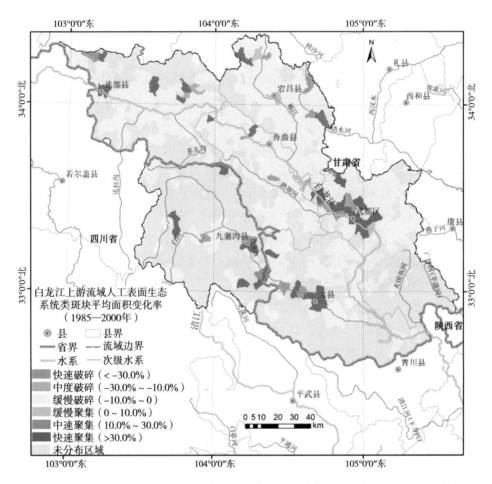

图 4.3.5-3　1985—2000 年白龙江上游流域人工表面生态系统类斑块平均面积变化率

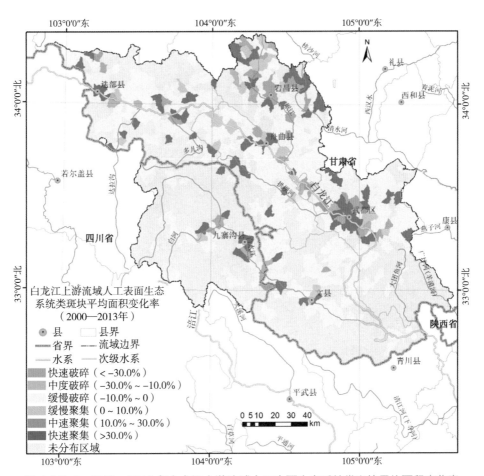

图 4.3.5-4　2000—2013 年白龙江上游流域人工表面生态系统类斑块平均面积变化率

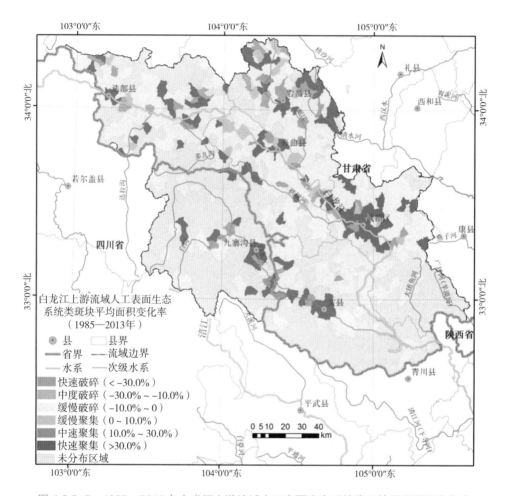

图 4.3.5-5　1985—2013 年白龙江上游流域人工表面生态系统类斑块平均面积变化率

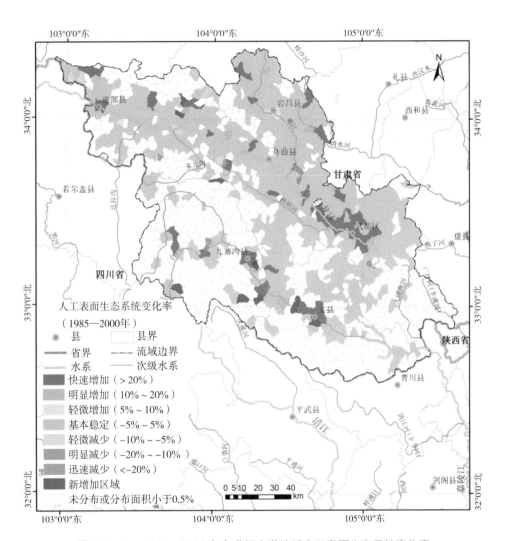

图 4.3.5-6　1985—2000 年白龙江上游流域人工表面生态系统变化率

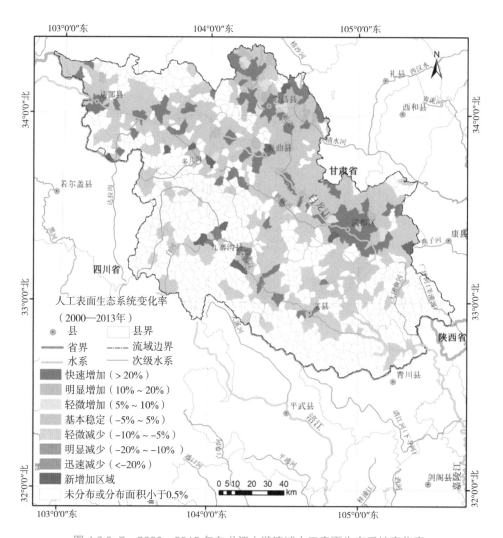

图 4.3.5-7　2000—2013 年白龙江上游流域人工表面生态系统变化率

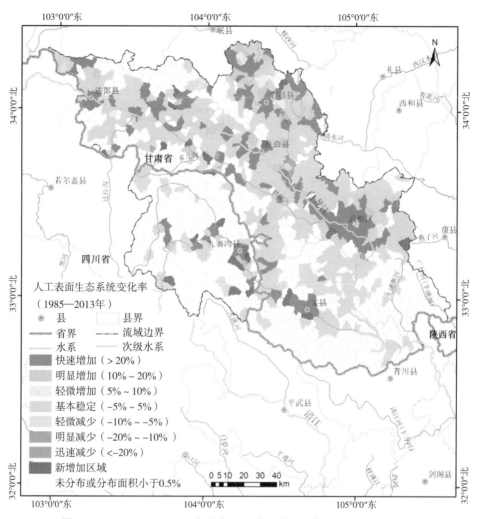

图 4.3.5-8　1985—2013 年白龙江上游流域人工表面生态系统变化率

4.3.6　其他生态系统

（1）其他类型生态系统数量略增，主要表现为裸土的增加，反映了滑坡与泥石流等地质灾害的影响

1985—2000 年，其他生态系统占白龙江上游流域总面积减少了 9.20 km^2，减少比例为 0.59%，总体上来说数量保持稳定。从二级类型来看，1985—2000 年，裸土面积增加了 2.19 km^2，与 1985 年裸土面积相比增加了 1.02%。其余二级类型以减少趋势为主，稀疏草地、稀疏灌木林和裸岩面积分别减少了 11.34 km^2、0.01 km^{2}和 0.05 km^2，占 1985 年各自面积的 1.64%、2.97% 和 0.01%。稀疏林面积基本保持不变。

2000—2013 年，其他生态系统占白龙江上游流域总面积增加了 21.47 km^2，增加比例为 1.39%，总体上来说数量保持稳定。从二级类型来看，2000—2013 年，裸土和稀疏草地面积分别增加了 12.6 km² 和 8.87 km²，与 2000 年相比各自增加了 5.8% 和 1.3%。其余二级类型面积基本保持不变，见表 4.3.6-1。

表 4.3.6-1　其他生态系统变化面积与变化百分比

其他生态系统类型	1985—2000 年		2000—2013 年		1985—2013 年	
	km²	%	km²	%	km²	%
稀疏林	0.00	0.11	0.00	0.00	0.00	0.11
稀疏灌木林	−0.01	−2.97	0.00	0.00	−0.01	−2.97
稀疏草地	−11.34	−1.64	8.87	1.30	−2.47	−0.36
裸岩	−0.05	−0.01	0.00	0.00	−0.05	−0.01
裸土	2.19	1.02	12.60	5.80	14.79	6.88
合计	−9.20	−0.59	21.47	1.39	12.27	0.79

1985—2013 年，其他生态系统占白龙江上游流域总面积由 1 556.36 km² 增加为 1 568.63 km²，增加了 12.27 km²，增加比例为 0.79%，总体上来说数量保持稳定。从二级类型来看，1985—2013 年，裸土面积增加了 14.79 km²，与 1985 年裸土面积相比增加了 6.88%。其余二级类型以减少趋势为主，稀疏草地、稀疏灌木林和裸岩面积分别减少了 2.47 km²、0.01 km² 和 0.05 km²，占 1985 年各自面积的 0.36%、2.97% 和 0.01%。稀疏林面积保持不变。

（2）其他生态系统 30 年来对生态系统数量变化影响相对较小，转入来源主要为耕地和草地，主要转出类型为林草地和耕地

1985—2000 年，其他类型转变为另外五种类型与另外五种类型转变为其他类型的面积分别为 19.48 km² 和 10.28 km²，占总变化面积的比例分别为 6.17% 和 3.26%，与其他类型相关的变化占到总变化面积的 9.43%。

2000—2013 年，其他类型转变为另外五种类型与另外五种类型转变为其他类型的面积分别为 6.44 km² 和 27.91 km²，占总变化面积的比例分别为 1.04% 和 4.53%，与其他类型相关的变化占总变化面积的 5.57%。

从 1985—2013 年来看，其他类型转变为另外五种类型与另外五种类型转变为其他类型的面积分别为 24.86 km² 和 37.14 km²，占总变化面积的比例分别为 2.93% 和 4.38%，与其他类型相关的变化占总变化面积的 7.31%，见图 4.3.6-1。

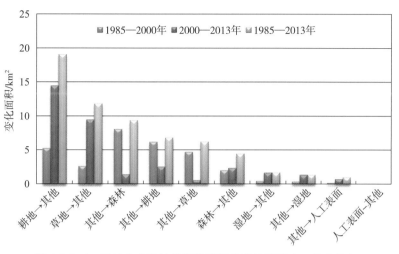

图 4.3.6-1　其他生态系统各变化类型的变化面积（一级分类）

1985—2000 年，其他生态系统类型的转出类型主要为稀疏草地转为落叶阔叶灌木林、稀疏草地转为草丛和稀疏草地转为旱地，面积分别为 7.07 km²、3.56 km² 和 2.41 km²，占该研究时段变化总面积的比例为 1.73%、0.88% 和 0.59%。其他类型转入主要表现为旱地转为裸土、旱地转为稀疏草地、落叶阔叶灌木林转为裸土，面积分别为 3.87 km²、1.36 km² 和 1.14 km²，占该研究时段变化总面积的 0.95%、0.33% 和 0.30%。

2000—2013 年，其他生态系统类型的转出类型主要为裸土转为旱地、稀疏草地转为裸土和裸土转为水库 / 坑塘，面积分别为 2.06 km²、1.14 km² 和 0.92 km²，占该研究时段变化总面积的比例为 0.33%、0.18% 和 0.15%。其他类型转入主要表现为旱地转为裸土、旱地转为稀疏草地、草丛转为稀疏草地、草丛转为裸土和落叶阔叶灌木林转为裸土，面积分别为 8.80 km²、5.54 km²、5.04 km²、4.11 km² 和 1.92 km²，占该研究时段变化总面积的 1.40%、0.88%、0.8%、0.65% 和 0.31%，基本表现为旱地和草丛转变为裸土和稀疏草地。

1985—2013 年，其他生态系统类型的转出类型主要为稀疏草地转为落叶阔叶灌木林、稀疏草地转为草丛和裸土转为旱地，面积分别为 7.46 km²、4.84 km² 和 3.65 km²，占该研究时段变化总面积的比例为 0.78%、0.51% 和 0.38%。其他类型转入主要表现为旱地转为裸土、旱地转为稀疏草地、草丛转为稀疏草地、草丛转为裸土和落叶阔叶灌木林转为裸土，面积分别为 12.63 km²、6.38 km²、5.80 km²、4.75 km² 和 2.79 km²，占该时段变化总面积的 1.32%、0.67%、0.61%、0.50% 和 0.29%，基本表现为旱地和草丛转变为裸土和稀疏草地，见图 4.3.6-2。

（3）其他类型生态系统格局整体没有表现出破碎化趋势特征，其中裸土表现出一定的聚集性趋势

1985—2000 年，白龙江上游流域其他类型类斑块平均面积由 26.5 hm² 增加到

26.8 hm²，增加了 1.1%，景观格局整体没有表现出破碎化趋势特征。裸土类斑块平均面积由 7.7 hm² 增加到 7.8 hm²，增加了 1.3%，表现出一定的聚集趋势；其余类型的类斑块平均面积保持稳定。

2000—2013 年，白龙江上游流域其他类型类斑块平均面积由 26.8 hm² 增加到 27.1 hm²，增加了 1.1%，景观格局整体没有表现出破碎化趋势特征。裸土类斑块平均面积由 7.8 hm² 增加到 8.1 hm²，增加了 3.8%，表现出一定的聚集趋势；稀疏草地类斑块平均面积由 10.9 hm² 增加到 11.0 hm²，增加了 0.9%；其余类型类斑块平均面积保持稳定。

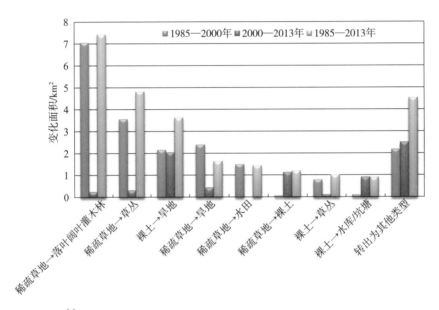

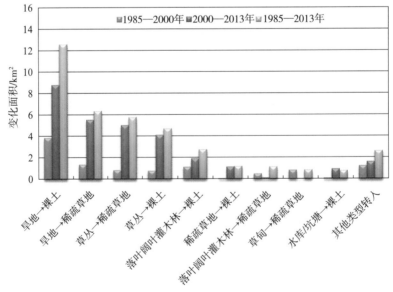

图 4.3.6-2　其他生态系统主要转出类型（上图）和主要转入类型（下图）变化面积（二级分类）

1985—2013 年，白龙江上游流域其他类型类斑块平均面积由 26.5 hm² 增加到 27.1 hm²，增加了 2.3%，景观格局整体没有表现出破碎化趋势特征。裸土类斑块平均面积由 7.7 hm² 增加到 8.1 hm²，增加了 5.2%，表现出一定的聚集趋势；其余类型的类斑块平均面积基本保持稳定，见表 4.3.6-2、图 4.3.6-3 ~ 图 4.3.6-5。

表 4.3.6-2　白龙江上游流域二级生态系统类斑块平均面积　　　　　单位：hm²

其他生态系统	1985 年	2000 年	2013 年
稀疏林	21.4	21.4	21.4
稀疏灌木林	20.6	20.6	20.6
稀疏草地	10.9	10.9	11.0
裸岩	36.9	36.9	36.9
裸土	7.7	7.8	8.1
总计	26.5	26.8	27.1

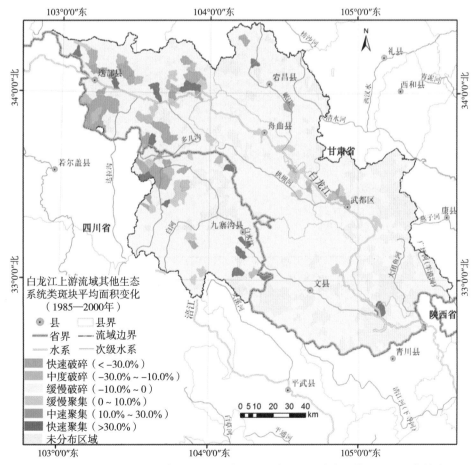

图 4.3.6-3　1985—2000 年白龙江上游流域其他生态系统类斑块平均面积变化率

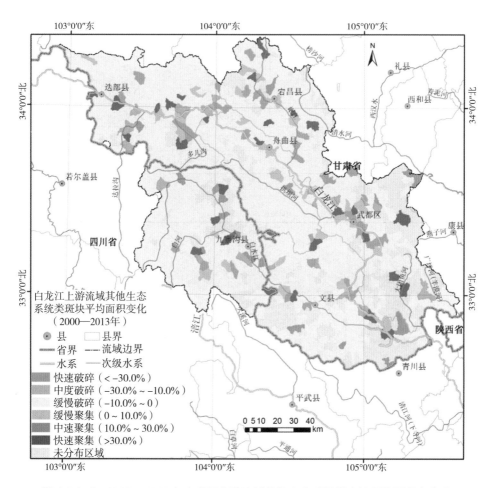

图 4.3.6-4　2000—2013 年白龙江上游流域其他生态系统类斑块平均面积变化率

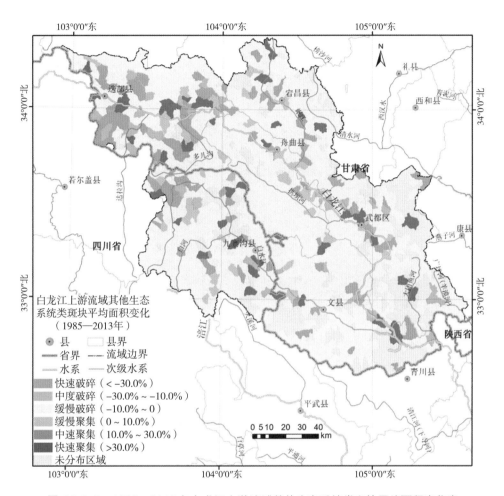

图 4.3.6-5　1985—2013 年白龙江上游流域其他生态系统类斑块平均面积变化率

（4）其他类型增加地区主要分布在白龙江干流河谷地区以及白水江中下游

1985—2000 年，其他类型面积主要呈现减少趋势，尤其在迭部县西南部、九寨沟县北部的许多小流域，其他类型减少迅速，景观格局呈现快速破碎化趋势，主要变化类型为其他类型转为森林、其他类型转为草地和其他类型转为耕地，见图 4.3.6-6。

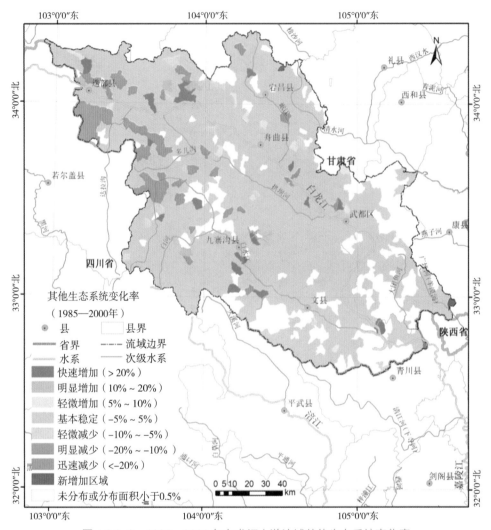

图 4.3.6-6　1985—2000 年白龙江上游流域其他生态系统变化率

2000—2013 年，其他类型变化区域较为分散，大体上，在白龙江上游流域北部和东部，尤其是迭部县、宕昌县、舟曲县和武都区，其他类型呈现增加趋势，主要转入类型为耕地和草地；在白龙江上游流域西南部，尤其是九寨沟县和文县境内的部分小流域，其他类型呈现减少趋势，主要转出类型为耕地、森林和湿地，见图4.3.6-7。

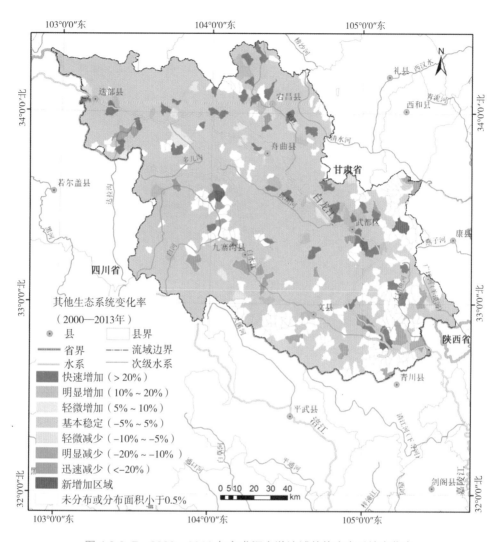

图 4.3.6-7　2000—2013 年白龙江上游流域其他生态系统变化率

1985—2013 年，其他类型变化比较集中的区域分布在白龙江干流河谷以及其子流域白水江中下游地区，这些地区的大部分小流域其他类型面积比例减少超过25%。在白龙江上游以及白水江上游部分小流域，其他类型面积比例增加比较明显，部分地区增加比例超过 25%，但分布比较零散。

由于分布在白龙江干流河谷以及其子流域白水江中下游地区其他类型主要为稀疏草地、裸岩和裸土，而这些裸岩和裸土来源主要来自旱地和林草地，而旱地和林草地主要分布在河谷两侧山地。这些裸土与裸岩的产生主要与滑坡、泥石流等地质灾害造成的地表植被破坏有关，稀疏草地的出现则与退耕还林还草政策有关，见图 4.3.6-8。

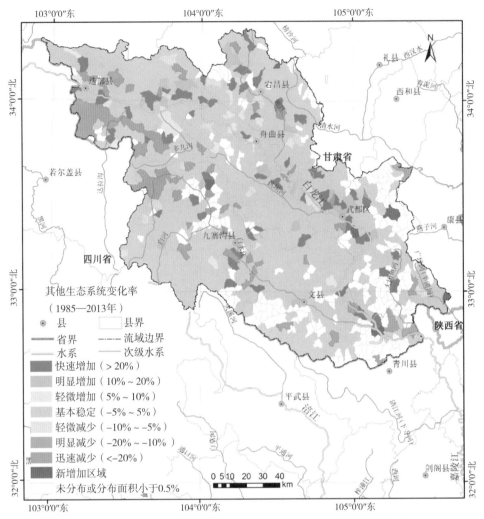

图 4.3.6-8　1985—2013 年白龙江上游流域其他生态系统变化率

4.4　白龙江上游县域生态格局变化分析

4.4.1　生态系统构成现状分析

（1）一级生态系统构成分析

1985 年分析结果如表 4.4.1-1 所示，白龙江上游流域森林生态系统总面积为 15 740.47 km²，各县中森林面积最大的是文县，面积为 3 663.64 km²，占流域森林总面积的 23.28%，其次为九寨沟县、迭部县、武都区、舟曲县和宕昌县，面积分别为 3 492.15 km²，2 933.19 km²，2 575.09 km²，1 810.35 km² 和 1 266.04 km²，占流域森林总面积的比例分别为 22.19%、18.63%、16.36%、11.50% 和 8.04%。

表 4.4.1-1　1985 年白龙江上游流域各县生态系统类型面积

生态系统	森林生态系统		草地生态系统		湿地生态系统		耕地生态系统		人工表面生态系统		其他生态系统	
	面积/km²	百分比/%	面积/km²	百分比/%	面积/km²	百分比/%	面积/km²	百分比/%	面积/km²	百分比/%	面积/km²	百分比/%
迭部县	2 933.19	18.63	1 052.96	19.58	11.95	15.26	184.04	5.88	8.39	10.28	508.71	32.69
舟曲县	1 810.35	11.50	719.39	13.38	7.03	8.97	315.03	10.06	10.62	13.01	156.04	10.03
文县	3 663.64	23.28	549.03	10.21	23.81	30.39	500.52	16.00	10.17	12.46	255.90	16.45
武都区	2 575.09	16.36	761.22	14.15	15.14	19.32	1 131.22	36.13	19.63	24.04	147.72	9.49
宕昌县	1 266.04	8.04	1 040.55	19.35	5.32	6.79	895.80	28.61	26.67	32.67	78.95	5.07
九寨沟县	3 492.15	22.19	1 254.85	23.33	15.10	19.27	103.94	3.32	6.16	7.54	408.79	26.27
总计	15 740.46	100.00	5 378.00	100.00	78.35	100.00	3 130.55	100.00	81.64	100.00	1 556.11	100.00

1985 年白龙江上游流域草地生态系统总面积为 5 378 km²，面积最大的为九寨沟县，面积达 1 254.85 km²，占流域草地总面积的 23.33%，其次为迭部县、宕昌县、武都区、舟曲县和文县，其草地生态系统的面积分别为 1 052.96 km²、1 040.55 km²、761.22 km²、719.39 km² 和 549.03 km²，占流域草地总面积的比例分别为 19.58%、19.35%、14.15%、13.38% 和 10.21%。

1985 年白龙江上游流域湿地生态系统总面积为 78.36 km²，各县湿地生态系统面积从大到小依次是文县、武都区、九寨沟县、迭部县、舟曲县和宕昌县，面积依次为 23.81 km²、15.14 km²、15.1 km²、11.95 km²、7.03 km² 和 5.32 km²，占流域湿地总面积的比例分别为 30.39%、19.32%、19.27%、15.26%、8.97% 和 6.79%。

1985 年白龙江上游流域耕地生态系统总面积为 3 130.55 km²，耕地生态系统面积最大的县级行政单位为武都区，面积为 1 131.22 km²，占流域耕地总面积的 36.13%、其他依次宕昌县、文县、舟曲县、迭部县和九寨沟县，耕地面积达到 895.80 km²、500.52 km²、315.03 km²、184.04 km² 和 103.94 km²，占流域耕地总面积的比例分别为 28.61%、15.99%、10.06%、5.88% 和 3.32%。

1985 年白龙江上游流域人工表面生态系统总面积为 81.63 km²，人工表面生态系统面积最大的为宕昌县，面积为 26.67 km²，占白龙江流域人工表面总面积的 32.67%，其次为武都区、舟曲县、文县、迭部县和九寨沟县，面积分别为 19.63 km²、10.62 km²、10.17 km²、8.39 km² 和 6.16 km²，占流域内人工表面生态系统总面积的比例分别为 24.04%、13.01%、12.46%、10.28% 和 7.54%。

1985 年白龙江上游流域其他生态系统总面积为 1 556.11 km²，其他生态系统面积最大的县为迭部县，总面积达到 508.71 km²，占流域内其他生态系统总面积的比例为 32.69%，其次为九寨沟县、文县、舟曲县、武都区和宕昌县，面积分别为 408.79 km²、255.90 km²、156.04 km²、147.72 km² 和 78.95 km²，占流域其他生态系统总面积的比例分别为 26.27%、16.45%、10.03%、9.49% 和 5.07%。

2000 年分析结果如表 4.4.1-2 所示，白龙江上游流域森林生态系统总面积为 15 750.53 km²，各县中森林面积最大的是文县，面积为 3 675.47 km²，占流域森林总面积的 23.34%，其次为九寨沟县、迭部县、武都区、舟曲县和宕昌县，面积分别为 3 489.08 km²、2 916.12 km²、2 593.74 km²、1 806.62 km² 和 1 269.49 km²，占流域森林总面积的比例分别为 22.15%、18.51%、16.47%、11.47% 和 8.06%。

2000 年白龙江上游流域草地生态系统总面积为 5 401.62 km²，面积最大的为九寨沟县，面积达 1 246.60 km²，占流域草地总面积为 23.08%，其次为迭部县、宕昌县、武都区、舟曲县和文县，其草地生态系统的面积分别为 1 075.45 km²、1 031.61 km²、776.03 km²、717.92 km² 和 554.01 km²，占流域草地总面积的比例分别为 19.91%、19.1%、14.37%、13.29% 和 10.26%。

表 4.4.1-2　2000 年白龙江上游流域各县生态系统类型面积

生态系统	森林生态系统		草地生态系统		湿地生态系统		耕地生态系统		人工表面生态系统		其他生态系统	
	面积/km²	百分比/%	面积/km²	百分比/%	面积/km²	百分比/%	面积/km²	百分比/%	面积/km²	百分比/%	面积/km²	百分比/%
迭部县	2 916.12	18.51	1 075.45	19.91	12.02	14.26	181.75	5.89	10.00	10.17	503.51	32.57
舟曲县	1 806.62	11.47	717.92	13.29	7.03	8.34	320.13	10.38	10.74	10.92	156.02	10.09
文县	3 675.47	23.34	554.01	10.26	29.07	34.48	476.09	15.44	12.15	12.36	256.27	16.57
武都区	2 593.74	16.47	776.03	14.37	15.60	18.50	1 089.02	35.32	27.78	28.25	147.85	9.56
宕昌县	1 269.49	8.06	1 031.61	19.10	5.53	6.56	902.11	29.26	27.83	28.31	76.75	4.96
九寨沟县	3 489.08	22.15	1 246.60	23.08	15.06	17.86	114.31	3.71	9.82	9.99	406.11	26.25
总计	15 750.52	100.00	5 401.62	100.00	84.31	100.00	3 083.41	100.00	98.32	100.00	1 546.92	100.00

2000 年白龙江上游流域湿地生态系统总面积为 84.3 km²，各县湿地生态系统面积从大到小依次是文县、武都区、九寨沟县、迭部县、舟曲县和宕昌县，面积依次为 29.07 km²、15.6 km²、15.06 km²、12.02 km²、7.03 km² 和 5.53 km²，占流域湿地总面积的比例分别为 34.48%、18.5%、17.86%、14.25%、8.34% 和 6.56%。

2000 年白龙江上游流域耕地生态系统总面积为 3 083.42 km²，耕地生态系统面积最大的县级行政单位为武都区，面积为 1 089.02 km²，占流域耕地总面积的 35.32%、其他依次宕昌县、文县、舟曲县、迭部县和九寨沟县，耕地面积达到 902.11 km²、476.09 km²、320.13 km²、181.75 km² 和 114.31 km²，占流域耕地总面积的比例分别为 29.26%、15.44%、10.38%、5.89% 和 3.71%。

2000 年白龙江上游流域人工表面生态系统总面积为 98.33 km²，人工表面生态系统面积最大的为宕昌县，面积为 27.83 km²，占白龙江流域人工表面总面积的 28.31%，其次为武都区、文县、舟曲县、迭部县和九寨沟县，面积分别为 27.78 km²、12.15 km²、10.74 km²、10.00 km² 和 9.82 km²，占流域内人工表面生态系统总面积的比例分别为 28.25%、12.36%、10.92%、10.17% 和 9.99%。

2000 年白龙江上游流域其他生态系统总面积为 1 546.92 km²，其他生态系统面积最大的县为迭部县，总面积达到 503.91 km²，占流域内其他生态系统总面积的比例为 32.57%，其次为九寨沟县、文县、舟曲县、武都区和宕昌县，面积分别为 406.11 km²、256.27 km²、156.02 km²、147.85 km² 和 76.76 km²，占流域其他生态系统总面积的比例分别为 26.25%、16.57%、10.09%、9.56% 和 4.96%。

2013 年分析结果如表 4.4.1-3 所示，白龙江上游流域森林生态系统总面积为 15 973.54 km²，各县中森林面积最大的是文县，面积为 3 755.82 km²，占流域森林总面积的 23.51%，其次为九寨沟县、迭部县、武都区、舟曲县和宕昌县，面积分别为 3 535.85 km²、2 919.01 km²、2 659.57 km²、1 828.25 km² 和 1 275.03 km²，占流域森林总面积的比例分别为 22.14%、18.27%、16.65%、11.45% 和 7.98%。

2013 年白龙江上游流域草地生态系统总面积为 5 617.87 km²，面积最大的为九寨沟县，面积达 1 242.02 km²，占流域草地总面积的 22.11%，其次为迭部县、宕昌县、武都区、舟曲县和文县，其草地生态系统的面积分别为 1 094.38 km²、1 090.98 km²、876.14 km²、743.64 km² 和 570.70 km²，占流域草地总面积的比例分别为 19.48%、19.42%、15.6%、13.24% 和 10.16%。

2013 年白龙江上游流域湿地生态系统总面积为 86.17 km²，各县湿地生态系统面积从大到小依次是文县、九寨沟县、武都区、迭部县、舟曲县和宕昌县，面积依次为 31.46 km²、15.74 km²、14.18 km²、11.86 km²、7.15 km² 和 5.78 km²，占流域湿地总面积的比例分别为 36.51%、18.27%、16.46%、13.76%、8.29% 和 6.71%。

2013 年白龙江上游流域耕地生态系统总面积为 2 589.64 km²，耕地生态系统面积最大的县级行政单位为武都区，面积为 901.81 km²，占流域耕地总面积的 34.82%，

表 4.4.1-3　2013 年白龙江上游流域各县生态系统类型面积

生态系统	森林生态系统		草地生态系统		湿地生态系统		耕地生态系统		人工表面生态系统		其他生态系统	
	面积/km²	百分比/%	面积/km²	百分比/%	面积/km²	百分比/%	面积/km²	百分比/%	面积/km²	百分比/%	面积/km²	百分比/%
迭部县	2 919.01	18.27	1 094.38	19.48	11.86	13.76	152.17	5.88	14.04	10.84	507.79	32.39
舟曲县	1 828.25	11.45	743.64	13.24	7.15	8.29	268.88	10.38	13.04	10.07	157.50	10.04
文县	3 755.82	23.51	570.70	10.16	31.46	36.51	372.38	14.38	13.57	10.48	259.14	16.52
武都区	2 659.57	16.65	876.14	15.59	14.18	16.46	901.81	34.82	39.53	30.52	158.78	10.12
宕昌县	1 275.03	7.98	1 090.98	19.42	5.78	6.71	825.45	31.88	36.41	28.11	79.67	5.08
九寨沟县	3 535.85	22.14	1 242.02	22.11	15.74	18.27	68.95	2.66	12.92	9.98	405.50	25.85
总计	15 973.53	100.00	5 617.86	100.00	86.17	100.00	2 589.64	100.00	129.51	100.00	1 568.38	100.00

其他依次宕昌县、文县、舟曲县、迭部县和九寨沟县,耕地面积达到 825.45 km^2、372.38 km^2、268.88 km^2、152.17 km^2 和 68.95 km^2,占流域耕地总面积的比例分别为 31.88%、14.38%、10.38%、5.88% 和 2.66%。

2013 年白龙江上游流域人工表面生态系统总面积为 129.52 km^2,人工表面生态系统面积最大的为武都区,面积为 39.53 km^2,占白龙江流域人工表面总面积的 30.52%,其次为宕昌县、迭部县、文县、舟曲县和九寨沟县,面积分别为 36.41 km^2、14.04 km^2、13.57 km^2、13.04 km^2 和 12.92 km^2,占流域内人工表面生态系统总面积的比例分别为 28.11%、10.84%、10.48%、10.07% 和 9.98%。

2013 年白龙江上游流域其他生态系统总面积为 1 568.39 km^2,其他生态系统面积最大的县为迭部县,总面积达到 507.79 km^2,占流域内其他生态系统总面积的比例为 32.38%,其次为九寨沟县、文县、武都区、舟曲县和宕昌县,面积分别为 405.5 km^2、259.14 km^2、158.78 km^2、157.5 km^2 和 79.67 km^2,占流域其他生态系统总面积的比例分别为 25.85%、16.52%、10.12%、10.04% 和 5.08%。

(2)二级生态系统构成分析

从各县二级生态系统类型的丰富程度看,1985 年白龙江上游流域的二级生态系统类型达到 25 种。通过统计分析,可以看到各二级生态系统类型中最具代表性的县域名单,见表 4.4.1-4。

表 4.4.1-4　1985 年白龙江上游流域二级生态系统类型中面积最大的县域

一级类型	二级类型	面积 /km^2	县名称
森林生态系统	常绿阔叶林	5.33	九寨沟县
	落叶阔叶林	1 151.00	武都区
	常绿针叶林	1 111.57	九寨沟县
	针阔混交林	425.25	文县
	常绿阔叶灌木林	233.10	九寨沟县
	落叶阔叶灌木林	1 844.64	迭部县
	乔木绿地	0.07	宕昌县
草地生态系统	草甸	620.49	九寨沟县
	草原	0.17	舟曲县
	草丛	1 039.74	宕昌县
湿地生态系统	草本湿地	3.28	宕昌县
	湖泊	3.81	九寨沟县
	水库 / 坑塘	9.56	文县
	河流	15.11	武都区

一级类型	二级类型	面积 /km²	县名称
耕地生态系统	水田	5.67	宕昌县
	旱地	1 130.18	武都区
人工表面生态系统	居住地	25.72	宕昌县
	工业用地	0.77	宕昌县
	交通用地	1.16	迭部县
	采矿场	1.08	武都区
其他生态系统	稀疏林	3.30	舟曲县
	稀疏灌木林	0.21	舟曲县
	稀疏草地	169.37	迭部县
	裸岩	300.35	迭部县
	裸土	58.80	武都区

1985 年，迭部县以落叶阔叶灌木林和常绿针叶林为主，面积分别达 1 844.64 km² 和 1 015.76 km²，裸岩、稀疏草地和交通用地分布面积在各县中最大，分别达到 300.35 km²、169.37 km² 和 1.16 km²。草丛和草甸也广泛分布在迭部县，面积分别达到 852.24 km² 和 200.73 km²。

1985 年，舟曲县以森林生态系统为主，面积达到 1 810.35 km²，分布面积较广的二级类型包括落叶阔叶林、常绿针叶林和落叶阔叶灌木林，面积分别为 689.91 km²、537.74 km² 和 509.8 km²。草丛和旱地分布面积也较广，分别为 674.29 km² 和 314.52 km²。此外，草原、稀疏林和稀疏灌木林在舟曲县内分布比例最大。

1985 年，文县森林分布最为广泛，面积达 3 663.64 km²，其中分布面积较为广泛的二级类型包括落叶阔叶灌木林、落叶阔叶林、常绿针叶林和针阔混交林，面积分别达到 1 687.63 km²、1 012.77 km²、537.99 km² 和 425.25 km²。水库 / 坑塘面积也最多，约为 9.56 km²。

1985 年，武都区以森林生态系统和耕地生态系统为主，落叶阔叶林和旱地的面积在整个流域中最多，分别为 1 151 km² 和 1 130.18 km²，分布着流域内比例最大的河流生态系统，约 15.11 km²。此外，裸土和采矿场也是流域内分布比例最大的二级类型，面积分别为 58.8 km² 和 1.08 km²。

1985 年，宕昌县分布着流域内面积最大的人工表面生态系统，居住地和工业用地，面积分别达到 25.72 km² 和 0.77 km²。二级类型中，草丛、水田、草本湿地和乔木绿地分布比例也是最大的，面积分别为 1 039.74 km²、5.67 km²、3.28 km² 和 0.07 km²。

1985 年，九寨沟县以森林生态系统和草地生态系统为主，其中，常绿针叶林、常绿阔叶灌木林、常绿阔叶林和草甸分布比例最大，面积分别为 1 111.57 km²、233.1 km²、5.33 km² 和 620.49 km²。此外，九寨沟县湖泊分布面积也最大，达到 3.81 km²。

从各县二级生态系统类型的丰富程度看，2000 年白龙江上游流域的二级生态系统类型达到 25 种。通过统计分析，可以看到各二级生态系统类型中最具代表性的县域名单，见表 4.4.1-5。

表 4.4.1-5　2000 年白龙江上游流域二级生态系统类型中面积最大的县域

一级类型	二级类型	面积 /km²	县名称
森林生态系统	常绿阔叶林	5.33	九寨沟县
	落叶阔叶林	1 159.49	武都区
	常绿针叶林	1 084.17	九寨沟县
	针阔混交林	426.46	文县
	常绿阔叶灌木林	234.24	九寨沟县
	落叶阔叶灌木林	1 913.65	迭部县
	乔木绿地	0.07	宕昌县
草地生态系统	草甸	621.06	九寨沟县
	草原	0.17	舟曲县
	草丛	1 030.80	宕昌县
湿地生态系统	草本湿地	3.52	宕昌县
	湖泊	3.70	九寨沟县
	水库 / 坑塘	15.98	文县
	河流	15.56	武都区
耕地生态系统	水田	7.17	宕昌县
	旱地	1 087.93	武都区
人工表面生态系统	居住地	26.83	宕昌县
	工业用地	0.83	宕昌县
	交通用地	1.57	九寨沟县
	采矿场	1.76	九寨沟县
其他生态系统	稀疏林	3.31	舟曲县
	稀疏灌木林	0.21	舟曲县
	稀疏草地	166.91	文县
	裸岩	300.37	迭部县
	裸土	58.72	武都区

2000 年，迭部县以落叶阔叶灌木林分布面积最大，面积达到 1 913.65 km²，裸岩分布面积在各县中也最大，达到 300.37 km²。

2000 年，舟曲县以森林生态系统为主，面积达到 1 806.62 km²，分布面积较广的二级类型包括落叶阔叶林、常绿针叶林和落叶阔叶灌木林，面积分别为 690.18 km²、535.99 km² 和 507.58 km²。草丛和旱地分布面积也较广，分别为 672.14 km² 和 319.51 km²。此外，草原、稀疏林和稀疏灌木林在舟曲县内分布比例最大。

2000 年，文县森林生态系统分布最为广泛，面积达 3 675.47 km²，其中分布面积较为广泛的二级类型包括落叶阔叶灌木林、落叶阔叶林、常绿针叶林和针阔混交林，面积分别达到 1 697.69 km²、1 013.28 km²、538.05 km² 和 426.46 km²。水库 / 坑塘和稀疏草地面积也最多，分别为 15.98 km² 和 166.91 km²。

2000 年，武都区以森林生态系统和耕地生态系统为主，落叶阔叶林和旱地的面积在整个流域中最多，分别为 1 159.49 km² 和 1 087.93 km²，也分布着流域内比例最大的河流生态系统，约 15.56 km²。此外，裸土也是流域内分布比例最大的二级类型，面积为 58.72 km²。

2000 年，宕昌县分布着流域内面积最大的人工表面生态系统，居住地和工业用地面积分别达到 26.83 km² 和 0.83 km²。二级类型中，草丛、水田、草本湿地和乔木绿地分布比例也是最大的，面积分别 1 030.8 km²、7.17 km²、3.52 km² 和 0.07 km²。

2000 年，九寨沟县以森林生态系统和草地生态系统为主，其中，常绿针叶林、常绿阔叶灌木林、常绿阔叶林和草甸分布比例最大，面积分别为 1 084.17 km²、234.24 km²、5.33 km² 和 621.06 km²。此外，九寨沟县湖泊、采矿场和交通用地分布面积也最大，达到 3.7 km²、1.76 km² 和 1.57 km²。

从各县二级生态系统类型的丰富程度看，2013 年白龙江上游流域的二级生态系统类型达到 25 种。通过统计分析，可以看到各二级生态系统类型中最具代表性的县域名单，见表 4.4.1-6。

表 4.4.1-6　2013 年白龙江上游流域二级生态系统类型中面积最大的县域

一级类型	二级类型	面积 /km²	县名称
森林生态系统	常绿阔叶林	5.33	九寨沟县
	落叶阔叶林	1 197.21	武都区
	常绿针叶林	1 084.11	九寨沟县
	针阔混交林	432.97	文县
	常绿阔叶灌木林	234.55	九寨沟县
	落叶阔叶灌木林	1 925.64	迭部县
	乔木绿地	0.07	宕昌县

一级类型	二级类型	面积 /km²	县名称
草地生态系统	草甸	621.14	九寨沟县
	草原	0.61	武都区
	草丛	1 090.30	宕昌县
湿地生态系统	草本湿地	3.55	宕昌县
	湖泊	3.58	九寨沟县
	水库/坑塘	18.41	文县
	河流	14.05	武都区
耕地生态系统	水田	7.06	宕昌县
	旱地	900.68	武都区
人工表面生态系统	居住地	34.14	武都区
	工业用地	3.74	武都区
	交通用地	1.57	九寨沟县
	采矿场	2.80	九寨沟县
其他生态系统	稀疏林	3.31	舟曲县
	稀疏灌木林	0.21	舟曲县
	稀疏草地	169.02	文县
	裸岩	300.37	迭部县
	裸土	65.80	武都区

2013 年，迭部县以落叶阔叶灌木林分布面积最大，面积达到 1 925.64 km²，裸岩分布面积在各县中也最大，达到 300.37 km²。

2013 年，舟曲县以森林生态系统为主，面积达到 1 828.25 km²，分布面积较广的二级类型包括落叶阔叶林、常绿针叶林和落叶阔叶灌木林，面积分别为 703.84 km²、536.3 km² 和 514.99 km²。草丛和旱地分布面积也较广，分别为 698.47 km² 和 268.28 km²。此外，稀疏林和稀疏灌木林在舟曲县内分布比例最大。

2013 年，文县森林生态系统分布最为广泛，面积达 3 755.82 km²，其中分布面积较为广泛的二级类型包括落叶阔叶灌木林、落叶阔叶林、常绿针叶林和针阔混交林，面积分别达到 1 759.81 km²、1 025.42 km²、537.62 km² 和 432.97 km²。水库/坑塘和稀疏草地面积也最多，分别为 18.41 km² 和 169.02 km²。

2013 年，武都区以森林生态系统和耕地生态系统为主，落叶阔叶林和旱地的面积在整个流域中也最多，分别为 1 197.21 km² 和 900.68 km²，也分布着流域内比例最大的河流生态系统，约 14.05 km²。此外，居住地、工业用地和裸土也是流域内分布比例最大的二级类型，面积分别为 34.14 km²、3.74 km² 和 65.80 km²。

2013 年，宕昌县分布着流域内面积最大的草丛、水田、草本湿地和乔木绿地，面积分别达到 1 090.3 km²、7.06 km²、3.55 km² 和 0.07 km²。

2013 年，九寨沟县以森林生态系统和草地生态系统为主，其中，常绿针叶林、常绿阔叶灌木林、常绿阔叶林和草甸分布比例最大，面积分别为 1 084.11 km²、234.55 km²、5.33 km² 和 621.14 km²。此外，九寨沟县湖泊、采矿场和交通用地分布面积也为最大，达到 3.58 km²、2.80 km² 和 1.57 km²。

4.4.2 生态系统类型转换的总体特征

（1）武都区生态系统变化强度大，高达 5.7%

从一级分类生态系统类型变化来看，1985—2000 年白龙江上游流域生态系统综合变化率最高的县是迭部县，达到 1.8%，其次依次为宕昌县、武都区、舟曲县、文县和九寨沟县，生态系统综合变化率分别为 1.4%、1.3%、1.0%、0.9% 和 0.8%，见图 4.4.2-1。

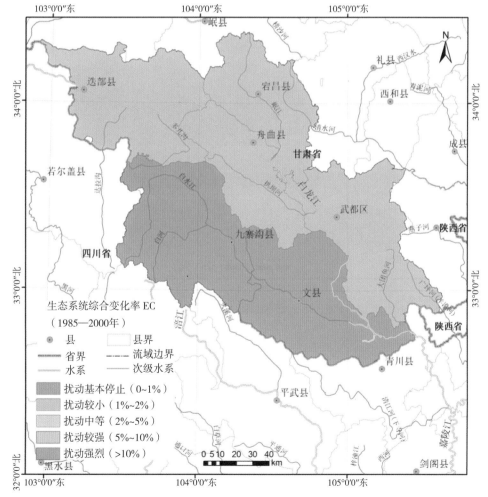

图 4.4.2-1 1985—2000 年白龙江上游流域生态系统综合变化率（一级分类）

从一级分类生态系统类型变化来看，2000—2013 年白龙江上游流域生态系统综合变化率最高的县是武都区，达到 4.6%，其次依次为宕昌县、文县、舟曲县、迭部县和九寨沟县，生态系统综合变化率分别为 2.6%、2.5%、1.9%、1.4% 和 1.3%，见图 4.4.2-2。

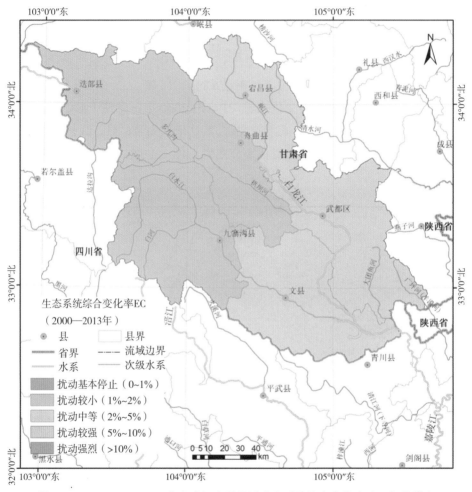

图 4.4.2-2　2000—2013 年白龙江上游流域生态系统综合变化率（一级分类）

从一级分类生态系统类型变化来看，1985—2013 年白龙江上游流域生态系统综合变化率最高的县是武都区，达到 5.7%，其次依次为宕昌县、文县、迭部县、舟曲县和九寨沟县，生态系统综合变化率分别为 3.7%、3.1%、2.9%、2.8% 和 1.7%，见图 4.4.2-3。

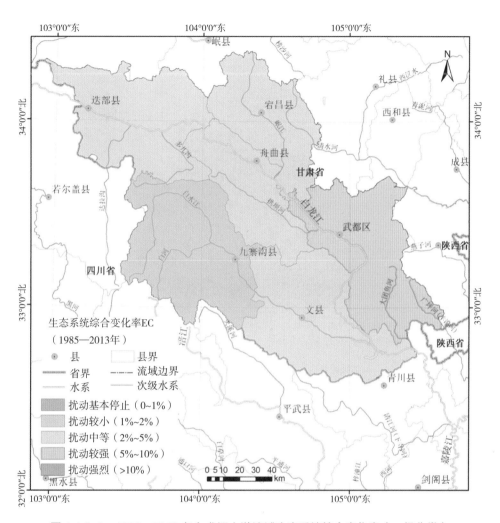

图 4.4.2-3 1985—2013 年白龙江上游流域生态系统综合变化率（一级分类）

从二级分类生态系统类型变化来看，1985—2000 年白龙江上游流域生态系统综合变化率最高的县是迭部县，达到 3.2%，其次依次为宕昌县、武都区、九寨沟县、舟曲县和文县，生态系统综合变化率分别为 1.4%、1.3%、1.3%、1.0% 和 0.9%，见图 4.4.2-4。

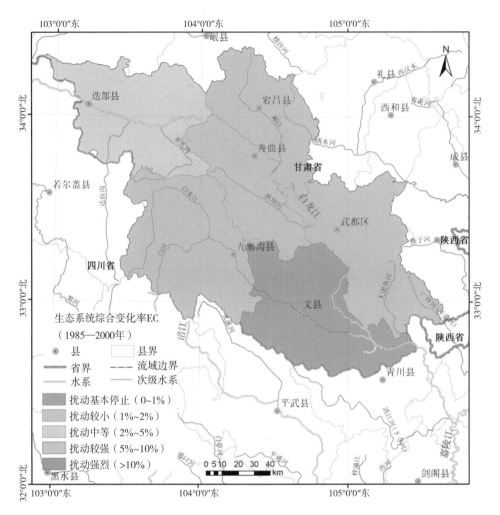

图 4.4.2-4　1985—2000 年白龙江上游流域生态系统综合变化率（二级分类）

从二级分类生态系统类型变化来看，2000—2013 年白龙江上游流域生态系统综合变化率最高的县是武都区，达到 4.6%，其次依次为宕昌县、文县、舟曲县、迭部县和九寨沟县，生态系统综合变化率分别为 2.6%、2.6%、2.0%、1.6% 和 1.3%，见图 4.4.2-5。

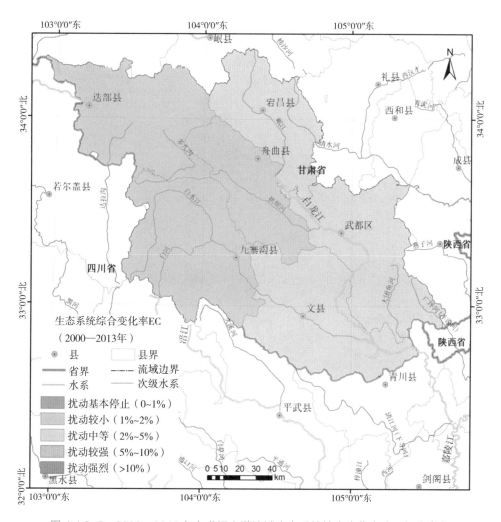

图 4.4.2-5　2000—2013 年白龙江上游流域生态系统综合变化率（二级分类）

从二级分类生态系统类型变化来看，1985—2013 年白龙江上游流域生态系统综合变化率最高的县是武都区，达到 5.7%，其次依次为迭部县、宕昌县、文县、舟曲县和九寨沟县，生态系统综合变化率分别为 4.4%、3.7%、3.2%、2.8% 和 2.2%，见图 4.4.2-6。

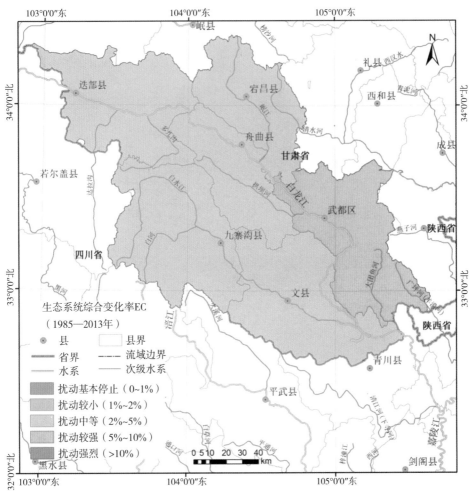

图 4.4.2-6　1985—2013 年白龙江上游流域生态系统综合变化率（二级分类）

（2）九寨沟县和宕昌县生态状况有所恢复，迭部县退化较为严重

从一级分类生态系统类型变化来看，1985—2000 年白龙江上游流域各县类型转类指数表现出生态恢复的县有宕昌县和九寨沟县，其转类指数分别为 0.06% 和 0.02%，小于 2.0%，生态状况有恢复趋势。而迭部县、舟曲县、文县和武都区都表现出不同程度的生态退化趋势，转类指数分别为 −0.6%、−0.1%、−0.03% 和 −0.003%，表现出轻微退化的趋势，见图 4.4.2-7。

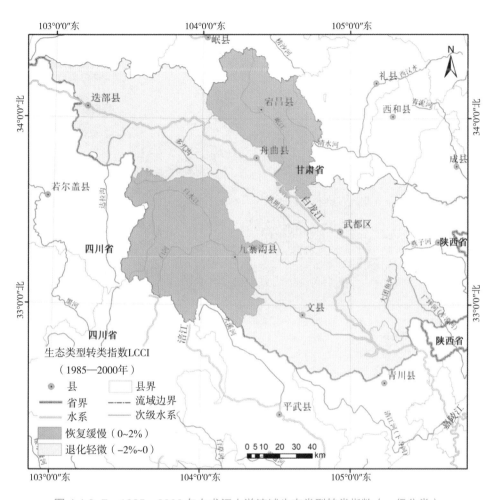

图 4.4.2–7 1985—2000 年白龙江上游流域生态类型转类指数（一级分类）

从一级分类生态系统类型变化来看，2000—2013 年白龙江上游流域各县类型转类指数表现出生态恢复的县仅有九寨沟县，其转类指数为 0.4%，小于 2.0%，生态状况有恢复趋势。而武都区、迭部县、舟曲县、宕昌县和文县都表现出不同程度的生态退化趋势，转类指数分别为 –0.6%、–0.5%、–0.06%、–0.08% 和 –0.06%，表现出轻微退化的趋势，见图 4.4.2-8。

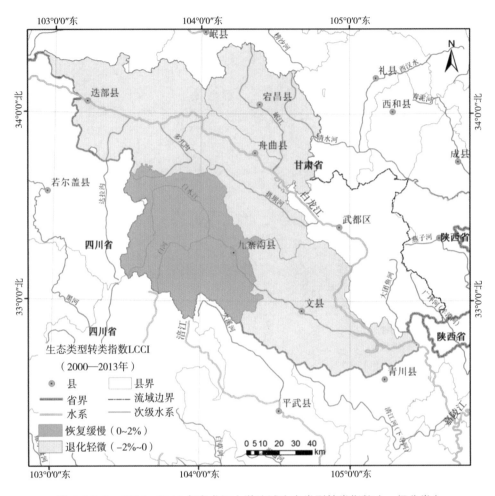

图 4.4.2-8　2000—2013 年白龙江上游流域生态类型转类指数（一级分类）

　　从一级分类生态系统类型变化来看，1985—2013 年白龙江上游流域各县类型转类指数表现出生态恢复的县有九寨沟县和宕昌县，其转类指数分别为 0.5% 和 0.04%，小于 2.0%，生态状况有恢复趋势。而迭部县、武都区、舟曲县和文县都表现出不同程度的生态退化趋势，转类指数分别为 –1.1%、–0.6%、–0.1% 和 –0.09%，表现出轻微退化的趋势，见图 4.4.2-9。

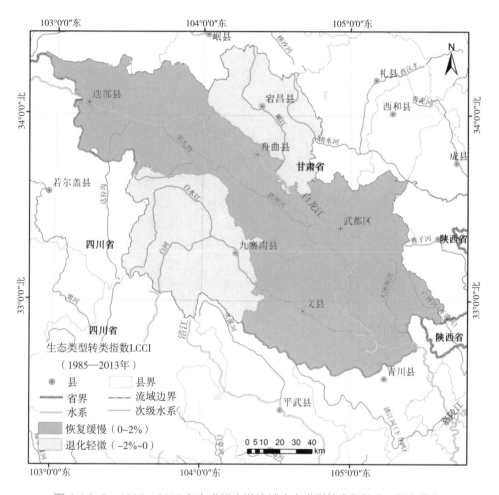

图 4.4.2-9　1985—2013 年白龙江上游流域生态类型转类指数（一级分类）

　　从二级分类生态系统类型变化来看，1985—2000 年白龙江上游流域各县类型转类指数表现出生态恢复的县只有宕昌县，其转类指数为 0.05%，小于 2.0%，表现出缓慢恢复的趋势。而其他县都表现出不同程度的生态退化趋势，其中，迭部县的转类指数达到 −2.1%，退化较为严重。九寨沟县、舟曲县、文县和武都区的转类指数分别为 −0.5%、−0.1%、−0.02% 和 −0.004%，表现出轻微退化的趋势，见图 4.4.2-10。

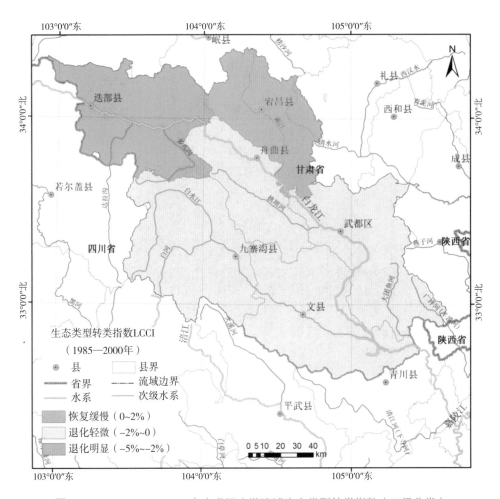

图 4.4.2-10　1985—2000 年白龙江上游流域生态类型转类指数（二级分类）

从二级分类生态系统类型变化来看，2000—2013 年白龙江上游流域各县类型转类指数表现出生态恢复的县只有九寨沟县，其转类指数为 0.2%，小于 2.0%，表现出缓慢恢复的趋势。而其他县都表现出不同程度的生态退化趋势，迭部县、武都区、宕昌县、文县和舟曲县的转类指数分别为 −0.5%、−0.4%、−0.07%、−0.05% 和 −0.04%，表现出轻微退化的趋势，见图 4.4.2-11。

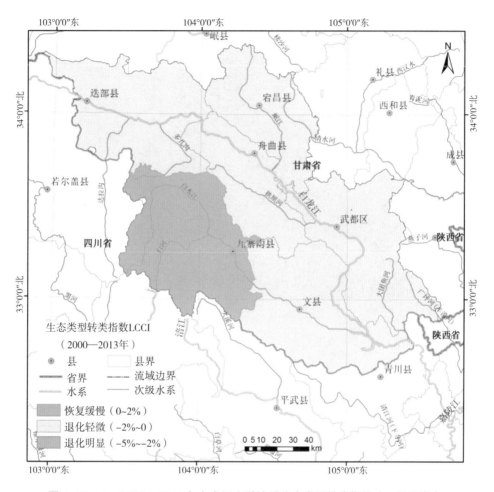

图 4.4.2–11　2000—2013 年白龙江上游流域生态类型转类指数（二级分类）

从二级分类生态系统类型变化来看，1985—2013 年白龙江上游流域各县类型转类指数表现出生态恢复的县只有宕昌县，其转类指数为 0.02%，小于 2.0%，表现出缓慢恢复的趋势。而其他县都表现出不同程度的生态退化趋势，其中，迭部县的转类指数达到 –2.6%，退化较为严重。武都区、九寨沟县、文县和舟曲县的转类指数分别为 –0.4%、–0.2%、–0.08% 和 –0.07%，表现出轻微退化的趋势，见图 4.4.2-12。

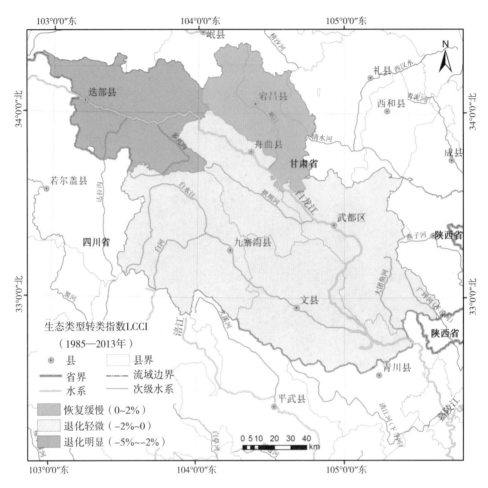

图 4.4.2-12　1985—2013 年白龙江上游流域生态类型转类指数（二级分类）

（3）各县主要生态系统变化均与耕地、森林和草地的相互转换以及人工表面的转入相关

从一级分类生态系统类型变化来看，1985—2000 年白龙江上游流域的各县生态系统变化主要与耕地、森林、草地和人工表面这几种生态系统相关。迭部县生态系统变化最大的 3 种转换类型分别为森林转为草地、草地转为耕地和耕地转为森林，占变化总面积的比例分别达到 30.5%、11.7% 和 11.0%。舟曲县生态系统变化最大的 3 种转换类型分别为草地转为耕地、耕地转为草地和森林转为耕地，占变化总面积的比例分别达到 38.5%、28.9% 和 11.7%。文县生态系统变化最大的 3 种转换类型分别为耕地转为森林、森林转为耕地和耕地转为湿地，占变化总面积的比例分别达到 46.9%、19.4% 和 11.8%。武都区生态系统变化最大的 3 种转换类型分别为耕地转为森林、耕地转为草地和耕地转为人工表面，占变化总面积的比例分别达到 37.2%、28.1% 和 13.0%。宕昌县生态系统变化最大的 3 种转换类型分别为草地

转为耕地、耕地转为草地和耕地转为森林，占变化总面积的比例分别达到 48.5%、30.5% 和 9.0%。九寨沟县生态系统变化最大的 3 种转换类型分别为草地转为耕地、森林转为耕地和耕地转为森林，占变化总面积的比例分别达到 22.2%、20.3% 和 18.5%。

从二级分类生态系统类型变化来看，1985—2000 年白龙江上游流域的各县生态系统变化主要与旱地、草丛、落叶阔叶林、落叶阔叶灌木林、常绿针叶林和居住地等多种生态系统相关。迭部县生态系统变化最大的 3 种转换类型分别为常绿针叶林转为落叶阔叶灌木林、常绿针叶林转为草丛和草丛转为旱地，占变化总面积的比例分别达到 42.4%、13.4% 和 6.4%。舟曲县生态系统变化最大的 3 种转换类型分别为草丛转为旱地、旱地转为草丛和落叶阔叶灌木林转为旱地，占变化总面积的比例分别达到 38.2%、28.7% 和 10.5%。文县生态系统变化最大的 3 种转换类型分别为旱地转为落叶阔叶灌木林、落叶阔叶灌木林转为旱地和旱地转为草丛，占变化总面积的比例分别达到 39.9%、17.3% 和 11.2%。武都区生态系统变化最大的 3 种转换类型分别为旱地转为草丛、旱地转为落叶阔叶灌木林和旱地转为落叶阔叶林，占变化总面积的比例分别达到 28%、19.5% 和 16.8%。宕昌县生态系统变化最大的 3 种转换类型分别为草丛转为旱地、旱地转为草丛、旱地转为落叶阔叶灌木林，占变化总面积的比例分别达到 48.4%、30.4% 和 5.0%。九寨沟县生态系统变化最大的 3 种转换类型分别为常绿针叶林转为落叶阔叶灌木林、草丛转为旱地和落叶阔叶灌木林转为旱地，占变化总面积的比例分别达到 34.7%、13.9% 和 12.3%。

从一级分类生态系统类型变化来看，2000—2013 年白龙江上游流域的各县生态系统变化主要与耕地、森林、草地和人工表面这几种生态系统相关。迭部县生态系统变化最大的 3 种转换类型分别为耕地转为森林、耕地转为草地和森林转为草地，占变化总面积的比例分别达到 27.1%、23.7% 和 17.4%。舟曲县生态系统变化最大的 3 种转换类型分别为耕地转为草地、耕地转为森林和耕地转为人工表面，占变化总面积的比例分别达到 48.7%、38.8% 和 3.4%。文县生态系统变化最大的 3 种转换类型分别为耕地转为森林、耕地转为草地和森林转为草地，占变化总面积的比例分别达到 67.5%、16.7% 和 2.9%。武都区生态系统变化最大的 3 种转换类型分别为耕地转为草地、耕地转为森林和耕地转为人工表面，占变化总面积的比例分别达到 45.3%、35.5% 和 5.2%。宕昌县生态系统变化最大的 3 种转换类型分别为耕地转为草地、耕地转为人工表面和耕地转为森林，占变化总面积的比例分别达到 74.8%、8.4% 和 7.5%。九寨沟县生态系统变化最大的 3 种转换类型分别为耕地转为森林、草地转为森林和耕地转为草地，占变化总面积的比例分别达到 59.3%、15.2% 和 11.1%。

从二级分类生态系统类型变化来看，2000—2013 年白龙江上游流域的各县生态系统变化主要与旱地、草丛、落叶阔叶林、落叶阔叶灌木林、常绿针叶林和居住地等多种生态系统相关。迭部县生态系统变化最大的 3 种转换类型分别为旱地转为落叶阔叶灌木林、旱地转为草丛和落叶阔叶灌木林转为草丛，占变化总面积的比例分别达到 24.5%、20.9% 和 10.6%。舟曲县生态系统变化最大的 3 种转换类型分别为旱地转为草丛、旱地转为落叶阔叶林和旱地转为落叶阔叶灌木林，占变化总面积的比例分别达到 48.2%、22.4% 和 15.2%。文县生态系统变化最大的 3 种转换类型分别为旱地转为落叶阔叶灌木林、旱地转为草丛和旱地转为落叶阔叶林，占变化总面积的比例分别达到 49.9%、16% 和 9.1%。武都区生态系统变化最大的 3 种转换类型分别为旱地转为草丛、旱地转为落叶阔叶林和旱地转为落叶阔叶灌木林，占变化总面积的比例分别达到 45.2%、18.0% 和 16.6%。宕昌县生态系统变化最大的 3 种转换类型分别为旱地转为草丛、旱地转为居住地和旱地转为落叶阔叶灌木林，占变化总面积的比例分别达到 74.7%、7.4% 和 5.9%。九寨沟县生态系统变化最大的 3 种转换类型分别为旱地转为落叶阔叶灌木林、草丛转为落叶阔叶灌木林和旱地转为草丛，占变化总面积的比例分别达到 56.7%、15.1% 和 11.1%。

从一级分类生态系统类型变化来看，1985—2013 年白龙江上游流域的各县生态系统变化主要与耕地、森林、草地和人工表面这几种生态系统相关。迭部县生态系统变化最大的 3 种转换类型分别为森林转为草地、耕地转为森林和耕地转为草地，占变化总面积的比例分别达到 27.9%、17.7% 和 13.7%。舟曲县生态系统变化最大的 3 种转换类型分别为耕地转为草地、耕地转为森林和草地转为耕地，占变化总面积的比例分别达到 42.7%、26.2% 和 13.0%。文县生态系统变化最大的 3 种转换类型分别为耕地转为森林、耕地转为草地和耕地转为湿地，占变化总面积的比例分别达到 64.0%、16.3% 和 4.6%。武都区生态系统变化最大的 3 种转换类型分别为耕地转为草地、耕地转为森林和耕地转为人工表面，占变化总面积的比例分别达到 42.6%、36.0% 和 7.2%。宕昌县生态系统变化最大的 3 种转换类型分别为耕地转为草地、草地转为耕地和耕地转为森林，占变化总面积的比例分别达到 60.7%、16.0% 和 7.9%。九寨沟县生态系统变化最大的 3 种转换类型分别为耕地转为森林、草地转为森林和草地转为耕地，占变化总面积的比例分别达到 43.5%、18.2% 和 6.5%。

从二级分类生态系统类型变化来看，1985—2013 年白龙江上游流域的各县生态系统变化主要与旱地、草丛、落叶阔叶林、落叶阔叶灌木林、常绿针叶林和居住地等多种生态系统相关。迭部县生态系统变化最大的 3 种转换类型分别为常绿针叶林转为落叶阔叶灌木林、常绿针叶林转为草丛和旱地转为落叶阔叶灌木林，占变化总面积的比例分别达到 33.7%、11.7% 和 11.6%。舟曲县生态系统变化最大的 3 种转换类型分别为旱地转为草丛、旱地转为落叶阔叶林和草丛转为旱地，占变化总面积的比例分别达到 42.2%、14.9% 和 12.8%。文县生态系统变化最大的 3 种转换类型分别为旱地转为落叶阔叶灌木林、旱地转为草丛和旱地转为落叶阔叶林，占变化总面积的比例分别达到 47.9%、15.6% 和 7.8%。武都区生态系统变化最大的 3 种转换类型分别为旱地转为草丛、旱地转为落叶阔叶林和旱地转为落叶阔叶灌木林，占变化总面积的比例分别达到 42.4%、18.0% 和 17.2%。宕昌县生态系统变化最大的 3 种转换类型分别为旱地转为草丛、草丛转为旱地和旱地转为居住地，占变化总面积的比例分别达到 60.6%、15.7% 和 6.0%。九寨沟县生态系统变化最大的 3 种转换类型分别为旱地转为落叶阔叶灌木林、常绿针叶林转为落叶阔叶灌木林和草丛转为落叶阔叶灌木林，占变化总面积的比例分别达到 32.7%、20.8% 和 13.7%。

（4）生态系统景观格局变化

1）文县景观呈现略微聚集趋势，其他各县景观格局变化总体较小

1985—2000 年，各县景观格局基本保持稳定。2000—2013 年，文县景观呈现一定的聚集趋势。文县境内斑块数由 10 040 个减少到 9 714 个，减少了 3.2%；平均斑块面积则由原来的 49.8 hm² 增加到 51.5 hm²，增加了 3.4%；边界密度由 34.8 m/hm² 减少到 32.6 m/hm²；聚集度指数也由 68.4% 增加到 69.7%。可以看出，4 个指标都表明文县境内景观格局呈现一定的聚集趋势。

1985—2013 年，文县景观呈现一定的聚集趋势。文县境内斑块数由 10 038 个减少到 9 714 个，减少了 3.2%；平均斑块面积则由原来的 49.8 hm² 增加到 51.5 hm²，增加了 3.4%；边界密度由 35m/hm² 减少到 32.6m/hm²；聚集度指数也由 68.4% 增加到 69.7%。可以看出，4 个指标都表明文县境内景观格局呈现一定的聚集趋势，见表 4.4.2-1。

表 4.4.2-1　白龙江上游流域各县一级生态系统景观格局特征及其变化

县域	年份	斑块数 NP	平均斑块面积 MPS/hm²	边界密度 ED/（m/hm²）	聚集度指数 CONT/%
迭部县	1985	8 107	58.0	40.2	64.0
	2000	8 103	58.0	40.4	63.8
	2013	8 057	58.3	39.9	64.1
舟曲县	1985	10 967	27.5	56.0	60.5
	2000	10 986	27.5	56.1	60.4
	2013	10 991	27.5	56.0	61.0
文县	1985	10 038	49.8	35.0	68.4
	2000	10 040	49.8	34.8	68.4
	2013	9 714	51.5	32.6	69.7

县域	年份	斑块数 NP	平均斑块面积 MPS/hm²	边界密度 ED/（m/hm²）	聚集度指数 CONT/%
武都区	1985	12 443	37.4	49.4	59.7
	2000	12 468	37.3	49.4	59.5
	2013	12 670	36.7	49.4	59.5
宕昌县	1985	10 981	30.2	56.8	55.9
	2000	11 001	30.1	56.7	55.9
	2013	10 926	30.3	55.8	55.8
九寨沟县	1985	5 224	101.1	31.3	68.5
	2000	5 218	101.2	31.3	68.3
	2013	5 181	101.9	30.5	69.2

2）人工表面景观格局在各县表现出明显聚集趋势；耕地在各县都表现为破碎化趋势；森林景观格局在迭部县表现为破碎化趋势，在舟曲县、文县、武都区和九寨沟县表现为聚集趋势，在宕昌县保持稳定；草地景观格局在九寨沟县基本保持稳定，在其余各县表现出聚集趋势；湿地景观格局在文县、宕昌县和九寨沟县表现为聚集趋势，在其他各县保持稳定；其他生态系统景观格局在迭部县、文县和九寨沟县表现为聚集趋势，在其他各县保持稳定

1985—2000 年，武都区人工表面类斑块面积由原来的 4.6 hm² 增加到 6.2 hm²，增加了 34.8%；湿地类斑块面积由原来的 12.9 hm² 增加到 14.2 hm²，增加了 10.1%；草地类斑块面积由原来的 20.1 hm² 增加到 20.6 hm²，增加了 2.5%；森林类斑块面积由原来的 104.4 hm² 增加到 106.9 hm²，增加了 2.4%；耕地类斑块面积由原来的 22.7 hm² 减少到 21.7 hm²，减少了 4.4%；其他生态系统类型类斑块面积由原来的 22.2 hm² 减少到 21.7 hm²，减少了 2.3%。

2000—2013 年，武都区人工表面类斑块面积由原来的 6.2 hm² 增加到 9.1 hm²，增加了 46.8%；草地类斑块面积由原来的 20.6 hm² 增加到 23.5 hm²，增加了 30.6%；森林类斑块面积由原来的 106.9 hm² 增加到 113 hm²，增加了 5.7%；其他生态系统类型类斑块面积由原来的 21.7 hm² 增加到 22 hm²，增加了 1.4%；耕地类斑块面积由原来的 21.7 hm² 减少到 17.1 hm²，减少了 21.2%；湿地类斑块面积由原来的 14.2 hm² 减少到 12.7 hm²，减少了 10.6%。

1985—2013 年，武都区人工表面类斑块面积由原来的 4.6 hm² 增加到 8.1 hm²，增加了 76.1%；草地类斑块面积由原来的 20.1 hm² 增加到 23.5 hm²，增加了 16.9%；森林类斑块面积由原来的 104.4 hm² 增加到 113.0 hm²，增加了 8.2%；耕地类斑块

面积由原来的 22.7 hm² 减少到 17.1 hm²，减少了 24.7%；湿地类斑块面积由原来的 12.9 hm² 减少到 12.7 hm²，减少了 1.6%；其他生态系统类型类斑块面积由原来的 22.2 hm² 减少到 22.0 hm²，减少了 0.9%。

1985—2000 年，九寨沟县人工表面类斑块面积由原来的 7.3 hm² 增加到 10.0 hm²，增加了 37.0%；耕地类斑块面积由原来的 12.7 hm² 增加到 13.6 hm²，增加了 7.1%；其他生态系统类型类斑块面积由原来的 34.9 hm² 增加到 35.5 hm²，增加了 1.7%；森林类斑块面积由原来的 361.5 hm² 减少到 359.7 hm²，减少了 0.5%；草地和湿地类斑块平均面积保持稳定。

2000—2013 年，九寨沟县人工表面类斑块面积由原来的 10.0 hm² 增加到 12.8 hm²，增加了 28.0%；森林类斑块面积由原来的 359.7 hm² 增加到 382.3 hm²，增加了 6.3%；湿地类斑块面积由原来的 7.4 hm² 增加到 7.6 hm²，增加了 2.7%；其他生态系统类型类斑块面积由原来的 35.5 hm² 增加到 35.8 hm²，增加了 0.8%；耕地类斑块面积由原来的 13.6 hm² 减少到 8.2 hm²，减少了 39.7%；草地类斑块面积由原来的 63.4 hm² 减少到 62.9 hm²，减少了 0.8%。

1985—2013 年，九寨沟县人工表面类斑块面积由原来的 7.3 hm² 增加到 12.8 hm²，增加了 75.3%；森林类斑块面积由原来的 361.5 hm² 增加到 382.3 hm²，增加了 5.8%；湿地类斑块面积由原来的 7.4 hm² 增加到 7.6 hm²，增加了 2.7%；其他生态系统类型类斑块面积由原来的 34.9 hm² 增加到 35.8 hm²，增加了 2.6%；耕地类斑块面积由原来的 12.7 hm² 减少到 8.2 hm²，减少了 35.4%；草地类斑块面积由原来的 63.4 hm² 减少到 62.9 hm²，减少了 0.8%。

1985—2000 年，文县湿地类斑块面积由原来的 14.5 hm² 增加到 18.9 hm²，增加了 30.3%；人工表面类斑块面积由原来的 5.5 hm² 增加到 6.4 hm²，增加了 16.4%；草地类斑块面积由原来的 19 hm² 增加到 19.2 hm²，增加了 1.1%；森林类斑块面积由原来的 227.4 hm² 增加到 228.9 hm²，增加了 0.7%；其他生态系统类型类斑块面积由原来的 31.6 hm² 增加到 31.7 hm²，增加了 0.3%；耕地类斑块面积由原来的 11.4 hm² 减少到 10.8 hm²，减少了 5.3%。

2000—2013 年，文县湿地类斑块面积由原来的 18.9 hm² 增加到 21.6 hm²，增加了 14.3%；人工表面类斑块面积由原来的 6.4 hm² 增加到 7 hm²，增加了 9.4%；森林类斑块面积由原来的 228.9 hm² 增加到 240.1 hm²，增加了 4.9%；其他生态系统类型类斑块面积由原来的 31.7 hm² 增加到 32.7 hm²，增加了 3.2%；草地类斑块面积由原来的 19.2 hm² 增加到 19.8 hm²，增加了 3.1%；耕地类斑块面积由原来的 10.8 hm² 减少到 9.0 hm²，减少了 16.7%。

1985—2013 年，文县湿地类斑块面积由原来的 14.5 hm² 增加到 21.6 hm²，增加了 49.0%；人工表面类斑块面积由原来的 5.5 hm² 增加到 7.0 hm²，增加了 27.3%；森林类斑块面积由原来的 227.4 hm² 增加到 240.1 hm²，增加了 5.6%；草地类斑块面积由原来的 19.0 hm² 增加到 19.8 hm²，增加了 4.2%；其他生态系统类型类斑块面积由原来的 31.6 hm² 增加到 32.7 hm²，增加了 3.5%；耕地类斑块面积由原来的 11.4 hm² 减少到 9.0 hm²，减少了 21.1%。

1985—2000 年，迭部县人工表面类斑块面积由原来的 4.0 hm² 增加到 4.4 hm²，增加了 10%；其他生态系统类型类斑块面积由原来的 37.9 hm² 增加到 40.2 hm²，增加了 6.1%；草地类斑块面积由原来的 25.0 hm² 增加到 25.7 hm²，增加了 2.8%；森林类斑块面积由原来的 207.2 hm² 减少到 194.9 hm²，减少了 5.9%；耕地类斑块面积由原来的 21.5 hm² 减少到 21.1 hm²，减少了 1.9%；湿地类斑块面积由原来的 16.2 hm² 减少到 16.0 hm²，减少了 1.2%。

2000—2013 年，迭部县人工表面类斑块面积由原来的 4.4 hm² 增加到 5.7 hm²，增加了 29.5%；草地类斑块面积由原来的 25.7 hm² 增加到 26.5 hm²，增加了 3.1%；湿地类斑块面积由原来的 16 hm² 增加到 16.5 hm²，增加了 3.1%；耕地类斑块面积由原来的 21.1 hm² 减少到 18.6 hm²，减少了 11.8%；其他生态系统类型类斑块面积由原来的 40.2 hm² 减少到 39.9 hm²，减少了 0.7%；森林类斑块面积由原来的 194.9 hm² 减少到 193.7 hm²，减少了 0.6%。

1985—2013 年，迭部县人工表面类斑块面积由原来的 4.0 hm² 增加到 5.7 hm²，增加了 42.5%；草地类斑块面积由原来的 25 hm² 增加到 26.5 hm²，增加了 6.0%；其他生态系统类型类斑块面积由原来的 37.9 hm² 增加到 39.9 hm²，增加了 5.3%；湿地类斑块面积由原来的 16.2 hm² 增加到 16.5 hm²，增加了 1.9%；耕地类斑块面积由原来的 21.5 hm² 减少到 18.6 hm²，减少了 13.5%；森林类斑块面积由原来的 207.2 hm²，减少到 193.7 hm²，减少了 6.5%。

1985—2000 年，宕昌县人工表面类斑块面积由原来的 4.8 hm² 增加到 5.0 hm²，增加了 4.2%；湿地类斑块面积由原来的 5.8 hm² 增加到 5.9 hm²，增加了 1.7%；耕地类斑块面积由原来的 63.5 hm² 增加到 63.8 hm²，增加了 0.5%；森林类斑块面积由 36.4 hm² 增加到 36.5 hm²，增加了 0.3%；其他生态系统类型类斑块面积由原来的 10.0 hm² 减少到 9.8 hm²，减少了 2%；草地类斑块面积由原来的 22.4 hm² 减少到 22.1 hm²，减少了 1.3%。

2000—2013 年，宕昌县人工表面类斑块面积由原来的 5.0 hm² 增加到 6.3 hm²，增加了 26%；草地类斑块面积由原来的 22.1 hm² 增加到 23.8 hm²，增加了 7.7%；湿地类斑块面积由原来的 5.9 hm² 增加到 6.1 hm²，增加了 3.4%；其他生态系统类型类斑块面积由 9.8 hm²，增加到 10.1 hm²，增加了 3.1%；森林类斑块面积由原来的 36.5 hm² 增加到 36.7 hm²，增加了 0.5%；耕地类斑块面积由原来的 63.8 hm² 减少到 58.9 hm²，减少了 7.7%。

1985—2013 年，宕昌县人工表面类斑块面积由原来的 4.8 hm² 增加到 6.3 hm²，增加了 31.3%；草地类斑块面积由原来的 22.4 hm² 增加到 23.8 hm²，增加了 6.3%；

湿地类斑块面积由原来的 5.8 hm² 增加到 6.1 hm²，增加了 5.2%；森林类斑块面积由原来的 36.4 hm² 增加到 36.7 hm²，增加了 0.8%；耕地类斑块面积由原来的 63.5 hm² 减少到 58.9 hm²，减少了 7.2%；其他生态系统类型基本保持稳定。

1985—2000 年，舟曲县森林类斑块面积由原来的 110.4 hm² 减少到 109.5 hm²，减少了 0.8%；草地类斑块面积由原来的 11.4 hm² 减少到 11.3 hm²，减少了 0.9%，耕地类斑块面积由原来的 23.8 hm² 增加到 24.1 hm²，增加了 1.3%；人工表面、湿地和其他生态系统类型类斑块面积变化很小，基本保持稳定。

2000—2013 年，舟曲县人工表面类斑块面积由原来的 4.2 hm² 增加到 5.2 hm²，增加了 23.8%；森林类斑块面积由原来的 109.5 hm² 增加到 114.3 hm²，增加了 4.4%；草地类斑块面积由原来的 11.3 hm² 增加到 11.7 hm²，增加了 3.5%；耕地类斑块面积由原来的 24.1 hm² 减少到 19.9 hm²，减少了 17.4%；湿地和其他生态系统类型类斑块面积变化很小，基本保持稳定。

1985—2013 年，舟曲县人工表面类斑块面积由原来的 4.2 hm² 增加到 5.2 hm²，增加了 23.8%；森林类斑块面积由原来的 110.4 hm² 增加到 114.3 hm²，增加了 3.5%；草地类斑块面积由原来的 11.4 hm² 增加到 11.7 hm²，增加了 2.6%；耕地类斑块面积由原来的 23.8 hm² 减少到 19.9 hm²，减少了 16.4%；湿地和其他生态系统类型类斑块面积变化很小，基本保持稳定。见表 4.4.2-2。

表 4.4.2-2　白龙江上游流域各县一级生态系统类斑块平均面积　　　　单位：hm²

县域	年份	森林	草地	湿地	耕地	人工表面	其他
迭部县	1985	207.2	25.0	16.2	21.5	4.0	37.9
	2000	194.9	25.7	16.0	21.1	4.4	40.2
	2013	193.7	26.5	16.5	18.6	5.7	39.9
舟曲县	1985	110.4	11.4	20.1	23.8	4.2	11.3
	2000	109.5	11.3	20.1	24.1	4.2	11.3
	2013	114.3	11.7	20.4	19.9	5.2	11.4
文县	1985	227.4	19.0	14.5	11.4	5.5	31.6
	2000	228.9	19.2	18.9	10.8	6.4	31.7
	2013	240.1	19.8	21.6	9.0	7.0	32.7
武都区	1985	104.4	20.1	12.9	22.7	4.6	22.2
	2000	106.9	20.6	14.2	21.7	6.2	21.7
	2013	113	23.5	12.7	17.1	8.1	22.0
宕昌县	1985	36.4	22.4	5.8	63.5	4.8	10.0
	2000	36.5	22.1	5.9	63.8	5.0	9.8
	2013	36.7	23.8	6.1	58.9	6.3	10.1
九寨沟县	1985	361.5	63.4	7.4	12.7	7.3	34.9
	2000	359.7	63.4	7.4	13.6	10.0	35.5
	2013	382.3	62.9	7.6	8.2	12.8	35.8

4.4.3　各生态系统变化特征

（1）森林生态系统

1）迭部县森林面积减少，其他各县森林面积增加

1985—2000 年白龙江上游流域各县森林面积增加最多的是武都区，面积约为 18.7 km²，增加面积占 1985 年该区森林总面积的 0.7%。其次为文县，面积约为 11.8 平方公里，增加面积占 1985 年该县森林总面积的 0.3%。宕昌县森林面积也有所增加，增加了 3.4 km²，占 1985 年该县森林总面积的 0.3%。

其他各县森林面积减少，其中，迭部县森林面积减少最多，减少了 17.1 km²，减少面积占 1985 年该县森林总面积的 0.6%。舟曲县和九寨沟县森林面积分别减少了 3.7 km² 和 3.1 km²，分别占 1985 年各自面积的 0.2% 和 0.1%，见图 4.4.3-1。

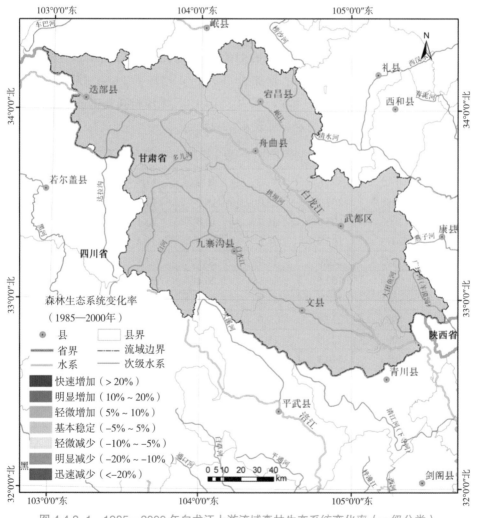

图 4.4.3-1　1985—2000 年白龙江上游流域森林生态系统变化率（一级分类）

2000—2013 年白龙江上游流域各县森林面积增加最多的是文县，面积约为 80.3 km²，增加面积占 2000 年该县森林总面积的 2.2%。其次为武都区，面积约为 65.8 km²，增加面积占 2000 年该区森林总面积的 2.5%。其他森林面积增加的县包括九寨沟县、舟曲县、宕昌县和迭部县，面积分别为 46.8 km²、21.6 km²、5.5 km² 和 2.9 km²，增加面积分别占 2000 年各自森林总面积的 1.3%、1.2%、0.4% 和 0.1%，见图 4.4.3-2。

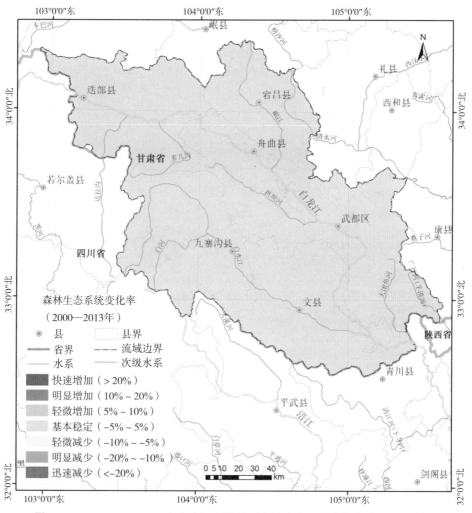

图 4.4.3-2　2000—2013 年白龙江上游流域森林生态系统变化率（一级分类）

1985—2013 年白龙江上游流域各县森林面积增加最多的是文县，面积约为 92.2 km²，增加面积占 1985 年该县森林总面积的 2.5%。其次为武都区，面积约为 84.5 km²，增加面积占 1985 年该区森林总面积的 3.3%。其他森林面积增加的县包括九寨沟县、舟曲县和宕昌县，面积分别为 43.7 km²、17.9 km² 和 9.0 km²，增加面积分别占 1985 年各自森林总面积的 1.3%、1.0% 和 0.7%。

仅迭部县森林面积减少，减少了 14.2 km²，减少面积占 1985 年该县森林总面积的 0.5%，见图 4.4.3-3。

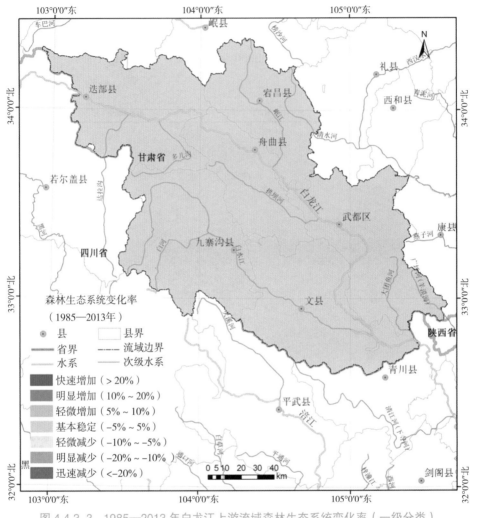

图 4.4.3-3　1985—2013 年白龙江上游流域森林生态系统变化率（一级分类）

2）各县森林生态系统景观格局变化

1985—2000 年，迭部县、舟曲县和九寨沟县森林类斑块平均面积表现出缓慢破碎化趋势，宕昌县、武都区和文县森林类斑块平均面积表现出缓慢聚集趋势，见图 4.4.3-4。

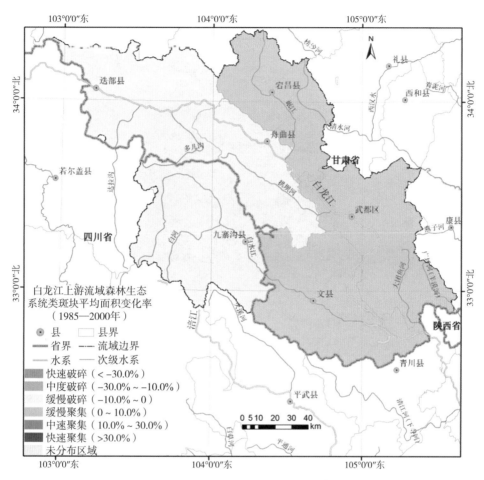

图 4.4.3-4　1985—2000 年白龙江上游流域森林生态系统类斑块面积变化率

2000—2013 年，迭部县森林类斑块平均面积表现出缓慢破碎化趋势，其他各县森林类斑块平均面积表现出缓慢聚集趋势，见图 4.4.3-5。

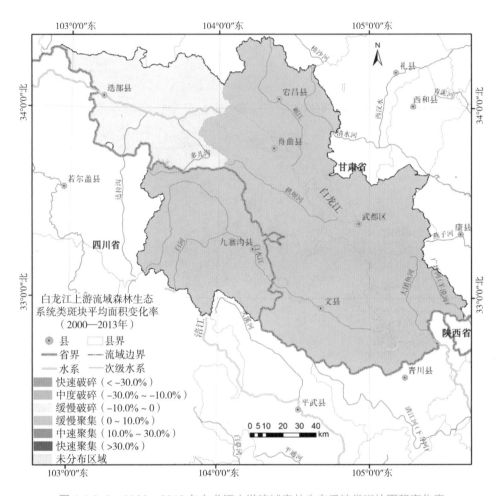

图 4.4.3-5　2000—2013 年白龙江上游流域森林生态系统类斑块面积变化率

　　1985—2013 年，迭部县森林类斑块平均面积表现出缓慢破碎化趋势，其他各县森林类斑块平均面积表现出缓慢聚集趋势，见图 4.4.3-6。

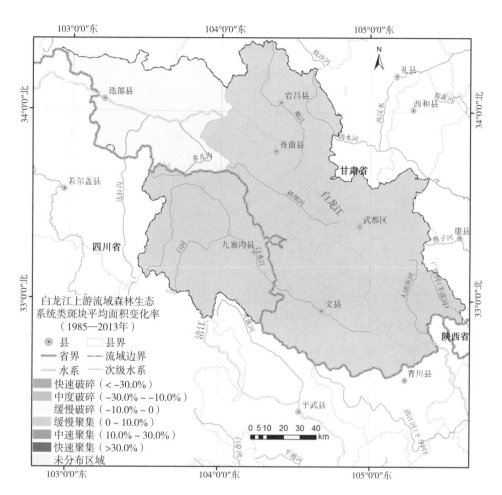

图 4.4.3-6 1985—2013 年白龙江上游流域森林生态系统类斑块面积变化率

（2）草地生态系统变化

1）九寨沟县草地减少，其他各县草地均在增加

1985—2000 年白龙江上游流域各县的草地面积增加最多的是迭部县，面积约为 22.5 km²，增加面积占 1985 年该区草地总面积的 2.1%。其次为武都区和文县，面积分别为 14.8 km² 和 5.0 km²，增加比例分别为 1.9% 和 0.9%。

其他各县的草地面积则有所减少，宕昌县、九寨沟县和舟曲县的草地面积分别减少了 8.9 km²、8.2 km² 和 1.5 km²，减少的比例分别为 0.9%、0.7% 和 0.2%，见图 4.4.3-7。

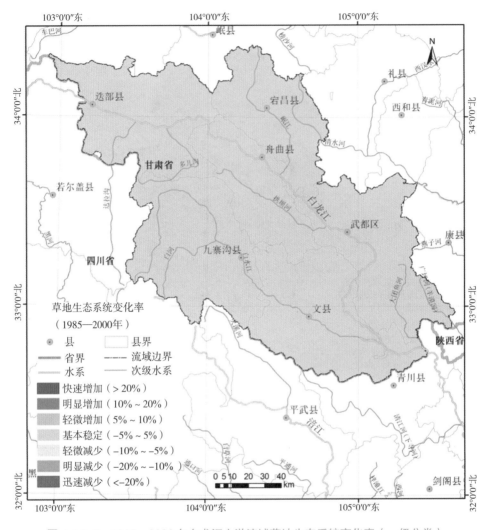

图 4.4.3-7　1985—2000 年白龙江上游流域草地生态系统变化率（一级分类）

　　2000—2013 年白龙江上游流域各县的草地面积增加最多的是武都区，面积约为 100.1 km²，增加面积占 2000 年该区草地总面积的 12.9%。其次为宕昌县、舟曲县、迭部县和文县，面积分别为 59.4 km²、25.7 km²、18.9 km² 和 16.7 km²，增加比例分别为 5.8%、3.6%、1.8% 和 3.0%。

　　只有九寨沟县的草地面积在减少，减少面积为 4.6 km²，减少的比例为 0.4%，见图 4.4.3-8。

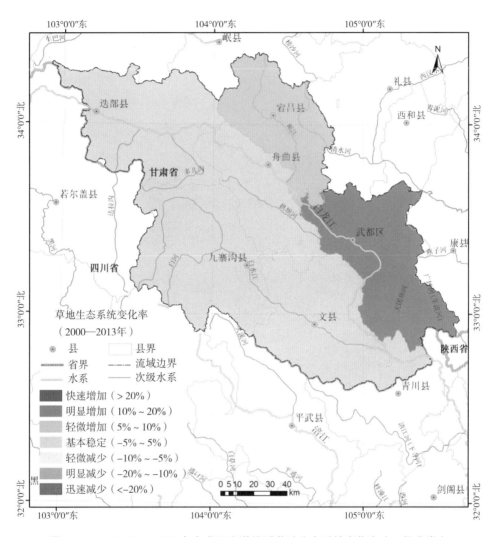

图 4.4.3-8　2000—2013 年白龙江上游流域草地生态系统变化率（一级分类）

　　1985—2013 年白龙江上游流域各县的草地面积增加最多的是武都区，面积约为 114.9 km²，增加面积占 1985 年该区草地总面积的 15.1%。其次为宕昌县、迭部县、舟曲县和文县，面积分别为 50.4 km²、41.4 km²、24.3 km² 和 21.7 km²，增加比例分别为 4.8%、3.9%、3.4% 和 3.9%。

　　只有九寨沟县的草地面积在减少，减少面积为 12.8 km²，减少的比例为 1.0%，见图 4.4.3-9。

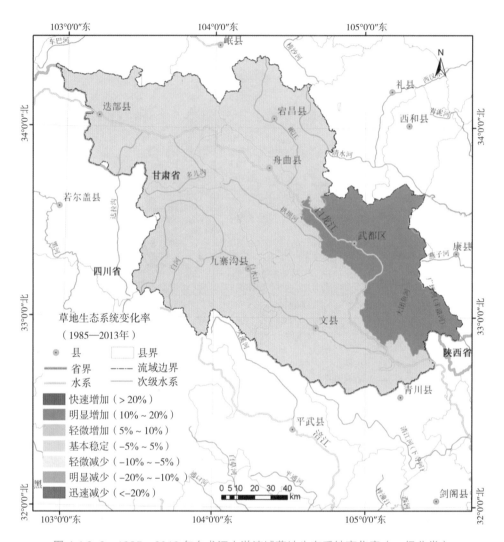

图 4.4.3-9 1985—2013 年白龙江上游流域草地生态系统变化率（一级分类）

2）各县草地生态系统景观格局变化

1985—2000 年，九寨沟县、舟曲县和宕昌县草地类斑块平均面积表现出缓慢破碎趋势，迭部县、武都区和文县草地类斑块平均面积表现出缓慢聚集趋势，见图 4.4.3-10。

图 4.4.3-10　1985—2000 年白龙江上游流域草地生态系统类斑块面积变化率

2000—2013 年，九寨沟县草地类斑块平均面积表现出缓慢破碎趋势，武都区草地类斑块平均面积则表现出中速聚集趋势，其他各县草地类斑块平均面积都表现出缓慢聚集趋势，见图 4.4.3-11。

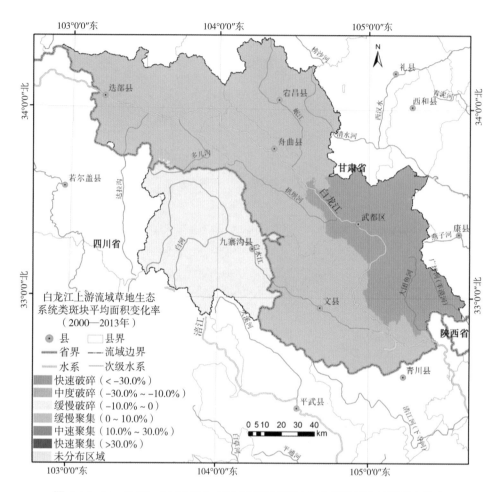

图 4.4.3-11　2000—2013 年白龙江上游流域草地生态系统类斑块面积变化率

1985—2013 年，九寨沟县草地类斑块平均面积表现出缓慢破碎趋势，武都区草地类斑块平均面积则表现出中速聚集趋势，其他各县草地类斑块平均面积都表现出缓慢聚集趋势，见图 4.4.3-12。

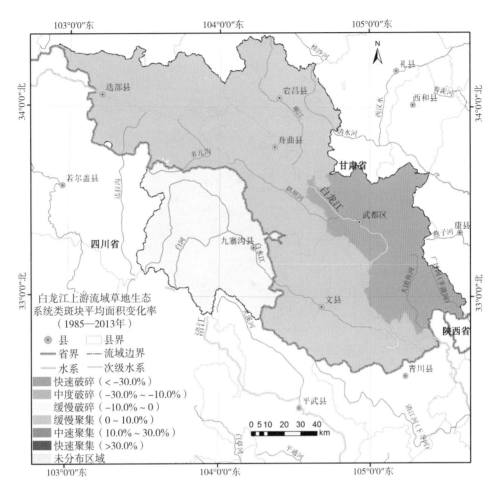

图 4.4.3-12　1985—2013 年白龙江上游流域草地生态系统类斑块面积变化率

（3）湿地生态系统变化

1）武都区和迭部县湿地减少，其他县湿地均在增加

1985—2000 年白龙江上游流域各县的湿地面积增加最多的是文县，面积约为
5.3 km²，增加面积占 1985 年该县湿地总面积的 22.1%。其次为武都区、宕昌县和
迭部县，面积分别为 0.5 km²、0.2 km² 和 0.06 km²，增加比例分别为 3.0%、4.0% 和
0.5%。

只有九寨沟县的湿地面积在减少，减少为 0.04 km²，减少的比例为 0.3%。舟曲
县湿地面积保持稳定，见图 4.4-3-13。

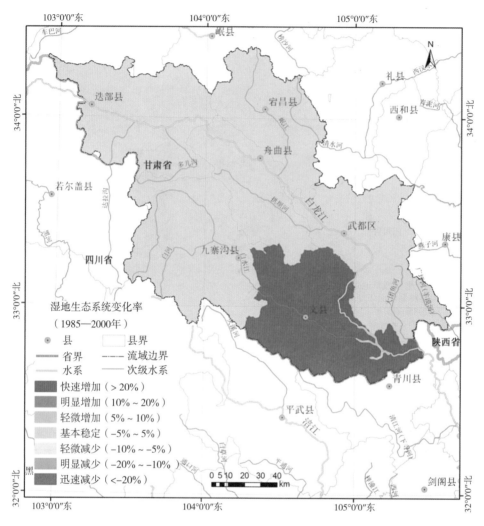

图 4.4.3-13　1985—2000 年白龙江上游流域湿地生态系统变化率（一级分类）

　　2000—2013 年白龙江上游流域各县的湿地面积增加最多的是文县，面积约为
2.4 km²，增加面积占 2000 年该县湿地总面积的 8.2%。其次为九寨沟县、宕昌县和
舟曲县，面积分别为 0.7 km²、0.3 km² 和 0.1 km²，增加比例分别为 4.5%、4.5% 和
1.6%。

　　只有武都区和迭部县的湿地面积在减少，减少面积分别为 1.4 km² 和 0.2 km²，
减少的比例分别达到 9.0% 和 1.3%，见图 4.4.3-14。

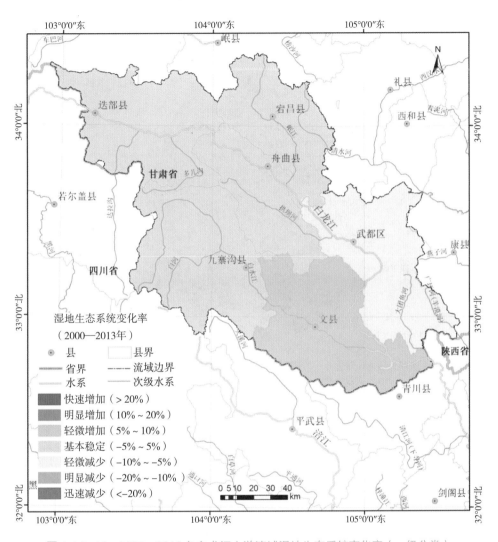

图 4.4.3-14 2000—2013 年白龙江上游流域湿地生态系统变化率（一级分类）

　　1985—2013 年白龙江上游流域各县的湿地面积增加最多的是文县，面积约为 7.6 km²，增加面积占 1985 年该县湿地总面积的 32.1%。其次为九寨沟县、宕昌县和舟曲县，面积分别为 0.6 km²、0.5 km² 和 0.1 km²，增加比例分别为 1.2%、8.7% 和 1.6%。

　　只有武都区和迭部县的湿地面积在减少，减少面积分别为 1.0 km² 和 0.1 km²，减少的比例分别为 6.3% 和 0.8%，见图 4.4.3-15。

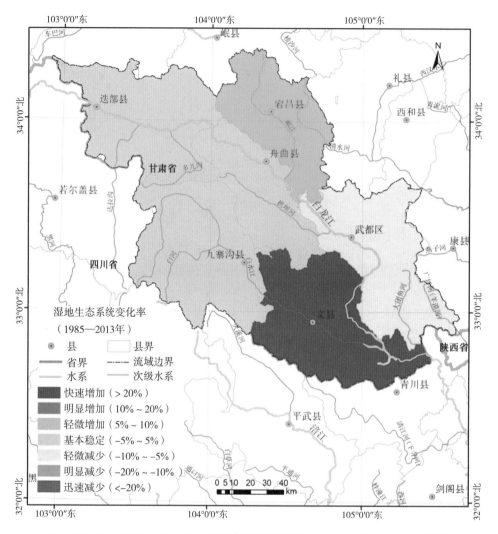

图 4.4.3-15　1985—2013 年白龙江上游流域湿地生态系统变化率（一级分类）

2）各县湿地生态系统景观格局变化

1985—2000 年，文县湿地类斑块平均面积表现出快速聚集趋势，武都区湿地类斑块平均面积表现出中速聚集趋势，宕昌县湿地类斑块平均面积表现出缓慢聚集趋势，迭部县、舟曲县和九寨沟县湿地类斑块平均面积表现出缓慢破碎趋势，见图 4.4.3-16。

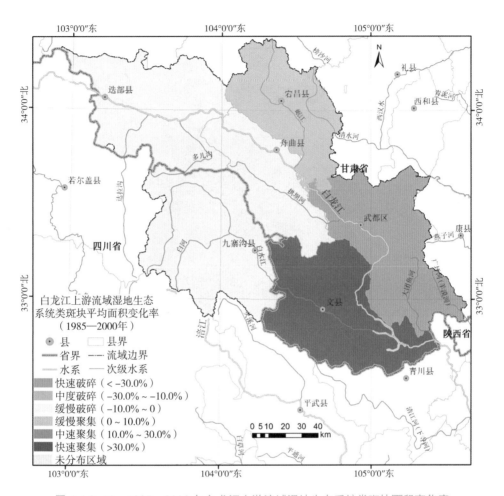

图 4.4.3-16　1985—2000 年白龙江上游流域湿地生态系统类斑块面积变化率

2000—2013 年，文县湿地类斑块平均面积表现出中速聚集趋势，武都区湿地类斑块平均面积表现出中度破碎趋势，其他各县湿地类斑块平均面积表现出缓慢聚集趋势，见图 4.4.3-17。

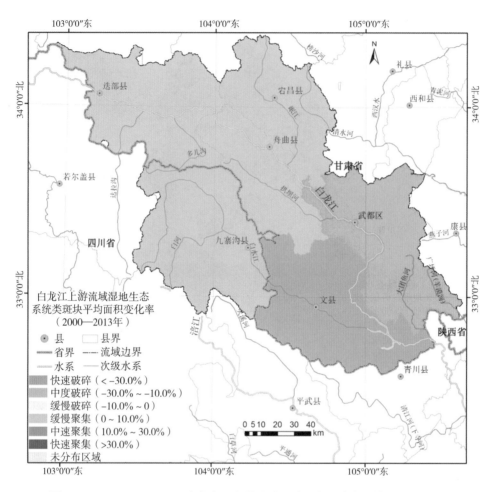

图 4.4.3-17　2000—2013 年白龙江上游流域湿地生态系统类斑块面积变化率

1985—2013 年，文县湿地类斑块平均面积表现出快速聚集趋势，迭部县、宕昌县、舟曲县和九寨沟县湿地类斑块平均面积表现出缓慢聚集趋势，武都区湿地类斑块平均面积表现出缓慢破碎趋势，见图 4.4.3-18。

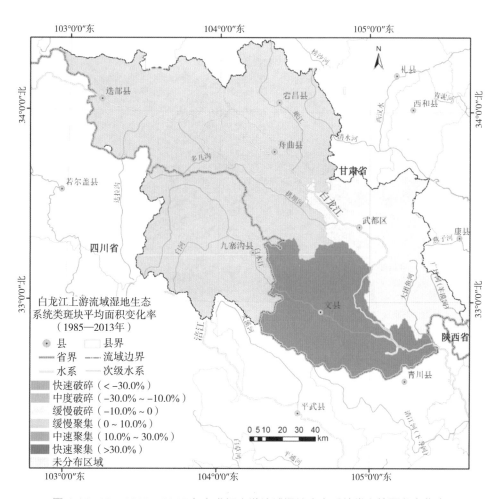

白龙江上游流域湿地生态
系统类斑块平均面积变化率
（1985—2013年）

- ⊙ 县　　▢ 县界
- ━━ 省界　--- 流域边界
- ━━ 水系　━━ 次级水系
- ▨ 快速破碎（<−30.0%）
- ▨ 中度破碎（−30.0%～−10.0%）
- ▨ 缓慢破碎（−10.0%～0）
- ▨ 缓慢聚集（0～10.0%）
- ▨ 中速聚集（10.0%～30.0%）
- ▨ 快速聚集（>30.0%）
- ▢ 未分布区域

图 4.4.3-18　1985—2013 年白龙江上游流域湿地生态系统类斑块面积变化率

（4）耕地生态系统变化

1）全流域各县耕地均在减少，武都区减少最多

1985—2000 年白龙江上游流域各县的耕地面积增加最多的是九寨沟县，面积约为 10.4 km²，增加面积占 1985 年该县耕地总面积的 10.0%。其次为宕昌县和舟曲县，面积分别为 6.3 km² 和 5.1 km²，增加比例分别为 0.7% 和 1.6%。

其他各县的耕地面积都在减少，减少最多的是武都区，面积约为 42.2 km²，减少面积占 1985 年该区耕地总面积的 3.7%。其次为文县和迭部县，面积分别为 24.4 km² 和 2.3 km²，减少比例分别为 4.9% 和 1.2%，见图 4.4.3-19。

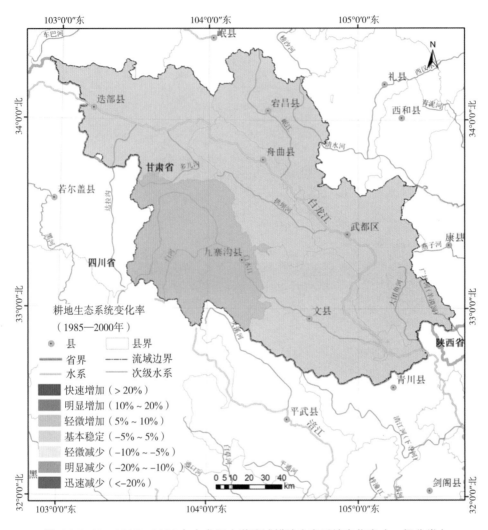

图 4.4.3-19　1985—2000 年白龙江上游流域耕地生态系统变化率（一级分类）

2000—2013 年白龙江上游流域各县的耕地面积都在减少，减少最多的是武都区，面积约为 187.2 km²，减少面积占 2000 年该区耕地总面积的 17.2%。其次依次为文县、宕昌县、舟曲县、九寨沟县和迭部县，面积分别为 103.7 km²、76.7 km²、51.3 km²、45.4 km² 和 29.6 km²，减少比例分别为 21.8%、8.5%、16%、39.7% 和 16.3%，见图 4.4.3-20。

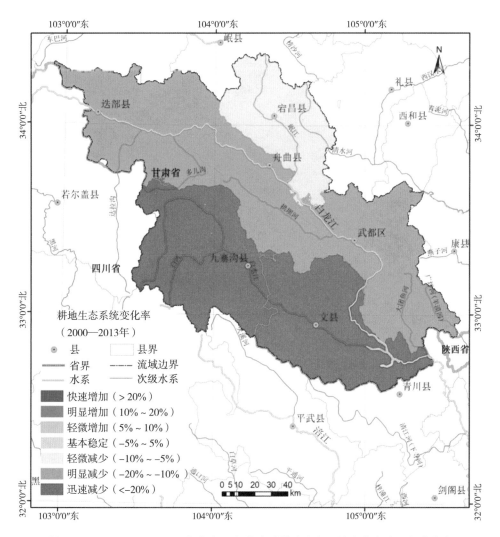

图 4.4.3-20　2000—2013 年白龙江上游流域耕地生态系统变化率（一级分类）

1985—2013 年白龙江上游流域各县的耕地面积都在减少，减少最多的是武都区，面积约为 229.4 km²，减少面积占 1985 年该区耕地总面积的 20.3%。其次为文县、宕昌县、舟曲县、九寨沟县和迭部县，面积分别为 128.1 km²、70.4 km²、46.2 km²、35.0 km² 和 31.9 km²，减少比例分别为 25.6%、7.9%、14.7%、33.7% 和 17.3%，见图 4.4.3-21。

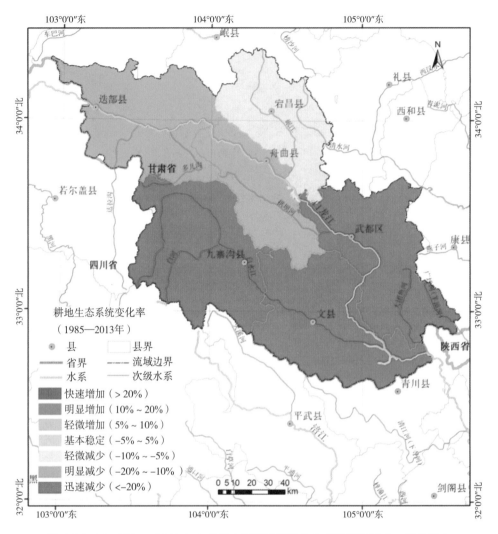

图 4.4.3-21 1985—2013 年白龙江上游流域耕地生态系统变化率（一级分类）

2）各县耕地生态系统景观格局变化

1985—2000 年，迭部县、武都区和文县耕地类斑块平均面积表现出缓慢破碎趋势，宕昌县、舟曲县和九寨沟县耕地类斑块平均面积表现出缓慢聚集趋势，见图 4.4.3-22。

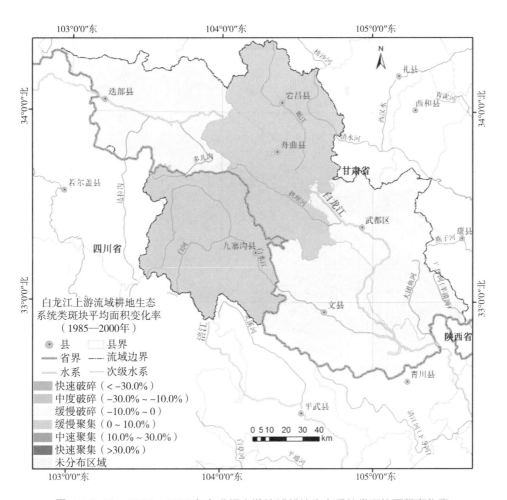

图 4.4.3-22　1985—2000 年白龙江上游流域耕地生态系统类斑块面积变化率

2000—2013 年，九寨沟县耕地类斑块平均面积表现出快速破碎趋势，迭部县、舟曲县、武都区和文县耕地类斑块平均面积表现出中度破碎趋势，宕昌县耕地类斑块平均面积表现出缓慢破碎趋势，见图 4.4.3-23。

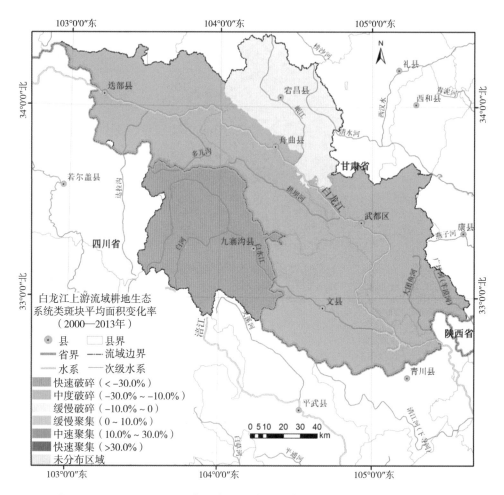

图 4.4.3-23 2000—2013 年白龙江上游流域耕地生态系统类斑块面积变化率

1985—2013 年，九寨沟县耕地类斑块平均面积表现出快速破碎趋势，迭部县、舟曲县、武都区和文县耕地类斑块平均面积表现出中度破碎趋势，宕昌县耕地类斑块平均面积表现出缓慢破碎趋势，见图 4.4.3-24。

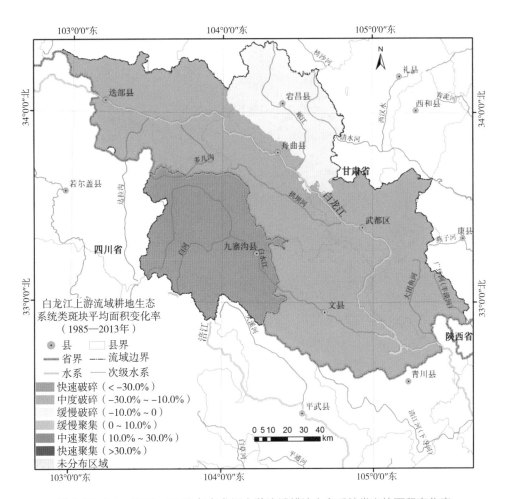

图 4.4.3-24　1985—2013 年白龙江上游流域耕地生态系统类斑块面积变化率

（5）人工表面生态系统变化

1）各县人工表面生态系统面积均增加，增加比例均超过 20%

1985—2000 年白龙江上游流域各县的人工表面面积都在增加，增加最多的是武都区，面积约为 8.2 km²，增加比例达到 41.5%。其次为九寨沟县、文县、迭部县、宕昌县和舟曲县，面积分别为 3.7 km²、2.0 km²、1.6 km²、1.2 km² 和 0.1 km²，增加比例分别为 59.5%、19.5%、19.2%、4.4% 和 1.1%，见图 4.4.3-25。

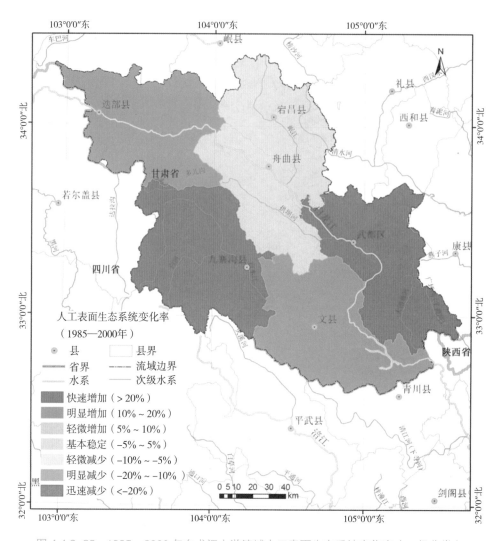

图 4.4.3-25 1985—2000 年白龙江上游流域人工表面生态系统变化率（一级分类）

2000—2013 年白龙江上游流域各县的人工表面面积都在增加，增加最多的是武都区，面积约为 11.7 km²，增加比例达到 42.3%。其次为宕昌县、迭部县、九寨沟县、舟曲县和文县，面积分别为 8.6 km²、4.0 km²、3.1 km²、2.3 km² 和 1.4 km²，增加比例分别为 30.8%、40.3%、31.6%、21.5% 和 11.7%，见图 4.4.3-26。

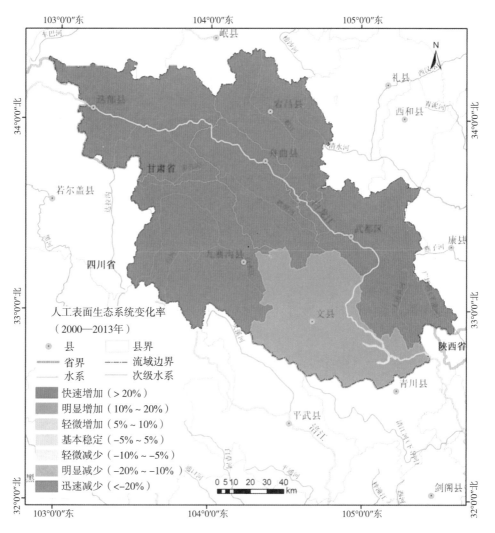

图 4.4.3-26　2000—2013 年白龙江上游流域人工表面生态系统变化率（一级分类）

　　1985—2013 年白龙江上游流域各县的人工表面面积都在增加，增加最多的是武都区，面积约为 19.9 km²，增加比例达到 101.4%。其次为宕昌县、九寨沟县、迭部县、文县和舟曲县，面积分别为 9.7 km²、6.8 km²、5.6 km²、3.4 km² 和 2.4 km²，增加比例分别为 36.6%、109.9%、67.3%、33.5% 和 22.8%，见图 4.4.3-27。

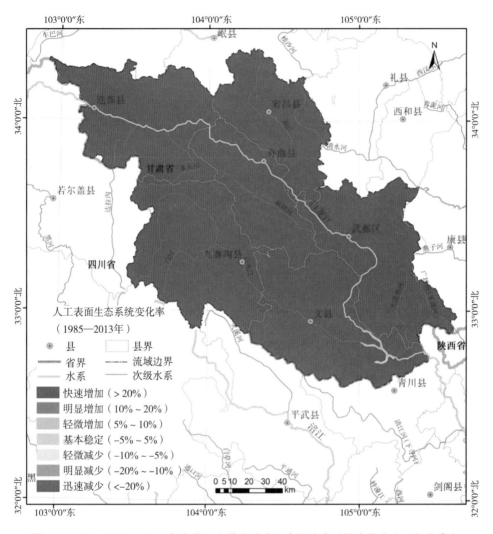

图 4.4.3-27 1985—2013 年白龙江上游流域人工表面生态系统变化率（一级分类）

2）各县人工表面生态系统景观格局变化

1985—2000 年，武都区和九寨沟县人工表面类斑块平均面积表现出快速聚集趋势，文县人工表面类斑块平均面积表现出中速聚集趋势，迭部县和宕昌县人工表面类斑块平均面积表现出缓慢聚集趋势，舟曲县人工表面类斑块平均面积表现出缓慢破碎化趋势，见图 4.4.3-28。

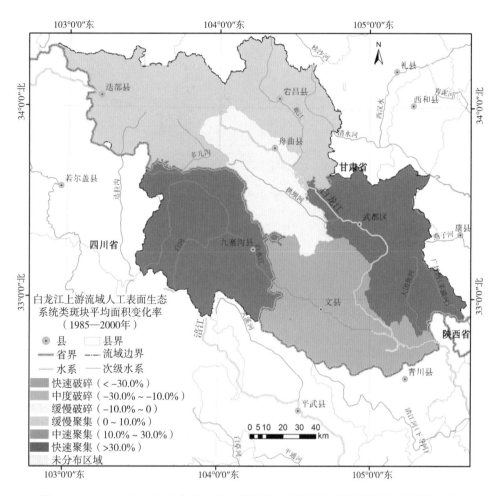

图 4.4.3-28　1985—2000 年白龙江上游流域人工表面生态系统类斑块面积变化率

　　2000—2013 年，武都区人工表面类斑块平均面积表现出快速聚集趋势，迭部县、宕昌县、舟曲县和九寨沟县人工表面类斑块平均面积表现出中速聚集趋势，文县人工表面类斑块平均面积表现出缓慢聚集趋势，见图 4.4.3-29。

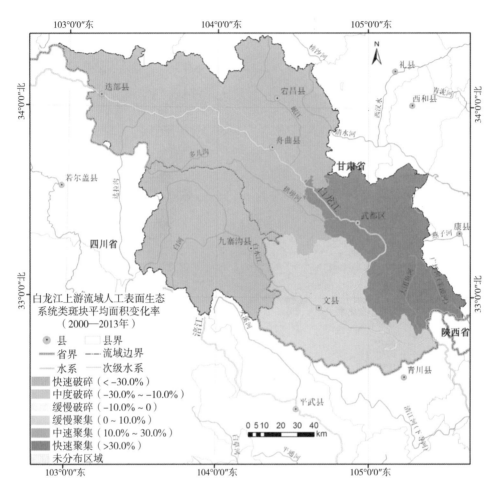

图 4.4.3-29　2000—2013 年白龙江上游流域人工表面生态系统类斑块面积变化率

1985—2013 年，迭部县、宕昌县、武都区和九寨沟县人工表面类斑块平均面积表现出快速聚集趋势，舟曲县和文县人工表面类斑块平均面积表现出中度破碎化趋势，见图 4.4.3-30。

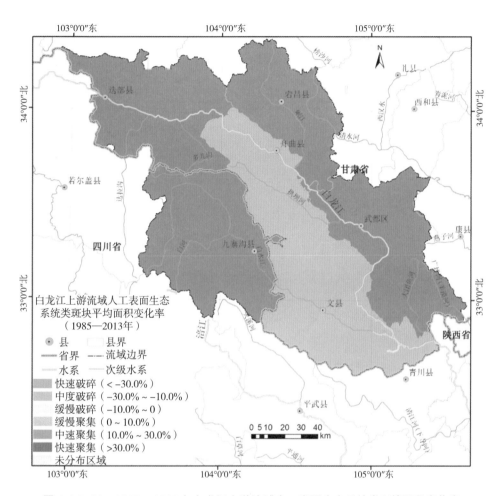

图 4.4.3-30　1985—2013 年白龙江上游流域人工表面生态系统类斑块面积变化率

（6）其他生态系统变化

1）九寨沟县和迭部县其他生态系统减少，其他各县均增加

1985—2000 年白龙江上游流域各县的其他生态系统面积增加的是文县和武都区，面积分别为 0.4 km² 和 0.1 km²，增加比例分别为 0.1% 和 0.09%。

其他各县的其他生态系统类型都有所减少，减少最多的是迭部县，减少面积为 4.8 km²，减少比例为 0.9%。其次依次为九寨沟县、宕昌县和舟曲县，减少面积分别为 2.7 km²、2.2 km² 和 0.02 km²，减少的比例分别为 0.7%、2.8% 和 0.01%，见图 4.4.3-31。

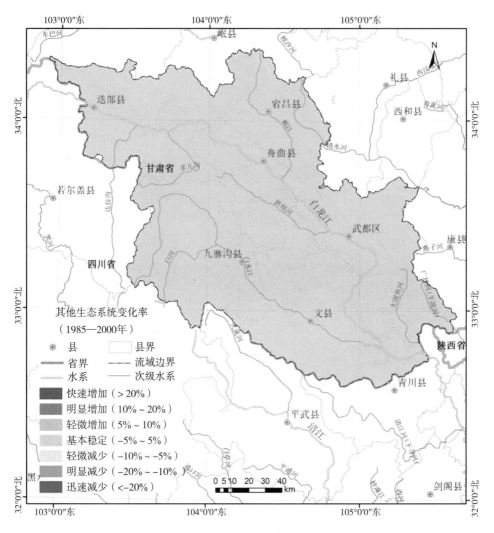

图 4.4.3-31 1985—2000 年白龙江上游流域其他生态系统变化率（一级分类）

2000—2013 年白龙江上游流域各县的其他生态系统面积增加最多的是武都区，面积约为 10.9 km²，增加面积占 2000 年该区其他生态系统总面积的 7.4%。其次依次为迭部县、宕昌县、文县和舟曲县，面积分别为 3.9 km²、2.9 km²、2.9 km² 和 1.5 km²，增加比例分别为 0.8%、3.8%、1.1% 和 1%。

只有九寨沟县的其他类型的生态系统面积在减少，减少面积为 0.6 km²，减少的比例为 0.2%，见图 4.4.3-32。

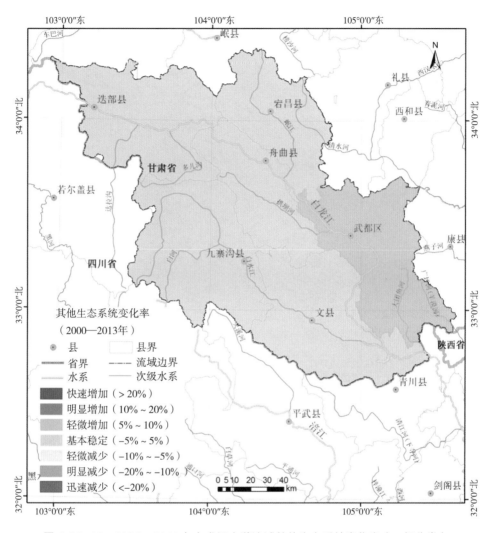

图 4.4.3-32　2000—2013 年白龙江上游流域其他生态系统变化率（一级分类）

　　1985—2013 年白龙江上游流域各县的其他生态系统面积增加最多的是武都区，面积约为 11.1 km²，增加面积占 1985 年该区其他生态系统总面积的 7.5%。其次为文县、舟曲县和宕昌县，面积分别为 3.2 km²、1.5 km² 和 0.7 km²，增加比例分别为1.3%、0.9% 和 0.9%。

　　只有九寨沟县和迭部县的其他类型的生态系统面积在减少，减少面积分别为3.3 km² 和 0.9 km²，减少的比例分别为 0.8% 和 0.2%，见图 4.4.3-33。

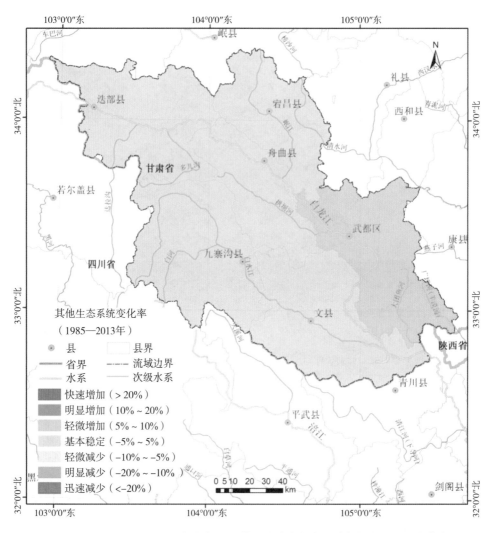

图 4.4.3-33　1985—2013 年白龙江上游流域其他生态系统变化率（一级分类）

2）各县其他生态系统景观格局变化

1985—2000 年，宕昌县、舟曲县和武都县其他生态系统类斑块平均面积表现出缓慢破碎化趋势，迭部县、九寨沟县和文县其他生态系统类斑块平均面积表现出缓慢聚集趋势，见图 4.4.3-34。

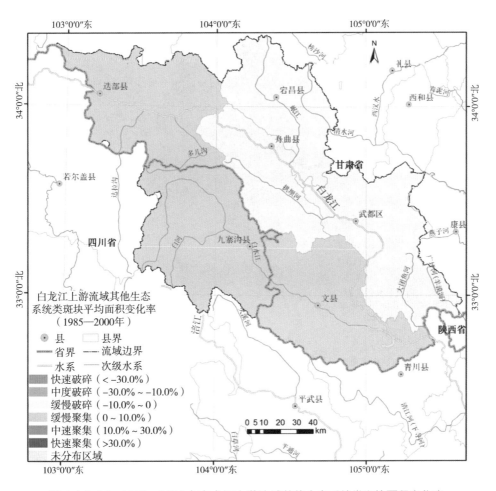

图 4.4.3-34　1985—2000 年白龙江上游流域其他生态系统类斑块面积变化率

2000—2013 年，迭部县其他生态系统类斑块平均面积表现出缓慢破碎化趋势，其他各县其他生态系统类斑块平均面积表现出缓慢聚集趋势，见图 4.4.3-35。

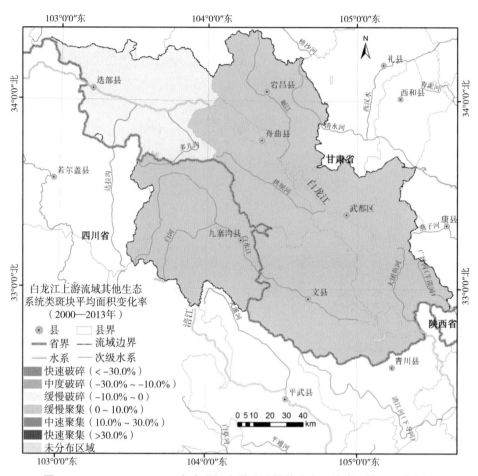

图 4.4.3-35　2000—2013 年白龙江上游流域其他生态系统类斑块面积变化率

　　1985—2013 年，武都区其他生态系统类斑块平均面积表现出缓慢破碎化趋势，其他各县其他生态系统类斑块平均面积表现出缓慢聚集趋势，见图 4.4.3-36。

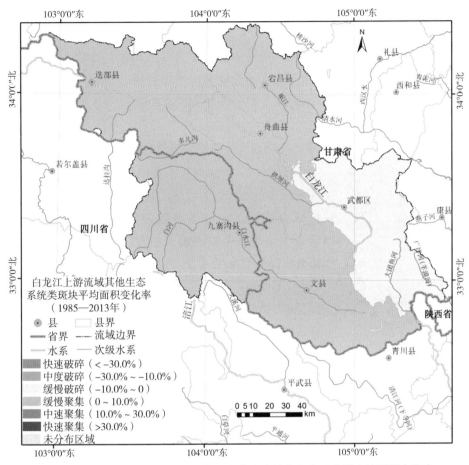

图 4.4.3-36　1985—2013 年白龙江上游流域其他生态系统类斑块面积变化率

4.5　小结

（1）30 年间白龙江上游流域生态系统变化强度较小，生态系统综合变化率只有 3.27%（一级分类系统），生态系统变化表现出阶段性特征，主要变化都发生在近 10 年，生态系统变化主要表现为耕地转变为森林和草地。

（2）30 年间白龙江上游流域区域整体没有景观破碎化趋势特征，景观类型总体分布更为集中；湿地和人工表面景观格局破碎度减小，耕地景观格局破碎度增大，森林、草地与其他生态系统类型景观格局破碎度总体较为稳定。

（3）30 年间白龙江上游流域森林生态系统数量总体稳定，但二级类型间变动较大；森林生态系统是 30 年来对生态系统数量变化影响最大的类型；森林转出方向主要为其他类型（裸地）、草地和耕地，转入来源主要为耕地；呈现出中部增加，南部、西北部减少的格局。

（4）30 年间白龙江上游流域草地生态系统数量总体稳定，变化主要与草原和草丛变化有关；草地生态系统对生态系统数量变化影响相对较大；草地转出方向主要为耕地旱地和落叶阔叶灌木林，转入来源主要为旱地和各类森林；在宕昌县中部、舟曲县南部拱坝河流域和武都区中北部地区增加较快，在白龙江源头地区的白龙江以及九寨沟县—文县沿白水江河谷两侧同时存在耕地与草地相互转换的小流域。

（5）湿地生态系统数量增加比例较大，主要表现为水库/坑塘面积增加，主要与兴修水电站和水库等人类活动有关；从变化数量上看，湿地生态系统 30 年来对生态系统变化影响较小，主要表现为耕地转变为湿地，且以单向转化为主。

（6）耕地生态系统数量减少明显，尤以旱地更为突出，人工表面快速增加。过去 30 年白龙江流域耕地生态系统是影响最大的类型，耕地转出方向主要为林草地和人工表面，表现出单向转化特征。人工表面迅速扩张，增加比例为 58.67%，2000 年以后的扩张速度是 2000 年以前扩张速度的 2.2 倍。

（7）30 年间白龙江上游流域人类经济活动是生态系统类型空间格局变化的主因，30 年间有 84.02% 的生态系统类型变化与耕地生态系统和人工表面生态系统变化有关。退耕还林还草政策影响明显，出现较高比例耕地转为森林和草地。

（8）30 年间白龙江上游流域生态系统变化具有明显区域差异，白龙江干流武都区中北部和舟曲县中部以及支流岷江流域，生态系统变化类型主要表现为耕地转变为人工表面，以及耕地转变为森林和耕地转变为草地；白龙江支流白水江流域以及大团鱼河流域，主要位于九寨沟县东南部、文县以及武都县南部，这些地区生态系统类型变化主要表现为耕地转变为森林；白龙江上游河谷段，主要位于迭部县境内，这些地区生态系统类型变化表现为耕地与森林和草地的相互转换。

（9）从一级生态系统来看，1985—2000 年白龙江上游流域生态系统综合变化率最高的县是迭部县，达到 1.8%；宕昌县和九寨沟县生态有所恢复，转类指数分别为 0.06% 和 0.02%；迭部县退化最为严重，转类指数达到 −0.6%。2000—2013 年白龙江上游流域生态系统综合变化率最高的县是武都区，达到 4.6%；九寨沟县生态有所恢复，转类指数为 0.4%；武都区退化最为严重，转类指数达到 −0.6%。1985—2013 年白龙江上游流域生态系统综合变化率最高的县是武都区，达到 5.7%；九寨沟县和宕昌县生态有所恢复，转类指数分别为 0.5% 和 0.04%；迭部县退化最为严重，转类指数达到 −1.1%；各县主要生态系统变化均与耕地、森林、草地和人工表面这几种生态系统相关。

（10）从二级生态系统来看，1985—2000 年白龙江上游流域生态系统综合变化率最高的县是迭部县，达到 3.2%；宕昌县生态有所恢复，转类指数为 0.05%；迭部县退化最为严重，转类指数达到 −2.1%。2000—2013 年白龙江上游流域生态系统综合变化率最高的县是武都区，达到 4.6%；九寨沟县生态有所恢复，转类指数为 0.2%；迭部县退化最为严重，转类指数达到 −0.5%。1985—2013 年白龙江上游流域生态系统综合变化率最高的县是武都区，达到 5.7%；宕昌县生态有所恢复，转类指数为 0.02%；迭部县退化最为严重，转类指数达到 −2.6%；各县生态系统变化主要与旱地、草丛、落叶阔叶林、落叶阔叶灌木林、常绿针叶林和居住地等多种生态系统相关。

（11）1985—2000 年白龙江上游流域武都区、文县和宕昌县森林面积增加，武都区森林增加最多，其余各县森林减少，迭部县森林减少最多；迭部县、武都区和文县草地面积增加，迭部县增加最多，其他各县草地均在减少，宕昌县减少最多；九寨沟县湿地减少，其他县湿地均在增加，文县增加最多；九寨沟县、宕昌县和舟曲县耕地面积增加，九寨沟县增加最多，其他各县耕地面积均在减少，武都区减少最多；各县人工表面生态系统面积均增加，武都区增加最多；文县和武都区其他生态系统面积增加，其他各县均在减少，迭部县减少最多。2000—2013 年白龙江上游流域各县森林面积均在增加，文县增加最多；九寨沟县草地减少，其他各县草地均在增加，武都区增加最多；武都区和迭部县湿地减少，其他县湿地均在增加，文县增加最多；全流域各县耕地均在减少，武都区减少最多；各县人工表面生态系统面积均增加，武都区增加最多；九寨沟县其他生态系统减少，其他各县均增加，武都区增加最多。1985—2013 年白龙江上游流域迭部县森林减少，其他县森林均在增加，文县增加最多；九寨沟县草地减少，其他各县草地均在增加，武都区增加最多；武都区和迭部县湿地减少，其他县湿地均在增加，文县增加最多；全流域各县耕地均在减少，武都区减少最多；各县人工表面生态系统面积均增加，增加比例均超过 20%，武都区最多，增加了 1 倍；九寨沟县和迭部县其他生态系统减少，其他各县均增加，武都区增加最多。

（12）文县景观呈现略微聚集趋势，其他各县景观格局变化总体较小。人工表面景观格局在各县表现出明显聚集趋势；耕地在各县都表现为破碎化趋势；森林景观格局在迭部县表现为破碎化趋势，在舟曲县、文县、武都区和九寨沟县表现为聚集趋势，在宕昌县保持稳定；草地景观格局在九寨沟县基本保持稳定，在其余各县表现出聚集趋势；湿地景观格局在文县、宕昌县和九寨沟县表现为聚集趋势，在其他各县保持稳定；其他生态系统景观格局在迭部县、文县和九寨沟县表现为聚集趋势，在其他各县保持稳定。

岷江上游土地覆被变化分析

5.1　生态系统面积及组成

5.1.1　各生态系统类型面积组成

遥感监测数据显示，2013 年岷江上游流域森林、草地、湿地、耕地、人工表面、其他类型生态系统面积分别为 15 599.3 km^2、6 031.0 km^2、136.4 km^2、771.4 km^2、98.6 km^2 和 2 834.5 km^2，占区域面积比分别为 61.2%、23.6%、0.51%、3.1%、0.3% 和 11.0%。总体来看，岷江地区是以森林和草地两种生态系统类型为主的地区，二者占到了区域总面积的 84.8%，其他类型比例较低，只占区域总面积的 11.3%，见表 5.1.1-1、图 5.1.1-1。

表 5.1.1-1　岷江上游流域生态系统构成特征

生态系统类型		1985 年		2000 年		2013 年	
		km^2	%	km^2	%	km^2	%
森林	常绿阔叶林	482.5	1.9	482.8	1.9	456.4	1.8
	落叶阔叶林	217.5	0.9	217.5	0.9	217.2	0.9
	常绿针叶林	7 908.2	31.1	7 908.0	31.0	7 870.9	30.9
	落叶针叶林	1.2	0.0	0.2	0.0	0.2	0.0
	针阔混交林	623.2	2.4	623.4	2.4	445.0	1.7
	常绿阔叶灌木林	2 242.0	8.8	2 242.6	8.8	2 245.6	8.8
	落叶阔叶灌木林	4 194.8	16.5	4 194.2	16.5	4 352.9	17.1
	常绿针叶灌木林	9.0	0.0	9.0	0.0	3.5	0.0
	乔木园地	1.9	0.0	1.9	0.0	7.6	0.0
	乔木绿地	0.2	0.0	0.2	0.0	0.0	0.0
	合计	15 689.5	61.6	15 679.7	61.6	15 599.3	61.2
草地	草甸	1 268.4	5.0	1 271.8	5.0	1 275.9	5.0
	草原	4 698.1	18.4	4 701.0	18.5	4 717.1	18.5
	草丛	21.0	0.1	21.0	0.1	38.0	0.1
	合计	5 987.5	23.5	5 993.8	23.5	6 031.0	23.6

续表

生态系统类型		1985 年		2000 年		2013 年	
		km²	%	km²	%	km²	%
湿地	草本湿地	46.8	0.2	46.8	0.2	46.9	0.2
	湖泊	6.0	0.0	6.0	0.0	6.1	0.0
	水库/坑塘	4.0	0.0	4.0	0.0	4.0	0.0
	河流	66.2	0.3	66.2	0.3	78.4	0.3
	运河/水渠	0.0	0.0	0.0	0.0	1.0	0.0
	合计	123.1	0.5	123.1	0.5	136.4	0.5
耕地	水田	360.6	1.4	357.5	1.4	318.7	1.3
	旱地	621.8	2.4	616.1	2.4	452.7	1.8
	合计	982.4	3.8	973.6	3.8	771.4	3.1
人工表面	居住地	9.4	0.0	17.4	0.1	60.5	0.2
	交通用地	4.7	0.0	9.2	0.0	38.1	0.1
	合计	14.0	0.1	26.6	0.1	98.6	0.3
其他	稀疏灌木林	8.3	0.0	8.3	0.0	7.4	0.0
	稀疏草地	684.9	2.7	683.5	2.7	699.3	2.7
	裸岩	901.3	3.5	902.6	3.5	935.7	3.9
	裸土	790.3	3.1	790.2	3.1	903.4	3.6
	冰川/永久积雪	288.7	1.1	288.7	1.1	288.7	1.1
	合计	2 673.5	10.5	2 673.3	10.5	2 834.5	11.3

在森林生态系统中，常绿针叶林和落叶阔叶灌木林为主要类型，面积分别为 7 870.9 km² 和 4 352.9 km²，分别占区域总面积的 30.9% 和 17.1%。另外，常绿阔叶灌木林面积也较大，面积为 2 245.6 km²，占区域总面积的 8.8%。其余类型面积都相对较小，面积都小于 500 km²，占区域总面积不足 2%。

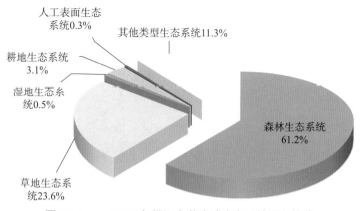

图 5.1.1-1 2013 年岷江上游流域生态系统面积构成

在草地生态系统中，以草原为主导类型，面积为 4 717.1 km²，占区域总面积的 18.5%；草甸面积也占一定比例，面积为 1 275.9 km²，占区域总面积的 5.0%；草丛面积较小，只有 38.0 km²。在湿地生态系统中，河流与草本湿地面积最多，分别为 78.4 km² 和 46.9 km²，湖泊面积为 6.1 km²，水库/坑塘和运河/水渠面积都小于 5.0 km²。

在耕地生态系统中，旱地面积略大于水田，旱地和水田面积分别为 452.7 km² 和 318.7 km²，分别占研究区面积的 1.8% 和 1.3%。人工表面以居住用地为主，面积为 60.5 km²，交通建设用地为 38.1 km²。其他类型中主要以裸岩和裸土为主，面积分别为 935.7 km² 和 903.4 km²，占区域总面积的 3.7% 和 3.5%；稀疏草地面积也较大，为 699.3 km²，占区域总面积的 2.7%。

5.1.2 各生态系统类型空间分布

岷江上游流域因其海拔高差大，生态系统类型呈现出明显的垂直分布特点，从河谷平原到山顶，依次为河谷暖温带半干旱气候、温带半干旱河谷气候、山地寒温带气候、山地亚寒带气候、高山高原高寒气候；植被则相应为常绿阔叶灌丛或落叶阔叶灌丛、常绿阔叶与落叶阔叶混交林、常绿针叶林、高山草原与高山草甸为主。与人类活动密切的居住用地主要分布在海拔较低的河流谷地，而稀疏草地、裸土和冰川/永久积雪等则主要分布在海拔 3 500 m 以上地区。耕地则主要分布在河谷平原区，在地处成都平原的都江堰地区分布最为集中，见图 5.1.1-2、图 5.1.1-3。

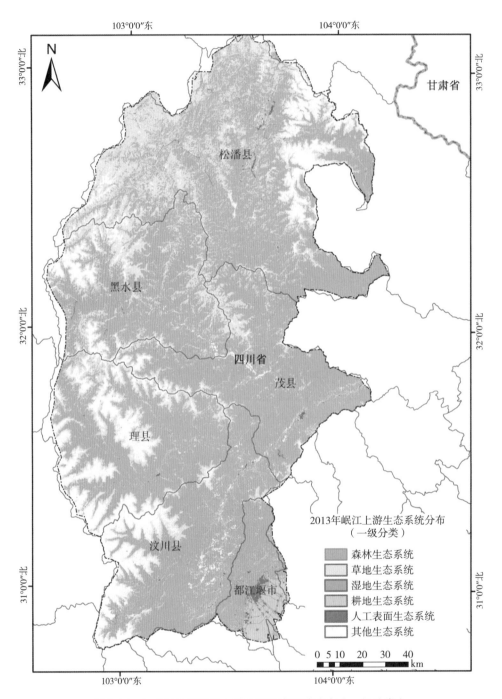

图 5.1.1-2　2013 年岷江上游流域生态系统分布（一级分类）

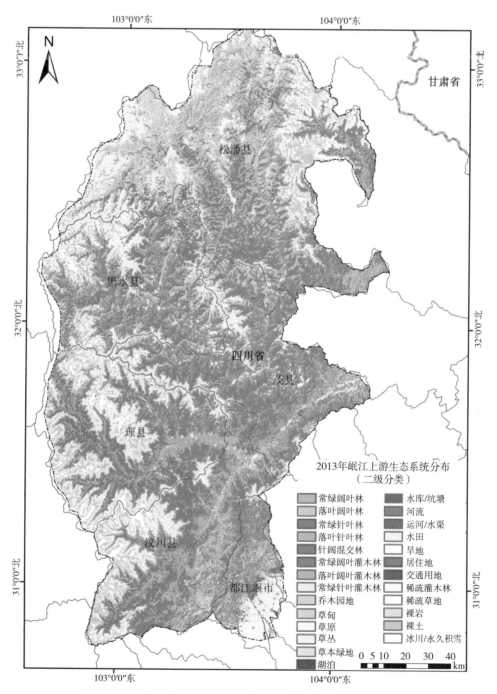

图 5.1.1-3　2013 年岷江上游流域生态系统分布（二级分类）

5.2　生态系统变化总体特征

5.2.1　生态系统构成变化

（1）自然生态系统面积变化幅度相对较小，30年间森林与草地两种生态类型变化幅度小于2%

1985—2013年，岷江上游流域森林面积净减少量为91.3 km²，减少比例为0.6%，平均每年减少3.3 km²。因此可以看出，过去30年岷江上游流域森林从数量来看总体保持稳定。草地面积净增加了43.5 km²，平均每年增加1.6 km²，增加比例为0.7%，总体上来说数量保持稳定。其他生态系统类型面积净增加了161.0 km²，平均每年增加5.8 km²，增加比例为6.0%，总体上数量也保持稳定。只有湿地面积净增加了13.4 km²，增加比例为10.9%，数量增加较快。

（2）人工生态系统面积变化幅度相对较大，30年间耕地面积减少21.5%，人工表面面积增加6倍

1985—2013年，岷江上游流域耕地面积净减少量为211.0 km²，平均每年减少7.5 km²，减少比例为21.5%。因此可以看出，30年间岷江上游流域耕地数量减少比较明显。人工表面面积净增加了84.5 km²，平均每年增加3.0 km²，增加比例为601.5%，扩张十分迅速，见图5.2.1-1、图5.2.1-2。

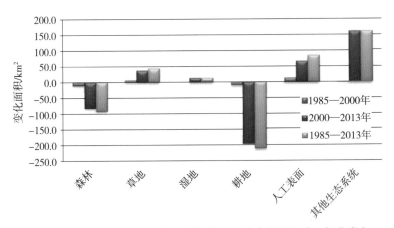

图5.2.1-1　30年间岷江上游流域各生态系统变化面积（一级分类）

5.2.2　生态系统变化强度

（1）生态系统变化强度较小，生态系统综合变化率只有1.71%（一级分类系统）

从一级分类生态系统类型变化来看，1985—2000年岷江上游流域生态系统综合变化率为0.09%，共有23.1 km²生态系统类型发生了变化；2000—2013年生态系

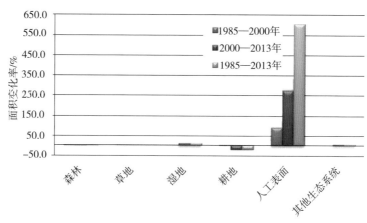

图 5.2.1-2　30 年间岷江上游流域各生态系统面积变化率（一级分类）

统综合变化率为 1.62%，共有 413.7 km² 土地生态系统类型（一级分类）发生了变化；1985—2013 年生态系统综合变化率为 1.71%，共有 436.1 km² 土地生态系统类型发生了变化。

从二级分类生态系统类型变化来看，1985—2000 年，生态系统综合变化率为 0.15%，共有 38.4 km² 土地生态系统类型发生了变化；2000—2013 年生态系统综合变化率为 2.42%，共有 614.9 km² 土地生态系统类型发生了变化；1985—2013 年生态系统综合变化率为 2.57%，共有 653.7 km² 土地生态系统类型发生了变化，见表 5.2.2-1、表 5.2.2-2。

表 5.2.2-1　岷江上游流域生态系统综合变化率、相互转化强度（一级分类）

	1985—2000 年	2000—2013 年	1985—2013 年
EC/%	0.09	1.62	1.71
LCCI/%	−0.05	−1.55	−1.60

表 5.2.2-2　岷江上游流域生态系统综合变化率、相互转化强度（二级分类）

	1985—2000 年	2000—2013 年	1985—2013 年
EC/%	0.15	2.42	2.57
LCCI/%	−0.06	−2.01	−2.07

（2）生态系统变化表现出阶段性特征，主要变化都发生在近 10 年

从一级分类生态系统类型变化来看，1985—2013 年生态系统综合变化率为 1.7%，2000—2013 年生态系统综合变化率达到 1.6%，而 1985—2000 年岷江上游流域生态系统综合变化率为 0.1%。从二级分类生态系统类型变化来看，1985—2013 年生态系统综合变化率为 2.6%，2000—2013 年生态系统综合变化率达到 2.4%，而 1985—2000 年岷江上游生态系统综合变化率为 0.15%。可见，30 年间岷江上游流域生态系统类型变化主要出现在后 10 年。

5.2.3 生态系统类型变化方向

（1）生态系统变化主要表现为森林转变为其他，耕地转变为林地和人工表面

从一级分类生态系统类型变化来看，1985—2013 年森林转为其他类型面积最大，为 115.4 km²，占研究时段内区域变化总面积的 26.5%；其余依次为耕地转为森林、耕地转为人工表面、耕地转为其他类型、森林转为草地和耕地转为草地，面积分别为 79.6 km²、58.6 km²、46.2 km²、34.8 km² 和 29.5 km²，分别占发生变化总面积的 18.2%、13.4%、10.6%、8.0% 和 6.8%。

1985—2000 年森林转为草地面积最大，为 7.6 km²，占该研究时段区域变化总面积的 32.8%；其次为耕地转为人工表面、森林转为人工表面和耕地转为森林，面积分别为 7.5 km²、4.6 km² 和 1.5 km²，分别占发生变化总面积的 32.4%、19.9% 和 6.4%。

2000—2013 年，森林转为其他类型面积最大，为 115.4 km²，占该研究时段区域变化总面积的 27.8%；其余依次为耕地转为森林、耕地转为人工表面、耕地转为其他类型、耕地转为草地和森林转为草地，面积分别为 77.9 km²、47.7 km²、46.1 km²、29.4 km² 和 26.9 km²，分别占发生变化总面积的 18.8%、11.5%、11.2%、7.1% 和 6.5%，见图 5.2.3-1。

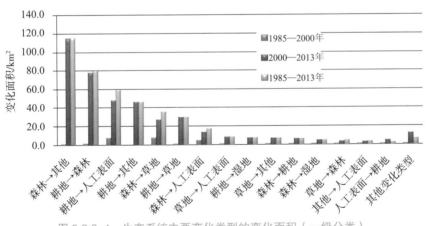

图 5.2.3-1 生态系统主要变化类型的变化面积（一级分类）

从二级分类的生态系统类型变化来看，1985—2013 年岷江上游流域共有 653.7 km² 土地生态系统类型发生了变化。占总变化面积比例较大的转换类型主要为针阔混交林转为落叶阔叶灌木林、旱地转为落叶阔叶灌木林、常绿针叶林转为裸土、旱地转为裸土、水田转为居住地和旱地转为居住地，变化的面积分别为 166.9 km²、42.1 km²、36.3 km²、30.0 km²、23.3 km² 和 20.5 km²，占总变化面积的比例分别为 25.5%、6.4%、5.5%、4.6%、3.6% 和 3.1%。

1985—2000 年，岷江上游流域共有 38.4 km² 生态系统类型发生了变化。占总

变化面积比例较大的转换类型主要包括常绿针叶林转为落叶阔叶灌木林、落叶阔叶灌木林转为交通用地、旱地转为居住地、常绿针叶林转为草原、常绿针叶林转为草甸和水田转为居住地，面积分别为 5.0 km²、4.1 km²、4.1 km²、3.6 km²、3.2 km² 和 3.2 km²，占总变化面积的比例分别为 13.1%、10.6%、10.6%、9.5 %、8.4 % 和 8.2%。

2000—2013 年，岷江上游流域共有 614.9 km² 土地生态系统类型发生了变化。占总变化面积比例较大的转换类型主要包括针阔混交林转为落叶阔叶灌木林、旱地转为落叶阔叶灌木林、常绿针叶林转为裸土、旱地转为裸土、水田转为居住地和落叶阔叶灌木林转为裸土，面积分别为 167.0 km²、40.6 km²、36.2 km²、30.0 km²、19.0 km² 和 17.6 km²，占总变化面积的比例分别为 27.2%、6.6%、5.9 %、4.9%、3.1% 和 2.9%，见图 5.2.3-2、表 5.2.3-1、表 5.2.3-2。

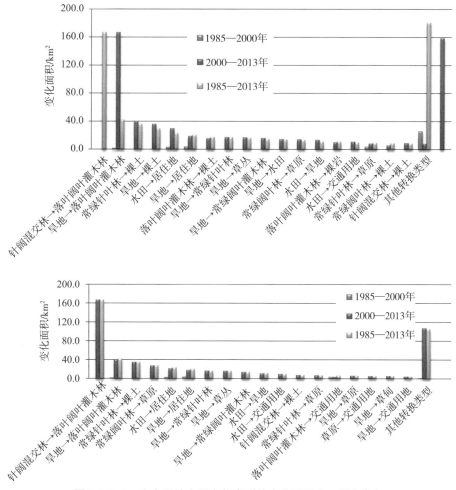

图 5.2.3-2　生态系统主要变化类型的变化面积（二级分类）

表 5.2.3-1　一级生态系统分布与构成转移矩阵　　　　　　　　单位：km²

年份	类型	森林	草地	湿地	耕地	人工表面	其他
1985—2000 年	森林	15 677.16	7.59	0.04	0.10	4.60	0.04
	草地	0.87	5 986.18	0.01	0.01	0.25	0.14
	湿地	0.00	0.00	123.02	0.00	0.06	0.00
	耕地	1.49	0.00	0.00	973.45	7.49	0.00
	人工表面	0.00	0.00	0.00	0.04	14.01	0.00
	其他	0.20	0.06	0.00	0.00	0.16	2 673.16
2000—2013 年	森林	15 513.55	26.93	4.48	5.87	13.47	115.14
	草地	3.21	5 973.48	1.95	0.21	8.11	6.83
	湿地	0.15	0.07	119.86	0.51	2.08	0.38
	耕地	77.90	29.39	7.41	728.21	47.74	46.13
	人工表面	1.40	0.82	0.75	4.32	16.44	0.57
	其他	1.78	0.27	1.98	1.04	2.79	2 665.47
1985—2013 年	森林	15 511.7	34.85	4.59	6.38	16.57	115.44
	草地	4.1	5 965.86	2.03	0.29	8.17	7.01
	湿地	0.15	0.07	119.86	0.54	2.08	0.38
	耕地	79.6	29.48	7.57	760.99	58.55	46.25
	人工表面	0.66	0.41	0.42	2.15	10.26	0.15
	其他	1.98	0.33	1.98	1.08	2.9	2 665.3

表 5.2.3-2　主要生态系统转换类型、面积、百分比（一级分类）

1985—2000 年			2000—2013 年			1985—2013 年		
类型	面积 / km²	%	类型	面积 / km²	%	类型	面积 / km²	%
林地→草地	7.59	32.79	林地→其他	115.14	27.83	林地→其他	115.44	26.47
耕地→人工表面	7.49	32.38	耕地→林地	77.9	18.83	耕地→林地	79.6	18.25
林地→人工表面	4.6	19.87	耕地→人工表面	47.74	11.54	耕地→人工表面	58.55	13.43

1985—2000 年			2000—2013 年			1985—2013 年		
类型	面积 / km²	%	类型	面积 / km²	%	类型	面积 / km²	%
耕地→林地	1.49	6.43	耕地→其他	46.13	11.15	耕地→其他	46.25	10.6
草地→林地	0.87	3.77	耕地→草地	29.39	7.11	林地→草地	34.85	7.99
草地→人工表面	0.25	1.09	林地→草地	26.93	6.51	耕地→草地	29.48	6.76
其他→林地	0.20	0.85	林地→人工表面	13.47	3.26	林地→人工表面	16.57	3.8
其他→人工表面	0.16	0.69	草地→人工表面	8.11	1.96	草地→人工表面	8.17	1.87
草地→其他	0.14	0.6	耕地→湿地	7.41	1.79	耕地→湿地	7.57	1.74
林地→耕地	0.10	0.44	草地→其他	6.83	1.65	草地→其他	7.01	1.61
湿地→人工表面	0.06	0.28	林地→耕地	5.87	1.42	林地→耕地	6.38	1.46
其他→草地	0.06	0.25	林地→湿地	4.48	1.08	林地→湿地	4.59	1.05
人工表面→耕地	0.04	0.18	人工表面→耕地	4.32	1.04	草地→林地	4.1	0.94
林地→其他	0.04	0.17	草地→林地	3.21	0.78	其他→人工表面	2.9	0.66
林地→湿地	0.04	0.16	其他→人工表面	2.79	0.68	人工表面→耕地	2.15	0.49
草地→湿地	0.01	0.03	湿地→人工表面	2.08	0.5	湿地→人工表面	2.08	0.48
草地→耕地	0.01	0.03	其他→湿地	1.98	0.48	草地→湿地	2.03	0.46
耕地→草地	0.00	0.01	草地→湿地	1.95	0.47	其他→林地	1.98	0.45

续表

1985—2000 年			2000—2013 年			1985—2013 年		
类型	面积/ km²	%	类型	面积/ km²	%	类型	面积/ km²	%
湿地→ 林地	0.00	0.00	其他→林地	1.78	0.43	其他→ 湿地	1.98	0.45
湿地→ 草地	0.00	0.00	人工表面→ 林地	1.40	0.34	其他→ 耕地	1.08	0.25
湿地→ 耕地	0.00	0.00	其他→耕地	1.04	0.25	人工表 面→林 地	0.66	0.15
湿地→ 其他	0.00	0.00	人工表面→ 草地	0.82	0.20	湿地→ 耕地	0.54	0.12
耕地→ 湿地	0.00	0.00	人工表面→ 湿地	0.75	0.18	人工表 面→湿 地	0.42	0.10
耕地→ 其他	0.00	0.00	人工表面→ 其他	0.57	0.14	人工表 面→草 地	0.41	0.09
人工表面 →林地	0.00	0.00	湿地→耕地	0.51	0.12	湿地→ 其他	0.38	0.09
人工表面 →草地	0.00	0.00	湿地→其他	0.38	0.09	其他→ 草地	0.33	0.08
人工表面 →湿地	0.00	0.00	其他→草地	0.27	0.07	草地→ 耕地	0.29	0.07
人工表面 →其他	0.00	0.00	草地→耕地	0.21	0.05	湿地→ 林地	0.15	0.03
其他→ 湿地	0.00	0.00	湿地→林地	0.15	0.04	人工表 面→其 他	0.15	0.03
其他→ 耕地	0.00	0.00	湿地→草地	0.07	0.02	湿地→ 草地	0.07	0.02
总计	23.15	99.92	总计	413.68	100.02	总计	436.16	99.99

（2）人类经济活动是生态系统类型空间格局变化的主因，30 年间有 60.4% 的生态系统类型变化与耕地生态系统和人工表面生态系统变化有关

从生态系统类型变化总体情况来看，30 年间生态系统类型变化中与人类经济活动有关的耕地生态系统和人工表面生态系统的贡献最大，说明人类经济活动是生

态系统类型空间格局变化的主因。具体来说，基于一级分类系统，1985—2013 年60.4%（总面积达 263.2 km²）的生态系统类型变化与这两种生态系统类型的变化有关，其中 1985—2000 年 61.4%（总面积达 14.2 km²）的生态系统变化与这两种生态系统类型变化有关，2000—2013 年 60.6%（总面积达 250.5 km²）的生态系统类型变化与这两种生态系统类型变化有关。

（3）汶川地震影响明显，出现较高比例森林转变为裸地与草地等自然生态系统间的转换

2000—2013 年森林转变为其他（主要转变为裸地）和森林转变为草地两种转换类型面积分别为 115.1 km² 和 26.9 km²，占该研究时段内区域变化总面积的 27.8% 和 6.5%，这两种变化类型主要与汶川地震产生的滑坡、泥石流等地质灾害有关。受地质灾害影响，部分森林生态系统遭受破坏变为裸地，新出现的部分裸地在灾后逐渐变成草地。

2000—2013 年人工表面增加了 74.2 km²，增加了将近 3 倍。人工表面增加主要体现在建设用地增加 43.1 km²，这反映了岷江上游作为汶川地震主要影响区域，震后重建对生态系统的影响。

5.2.4　生态系统格局变化

（1）区域整体景观破碎化趋势明显，景观类型分布更为分散

1985—2013 年，研究区斑块数由 42 232 个增加到 44 447 个，增加了 5.2%；平均斑块面积则由原来的 60.3 hm² 减少到 57.3 hm²，减少了 5.0%；边界密度由 35.8 m/hm² 增加到 36.9 m/hm²；聚集度指数也由 64.6% 减少到 64.1%。可以看出，4 个指标都表明岷江流域景观格局破碎化趋势还是比较明显的，景观类型分布更为分散，见表 5.2.4-1。

表 5.2.4-1　岷江上游流域一级生态系统景观格局特征及其变化

年份	斑块数 NP	平均斑块面积 MPS/hm²	边界密度 ED/（m/hm²）	聚集度指数 CONT/%
1985	42 232	60.3	35.8	64.6
2000	42 356	60.1	35.9	64.5
2013	44 447	57.3	36.9	64.1

（2）湿地和人工表面景观格局破碎度减小，耕地和其他生态系统类型景观格局破碎度加大，森林与草地破碎度总体保持稳定

1985—2013 年，岷江上游流域湿地类斑块面积由原来的 6.7 hm² 增加到 7.5 hm²，增加了 11.9%；人工表面类斑块面积由原来的 24.6 hm² 增加到

42.3 hm²，增加了 72.0%；耕地类斑块面积由原来的 15.0 hm² 减少到 11.6 hm²，减少了 22.7%；其他类型类斑块面积由原来的 61.0 hm² 减少到 50.6 hm²，减少了 17.0%；森林类斑块面积由原来的 208.3 hm² 减少到 205.6 hm²，减少了 1.3%；草地类斑块面积由原来的 27.4 hm² 减少到 26.7 hm²，减少了 2.6%，基本保持稳定，见表 5.2.4-2。

表 5.2.4-2　岷江上游流域一级生态系统类斑块平均面积　　　　单位：hm²

年份	森林	草地	湿地	耕地	人工表面	其他
1985	208.3	27.4	6.7	15.0	24.6	61.0
2000	207.7	27.4	6.7	14.8	17.1	61.0
2013	205.6	26.7	7.5	11.6	42.3	50.6

5.2.5　生态系统变化的区域差异

（1）生态变化主要表现为沿主要河流谷地的现状延伸

1985—2013 年，岷江上游流域生态系统综合变化率主要表现为沿大型河谷两侧延伸的特征。在岷江干流以及小姓沟与维尔隆河等支流生态系统变化等最为明显，其中尤以岷江干流部分河段生态系统类型变化更为明显，见图 5.2.5-1。

（2）主要城镇居民点附近生态系统类型变化较为突出

过去 30 年岷江上游流域生态系统类型变化表现为围绕主要城镇及周边地区的生态系统类型点状快速变化。在都江堰、汶川、茂县、黑水以及松潘等城镇周边的小流域，生态系统综合变化率要明显高于周边地区，见图 5.2.5-2。

（3）主要变化热点地区

1）岷江出山口倾斜平原区，主要位于都江堰市，属成都平原的一部分。生态系统变化类型主要表现为耕地转变为人工表面，表现为高强度经济活动下城镇化的迅速扩展。

2）岷江河谷映秀—汶川段，位于都江堰市和汶川县，生态系统类型变化主要表现为森林转变为其他类型或草地，以及草地与耕地相互转化为主。

3）维尔隆河流域，主要位于黑水县中东部，部分位于茂县西部，这些地区生态系统类型变化表现为耕地转变为森林和草地，受国家退耕还林还草政策的影响十分突出。

4）岷江源头河谷段，主要位于松潘县北部，这些地区生态系统类型变化表现为耕地转变为森林和草地，受国家退耕还林还草政策的影响突出。

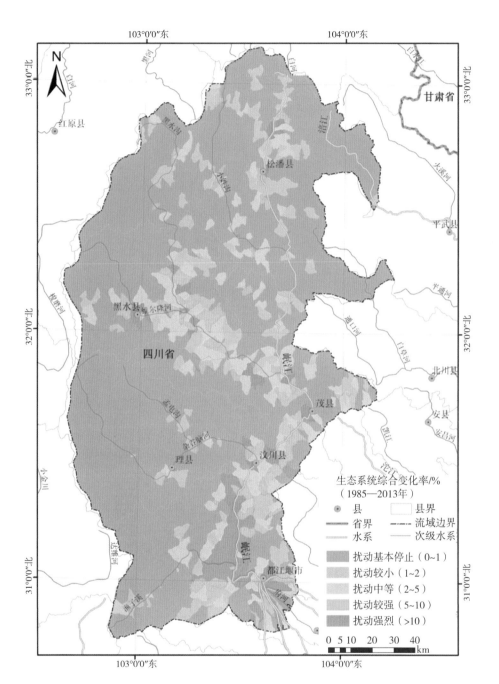

图 5.2.5-1 1985—2013 年岷江上游流域生态系统综合变化率（一级分类）

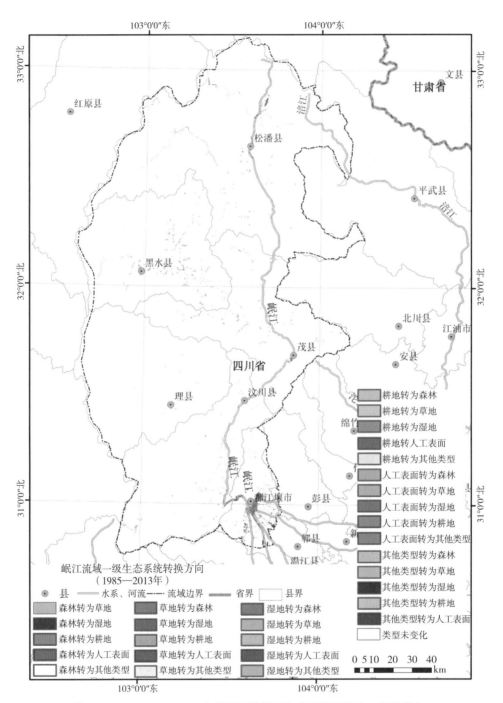

图 5.2.5-2　1985—2013 年岷江上游流域生态系统转换（一级分类）

5.3　各生态系统类型变化特征

5.3.1　森林生态系统

（1）森林生态系统数量总体稳定，类型间变动较大

1985—2013 年，森林生态系统占岷江上游流域总面积由 15 689.5 km² 减少到 15 598.2 km²，减少了 91.3 km²，减少了 0.6%，数量总体稳定。

从二级类型来看，1985—2013 年，部分类型面积变化较大。落叶阔叶灌木林面积增加了 158.0 km²，占 1985 年落叶阔叶灌木林总面积的 3.8%。针阔混交林减少最为突出，减少了 178.3 km²，减少了 28.6%。其余面积减少的类型主要为常绿针叶林和常绿阔叶林，面积分别减少了 46.3 km² 和 27.1 km²。

表 5.3.1-1　生态系统变化面积与变化百分比

森林生态系统类型		1985—2000 年		2000—2013 年		1985—2013 年	
		km²	%	km²	%	km²	%
森林	常绿阔叶林	0.2	0.0	−27.3	−5.7	−27.1	−5.6
	落叶阔叶林	0.0	0.0	−0.3	−0.1	−0.3	−0.1
	常绿针叶林	−9.1	−0.1	−37.1	−0.5	−46.3	−0.6
	落叶针叶林	−1.0	−82.2	0.0	0.0	−1.0	−82.2
	针阔混交林	0.2	0.0	−178.4	−28.6	−178.3	−28.6
	常绿阔叶灌木林	0.6	0.0	3.0	0.1	3.6	0.2
	落叶阔叶灌木林	−0.6	0.0	158.7	3.8	158.0	3.8
	常绿针叶灌木林	0.0	0.0	−5.5	−61.2	−5.5	−61.2
	乔木园地	0.0	0.0	5.7	300.9	−27.1	300.9
	合计	−9.8	−0.1	−81.4	−0.5	−91.3	−0.6

（2）森林生态系统是 30 年来对生态系统变化影响最大的类型，森林转出方向主要为其他类型（裸地）和草地，转入来源主要为耕地

1985—2013 年，森林转出方向主要为其他类型（裸地）和草地，面积分别达 115.4 km² 和 34.8 km²，分别占该研究时段变化总面积的 26.5% 和 8.0%；森林转变为人工表面的面积也达到 16.6 km²，占该研究时段变化总面积的 3.8%。其余转出类型依次为森林转为耕地和森林转为湿地，面积分别为 6.4 km² 和 4.6 km²，占该研究时段变化总面积的比例分别为 1.5% 和 1.1%。森林转入来源主要为耕地转为森林，转入面积为 79.6 km²，占总变化面积的 18.2%，其次为草地转为森林、其他生态系统转为森林、人工表面转为森林和湿地转为森林，转换面积分别为 4.1 km²、2.0 km²、0.7 km² 和 0.2 km²，所占比例都较小，见图 5.3.1-1。

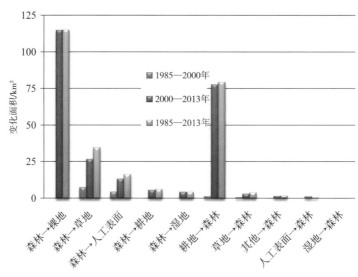

图 5.3.1-1　森林生态系统各变化类型的变化面积（一级分类）

　　从二级分类系统来看，1985—2013 年森林生态系统转出主要表现为针阔混交林转变为落叶阔叶灌木林，面积为 166.9 km²，占总变化面积比例为 25.5%，其余主要转出类型依次为常绿针叶林转为裸土、常绿阔叶灌木林转为裸土、常绿阔叶林转为草原、落叶阔叶灌木林转为裸岩和常绿针叶林转为草原，面积分别为 36.3 km²、17.6 km²、13.8 km²、11.3 km² 和 9.5 km²，占总变化面积的比例分别为 5.5%、2.7%、2.1%、1.7% 和 1.4%，可以看出转出主要为森林内部生态系统类型之间的转换。

　　森林生态系统转入的主要来源为耕地，面积为 79.6 km²，占总变化面积的 18.2%，其余主要转入类型面积很小。从二级分类系统来看，森林转入主要发生在森林内部相互转换，主要为针阔混交林转为落叶阔叶灌木林，面积为 166.9 km²，其他都表现为旱地转变为各类森林，其中旱地转为落叶阔叶灌木林最多，面积达 42.1 km²，占研究时段总面积面积的 6.4%。其余变化面积较多的类型为旱地转为常绿针叶林和旱地转为常绿阔叶灌木林，面积分别为 17.1 km² 和 14.8 km²，分别占研究时段内变化总面积的 2.6% 和 2.3%，见图 5.3.1-2。

　　（3）森林生态系统向人工林方向转化的趋势十分明显

　　乔木园地和乔木绿地是岷江流域两种主要人工森林。1985—2013 年，乔木园地面积增加了 5.7 km²，增加了 300.9%。而乔木绿地面积减少了 0.2 km²，面积较小。乔木园地增加也主要来自旱地和落叶阔叶灌木林，面积分别为 2.4 km² 和 2.1 km²。

　　（4）森林生态系统格局整体表现出一定的破碎化倾向，破碎化特征主要与各类落叶林破碎化有关，常绿林并没有表现出破碎化趋势

　　1985—2013 年，岷江上游流域森林类斑块平均面积由 208.3 hm² 减少到 205.6 hm²，略有减少，景观格局表现出一定的破碎化特征。常绿林（常绿阔叶林、常绿针叶林、常绿阔叶灌木林和常绿针叶灌木林）类斑块面积都有所增加，景观格

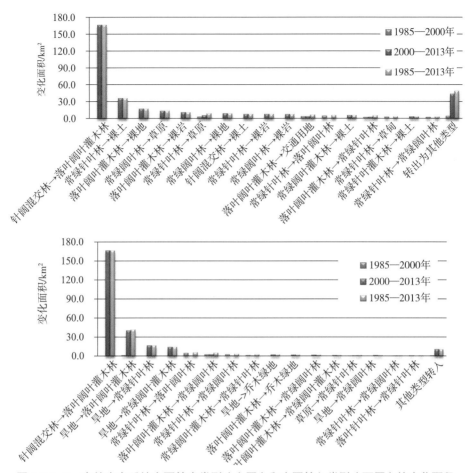

图 5.3.1-2　森林生态系统主要转出类型（上图）和主要转入类型（下图）的变化面积

局没有表现出破碎化特征。落叶林除了落叶阔叶灌木林外，其余类型的景观格局都
表现出破碎化特征，见表 5.3.1-2、图 5.3.1-3。

表 5.3.1-2　岷江上游流域二级生态系统类斑块平均面积　　　　　　　　　　单位：hm²

森林生态系统	1985 年	2000 年	2013 年
常绿阔叶林	5.7	5.7	5.9
落叶阔叶林	9.8	9.8	9.7
常绿针叶林	33.6	33.5	34.1
落叶针叶林	19.4	10.3	10.3
针阔混交林	5.9	5.9	4.5
常绿阔叶灌木林	7.3	7.3	7.4
落叶阔叶灌木林	12.1	12.1	12.6
常绿针叶灌木林	1.8	1.8	3.2
乔木园地	4.3	4.3	18.1
乔木绿地	8.4	8.4	—
森林	208.3	207.7	205.6

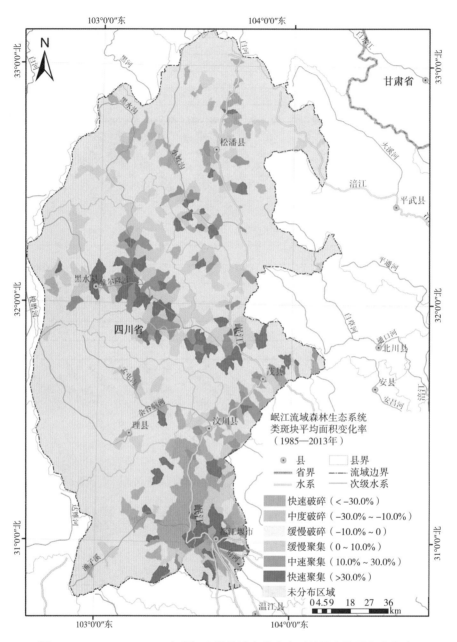

图 5.3.1-3　1985—2013 年岷江上游流域森林生态系统类斑块面积变化率

（5）生态系统变化表现中部增加，南北减少的格局

在岷江源头地区的岷江及其支流河谷地区，森林减少迅速，很多小流域减少比例都超过 25%，这些地区景观破碎化较为明显，大部分小流域平均类斑块面积都增加了 10% 以上，变化主要与森林转变为交通建设用地有关。

在岷江上游流域中部地区，尤其是黑水沟流域森林增加最为明显，很多小流域森林面积增加比例超过 25%。在这些地区森林聚集效应明显，平均类斑块面积多表现为增加趋势，很多小流域平均类斑块面积增加超过 10%，甚至 30% 以上，变化主要与耕地转变为各类森林有关。

在东南部地区，尤其是从都江堰—汶川—茂县沿岷江河谷两侧，多数小流域森林减少面积都超过 25%。在这些地区，景观破碎化趋势明显，多数小流域平均类斑块面积减少超过 10%，超过一半的小流域斑块面积减少超过 30%，主要与乔木森林转变为灌木森林或森林转变为裸地，以及各类用地转变为人工表面有关，见图 5.3.1-4。

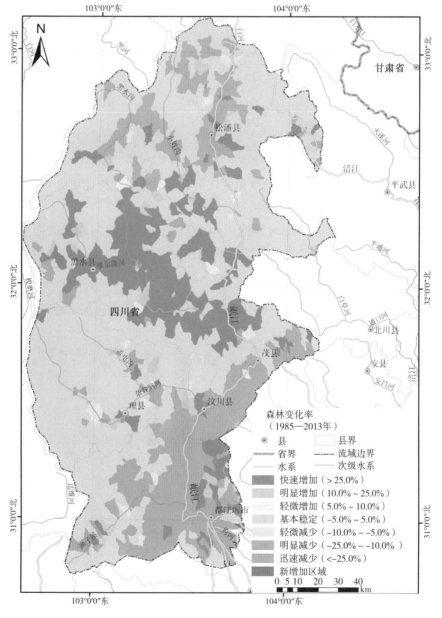

图 5.3.1-4　1985—2013 年岷江上游流域森林生态系统变化率

5.3.2 草地生态系统

（1）草地生态系统数量总体稳定，变化主要与草原和草丛有关

1985—2013 年，草地面积净增加了 43.5 km^2，平均每年增加 1.5 km^2，增加比例为 0.7%，总体上来说数量保持稳定。草原面积增加了 19.0 km^2，占 1985 年草原面积的 0.4%。草丛面积增加了 16.9 km^2，占 1985 年草丛面积的 80.5%。草甸面积增加了 7.6 km^2，占 1985 年草甸面积的 0.6%，见表 5.3.2-1。

表 5.3.2-1　生态系统变化面积与变化百分比

草地生态系统		1985—2000 年		2000—2013 年		1985—2013 年	
		km^2	%	km^2	%	km^2	%
草地	草甸	3.4	0.3	4.2	0.3	7.6	0.6
	草原	2.9	0.1	16.1	0.3	19.0	0.4
	草丛	0.0	0.0	16.9	80.6	16.9	80.5
	合计	6.4	0.1	37.2	0.6	43.5	0.7

（2）草地生态系统对生态系统数量变化影响相对较小，草地转出方向主要为交通建设用地，转入来源主要为旱地和各类森林

1985—2013 年，草地转变为其他类型与其他类型转变为森林的面积分别为 21.6 km^2 和 65.1 km^2，占总变化面积的比例分别为 5.0% 和 14.9%，与草地生态系统相关的变化占总变化面积的 19.9%，见图 5.3.2-1。

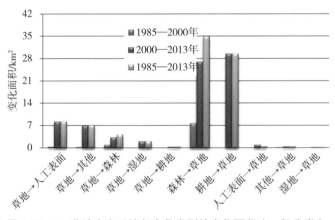

图 5.3.2-1　草地生态系统各变化类型的变化面积（一级分类）

1985—2013 年，草地转出方向主要为交通用地，面积达 5.6 km^2，占该研究时段变化总面积的 1.1%；草地转入以森林和耕地为主，常绿阔叶林转为草原和常绿针叶林转为草原的面积分别为 13.8 km^2 和 9.5 km^2，分别占研究时段内变化总面积的 2.1% 和 1.4%；旱地转为草丛和旱地转为草原的面积分别为 16.4 km^2 和 7.3 km^2，

分别占研究时段内变化总面积的 2.5% 和 1.1%，见图 5.3.2-2。

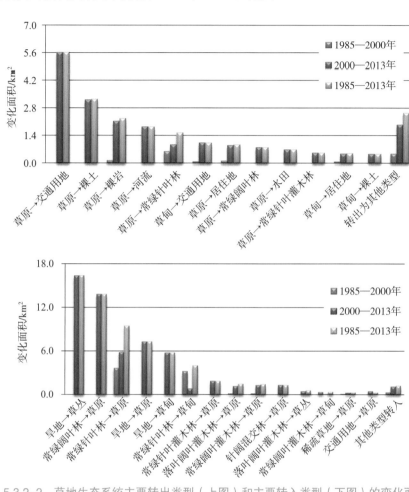

图 5.3.2-2　草地生态系统主要转出类型（上图）和主要转入类型（下图）的变化面积

（3）草地生态系统格局整体也表现出一定的破碎化趋势，破碎化主要与草原的变化有关

1985—2013 年，岷江上游流域草地类斑块平均面积由 27.4 hm² 减少到 26.7 hm²，减少了 2.6%，景观格局表现出一定的破碎化特征。草原类斑块平均面积减少明显，平均由 35.3 hm² 减少到 34.0 hm²，表现出破碎化特征，减少了 3.7%，而草丛类斑块面积呈增加趋势，平均由 2.2 hm² 增加到 2.8 hm²，增加了 27.3%，景观格局没有表现出破碎化趋势特征。草甸类斑块指数稳定，景观破碎化程度没有变化，见表 5.3.2-2。

表 5.3.2-2　岷江上游流域二级生态系统类斑块平均面积　　　　　单位：hm²

草地生态系统	1985 年	2000 年	2013 年
草甸	7.4	7.5	7.5
草原	35.3	35.3	34.0
草丛	2.2	2.2	2.8
总计	27.4	27.4	26.7

（4）草地生态系统变化区域差异明显，在黑水沟流域与映秀—汶川—茂县沿岷江河谷地区增加较快，在岷江源头区、龙门山南端（茶平山）以及都江堰地区则减少突出

在岷江上游流域中部地区，尤其是黑水沟流域和小姓沟流域草地增加较为明显，很多小流域草地面积增加比例超过 25%，这些地区草地变化主要表现为耕地转变为草地，主要与我国退耕还林还草工程有关。在东南部地区，尤其是映秀—汶川—茂县沿岷江河谷两侧多数小流域草地面积增加也都超过 25%，草地变化主要表现为森林转为草地，主要与汶川地震后受滑坡泥石流影响地区的植被逐渐恢复有关。

在岷江源头地区的岷江及其支流河谷地区，草地减少明显，很多小流域减少比例都超过 25%，草地变化主要与草地转变为建设用地、主要是交通建设用地有关。在龙门山南端（茶平山）以及都江堰地区草地减少也较为明显，草地减少主要与草地转变为森林以及建设用地有关。

总体来说，由于草地变化面积在各类生态中变化较小，景观格局变化在大多数地区不是很明显，只是在映秀—汶川沿岷江河谷两侧草地类斑块面积增加明显，很多小流域增加了 25% 以上，反映在汶川震中区受地质灾害的影响较大，原来分布零星草地与震后受滑坡泥石流影响地区植被恢复形成的草地连接在一起，导致了草地景观的积聚效应，见图 5.3.2-3、图 5.3.2-4。

5.3.3　湿地生态系统

（1）湿地生态系统数量增加比例较大，表现为河流水体面积增加，主要与年际间的自然波动有关

1985—2013 年，湿地面积净增加了 13.4 km²，增加比例为 10.9%，数量增加较多。从二级分类系统来看，1985—2013 年河流湿地增加了 12.2 km²，占 1985 年河流湿地总面积的 18.5%。水库／坑塘面积则减少了 1.1%，其余类型面积变化比例较小，见表 5.3.3-1。

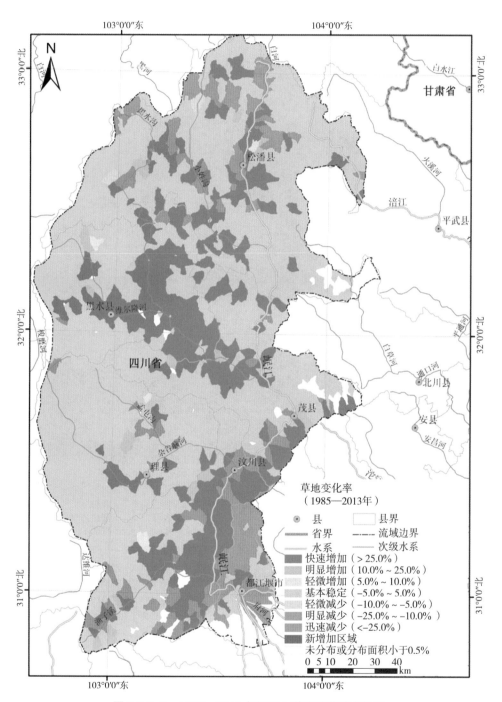

图 5.3.2-3 1985—2013 年岷江上游流域草地变化率

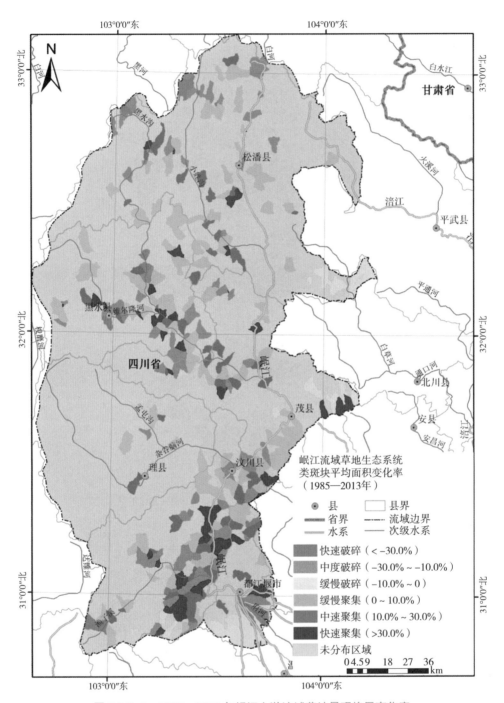

图 5.3.2-4　1985—2013 年岷江上游流域草地景观格局变化率

表 5.3.3-1　湿地生态系统变化面积与变化百分比

湿地系统类型		1985—2000 年		2000—2013 年		1985—2013 年	
		km²	%	km²	%	km²	%
湿地	草本湿地	0.0	0.0	0.1	0.3	0.1	0.3
	湖泊	0.0	0.0	0.0	0.4	0.0	0.4
	水库 / 坑塘	0.0	0.0	0.0	−1.1	0.0	−1.1
	河流	0.0	0.0	12.2	18.5	12.2	18.5
	运河 / 水渠	—	—	—	—	—	—
	合计	0.0	0.0	12.3	18.1	12.3	18.1

（2）湿地生态系统从变化数量上看 30 年间对生态系统影响较小，主要表现为耕地与森林转变为湿地，主要以单向转化为主

1985—2013 年，与草地生态系统相关的变化面积为 19.8 km²，占总变化面积的 4.5%；湿地转变为其他类型与其他类型转变为湿地的面积分别为 3.2 km² 和 16.6 km²，占总变化面积的比例分别为 0.3% 和 3.8%，以单向转化为主，见图 5.3.3-1。

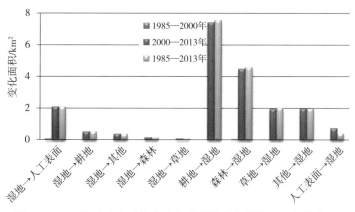

图 5.3.3-1　湿地生态系统各变化类型的变化面积（一级分类）

（3）湿地生态系统变化主要与水体的年际变化有关，生态系统本身并没有发生实质性变化

从二级分类系统来看，1985—2013 年湿地生态系统转出主要表现为旱地转为水库 / 坑塘、旱地转为河流、落叶阔叶灌木林转为河流、草原转为河流和水田转为河流，面积分别为 4.7 km²、4.3 km²、2.2 km²、1.8 km² 和 1.8 km²，占总变化面积比例分别为 0.7%、0.7%、0.3%、0.3% 和 0.3%。可以看出，转出主要为耕地、草地和灌木与河流水体之间的转换，而草本湿地没有发生大的变化。这说明研究时段内岷江流域湿地变化主要受自然因素的影响，与洪水对耕地、草地与灌木森林的淹没有关，生态系统本身并没有发生实质性的变化。

5.3.4 耕地生态系统

（1）耕地生态系统数量减少明显，尤以旱地更为突出

1985—2013 年，岷江上游流域耕地面积净减少量为 211.0 km²，平均每年减少 6.9 km²，减少比例为 21.5%。从二级类型来看，旱地面积减少更为突出。1985—2013 年，旱地面积减少了 169.1 km²，占 1985 年旱地总面积的 27.2%。水田减少了 41.9 km²，减少了 11.6%，见表 5.3.4-1。

表 5.3.4-1　耕地生态系统变化面积与变化百分比

耕地系统类型		1985—2000 年		2000—2013 年		1985—2013 年	
		km²	%	km²	%	km²	%
耕地	水田	−3.1	−0.9	−34.7	−10.7	−41.9	−11.6
	旱地	−5.7	−0.9	−161.9	−26.4	−169.1	−27.2
	总计	−8.8	−1.8	−196.6	−37.1	−211.0	−38.8

（2）耕地生态系统是 30 年间对生态系统变化影响较大的类型，耕地转出方向主要为林草地和人工表面，表现出单向转化特征

1985—2013 年，耕地转变为其他类型与其他类型转变为耕地的面积分别为 221.4 km² 和 10.4 km²，占总变化面积的比例分别为 50.0% 和 2.4%，与耕地生态系统相关的变化占总变化面积的 53.2%。可以看出，其他类型转变为耕地生态系统类的面积较小，远小于转入耕地面积，表现出单向转化特征，说明该研究时段内对自然生态系统保护还是十分有效的，见图 5.3.4-1。

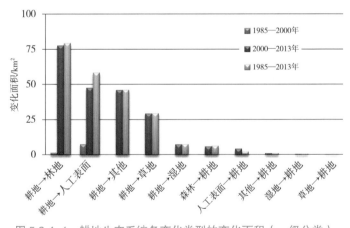

图 5.3.4-1　耕地生态系统各变化类型的变化面积（一级分类）

1985—2013 年，旱地转出方向主要为旱地转为落叶阔叶灌木林、旱地转为裸土、水田转为居住地、旱地转为居住地、旱地转为常绿针叶林和旱地转为草丛，面积分别为 40.6 km²、30.0 km²、23.3 km²、20.5 km²、17.1 km² 和 16.4 km²，分别占该

研究时段变化总面积的 6.4%、4.6%、3.6%、3.1%、2.6% 和 2.5%。可见耕地变化主要表现为耕地转为林草地和人工表面，反映了退耕还林还草工程、城市化以及在汶川地震后灾后重建导致的建设用地增加，见图 5.3.4-2。

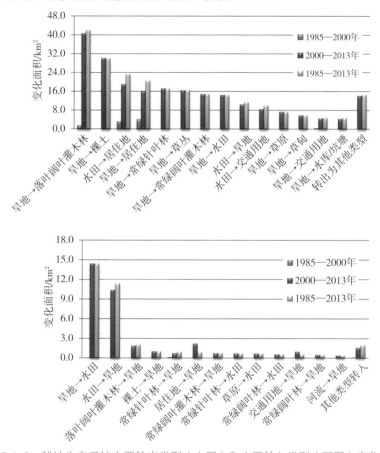

图 5.3.4-2　耕地生态系统主要转出类型（上图）和主要转入类型（下图）变化面积

（3）耕地生态系统格局破碎化趋势明显，破碎化趋势主要与研究时段内人为活动因素有关

1985—2013 年，岷江上游流域耕地类斑块平均面积由 15.0 hm² 减少到 11.6 hm²，减少 3.4 hm²，减少了 22.7%，破碎化趋势明显。其中，旱地类斑块平均面积由 8.0 hm² 减少到 6.0 hm²，减少了 25.0%；水田类斑块平均面积由 53.7 hm² 减少到 42.3 hm²，减少了 11.4 hm²，减少了 21.2%，见表 5.3.4-2。

表 5.3.4-2　岷江上游流域耕地生态系统类斑块平均面积　　　　　　　　单位：hm²

耕地生态系统	1985 年	2000 年	2013 年
水田	53.7	51.7	42.3
旱地	8.0	7.9	6.0
总计	15.0	14.8	11.6

　　研究时段内在黑水沟流域受退耕还林还草政策影响，原来集中连片的耕地，随着大量坡耕地的退耕，耕地斑块面积逐渐减小。在都江堰的成都平原区，随着大量耕地被居住用地和建设用地占用，耕地破碎化的趋势也十分明显，见图5.3.4-3。

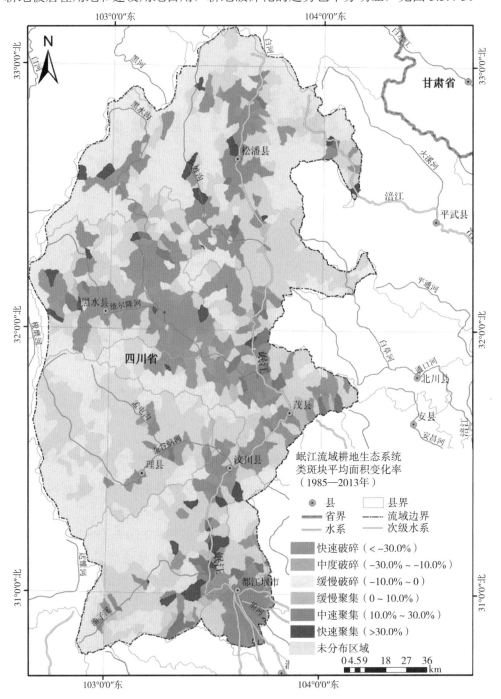

图 5.3.4-3　1985—2013 年岷江上游流域耕地类斑块平均面积变化率

（4）耕地生态系统变化主要表现为减少趋势，但在岷江河谷映秀—汶川—茂县沿线等汶川地震震中区部分小流域耕地增加明显

岷江上游流域耕地主体为减少趋势，尤其是在沿岷江及其支流的河谷两侧的小流域耕地减少最为明显。岷江上游河谷、黑水沟以及小姓沟等支流河谷地区耕地减少最为突出，耕地减少比例都超过 25%，这些地区减少的耕地主要转变为森林与草地，反映了国家退耕还林还草工程的影响。另一个耕地减少较为集中的区域为都江堰所处的成都平原地区，耕地减少也非常迅速，这些地区减少的耕地主要转变为居住用地与建设用地，反映区域城市化与经济发展的影响。

需要注意的是，在映秀—汶川—茂县沿线 2008 年汶川地震震中区部分小流域耕地面积增加较为明显，有些小流域面积耕地增加比例超过了 25%。这些地区耕地面积增加主要来源于森林的开垦，说明当地为维持粮食生产，在部分地区开垦新的耕地以弥补其他地区耕地损毁对当地粮食生产的影响，见图 5.3.4-4。

5.3.5　人工表面生态系统

（1）人工表面急剧扩张，增加比例为 601.5%，2000 年以后的扩张速度是 2000 年以前扩张速度的 7.2 倍

1985—2013 年，岷江上游流域人工表面面积净增加了 84.5 km^2，增加比例为 601.5%，平均每年增加 2.8 km^2，扩张十分迅速。尤其是 2000—2013 年，人工表面增加了 66.3 km^2，平均每年增加 5.0 km^2，而 1985—2000 年，人工表面只增加了 12.5 km^2，平均每年仅增加 0.8 km^2，见表 5.3.5-1。

从二级类型来看，1985—2013 年，交通用地增加幅度最大，增加了 33.4 km^2，为 1985 年交通用地总面积的 715 %。而居住地面积增加了 51.1 km^2，增加了 544.9%。

（2）人工表面是 30 年间对生态系统数量变化影响相对较小的类型，转入来源主要为耕地和林草地，也表现为单向转化特征

1985—2013 年，人工表面转变为其他类型与其他类型转变为人工表面的面积分别为 3.8 km^2 和 88.3 km^2，占总变化面积的比例分别为 0.9% 和 20.2%，与人工表面相关的变化占总变化面积的 21.1%。另外，人工表面转入面积远大于转出比例，表现出强烈的单向转化特征，见图 5.3.5-1。

1985—2013 年，人工表面转入主要表现为水田转为居住地、旱地转为居住地、水田转为交通用地、落叶阔叶灌木林转为交通用地和草原转为交通用地，面积分别为 23.3 km^2、20.5 km^2、10.0 km^2、6.9 km^2 和 5.6 km^2，占该研究时段变化总面积的 3.6%、3.1%、1.5%、1.1% 和 0.9%，见图 5.3.5-2。

可以看出，人工表面增加以占用耕地为主，主要分布在岷江上游流域内的河谷平原区。

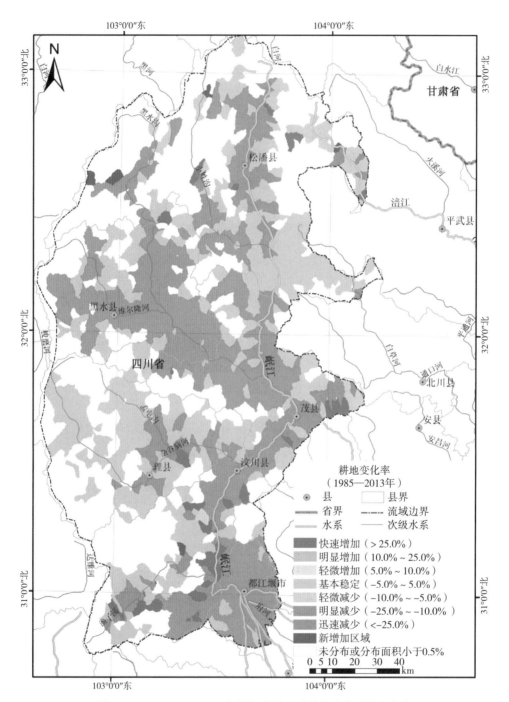

图 5.3.4-4　1985—2013 年岷江上游流域耕地生态系统变化率

表 5.3.5-1　人工表面变化面积与变化百分比

人工表面系统类型		1985—2000 年		2000—2013 年		1985—2013 年	
		km²	%	km²	%	km²	%
人工表面	居住地	8.0	85.2	39.1	245.6	51.1	544.9
	交通用地	4.5	97.2	27.2	324.9	33.4	715.0
	合计	12.5	89.2	66.3	273.0	84.5	601.5

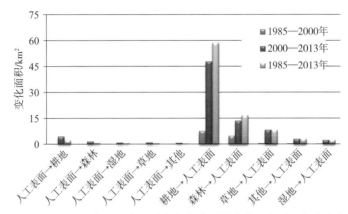

图 5.3.5-1　人工表面生态系统各变化类型的变化面积（一级分类）

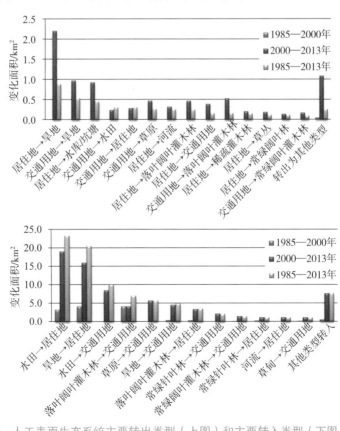

图 5.3.5-2　人工表面生态系统主要转出类型（上图）和主要转入类型（下图）变化面积

5.3.6 其他生态系统

（1）其他类型生态系统数量略增，主要表现为裸土与裸岩的增加，反映了汶川地震导致的滑坡与泥石流等地质灾害的影响

1985—2013 年，其他生态系统占岷江上游流域总面积由 2 673.6 km² 增加为 2 834.5 km²，增加了 161.0 km²，增加比例为 6.0%，总体上来说数量也保持稳定。

从二级类型来看，1985—2013 年，各二级类型数量都以增加趋势为主，其中以裸土面积增加最多，为 113.1 km²，与 1985 年裸土面积相比增加了 14.3%。其次为裸岩，增加了 34.4 km²，增加了 3.8%，见表 5.3.6-1。

表 5.3.6-1　其他生态系统变化面积与变化百分比

其他生态系统类型		1985—2000 年		2000—2013 年		1985—2013 年	
		km²	%	km²	%	km²	%
其他类型	稀疏灌木林	0.0	0.0	−0.9	−11.2	−0.9	−11.2
	稀疏草地	−1.4	−0.2	15.8	2.3	14.4	2.1
	裸岩	1.3	0.1	33.1	3.7	34.4	3.8
	裸土	−0.2	0.0	113.2	14.3	113.1	14.3
	冰川/永久积雪	0.0	0.0	0.0	0.0	0.0	0.0
	合计	−0.3	−0.1	161.2	9.1	161.0	9.0

（2）其他生态系统是 30 年来对生态系统数量变化影响相对较小的类型，裸土与裸岩转入来源主要为耕地，表现为单向转化特征

1985—2013 年，其他类型转变为另外五种类型与另外五种类型转变为其他类型的面积分别为 8.3 km² 和 169.2 km²，占总变化面积的比例分别为 1.9% 和 38.8%，与其他类型相关的变化占到总变化面积的 40.7%。另外，其他生态系统类型转入面积远大于转出面积，表现出单向转化特征，见图 5.3.6-1。

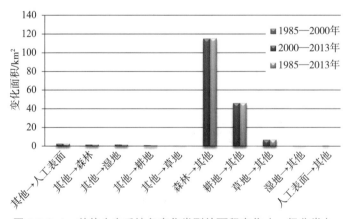

图 5.3.6-1　其他生态系统各变化类型的面积变化（一级分类）

1985—2013 年，其他生态系统类型的转出较少，其他类型转入主要表现为常绿针叶林转为裸土、旱地转为裸土、落叶阔叶灌木林转为裸土、落叶阔叶灌木林转为裸岩、常绿阔叶林转为裸土，面积分别为 36.3 km²、30.0 km²、17.6 km²、11.3 km² 和 9.3 km²，占该研究时段变化总面积的 5.5%、4.6%、2.7%、1.7% 和 1.4%，基本表现为森林和灌木林转变为裸土和裸岩，见图 5.3.6-2。

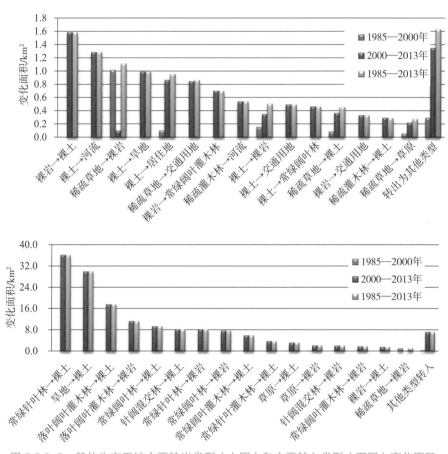

图 5.3.6-2　其他生态系统主要转出类型（上图）和主要转入类型（下图）变化面积

（3）其他类型生态系统格局表现出整体一定的破碎化趋势，其中裸土聚集性趋势更为明显

1985—2013 年，岷江上游流域其他类型类斑块平均面积由 61.0 hm² 减少到 50.6 hm²，减少了 17.0%，景观格局表现出一定的破碎化特征。两种主要类型裸土和裸岩类斑块面积都呈减少趋势，裸土尤其明显，由 18.5 hm² 减少到 15.6 hm²，减少了 15.7%，景观破碎性更为突出，见表 5.3.6-2。

表 5.3.6-2　岷江上游流域二级生态系统类斑块平均面积　　　　　单位：hm²

其他生态系统	1985 年	2000 年	2013 年
稀疏灌木林	4.7	4.7	4.6
稀疏草地	10.4	10.4	10.5
裸岩	22.9	22.9	22.5
裸土	18.5	18.5	15.6
冰川 / 永久积雪	132.5	132.5	132.5
平均面积	61.0	61.0	50.6

（4）其他类型增加地区主要分布在映秀—汶川—茂县沿线河谷地区，与汶川地震空间分布区域吻合，可以看出汶川地震导致了大量的裸土和裸岩的增加

其他类型变化比较集中区域分布在映秀—汶川—茂县沿线河谷地区以及维尔隆河子流域，这些地区的大部分小流域其他类型面积比例增加超过 25%。在岷江源头区其他类型面积比例减少比较明显，部分地区减少比例超过 25%，但分布比较零散。

由于分布在映秀—汶川—茂县沿线河谷地区其他类型主要为裸土和裸岩，而这些裸土与裸岩主要来自森林和灌木林，而森林与灌木林主要分布在河谷两侧山地。这些裸土与裸岩的产生主要与汶川地震导致的滑坡、泥石流等地质灾害造成的地表植被破坏有关，见图 5.3.6-3。

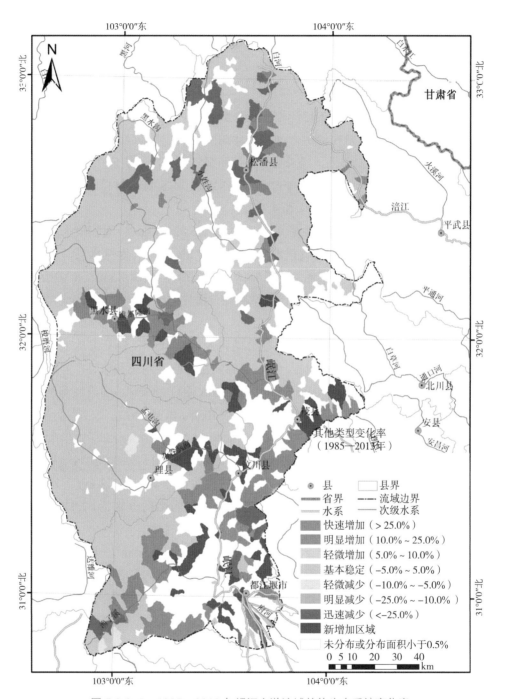

图 5.3.6-3　1985—2013 年岷江上游流域其他生态系统变化率

5.4 岷江上游县域生态格局变化分析

5.4.1 县域生态系统构成现状分析

（1）一级生态系统构成分析

表 5.4.1-1 结果分析表明，2013 年岷江上游流域森林生态系统总面积为 15 591.1 km²，各县中森林面积最大的是松潘县，面积为 4 413.4 km²，占岷江流域森林总面积的 28.3%，其次为茂县、汶川县、黑水县、理县和都江堰市，面积分别为 2 932.7 km²、2 781.6 km²、2 466.2 km²、2 331.1 km² 和 666.1 km²，占流域森林总面积的比例分别为 18.8%、17.8%、15.8%、15.0% 和 4.3%。

2013 年岷江上游流域草地生态系统总面积为 6 026.6 km²，面积最大的为松潘县，面积达 2 883.4 km²，占流域草地总面积的 47.8%，其次为黑水县、理县、茂县、汶川县和都江堰市，其草地生态系统的面积分别为 1 164.8 km²、1 020.9 km²、466.5 km²、461.8 km² 和 29.3 km²，占流域草地总面积的比例分别为 19.3%、16.9%、7.7%、7.7% 和 0.5%。

2013 年岷江上游流域湿地生态系统总面积为 136.4 km²，各县湿地生态系统面积从大到小依次是松潘县、汶川县、都江堰市、黑水县、茂县和理县，面积依次为 60.2 km²、16.3 km²、16.1 km²、15.3 km²、14.7 km² 和 13.8 km²，占流域湿地总面积的比例分别为 44.2%、12.0%、11.8%、11.2%、10.8% 和 10.1%。

2013 年岷江上游流域耕地生态系统总面积为 771.5 km²，耕地生态系统面积最大的县为都江堰市，面积为 386.7 km²，占流域耕地总面积的 50.1%，其他依次为茂县、汶川县、松潘县、黑水县和理县，耕地面积分别为 131.2 km²、79.3 km²、71.5 km²、71.1 km² 和 31.7 km²，占流域耕地总面积的比例分别为 17.0%、10.3%、9.3%、9.2% 和 4.1%。

2013 年岷江上游流域人工表面生态系统总面积为 98.5 km²，人工表面生态系统面积最大的为都江堰市，面积为 58.4 km²，占岷江流域人工表面总面积的比例高达 59.3%，其次为松潘县、茂县、汶川县、黑水县和理县，面积分别为 26.0 km²、5.6 km²、5.2 km²、1.7 km² 和 1.6 km²，占流域内人工表面生态系统总面积的比例分别为 26.4%、5.7%、5.2%、1.7% 和 1.6%。

2013 年岷江上游流域其他生态系统总面积为 2 833.8 km²，其他生态系统面积最大的县为理县，总面积达到 872.2 km²，占流域内其他生态系统总面积的比例为 30.8%，其次为松潘县、汶川县、黑水县、茂县和都江堰市，面积分别为 765.5 km²、717.8 km²、321.8 km²、150.0 km² 和 6.6 km²，占流域其他生态系统总面积的比例分别为 27.0%、25.3%、11.4%、5.3% 和 0.2%。

表 5.4.1-1　2013 年岷江上游流域各县生态系统类型面积

生态系统	森林生态系统		草地生态系统		湿地生态系统		耕地生态系统		人工表面生态系统		其他生态系统	
	面积/km²	百分比/%	面积/km²	百分比/%	面积/km²	百分比/%	面积/km²	百分比/%	面积/km²	百分比/%	面积/km²	百分比/%
都江堰市	666.1	4.3	29.3	0.5	16.1	11.8	386.7	50.1	58.4	59.3	6.6	0.2
汶川县	2 781.6	17.8	461.8	7.7	16.3	12.0	79.3	10.3	5.2	5.3	717.3	25.3
理县	2 331.1	15.0	1 020.8	16.9	13.8	10.1	31.7	4.1	1.6	1.6	872.2	30.8
茂县	2 932.7	18.8	466.5	7.7	14.7	10.8	131.2	17.0	5.6	5.7	150.3	5.3
松潘县	4 413.4	28.3	2 883.4	47.8	60.2	44.1	71.5	9.3	26.0	26.4	765.4	27.0
黑水县	2 466.2	15.8	1 164.8	19.3	15.3	11.2	71.1	9.2	1.7	1.7	321.3	11.4
总计	15 591.1	100.0	6 026.6	100.0	136.4	100.0	771.5	100.0	98.5	100.0	2 833.8	100.0

（2）二级生态系统构成分析

从各县二级生态系统类型的丰富程度看，2013 年岷江上游流域的二级生态系统类型达到 25 种。通过统计分析，可以看到各二级生态系统类型中最具代表性的县域名单，见表 5.4.1-2。

表 5.4.1-2　2013 年岷江上游流域二级生态系统类型中面积最大的县域

一级类型	二级类型	面积 /km²	县名称
森林生态系统	常绿阔叶林	136.8	茂县
	落叶阔叶林	102.7	汶川县
	常绿针叶林	2 148.5	松潘县
	落叶针叶林	0.2	松潘县
	针阔混交林	130.9	汶川县
	常绿阔叶灌木林	603.6	松潘县
	落叶阔叶灌木林	1 480.0	松潘县
	常绿针叶灌木林	2.5	都江堰市
	乔木园地	3.6	都江堰市
草地生态系统	草甸	749.7	松潘县
	草原	2 131.5	松潘县
	草丛	18.9	都江堰市
湿地生态系统	草本湿地	44.1	松潘县
	湖泊	2.5	理县
	水库 / 坑塘	3.1	茂县
	河流	16.1	汶川县
耕地生态系统	水田	314.2	都江堰市
	旱地	129.3	茂县
人工表面生态系统	居住地	42.7	都江堰市
	交通用地	17.2	松潘县
其他生态型系统	稀疏灌木林	4.3	黑水县
	稀疏草地	248.7	松潘县
	裸岩	328.4	理县
	裸土	320.8	松潘县
	冰川 / 永久积雪	143.9	理县

松潘县森林生态系统分布最为广泛，面积较大的几种二级生态类型为常绿针叶林、落叶阔叶灌木林和常绿阔叶灌木林都分布在松潘县，面积分别达到 2 148.5 km²、1 480.0 km² 和 603.6 km²。草原和草甸也广泛分布在松潘县，面积达到 2 131.5 km² 和 749.7 km²。此外，草本湿地也广泛分布。

都江堰市水田分布集中，面积达到 314.2 km²，居住地的面积和与人类活动有关的乔木园地的面积都最大，分别达到 42.7 km² 和 3.6 km²。

茂县主要以旱地和常绿阔叶林为主，面积分别达到 129.3 km² 和 136.8 km²，水库/坑塘面积也最多，约为 3.1 km²。

汶川县以森林生态系统为主，落叶阔叶林和针阔混交林的面积在整个流域中最多，分别为 102.7 km² 和 130.9 km²，也分布着流域内比例最大的河流生态系统，约 16.1 km²。

理县分布着流域内面积最大的其他类型生态系统，裸岩和冰川/永久积雪面积分别达到 328.4 km² 和 143.9 km²。

5.4.2　县域生态系统类型转换的总体特征

（1）都江堰市生态系统变化强度大，高达 6.5%

从一级分类生态系统类型变化来看，1985—2013 年岷江上游流域生态系统综合变化率最高的县是都江堰市，达到 6.5%，其次依次为汶川县、茂县、黑水县、松潘县和理县，生态系统综合变化率分别为 4.0%、1.9%、1.8%、0.6% 和 0.1%，见图 5.4.2-1。

从二级分类生态系统类型变化来看，1985—2013 年岷江上游流域生态系统综合变化率最高的县是都江堰市，达到 8.5%，其次依次为汶川县、松潘县、茂县、黑水县和理县，生态系统综合变化率分别为 4.1%、2.9%、1.9%、1.9% 和 0.2%。

（2）都江堰市和黑水县生态状况有所恢复，汶川县退化较为严重

从一级分类生态系统类型变化来看，1985—2013 年岷江上游流域各县类型转类指数表现出生态恢复的县有都江堰市和黑水县，其转类指数分别为 0.9% 和 0.05%，小于 2%，生态状况有恢复趋势。而汶川县、茂县、松潘县和理县都表现出不同程度的生态退化趋势，其中，汶川县的转类指数达到 -8.9%，退化较为严重，可以看出汶川地震对汶川生态造成的强烈破坏作用。其他县的转类指数分别为 -0.9%、-0.2% 和 -0.02%，表现出轻微退化的趋势，也主要与汶川地震影响有关。

从二级分类生态系统类型变化来看，1985—2013 年岷江上游流域各县类型转类指数表现出生态恢复的县只有都江堰市和黑水县，但其转类指数分别为 1.9% 和 0.07%，小于 2%，表现出缓慢恢复的趋势。而其他县都表现出不同程度的生态退化趋势，其中，汶川县的转类指数达到 -7.9%，退化严重，表现出汶川地震的强烈影响。松潘县的转类指数达到 -2.3%，退化也较为严重，而茂县和理县的转类指数分别为 -0.7% 和 -0.01%，表现出轻微退化的趋势，见图 5.4.2-2。

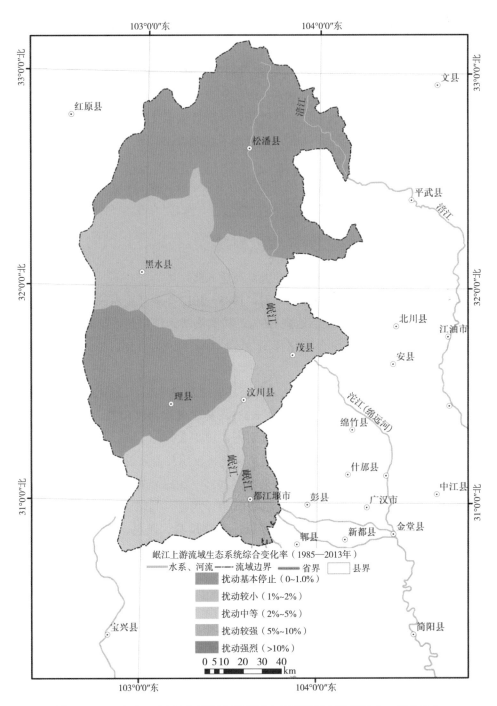

图 5.4.2-1　1985—2013 年岷江上游流域生态系统综合变化率（一级分类）

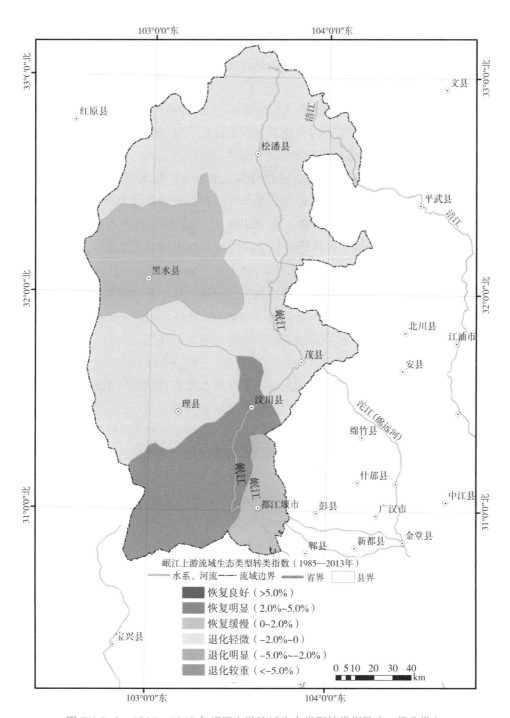

图 5.4.2-2　1985—2013 年岷江上游流域生态类型转类指数（一级分类）

（3）各县主要生态系统变化均与人工表面的转入和耕地的转出相关

从一级分类生态系统类型变化来看，1985—2013 年岷江上游流域的各县生态系统变化分为两种类型：①主要耕地和人工表面这两种生态系统相关；②主要与林地生态系统变化相关。第一种类型包括都江堰市、理县、茂县和黑水县。第二种类型包括汶川县和松潘县。

都江堰市生态系统变化最大的 3 种转换类型分别为耕地转为人工表面、林地转为人工表面和耕地转为湿地，占变化总面积的比例分别达到 59.6%、6.3% 和 6.0%。理县生态系统变化最大的 3 种转换类型分别为耕地转为其他、耕地转为林地和林地转为其他，占变化总面积的比例分别达到 52.8.3%、12.2% 和 8.6%。茂县生态系统变化最大的 3 种转换类型分别为耕地转为林地、耕地转为其他和林地转为其他，占变化总面积的比例分别达到 33.3%、33.0% 和 12.4%。黑水县生态系统变化最大的 3 种转换类型分别为耕地变为林地、耕地转为草地和耕地转为其他，占变化总面积的比例分别达到 57.4%、26.6% 和 8.8%。

汶川县生态系统变化最大的 3 种转换类型分别为林地转为其他、林地转为草地和耕地转为其他，占变化总面积的比例分别达到 65.0%、13.8% 和 7.7%。松潘县生态系统变化最大的 3 种转换类型分别为林地转为草地、林地转为人工表面和耕地转为林地，占变化总面积的比例分别达到 17.9%，15.4% 和 14.5%。

从二级分类生态系统类型变化来看，都江堰市生态系统变化最大的 3 种转换类型分别为水田转为居住地、水田转为旱地和旱地转为居住地，占变化总面积的比例分别达到 22.2%、11.1% 和 10.5%。理县生态系统变化最大的 3 种转换类型分别为旱地转为裸土、旱地转为稀疏草地、旱地转为居住地，占变化总面积的比例分别达到 26.9%、22.4% 和 7.8%。茂县生态系统变化最大的 3 种转换类型分别为旱地转为裸土、旱地转为落叶阔叶林和旱地转为稀疏草地，占变化总面积的比例分别达到 19.1%、16.2% 和 11.7%。黑水县生态系统变化最大的 3 种转换类型分别为旱地转为落叶阔叶灌木林、旱地转为草丛和旱地转为常绿针叶林，占变化总面积的比例分别达到 30.7%、16.6% 和 14.3%。

汶川县生态系统变化最大的 3 种转换类型分别为常绿针叶林转为裸土、落叶阔叶林转为裸土和常绿阔叶林转为草原，占变化总面积的比例分别达到 19.8%、9.8% 和 8.0%。松潘县生态系统变化最大的 3 种转换类型分别为针阔混交林转为落叶阔叶灌木林、旱地转为居住地和旱地转为落叶阔叶灌木林，占变化总面积的比例分别达到 71.1%、2.4% 和 2.3%。

（4）生态系统景观格局变化

1）汶川县景观破碎化突出，其他各县景观格局变化总体较小

1985—2013 年，汶川县景观破碎化趋势突出。汶川县境内斑块数由 7 297 个增加到 8 832 个，增加了 21.0%；平均斑块面积则由原来的 55.7 hm² 减少到 46.0 hm²，

减少了 17.4%；边界密度由 26.8 m/hm² 增加到 32.0 m/hm²；聚集度指数也由 70.5% 减少到 68.1%。可以看出，4 个指标都表明汶川县境内景观格局破碎化明显，见表 5.4.2-1。

表 5.4.2-1　岷江上游流域各县一级生态系统景观格局特征及其变化

县域	年份	斑块数 NP	平均斑块面积 MPS/hm²	边界密度 ED/(m/ hm²)	聚集度指数 CONT/%
松潘县	1985	15 785	52.1	45.5	64.0
	2000	15 784	52.1	45.6	63.9
	2013	16 266	50.5	45.9	63.7
黑水县	1985	6 516	62.2	39.6	61.1
	2000	6 515	62.2	39.6	61.1
	2013	6 634	61.1	39.3	66.3
茂县	1985	5 578	66.4	28.6	71.4
	2000	5 591	66.2	28.6	74.3
	2013	5 669	65.3	28.7	74.3
理县	1985	5 101	83.7	30.4	64.9
	2000	5 107	83.6	30.4	64.9
	2013	5 140	83.1	30.4	64.9
汶川县	1985	7 297	55.7	26.8	70.5
	2000	7 347	55.3	26.8	70.5
	2013	8 832	46.0	32.0	68.1
都江堰市	1985	2 823	41.2	28.7	69.6
	2000	2 880	40.4	28.9	69.0
	2013	2 770	42.0	32.0	65.4

2）人工表面景观格局在理县和松潘县表现出破碎化趋势，在都江堰市和汶川县表现出聚集趋势；耕地在各县都表现为破碎化趋势；森林景观格局在汶川县表现为破碎化趋势，在都江堰市、茂县和黑水县表现为聚集趋势，在理县和松潘县保持稳定；草地景观格局在各县基本保持稳定；湿地景观格局在茂县表现为破碎化趋势，在都江堰市、汶川县和黑水县表现为聚集趋势，在理县和松潘县保持稳定；其他生态系统景观格局在汶川县表现为破碎化趋势，在都江堰市和茂县表现为聚集趋势，在其他各县保持稳定

1985—2013 年，都江堰市湿地类斑块面积由原来的 4.8 hm² 增加到 13.6 hm²，增加了 183.3%；人工表面类斑块面积由原来的 29.6 hm² 增加到 64.9 hm²，增加了 119.3%；森林类斑块面积由原来的 149.9 hm² 增加到 183.0 hm²，增加了 22.1%；其

他生态系统类型类斑块面积由原来的 2.9 hm² 增加到 3.3 hm²，增加了 13.8%；草地类斑块面积由原来的 3.0 hm² 增加到 3.2 hm²，增加了 6.7%；耕地类斑块面积由原来的 48.8 hm² 减少到 36.1 hm²，减少了 26%。

1985—2013 年，汶川县人工表面类斑块面积由原来的 5.0 hm² 增加到 11.8 hm²，增加了 136%；湿地类斑块面积由原来的 6.2 hm² 增加到 9.5 hm²，增加了 53.2%；其他生态系统类型类斑块面积由原来的 55.9 hm² 减少到 33.4 hm²，减少了 40.3%；森林类斑块面积由原来的 505.8 hm² 减少到 365.5 hm²，减少了 27.7%；草地类斑块面积由原来的 11.7 hm² 减少到 11.0 hm²，减少了 6.0%；耕地类斑块面积由原来的 5.9 hm² 减少到 5.3 hm²，减少了 10.2%。

1985—2013 年，理县人工表面类斑块面积由原来的 7.0 hm² 减少到 4.9 hm²，减少了 30%；耕地类斑块面积由原来的 8.2 hm² 减少到 7.4 hm²，减少了 9.8%；森林、草地、湿地和其他生态系统类斑块面积基本保持稳定。

1985—2013 年，茂县森林类斑块面积由原来的 381.1 hm² 增加到 413.7 hm²，增加了 8.6%；其他生态系统类型类斑块面积由原来的 18.6 hm² 增加到 20.2 hm²，增加了 8.6%；耕地类斑块面积由原来的 11.9 hm² 减少到 8.6 hm²，减少了 27.7%；湿地类斑块面积由原来的 17.3 hm² 减少到 15.5 hm²，减少了 10.4%；草地生态系统基本保持稳定。

1985—2013 年，黑水县森林类斑块面积由原来的 173.0 hm² 增加到 185.6 hm²，增加了 7.3%；湿地类斑块面积由原来的 8.1 hm² 增加到 9.0 hm²，增加了 11.1%；耕地类斑块面积由原来的 14.2 hm² 减少到 7.8 hm²，减少了 45.1%；其他生态系统类型类斑块面积由原来的 60.7 hm² 减少到 57.7 hm²，减少了 4.9%，基本保持稳定；草地类斑块面积由原来的 33.5 hm² 减少到 32 hm²，减少了 4.5%，基本保持稳定。

1985—2013 年，松潘县耕地类斑块面积由原来的 8.3 hm² 减少到 5.7 hm²，减少了 31.3%；人工表面类斑块面积由原来的 53.6 hm² 减少到 51.0 hm²，减少了 4.9%；森林类斑块面积由原来的 114.2 hm²，减少到 111.5 hm²，减少了 2.4%，保持稳定；草地、湿地和其他生态系统类型类斑块面积变化很小，基本保持稳定，见表 5.4.2-2。

表 5.4.2-2　岷江上游流域各县一级生态系统类斑块平均面积　　　　单位：hm²

县域	年份	森林	草地	湿地	耕地	人工表面	其他
松潘县	1985	114.2	35.2	5.8	8.3	53.6	48.8
	2000	113.5	35.5	5.7	8.0	66.4	48.7
	2013	111.5	34.7	5.5	5.7	51.0	48.2
黑水县	1985	173.0	33.5	8.1	14.2	—	60.7
	2000	172.8	33.5	8.1	14.2	—	60.7
	2013	185.6	32.0	9.0	7.8	29.1	57.7

县域	年份	森林	草地	湿地	耕地	人工表面	其他
茂县	1985	381.1	18.1	17.3	11..9	—	18.6
	2000	380.6	18.1	17.3	11.9	18.9	18.6
	2013	413.7	18.0	15.5	8.6	55.7	20.2
理县	1985	314.2	31.1	8.9	8.2	7.0	184.1
	2000	314.2	31.1	8.9	8.1	4.9	184.9
	2013	313.3	31.1	8.8	7.4	4.9	177.3
汶川县	1985	505.8	11.7	6.2	5.9	5.0	55.9
	2000	504.8	11.7	6.2	5.8	3.1	55.9
	2013	365.5	11.0	9.5	5.3	11.8	33.4
都江堰市	1985	149.9	3.0	4.8	48.8	29.6	2.9
	2000	149.9	3.0	4.8	47.3	21.1	2.9
	2013	183.0	3.2	13.6	36.1	64.9	3.3

5.4.3 县域各生态系统变化特征

（1）森林生态系统

1）中西部县森林生态系统增加，汶川县减少最多

1985—2013 年岷江上游流域各县森林面积增加最多的是黑水县，面积约为 40.5 km²，增加面积占 1985 年区域内森林总面积的 1.7%。其次为茂县，面积约为 10.3 km²，增加面积占 1985 年区域内森林总面积的 0.4%。

其他各县的森林面积都在减少，减少最多的是汶川县，面积为 126.3 km²，减少的面积占 1985 年森林面积的 4.3%，其次为都江堰市、松潘县和理县，面积分别为 5.7 km²、9.8 km² 和 0.2 km²，减少的比例分别为 0.9%、0.2% 和 0.01%，见图 5.4.3-1。

2）各县森林生态系统景观格局变化

1985—2013 年，都江堰市森林类斑块平均面积表现出中速聚集趋势，黑水县和茂县森林类斑块平均面积表现出缓慢聚集趋势，汶川县森林类斑块平均面积表现出中度破碎趋势，理县和松潘县森林类斑块平均面积表现出缓慢破碎趋势，见图 5.4.3-2。

（2）草地生态系统变化

1）都江堰市草地减少，其他各县草地均在增加

1985—2013 年岷江上游流域各县的草地面积增加最多的是汶川县，面积约为 13.6 km²，增加面积占 1985 年区域内草地总面积的 3.0%。其次为黑水县、茂县、松潘县和理县，面积分别为 19.9 km²、5.4 km²、6.6 km² 和 0.5 km²，增加比例分别为 1.7%、1.2%、0.2% 和 0.04%。

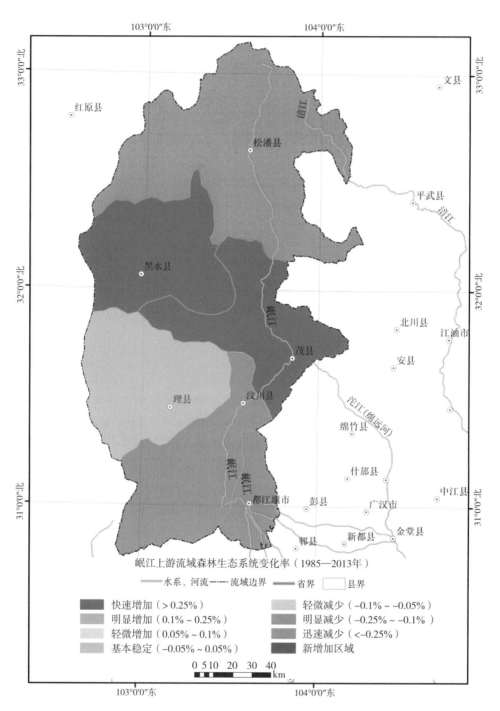

图 5.4.3-1　1985—2013 年岷江上游流域森林生态系统变化率（一级分类）

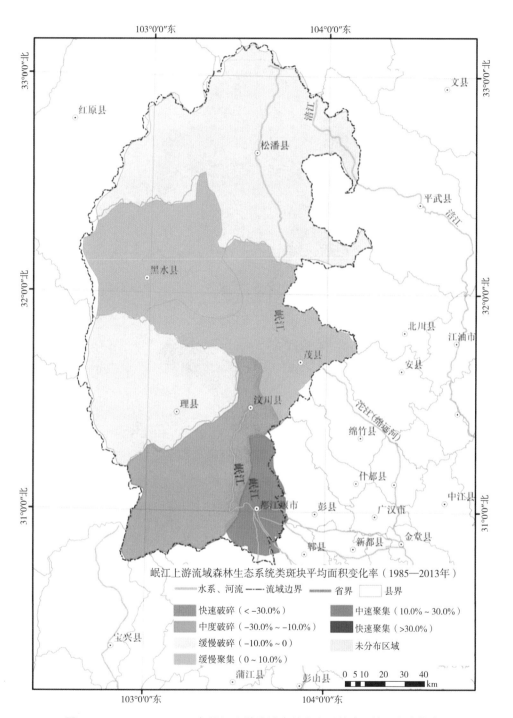

岷江上游流域森林生态系统类斑块平均面积变化率（1985—2013年）

水系、河流 ———流域边界 省界 县界

快速破碎（<-30.0%） 中速聚集（10.0%～30.0%）
中度破碎（-30.0%～-10.0%） 快速聚集（>30.0%）
缓慢破碎（-10.0%～0） 未分布区域
缓慢聚集（0～10.0%）

0 5 10 20 30 40 km

图 5.4.3-2 1985—2013 年岷江上游流域森林生态系统类斑块面积变化率

只有都江堰市的草地面积在减少，减少面积为 2.3 km²，减少的比例达到 7.4%，见图 5.4.3-3。

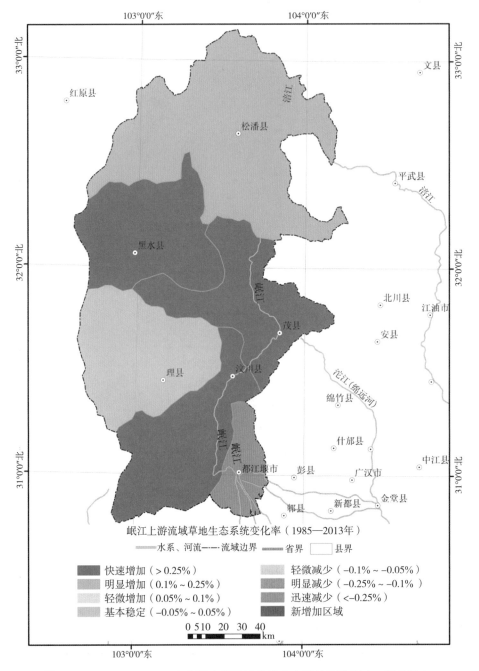

图 5.4.3-3　1985—2013 年岷江上游流域草地生态系统变化率（一级分类）

2）各县草地生态系统景观格局变化

1985—2013 年，都江堰市草地类斑块平均面积表现出缓慢聚集趋势，其他各县草地类斑块平均面积则都表现出缓慢破碎趋势，见图 5.4.3-4。

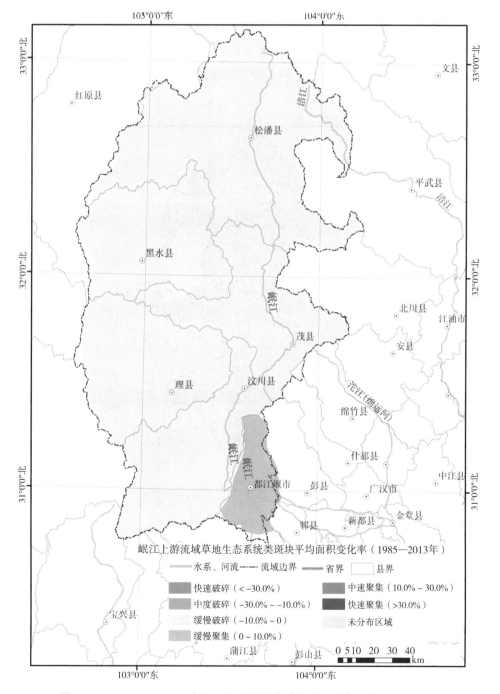

图 5.4.3-4　1985—2013 年岷江上游流域草地生态系统类斑块面积变化率

（3）湿地生态系统变化

1）北部松潘县湿地减少，其他县湿地均在增加

1985—2013 年岷江上游流域各县的湿地面积增加最多的是都江堰市，面积约为 8.1 km²，增加面积占 1985 年区域内湿地总面积的 101.1%。其次为汶川县、黑水县、茂县和理县，面积分别为 3.2 km²、2.4 km²、0.8 km² 和 0.03 km²，增加比例分别为 24.4%、19.1%、6.0% 和 0.3%。

只有松潘县湿地面积在减少，减少面积为 1.2 km²，减少的比例为 2.0%，见图 5.4.3-5。

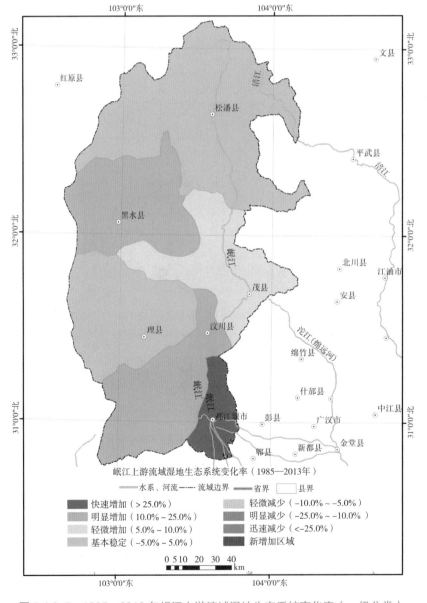

图 5.4.3-5　1985—2013 年岷江上游流域湿地生态系统变化率（一级分类）

2）各县湿地生态系统景观格局变化

1985—2013 年，都江堰市和汶川县湿地类斑块平均面积表现出快速聚集趋势，黑水县湿地类斑块平均面积表现出中速聚集趋势，茂县湿地类斑块平均面积表现出中度破碎趋势，理县和松潘县湿地类斑块平均面积表现出缓慢破碎趋势，见图 5.4.3-6。

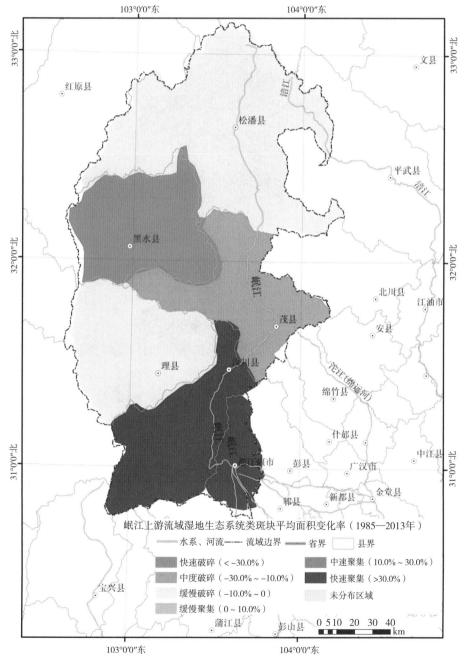

图 5.4.3-6　1985—2013 年岷江上游流域湿地生态系统类斑块面积变化率

（4）耕地生态系统变化

1）各县耕地均在减少，西部黑水县减少最多

1985—2013 年，岷江上游流域各县的耕地面积都在减少，减少最多的是黑水县，面积约为 70.4 km²，减少面积占 1985 年区域内耕地总面积的 49.8%。其次为茂县、松潘县、汶川县、理县和都江堰市，面积分别为 53.4 km²、19.4 km²、15.2 km²、4.6 km² 和 47.8 km²，减少比例分别为 29.0%、21.3%、16.1%、12.8% 和 11.0%，见图 5.4.3-7。

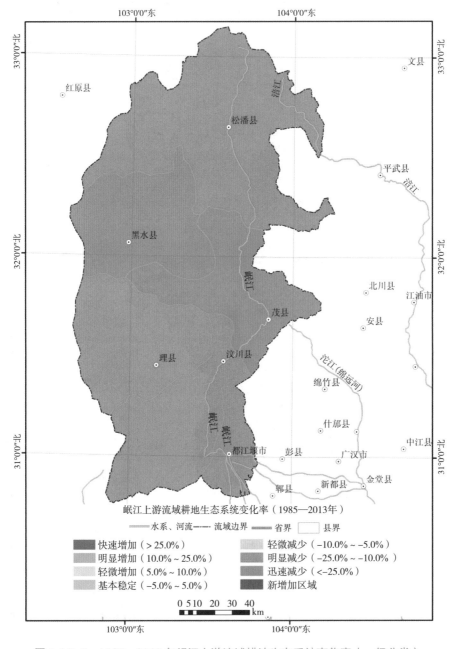

图 5.4.3-7　1985—2013 年岷江上游流域耕地生态系统变化率（一级分类）

2）各县耕地生态系统景观格局变化

1985—2013 年，黑水县和松潘县耕地类斑块平均面积表现出快速破碎趋势，都江堰市、汶川县和茂县耕地类斑块平均面积表现出中度破碎趋势，理县耕地类斑块平均面积表现出缓慢破碎趋势，见图 5.4.3-8。

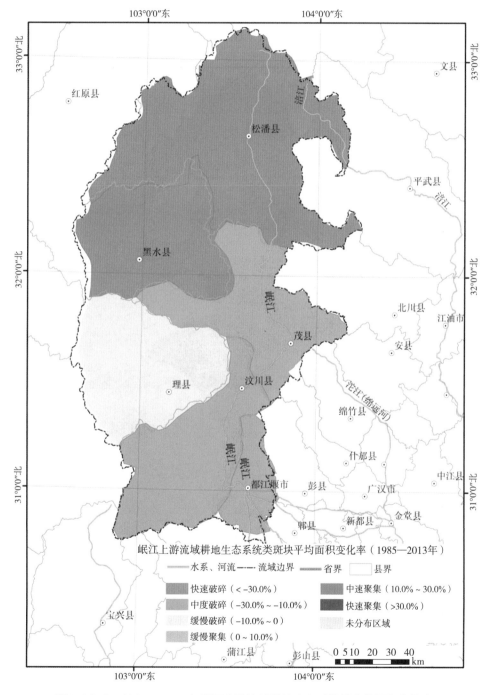

图 5.4.3-8　1985—2013 年岷江上游流域耕地生态系统类斑块面积变化率

（5）人工表面生态系统变化

1）各县人工表面生态系统面积均增加，增加比例均超过200%

1985—2013年，岷江上游流域各县的人工表面面积都在增加，增加最多的是汶川县，面积约为4.7 km²，增加比例达到928.9%。其次为松潘县、都江堰市和理县，面积分别为23.3 km²、48.0 km²和1.1 km²，增加比例分别为870.5%、463.5%和218.4%。黑水县和茂县分别新增了1.7 km²和5.6 km²，见图5.4.3-9。

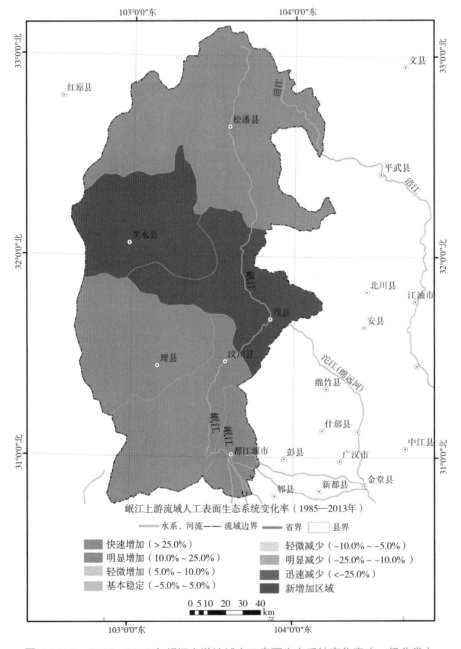

图 5.4.3-9　1985—2013 年岷江上游流域人工表面生态系统变化率（一级分类）

2）各县人工表面生态系统景观格局变化

1985—2013 年，都江堰市、汶川县、茂县和黑水县人工表面类斑块平均面积表现出快速聚集趋势，理县人工表面类斑块平均面积表现出中度破碎化趋势，松潘县人工表面类斑块平均面积表现出缓慢破碎趋势，见图 5.4.3-10。

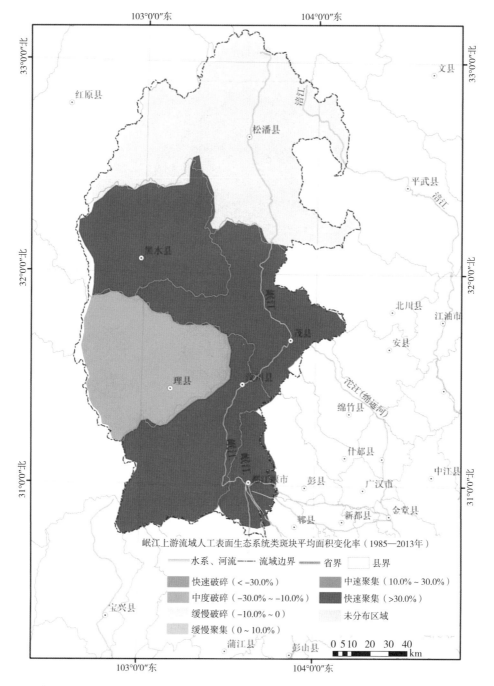

图 5.4.3-10 1985—2013 年岷江上游流域人工表面生态系统类斑块面积变化率

（6）其他生态系统变化

1）都江堰市其他生态系统减少，其他各县均增加

1985—2013 年，岷江上游流域各县的其他生态系统面积增加最多的是茂县，面积约为 31.5 km²，增加面积占 1985 年区域内其他生态系统总面积的 26.5%。其次为汶川县、黑水县、理县和松潘县，面积分别为 120.1 km²、5.9 km²、3.3 km² 和 0.5 km²，增加比例分别为 20.1%、1.9%、0.4% 和 0.06%。只有都江堰市的其他类型的生态系统面积在减少，减少面积为 0.4 km²，减少的比例为 5.2%，见图 5.4.3-11。

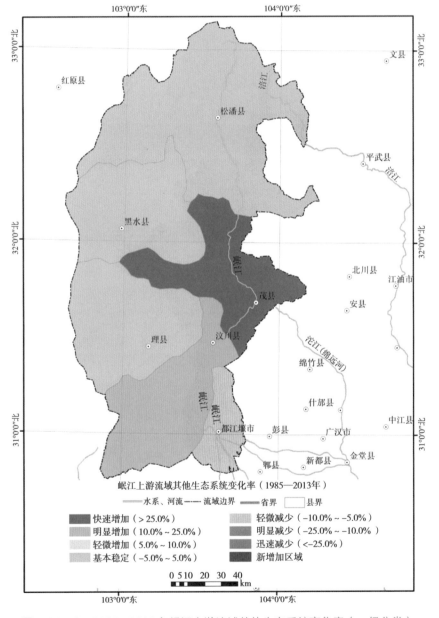

图 5.4.3-11 1985—2013 年岷江上游流域其他生态系统变化率（一级分类）

2）各县其他生态系统景观格局变化

1985—2013 年，都江堰市其他生态系统类斑块平均面积表现出中速聚集趋势，茂县其他生态系统类斑块平均面积表现出缓慢聚集趋势，汶川县其他生态系统类斑块平均面积表现出快速破碎化趋势，理县、黑水县和松潘县其他生态系统类斑块平均面积表现出缓慢破碎化趋势，见图 5.4.3-12。

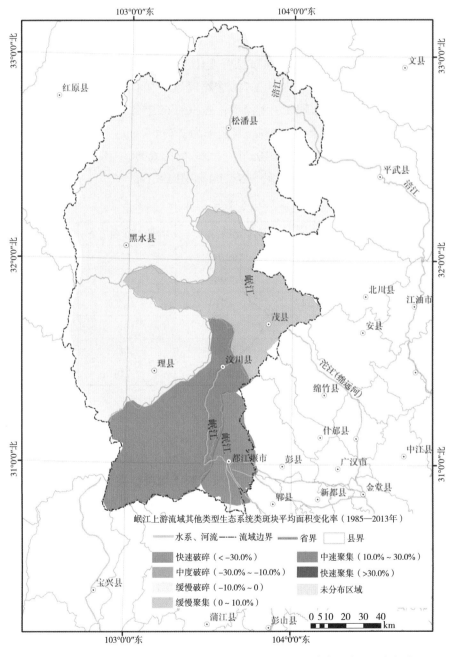

图 5.4.3-12　1985—2013 年岷江上游流域其他生态系统类斑块面积变化率

5.5 岷江上游小流域生态格局变化分析

5.5.1 小流域生态系统综合变化率分析

生态系统综合变化率（EC）可定量描述生态系统的变化速度。综合考虑了研究时段内生态系统类型间的转移，着眼于变化的过程而非变化结果，反映研究区生态系统类型变化的剧烈程度，以便于在不同空间尺度上找出生态系统类型变化的热点区域。1985—2013 年岷江上游流域生态系统综合变化率分布见图 5.5.1-1，结果显示：岷江上游流域小流域生态系统综合变化率从 1985—2013 年变化的总体趋势以"扰动基本停止"为主，在总计 1 716 个小流域中有 1 229 个小流域，占 71.6%，其面积为 18 124.9 km²，占岷江上游流域总面积的 69.7%；其次为"扰动中等"，小流域个数为 164 个，占总数的 9.6%，其面积为 2 524.5 km²，占岷江上游流域总面积的 9.7%；"扰动强烈"小流域 108 个，占总数的 6.3%，其面积为 1 731.4 km²，占岷江上游流域总面积的 6.7%，见表 5.5.1-1 和图 5.5.1-1。

表 5.5.1-1　1985—2013 年岷江上游流域小流域综合生态系统综合变化率

级别	面积 /km²	比例 /%	小流域个数 / 个	比例 /%
扰动基本停止	18 124.95	69.71	1 229	71.62
扰动较小	2 069.64	7.96	114	6.64
扰动中等	2 524.54	9.71	164	9.56
扰动较强	1 550.75	5.96	101	5.89
扰动强烈	1 731.44	6.66	108	6.29
合计	26 001.32	100.00	1 716	100.00

5.5.2 小流域生态系统类型转化分析

利用生态系统类型相互转化强度（土地覆被转类指数、LCCI）来表征生态系统类型的相互转换特征。土地覆被转类指数反映土地覆被类型在特定时间内变化的总体趋势。LCCI 值为正时表示此研究区总体上土地覆被类型转好，值为负时表示此研究区总体上土地覆被类型转差。1985—2013 年岷江上游流域土地覆被转类指数分布见图 5.5.2-1，结果显示：岷江上游流域小流域土地覆被类型从 1985—2013 年变化的总体趋势以"恢复缓慢"为主，总计 1 716 个小流域中 1 088 个小流域为"恢复缓慢"，占 63.4%，其面积为 15 331.4 km²，占岷江上游流域总面积的 59.0%；其次为"恢复明显"，小流域个数为 275 个，占总数的 16.0%，其面积为 4 539.8 km²，占岷江上游流域总面积的 17.5%；"退化较重"小流域 1 个，占总数的 0.06%，其面积为 4.4 km²，占岷江上游流域总面积的 0.02%，见表 5.5.2-1 和图 5.5.2-1。

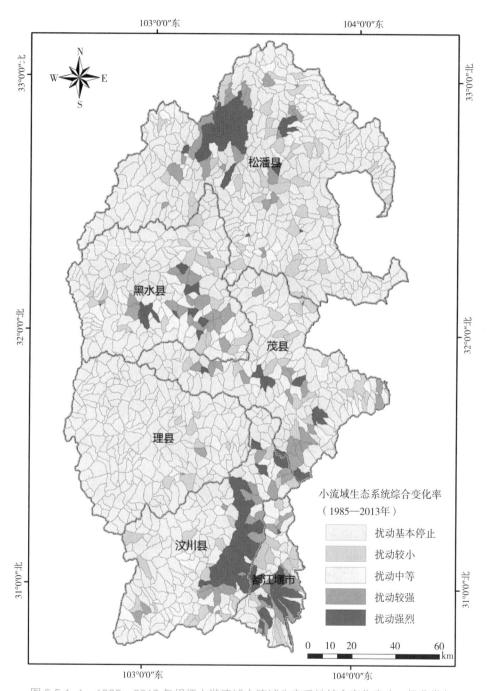

图 5.5.1-1　1985—2013 年岷江上游流域小流域生态系统综合变化率（一级分类）

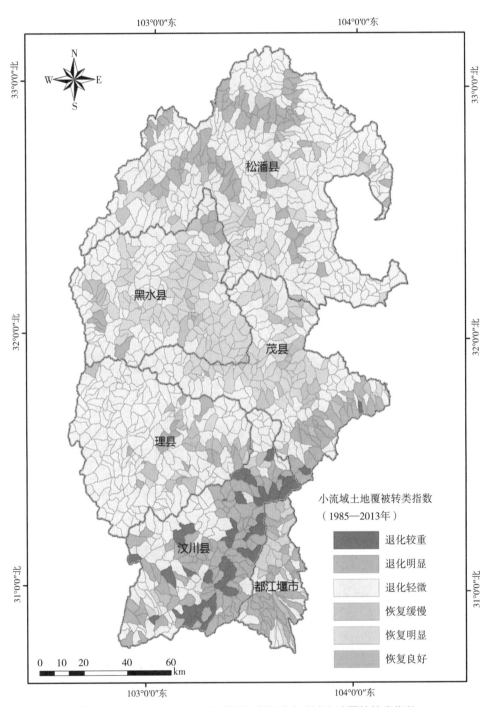

图 5.5.2-1　1985—2013 年岷江上游流域小流域土地覆被转类指数

表 5.5.2-1　1985—2013 年岷江上游流域小流域生态系统类型相互转化强度

级别	面积 /km²	比例 /%	小流域个数 / 个	比例 /%
恢复良好	830.60	3.19	45	2.62
恢复明显	4 539.80	17 46	275	16.03
恢复缓慢	15 331.41	58.96	1 088	63.40
退化轻微	1 508.56	5.80	97	5.65
退化明显	3 786.59	14.56	210	12.24
退化较重	4.38	0.02	1	0.06
合计	26 001.33	100.0	1 716	100.0

5.6　小结

（1）30 年间岷江上游流域生态系统变化强度较小，生态系统综合变化率只有 1.7%（一级分类系统），生态系统变化表现出阶段性特征，主要变化都发生在近 10 年，生态系统变化主要表现为森林转变为其他类型，以及耕地转变为林地和人工表面。

（2）30 年间岷江上游流域区域整体景观破碎化趋势明显，景观类型总体分布更为分散；湿地和人工表面景观格局破碎度减小，耕地和其他生态系统类型景观格局破碎度加大，森林与草地破碎度总体保持稳定。

（3）30 年间岷江上游流域森林生态系统数量总体稳定，但二级类型间变动较大，是 30 年来对生态系统数量变化影响最大的类型。森林转出方向主要为其他类型（裸地）和草地，转入来源主要为耕地，呈现出中部增加、南北减少的格局。

（4）30 年间岷江上游流域草地生态系统和湿地生态系统对生态系统数量变化影响相对较小，草地转出方向主要为交通建设用地，转入来源主要为旱地和各类森林用地。湿地生态系统主要表现为河流水体面积增加，主要与年际间的自然波动有关，生态系统本身并没有发生实质性变化。

（5）30 年间岷江上游流域耕地生态系统是 30 年来对生态系统变化影响较大的类型，30 年间耕地面积减少 21.5%，耕地转出方向主要为林草地和人工表面，表现出单向转化特征；人工表面急剧扩张，增加比例为 601.5%，2000 年以后的扩张速度是 2000 年以前扩张速度的 3.1 倍。

（6）30 年间岷江上游流域人类经济活动是生态系统类型空间格局变化的主因，30 年间有 60.4% 的生态系统类型变化与耕地生态系统和人工表面生态系统变化有关。汶川地震影响明显，出现较高比例的森林转变为裸地与草地等类型转换。

（7）30 年间岷江上游流域生态系统变化具有明显区域差异，岷江出山口倾斜平原区，生态系统变化类型主要表现为耕地转变为人工表面；岷江河谷映秀—汶川段，耕地转为林草地以及森林转变为裸土（岩）与草地为主；黑水沟流域和小姓沟流域主要表现为耕地转变为林草地；源头河谷段主要表现为森林转变为林草地。

（8）1985—2013年岷江上游流域生态系统综合变化率最高的县是都江堰市，达到6.5%；都江堰市和黑水县生态有所恢复，转类指数分别为0.9%和0.05%；汶川县退化严重，转类指数达到−8.9%，汶川地震影响明显；各县生态系统变化主要与耕地和居住地相关。

（9）1985—2013年岷江上游流域中西部县森林生态系统增加，汶川县减少最多；都江堰市草地减少，其他各县草地均在增加；北部松潘县湿地减少，其他县湿地均在增加；全流域各县耕地均在减少，西部黑水县减少最多；各县人工表面生态系统面积均增加，增加比例均超过200%；都江堰市其他生态系统减少，其他各县均增加。

（10）汶川县景观破碎化突出，其他各县景观格局变化总体较小。森林景观格局在汶川县表现为破碎化趋势，在都江堰市、茂县和黑水县表现为聚集趋势，在理县和松潘县保持稳定；草地景观格局在各县基本保持稳定；湿地景观格局在茂县表现为破碎化趋势，在都江堰市、汶川县和黑水县表现为聚集趋势，在理县和松潘县保持稳定；其他生态系统景观格局在汶川县表现为破碎化趋势，在都江堰市和茂县表现为聚集趋势，在其他各县保持稳定。人工表面景观格局在理县和松潘县表现出破碎化趋势，在都江堰市和汶川县表现出聚集趋势；耕地在各县都表现为破碎化趋势。

第 6 章

赣江上游土地覆被变化分析

GANJIANG SHANGYOU

TUDI FUBEI

BIANHUA FENXI

6.1　生态系统面积及组成

6.1.1　各生态系统类型面积组成

遥感监测数据显示，2013 年赣江上游流域森林、草地、湿地、耕地、人工表面和其他类型生态系统面积分别为 29 325.3 km²、192.3 km²、505.5 km²、5 640.6 km²、1 279.4 km² 和 790.8 km²，占区域面积比分别为 77.7%、0.5%、1.3%、14.9%、3.4% 和 2.1%。总体上看，赣江上游流域是以森林和耕地两种生态系统类型为主的地区，二者占到了区域总面积的 92.7%，见表 6.1.1-1。

表 6.1.1-1　赣江上游流域生态系统构成特征

生态系统类型		1985 年		2000 年		2013 年	
		km²	%	km²	%	km²	%
森林	常绿阔叶林	7 365.5	19.5	7 358.1	19.5	7 324.2	19.4
	落叶阔叶林	1.9	0.0	1.9	0.0	1.9	0.0
	常绿针叶林	17 716.2	47	17 690.5	46.9	17 557.4	46.5
	针阔混交林	2 109.2	5.6	2 110.2	5.6	2 093.2	5.5
	常绿阔叶灌木林	1 680	4.5	1 671.7	4.4	1 654.8	4.4
	落叶阔叶灌木林	0.8	0.0	0.8	0.0	0.8	0.0
	常绿针叶灌木林	0.2	0.0	7.5	0.0	6.0	0.0
	乔木园地	22.9	0.1	22.9	0.1	25	0.1
	灌木园地	554.5	1.5	536.3	1.4	661.1	1.8
	乔木绿地	0.8	0.0	0.8	0.0	0.6	0.0
	灌木绿地	0.0	0.0	0.0	0.0	0.3	0.0
	合计	29 452.0	78.2	29 400.7	77.9	29 325.3	77.7
草地	草丛	187.8	0.5	191.7	0.5	192.3	0.5
	合计	187.8	0.5	191.7	0.5	192.3	0.5

生态系统类型		1985 年		2000 年		2013 年	
		km²	%	km²	%	km²	%
湿地	草本湿地	1.5	0.0	1.6	0.0	1.7	0.0
	水库/坑塘	106.8	0.3	114.8	0.3	122.2	0.3
	河流	403.7	1.1	381.6	1.0	381.6	1.0
	合计	512.0	1.4	498.0	1.3	505.5	1.3
耕地	水田	3 629.0	9.6	3 538.9	9.4	3 292.7	8.7
	旱地	2 688.6	7.1	2 665.7	7.1	2 347.9	6.2
	合计	6 317.6	16.7	6 204.6	16.5	5 640.6	14.9
人工表面	居住地	443.0	1.2	557.9	1.5	899.3	2.4
	工业用地	28.5	0.1	31.3	0.1	109.4	0.3
	交通用地	31.7	0.1	51.4	0.1	226.6	0.6
	采矿场	7.0	0.0	9.4	0.0	44.2	0.1
	合计	510.2	1.4	650.0	1.7	1 279.5	3.4
其他类型	稀疏灌木林	2.0	0.0	2.0	0.0	2.0	0.0
	稀疏草地	505.4	1.3	498.8	1.3	563.5	1.5
	裸岩	134.1	0.4	133.4	0.4	128.3	0.3
	裸土	86.5	0.2	131.5	0.3	75.0	0.2
	沙漠/沙地	26.1	0.1	23.4	0.1	22.0	0.1
	合计	754.1	2.0	789.1	2.1	790.8	2.1

在森林生态系统中，常绿针叶林和常绿阔叶林为主要类型，面积分别为 17 557.4 km² 和 7 324.2 km²，分别占区域总面积的 46.5% 和 19.4%。另外，针阔混交林、常绿阔叶灌木林和灌木园地面积也较大，面积分别为 2 093.2 km²、1 654.8 km² 和 661.1 km²，分别占区域总面积的 5.5%、4.4% 和 1.8%。其余类型面积都相对较小，面积都小于 30 km²，占区域面积不足 0.2%。

在草地生态系统中，仅包含草丛这一类型，面积为 192.3 km²，占区域总面积的 0.5%。在湿地生态系统中，河流和水库／坑塘面积最多，分别为 381.6 km^2 和 122.2 km^2，分别占区域总面积的 1.0% 和 0.3%，草本湿地面积仅有 1.7 km^2。

在耕地生态系统中，水田面积大于旱地面积，水田和旱地面积分别为 3 292.7 km^2 和 2 347.9 km^2，分别占研究区面积的 8.7% 和 6.2%。人工表面以居住地为主，面积为 899.3 km^2，占总面积的 2.4%；另外，交通用地和工业用地面积也较大，面积分别为 226.6 km^2 和 109.4 km^2，分别占区域总面积的 0.6% 和 0.3%；采矿场面积为 44.2 km^2。其他类型以稀疏草地为主，面积为 563.5 km^2，占区域总面积的 1.5%；裸岩、裸土和沙漠／沙地的面积分别为 128.3 km^2、75 km^2 和 22 km^2，稀疏灌木林面积仅为 2 km^2，见图 6.1.1-1。

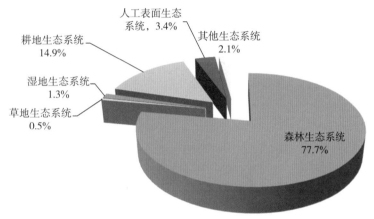

图 6.1.1-1　2013 年赣江上游流域生态系统面积构成

6.1.2　各生态系统类型空间分布

赣江上游流域位于亚热带季风气候区，植被类型以常绿针叶林、常绿阔叶林、针阔混交林和常绿阔叶灌木林为主，主要位于海拔较高的山区；河流主要从南向北部汇集，在河谷地势较为平缓的河谷平原与河流阶地上主要为耕地和居住地，在章水和贡水两大支流汇集的平原地区分布最为集中，见图 6.1.2-1、图 6.1.2-2。

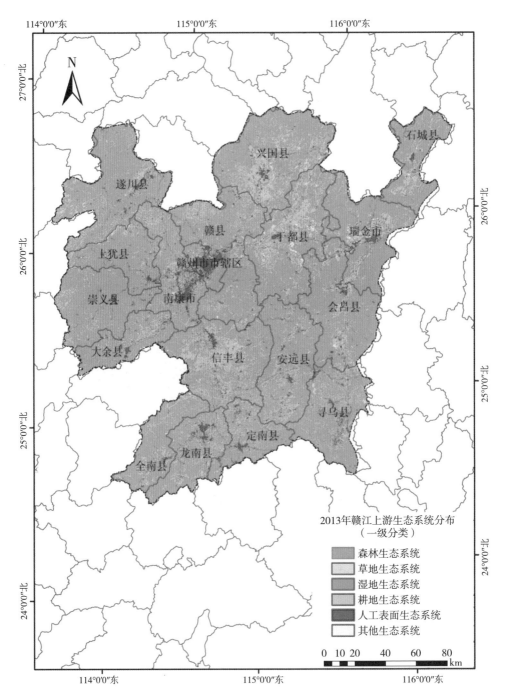

图 6.1.2-1 2013 年赣江上游流域生态系统分布（一级分类）

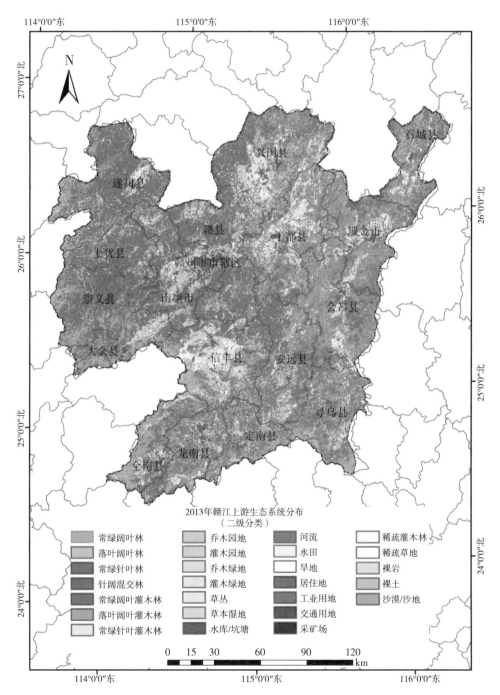

图 6.1.2-2　2013 年赣江上游流域生态系统分布（二级分类）

6.2 生态系统变化总体特征

6.2.1 生态系统构成变化

（1）自然生态系统面积变化幅度相对较小，30 年间森林生态系统变化幅度小于 1%

1985—2013 年，赣江上游流域森林面积减少量为 126.7 km²，减少比例为 0.4%，平均每年减少约 4.5 km²。可以看出，虽然 30 年间赣江上游流域森林面积数量减少较多，由于森林面积基数较大，减少比例较小。草地面积净增加了 4.3 km²，增加比例为 2.4%，平均每年增加不足 0.2 km²，总体数量保持稳定。湿地面积减少 6.5 km²，减少比例为 1.3%，总体数量保持稳定。其他生态系统类型面积净增加了 36.6 km²，增加比例为 4.9%。

（2）人工生态系统面积变化幅度相对较大，30 年间耕地面积减少 10.7%，人工表面增加 150.8%

1985—2013 年，赣江上游流域耕地面积净减少量为 677.1 km²，平均每年减少 24.2 km²，减少比例为 10.7%。人工表面净增加了 769.2 km²，平均每年增加 27.5 km²，增加比例为 150.8%，扩张十分迅速，见图 6.2.1-1、图 6.2.1-2。

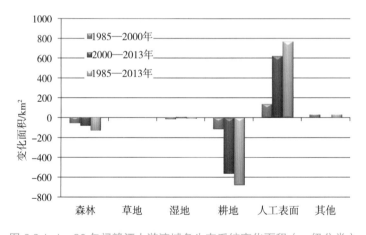

图 6.2.1-1　30 年间赣江上游流域各生态系统变化面积（一级分类）

6.2.2 生态系统变化强度

（1）生态系统变化强度较大，生态系统综合变化率达到 4.7%（一级分类系统）

从一级分类系统类型变化来看，1985—2000 年赣江上游流域生态系统综合变化率为 1.2%，共有 454.0 km² 土地生态系统类型发生了变化；2000—2013 年生态系统综合变化率为 4.1%，共有 1 549.0 km² 土地生态系统类型发生了变化；1985—

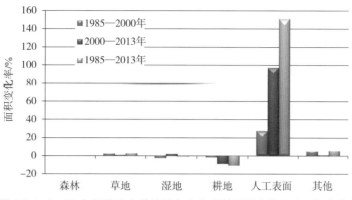

图 6.2.1-2　30 年间赣江上游流域各生态系统面积变化率（一级分类）

2013 年生态系统综合变化率为 4.7%，共有 1 782.0 km² 土地生态系统类型发生了变化。后 10 年生态系统变化率明显高于全国同时期生态系统综合变化率 2.1%（根据全国十年生态调查结果），见表 6.2.2-1。

表 6.2.2-1　赣江上游流域生态系统综合变化率、相互转化强度（一级分类）

	1985—2000 年	2000—2013 年	1985—2013 年
EC/%	1.2	4.1	4.7
LCCI / %	−0.2	−0.2	−0.5

从二级分类生态系统类型变化来看，1985—2000 年，生态系统综合变化率为 1.4%，共有 511.7 km² 土地生态系统类型发生了变化；2000—2013 年生态系统综合变化率为 4.6%，共有 1 743.5 km² 土地生态系统类型发生了变化；1985—2013 年生态系统综合变化率为 5.3%，共有 1 996.8 km² 土地生态系统类型发生了变化。后 10 年生态系统变化率也明显高于全国同时期生态系统综合变化率 2.3%（根据全国十年生态调查结果），见表 6.2.2-2。

表 6.2.2-2　赣江上游流域生态系统综合变化率、相互转化强度（二级分类）

	1985—2000 年	2000—2013 年	1985—2013 年
EC/%	1.4	4.6	5.3
LCCI /%	−0.2	−0.5	−0.8

（2）生态系统变化在近 10 年更为剧烈

从一级分类生态系统类型变化来看，1985—2013 年生态系统综合变化率为 4.7%，2000—2013 年生态系统综合变化率达到 4.1%，而 1985—2000 年赣江上游流域生态系统综合变化率为 1.2%。从二级分类生态系统类型变化来看，1985—2013 年生态系统综合变化率为 5.3%，2000—2013 年生态系统综合变化率达到 4.6%，而 1985—2000 年赣江上游流域生态系统综合变化率为 1.4%。可见，30 年间赣江上游流域生态系统类型在后 10 年间变化更为剧烈。

6.2.3　生态系统类型变化方向

（1）生态系统变化主要表现为耕地转变为人工表面和森林，森林转变为人工表面、耕地和其他类型用地

从一级分类生态系统类型变化来看，1985—2013 年，耕地转为人工表面面积最大，为 573.7 km²，占该研究时段内区域变化总面积的 32.2%；其他依次为耕地转为森林、森林转为人工表面、森林转为耕地和森林转为其他类型，面积分别为 281.3 km²、210.8 km²、157.6 km² 和 154.6 km²，分别占发生变化总面积的 15.8%、11.8%、8.8% 和 8.7%。

1985—2000 年，耕地转为人工表面面积最大，为 132.4 km²，占该研究时段区域变化总面积的 29.2%；其他依次为湿地转为耕地、森林转为人工表面、耕地转为湿地、森林转为湿地、湿地转为森林和森林转为其他类型用地，面积分别为 42.9 km²、36.7 km²、33.3 km²、32.3 km²、32.1 km² 和 30.8 km²，分别占发生变化总面积的 9.4%、8.1%、7.3%、7.1%、7.1% 和 6.8%。

2000—2013 年，耕地转为人工表面面积最大，为 467.7 km²，占该研究时段区域变化总面积的 30.2%；其他依次为耕地转森林、森林转人工表面、森林转耕地、森林转其他类型用地和其他类型用地转森林，面积分别为 265.1 km²、180.3 km²、154.4 km²、136.8 km² 和 120.4 km²，分别占发生变化总面积的 17.1%、11.6%、10.0%、8.8% 和 7.8%，见图 6.2.3-1。

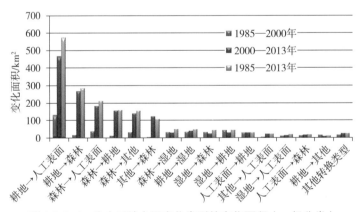

图 6.2.3-1　生态系统主要变化类型的变化面积（一级分类）

从二级分类的生态系统类型变化来看，1985—2013 年，赣江上游地区共有 1 996.8 km² 土地生态系统类型发生了变化，变化面积较大的转换类型主要为水田转

为居住地、旱地转为常绿针叶林、常绿针叶林转为旱地和旱地转为居住地，变化面积分别为 244.0 km^2、207.0 km^2、141.7 km^2 和 140.4 km^2，占区域总变化面积的比例分别为 12.2%、10.4%、7.1% 和 7.0%。

1985—2000 年，赣江上游流域共有 511.7 km^2 土地生态系统类型发生了变化。变化面积较大的转换类型主要包括水田转为居住地、河流转为水田、旱地转为居住地、河流转为常绿针叶林和水田转为旱地，面积分别为 79.7 km^2、26.7 km^2、24.4 km^2、20.9 km^2 和 18.5 km^2，占区域总变化面积的比例分别为 15.6%、5.2%、4.8%、4.1% 和 3.6%。

2000—2013 年，赣江上游流域共有 1 743.5 km^2 土地生态系统类型发生了变化。变化面积较大的转换类型主要包括旱地转为常绿针叶林、水田转为居住地、常绿针叶林转为旱地、旱地转为居住地、常绿针叶林转为稀疏草地、水田转为交通用地和常绿针叶林转为灌木园地，面积分别为 196.1 km^2、173.3 km^2、142.1 km^2、119.2 km^2、69.8 km^2、64.1 km^2 和 63.2 km^2，占区域总变化面积的比例为 11.2%、9.9%、8.2%、6.8%、4.0%、3.7% 和 3.6%，见图 6.2.3-2、表 6.2.3-1。

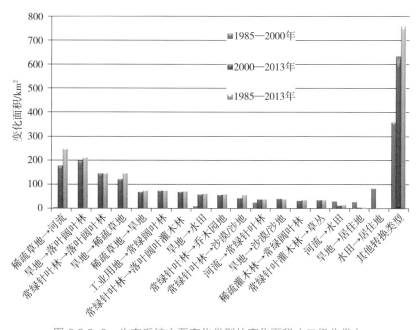

图 6.2.3-2　生态系统主要变化类型的变化面积（二级分类）

表 6.2.3-1　一级生态系统分布与构成转移矩阵　　　　　　　　单位：km²

年代	类型	森林	草地	湿地	农田	人工表面	其他
1985—2000	森林	29 339.24	1.54	32.29	11.42	36.65	30.82
	草地	0.01	187.75	0.05	0.00	0.01	0.00
	湿地	32.10	0.13	425.42	42.89	9.07	2.44
	耕地	14.58	1.90	33.35	6 120.23	132.43	15.17
	人工表面	11.46	0.36	1.94	28.03	467.54	0.87
	其他	3.22	0.00	4.91	2.05	4.28	739.78
2000—2013	森林	28 900.16	1.32	27.71	154.36	180.27	136.78
	草地	0.35	190.49	0.04	0.03	0.66	0.12
	湿地	23.57	0.18	429.27	27.9	12.08	4.96
	耕地	265.14	0.21	39.81	5 425.71	467.66	6.10
	人工表面	15.68	0.01	5.6	28.96	598.10	1.63
	其他	120.41	0.05	3.11	3.59	20.66	641.26
1985—2013	森林	28 878.6	2.66	47.76	157.65	210.75	154.56
	草地	0.35	186.71	0.03	0.03	0.59	0.12
	湿地	43.4	0.24	403.67	43.25	18.47	3.01
	耕地	281.33	2.27	46.96	5 404.5	573.73	8.85
	人工表面	17.45	0.33	3.61	31.11	455.94	1.78
	其他	104.19	0.05	3.51	4.02	19.93	622.53

（2）30 年间生态系统的主要转化方向具有持续性

赣江上游流域，转换面积最大的几种转换类型的转换现象在 30 年间持续发生。具体来说，基于一级分类系统，1985—2013 年，耕地转为人工表面的面积最大，达到 573.7 km²，其中 1985—2000 年耕地转为人工表面的面积为 132.4 km²，2000—2013 年耕地转为人工表面的面积为 467.7 km²，三个时段转换比例分别占同时段变化总面积的 32.2%、29.2% 和 30.2%；其次，变化面积大的耕地转为森林、森林转为人工表面、森林转耕地、森林转为其他生态系统的现象也持续发生，1985—2000 年这四种转换方式的比例分别为 3.2%、8.1%、2.5% 和 6.8%，2000—2013 年这四种转换方式的比例分别为 17.1%、11.6%、10% 和 8.8%，1985—2013 年这四种转换方式的比例分别为 1.6%、11.8%、8.8% 和 8.7%，见表 6.2.3-2。

表 6.2.3-2 一级生态系统转换类型、面积、百分比

1985—2000 年			2000—2013 年			1985—2013 年		
类型	面积/km²	%	类型	面积/km²	%	类型	面积/km²	%
耕地→人工表面	132.4	29.2	耕地→人工表面	467.7	30.2	耕地→人工表面	573.7	32.2
湿地→耕地	42.9	9.4	耕地→森林	265.1	17.1	耕地→森林	281.3	15.8
森林→人工表面	36.7	8.1	森林→人工表面	180.3	11.6	森林→人工表面	210.8	11.8
耕地→湿地	33.3	7.3	森林→耕地	154.4	10	森林→耕地	157.6	8.8
森林→湿地	32.3	7.1	森林→其他	136.8	8.8	森林→其他	154.6	8.7
湿地→森林	32.1	7.1	其他→森林	120.4	7.8	其他→森林	104.2	5.8
森林→其他	30.8	6.8	耕地→湿地	39.8	2.6	森林→湿地	47.8	2.7
人工表面→耕地	28	6.2	人工表面→耕地	29.0	1.9	耕地→湿地	47.0	2.6
耕地→其他	15.2	3.3	湿地→耕地	27.9	1.8	湿地→森林	43.4	2.4
耕地→森林	14.6	3.2	森林→湿地	27.7	1.8	湿地→耕地	43.3	2.4
人工表面→森林	11.5	2.5	湿地→森林	23.6	1.5	人工表面→耕地	31.1	1.7
森林→耕地	11.4	2.5	其他→人工表面	20.7	1.3	其他→人工表面	19.9	1.1
湿地→人工表面	9.1	2.0	人工表面→森林	15.7	1	湿地→人工表面	18.5	1
其他→湿地	4.9	1.1	湿地→人工表面	12.1	0.8	人工表面→森林	17.4	1
其他→人工表面	4.3	0.9	耕地→其他	6.1	0.4	耕地→其他	8.9	0.5
其他→森林	3.2	0.7	人工表面→湿地	5.6	0.4	其他→耕地	4.0	0.2

续表

1985—2000 年			2000—2013 年			1985—2013 年		
类型	面积/km²	%	类型	面积/km²	%	类型	面积/km²	%
湿地→其他	2.4	0.5	湿地→其他	5.0	0.3	人工表面→湿地	3.6	0.2
其他→耕地	2.1	0.5	其他→耕地	3.6	0.2	其他→湿地	3.5	0.2
耕地→草地	1.9	0.4	其他→湿地	3.1	0.2	湿地→其他	3.0	0.2
人工表面→湿地	1.9	0.4	人工表面→其他	1.6	0.1	森林→草地	2.7	0.2
森林→草地	1.5	0.3	森林→草地	1.3	0.1	耕地→草地	2.3	0.1
人工表面→其他	0.9	0.2	草地→人工表面	0.7	0.1	人工表面→其他	1.8	0.1
人工表面→草地	0.4	0.1	草地→森林	0.3	0.0	草地→人工表面	0.6	0.0
草地→湿地	0.1	0.0	耕地→草地	0.2	0.0	草地→森林	0.3	0.0
湿地→草地	0.1	0.0	湿地→草地	0.2	0.0	人工表面→草地	0.3	0.0
草地→耕地	0.0	0.0	草地→其他	0.1	0.0	湿地→草地	0.2	0.0
草地→其他	0.0	0.0	其他→草地	0.1	0.0	草地→其他	0.1	0.0
草地→人工表面	0.0	0.0	草地→耕地	0.0	0.0	其他→草地	0.1	0.0
草地→森林	0.0	0.0	草地→湿地	0.0	0.0	草地→耕地	0.0	0.0
其他→草地	0.0	0.0	人工表面→草地	0.0	0.0	草地→湿地	0.0	0.0
总计	454.0	100.0	总计	1 549.1	100.0	总计	1 782.0	100.0

（3）人类经济活动是生态系统类型空间格局变化的主要驱动力

从生态系统类型变化总体情况来看，30 年间生态系统变化中直接与人类经济活动有关的耕地生态系统和人工表面生态系统的贡献较大，说明人类经济活动是生态系统类型空间格局变化的主要驱动力。具体来说，基于一级分类系统，1985—2013 年有 79.8%（总面积达 1 442.1 km²）的生态系统类型变化与这两种生态系统类型的变化有关，有 49.3%（总面积达 877.7 km²）的生态系统类型变化与人工表面生态系统有关。其中，1985—2000 年有 76.3%（总面积达 346.5 km²）的生态系统变化与这两种生态系统类型变化有关，2000—2013 年有 79.4%（总面积达 1230.3 km²）的生态系统类型变化与这两种生态系统类型变化有关。

6.2.4　生态系统景观格局变化

（1）区域整体景观破碎度先增加后减少，30 年整体来看破碎化趋势有所减少

1985—2013 年赣江上游流域斑块数由 63 645 个增加到 2000 年的 67 048 个，而后又减少到 2013 年的 51 879 个，30 年整体上减少了 18.5%；平均斑块面积由原来 59.3 hm² 减少到 2000 年的 56.3 hm²，而后又增加到 2013 年的 72.7 hm²，整体上增加了 22.6%；边界密度由 31.7 m/hm² 增加到 2000 年的 32.2 m/hm²，而后又减少到 2013 年的 30.7 m/hm²，整体上保持不变；聚集度指数则一直减少，由 74.1% 减少到 72.8%。可以看出，四个指标基本表明赣江上游流域景观格局破碎度整体减小的趋势，见表 6.2.4-1。

表 6.2.4-1　赣江上游流域一级生态系统景观格局特征及其变化

年份	斑块数 NP	平均斑块面积 MPS/hm²	边界密度 ED/（m/ hm²）	聚集度指数 CONT/%
1985	63 645	59.3	31.7	74.1
2000	67 048	56.3	32.2	73.7
2013	51 879	72.7	30.7	72.8

（2）森林、耕地、人工表面和其他生态系统类型景观格局破碎度减少，湿地景观格局破碎度增大，草地破碎度总体保持稳定

1985—2013 年，赣江上游流域森林类斑块面积由原来的 329.7 hm² 增加到 415.8 hm²，增加了 26.1%；耕地类斑块面积由原来的 22.7 hm² 增加到 25.2 hm²，增加了 11.0%；人工表面类斑块面积由原来的 6.7 hm² 增加到 14.8 hm²，增加了 120.9%；其他类型类斑块面积由原来的 4.9 hm² 增加到 8.0 hm²，增加了 63.3%。湿地类斑块面积由原来的 22.2 hm² 减少到 20.2 hm²，减少了 9.0%；草地类斑块面积由原来的 12.5 hm² 增加到 13.2 hm²，增加了 5.6%，基本保持稳定，见

表 6.2.4-2。

表 6.2.4-2 赣江上游流域一级生态系统类斑块平均面积   单位：hm²

年份	森林	草地	湿地	耕地	人工表面	其他
1985	329.7	12.5	22.2	22.7	6.7	4.9
2000	325.0	12.7	21.6	22.1	7.1	4.7
2013	415.8	13.2	20.2	25.2	14.8	8.0

6.2.5 生态系统变化的区域差异

（1）生态变化主要表现为沿主要河流盆谷地的线状延伸

1985—2013 年，赣江上游流域生态系统综合变化率主要表现为沿大型河流冲击盆地两侧延伸的特征。在赣江干流以及桃江、湘水等支流生态系统类型变化最为明显，其中尤以赣江干流部分河段生态系统类型变化更为明显。

（2）主要城镇居民点附近生态系统类型变化突出

30 年间赣江上游流域生态系统类型变化表现出围绕主要城镇及周边地区的生态系统类型点状快速变化。特别是在赣县、南康市、瑞金市、龙南县、寻乌县等城镇周边的小流域，生态系统综合变化率明显高于周边地区。

（3）主要变化热点地区

1）赣江两大支流章水和贡水汇流的平原区，主要位于赣州市区周边以及赣县和南康市一带。生态系统变化类型主要表现为耕地转变为人工表面，表现为高强度经济活动下城镇化的迅速扩展。

2）各主要城镇之间主要交通干线，生态系统变化类型主要表现为森林转为人工表面，主要为新建公路所致。

3）沿赣江各支流平缓地区，主要位于龙南县北部、信丰县东部和南部，以及其他各县零散部分，这些地区生态系统类型变化表现为森林转为耕地。

4）各县零散分布着的斑块地类，生态系统变化类型主要表现为耕地和其他类型转为森林，受国家退耕还林还草政策的影响突出，见图 6.2.5-1、图 6.2.5-2。

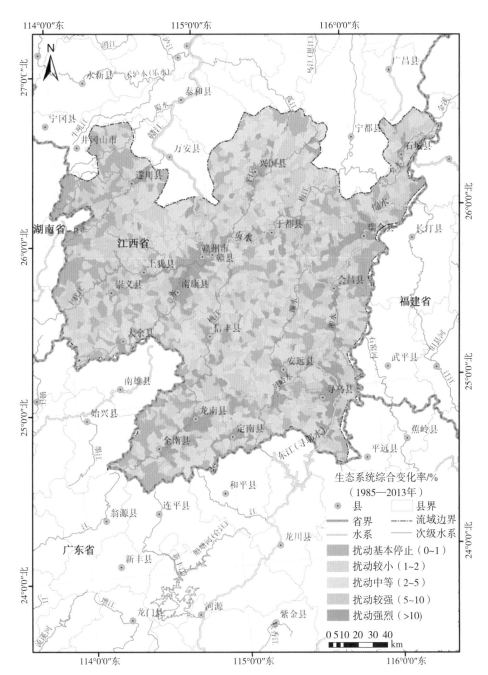

图 6.2.5-1　1985—2013 年赣江上游流域生态系统综合变化率（一级分类）

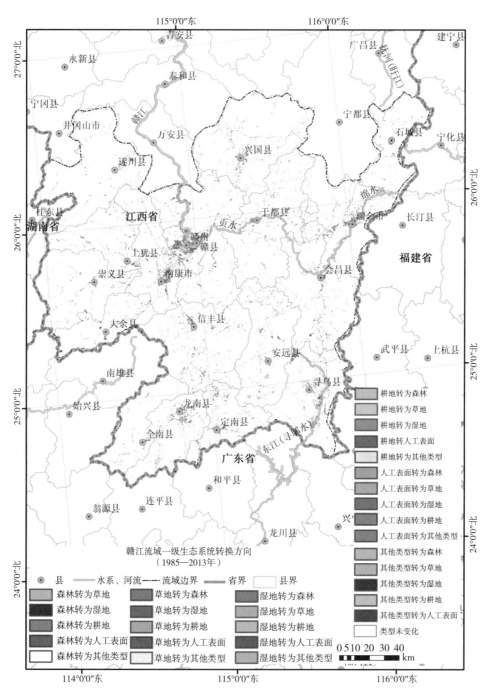

图 6.2.5-2　1985—2013 年赣江上游流域生态系统变化（一级分类）

6.3　各生态系统类型变化特征

6.3.1　森林生态系统

（1）森林生态系统数量总体稳定，二级类型间变动较大

1985—2013 年，赣江上游流域森林生态系统面积由 29 452.0 km² 减少为 29 325.3 km²，减少 126.7 km²，减少面积占 1985 年森林总面积的 0.4%，面积数量总体稳定。从二级类型来看，1985—2013 年，部分类型面积变化较大。常绿针叶林面积减少了 158.8 km²，占 1985 年常绿针叶林总面积的 0.9%。其余面积减少的类型主要为常绿阔叶林、常绿阔叶灌木林和针阔混交林，减少面积分别为 41.3 km²、25.2 km² 和 16.0 km²，减少比例分别为 0.6%、1.5% 和 0.8%。灌木园地、常绿针叶灌木林和乔木园地的面积分别增加了 106.6 km²、5.9 km² 和 2.2 km²，增加比例分别为 19.2%、3 356.7% 和 9.5%。

1985—2000 年，赣江上游流域森林生态系统面积由 29 452.0 km² 减少为 29 400.6 km²，减少了 51.4 km²，减少面积占 1985 年森林总面积的 0.2%。从二级类型来看，常绿针叶林、灌木园地、常绿阔叶灌木林和常绿阔叶林面积分别减少了 25.8 km²、18.2 km²、8.3 km² 和 7.4 km²，减少比例分别为 0.1%、3.3%、0.5% 和 0.1%。常绿针叶灌木林面积增加了 7.3 km²，增加比例为 4 190.2%。

2000—2013 年，赣江上游流域森林生态系统面积由 29 400.6 km² 减少为 29 325.3 km²，减少了 75.3 km²，减少面积占 2000 年森林总面积的 0.3%。从二级类型来看，常绿针叶林、常绿阔叶林、针阔混交林和常绿阔叶灌木林面积分别减少了 133.0 km²、33.9 km²、17.0 km² 和 16.9 km²，减少比例分别为 0.8%、0.5%、0.8% 和 1%。灌木园地和乔木园地面积分别增加了 124.8 km² 和 2.2 km²，增加比例分别为 23.3% 和 9.5%，见表 6.3.1-1。

表 6.3.1-1　赣江上游流域森林生态系统变化面积与变化百分比

生态系统类型		1985—2000 年		2000—2013 年		1985—2013 年	
		km²	%	km²	%	km²	%
森林	常绿阔叶林	−7.4	−0.1	−33.9	−0.5	−41.3	−0.6
	落叶阔叶林	0.0	0.0	0.0	−0.1	0.0	−0.1
	常绿针叶林	−25.8	−0.1	−133.0	−0.8	−158.8	−0.9
	针阔混交林	1.0	0.0	−17.0	−0.8	−16.0	−0.8
	常绿阔叶灌木林	−8.3	−0.5	−16.9	−1.0	−25.2	−1.5
	落叶阔叶灌木林	0.0	0.0	0.0	0.0	0.0	0.0

续表

生态系统类型		1985—2000 年		2000—2013 年		1985—2013 年	
		km²	%	km²	%	km²	%
森林	常绿针叶灌木林	7.3	4 190.2	−1.5	−19.4	5.9	3 356.7
	乔木园地	0.0	0.0	2.2	9.5	2.2	9.5
	灌木园地	−18.2	−3.3	124.8	23.3	106.6	19.2
	乔木绿地	0.0	3.0	−0.2	−22.4	−0.2	−20.1
	灌木绿地	0.0	0.0	0.0	0.0	0.3	—
	总计	−51.4	−0.2	−75.3	−0.3	−126.7	−0.4

（2）森林转出方向主要为人工表面、耕地和其他类型，转入来源主要为耕地，表现出强烈的双向转化特征

1985—2013 年，森林转变为其他类型与其他类型转变为森林的面积分别为 573.5 km² 和 446.6 km²，占总变化面积的比例分别为 32.1% 和 25.0%，与森林生态系统相关的变化占总变化面积的 57.1%。另外，森林生态系统类型转出和转入比例的面积都高于森林净变化面积（126.7 km²），表现出强烈的双向转化特征，见图 6.3.1-1。

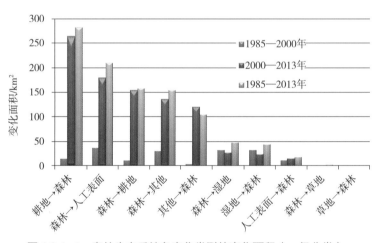

图 6.3.1-1　森林生态系统各变化类型的变化面积（一级分类）

1985—2013 年，森林生态系统转出方向主要为人工表面、耕地和其他类型，面积分别为 210.8 km²、157.6 km² 和 154.6 km²，占该研究时段变化总面积的 11.8%、8.8% 和 8.7%；森林转化为湿地的面积也达到 47.8 km²，占该研究时段变化总面积的 2.7%。从二级分类系统来看，森林生态系统转出主要表现为常绿针叶林转变为旱地、常绿针叶林转变为稀疏草地和常绿针叶林转变为灌木园地，面积分别为 141.7 km²、69.7 km² 和 67.1 km²，占总变化面积比例分别为 7.1%、3.5% 和 3.4%。

1985—2013 年，森林生态系统转入方向主要为耕地，也有部分其他生态系统类型转为森林，面积分别为 281.3 km² 和 104.2 km²，分别占该研究时段变化总面积比例的 15.8% 和 5.8%；其他转换类型面积较小，都不足变化总面积的 3%。从二级分类系统来看，森林生态系统转入主要表现为旱地转变为常绿针叶林、常绿针叶林变为灌木园地、旱地变为灌木园地和稀疏草地变为常绿针叶林，面积分别为 207.0 km²、67.1 km²、32.9 km² 和 31.4 km²，占该研究时段变化总面积比例分别为 10.4%、3.4%、1.6% 和 1.6%。

1985—2000 年，森林生态系统主要转出方向为人工表面、湿地和其他类型，面积分别为 36.7 km²、32.3 km² 和 30.8 km²，分别占该研究时段变化总面积比例的 8.1%、7.1% 和 6.8%。从二级分类系统来看，森林生态系统转出主要表现为常绿阔叶林转变为裸土、常绿针叶林转变为河流、常绿针叶林转变为居住地和常绿针叶林转变为裸土，面积分别为 14.1 km²、14.0 km²、12.6 km² 和 11.2 km²，占该研究时段变化总面积的 2.7%、2.7%、2.5% 和 2.2%。

1985—2000 年，森林生态系统主要转入方向为湿地、耕地和人工表面，面积分别为 32.1 km²、14.6 km² 和 11.5 km²，分别占该研究时段变化总面积比例的 7.1%、3.2% 和 2.5%。从二级分类系统来看，森林生态系统转入主要表现为河流变为常绿针叶林、常绿针叶林变为常绿阔叶林和旱地变为常绿针叶林，面积分别为 20.9 km²、9.7 km² 和 7.7 km²，占总变化面积比例分别为 4.1%、1.9% 和 1.5%。

2000—2013 年，森林生态系统主要转出方向为人工表面、耕地和其他类型，变化面积分别为 180.3 km²、154.4 km² 和 136.8 km²，分别占该研究时段变化总面积的 11.6%、10% 和 8.8%。从二级分类系统来看，森林生态系统转出主要表现为常绿针叶林变为旱地、常绿针叶林变为稀疏草地、常绿针叶林变为灌木园地和常绿针叶林变为交通用地，面积分别为 142.1 km²、69.8 km²、63.2 km² 和 52.8 km²，占该研究时段变化总面积的比例分别为 8.2%、4.0%、3.6% 和 3.0%。

2000—2013 年，森林生态系统主要转入方向为耕地和其他类型，变化面积分别为 265.1 km² 和 120.4 km²，占该研究时段变化总面积的比例分别为 17.1% 和 7.8%。从二级分类系统来看，森林生态系统转入主要表现为旱地变为常绿针叶林、常绿针叶林变为灌木园地和旱地变为灌木园地，面积分别为 196.1 km²、63.2 km² 和 37.1 km²，占该研究时段变化总面积的比例分别为 11.2%、3.6% 和 2.1 %，见图 6.3.1-2。

（3）森林生态系统格局表现出整体聚集趋势，退耕还林政策作用明显

1985—2013 年，赣江上游流域森林类斑块平均面积由 329.7 hm² 增加到 415.8 hm²，增加了 26.1%，景观格局表现出较强的聚集趋势。常绿针叶林、常绿针叶灌木林、乔木园地和灌木园地的类斑块平均面积都有较大增加，景观格局表现出明显聚集特征；乔木绿地的类斑块平均面积有所减少，景观格局表现出一定的破碎化特征，见表 6.3.1-2、图 6.3.1-3 ～图 6.3.1-5。

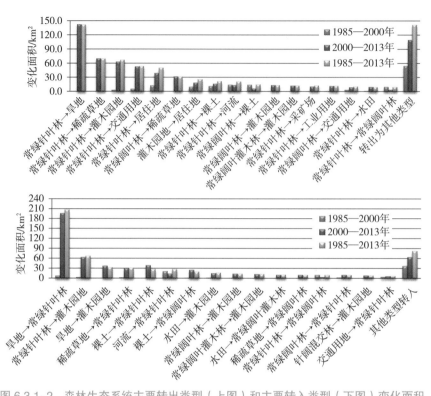

图 6.3.1-2　森林生态系统主要转出类型（上图）和主要转入类型（下图）变化面积

表 6.3.1-2　赣江上游流域森林生态系统类斑块平均面积　　　　　　　　　单位：hm²

生态系统类型	1985 年	2000 年	2013 年
常绿阔叶林	31.8	31.7	33.1
落叶阔叶林	20.8	20.8	20.8
常绿针叶林	65.1	65.2	75.7
针阔混交林	12.1	12.1	12.4
常绿阔叶灌木林	8.2	8.2	8.5
落叶阔叶灌木林	6.1	6.1	6.1
常绿针叶灌木林	3.5	149.4	66.9
乔木园地	14.9	14.9	21.4
灌木园地	8.8	8.6	11.0
乔木绿地	5.6	5.8	4.2
灌木绿地	—	—	26.9
森林	329.7	325.0	415.8

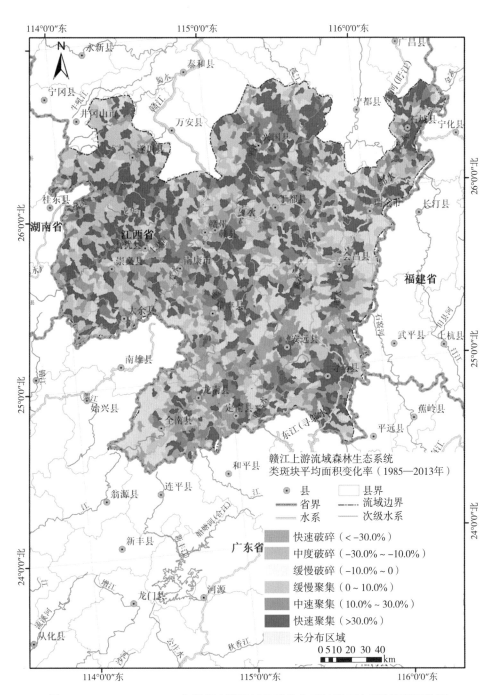

图 6.3.1-3 1985—2013 年赣江上游流域森林生态系统类斑块平均面积变化率

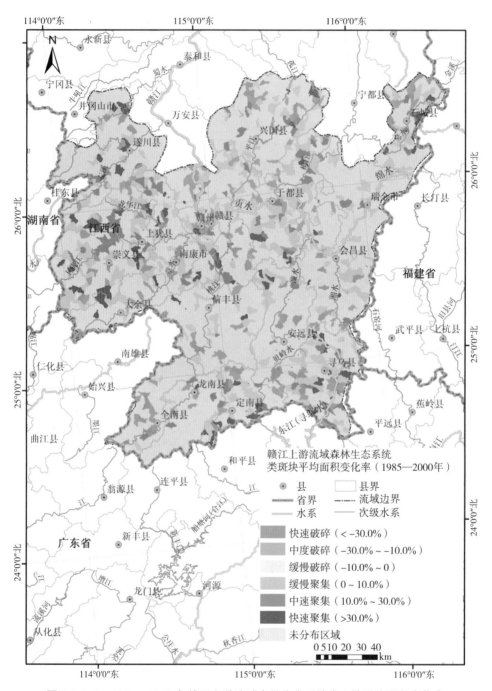

图 6.3.1-4　1985—2000 年赣江上游流域森林生态系统类斑块平均面积变化率

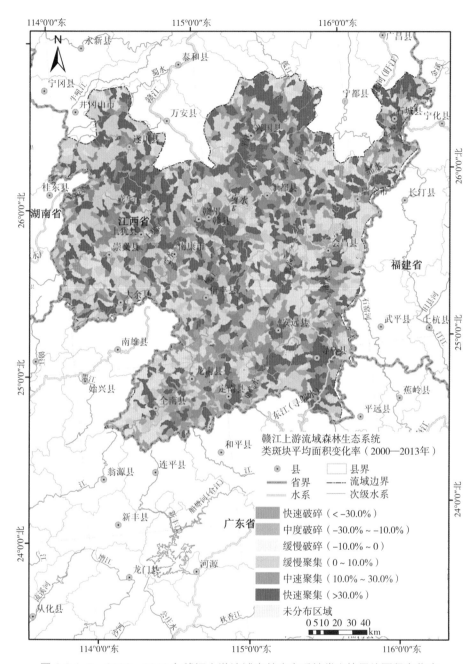

图 6.3.1-5　2000—2013 年赣江上游流域森林生态系统类斑块平均面积变化率

（4）森林生态系统变化表现出山区增加，沿支流河谷两侧减少的特征

海拔较高的山区森林生态系统呈现显著的增加趋势，增加比例都超过 25%。其中，赣江上游上犹江和遂川江支流段，分别位于崇义县和上犹县境内，是森林生态系统显著增加区，主要表现为耕地转化为森林；赣江上游平江支流段，大部分位于兴国县境内，主要表现为耕地和其他类型生态系统转为森林，受国家退耕还林政策

的影响十分突出。

　　赣江上游流域森林生态系统30年间显著减少的地区主要分布在贡水、章水以及桃江等赣江支流附近，在龙南市、信丰县、于都县境内以及安远县与会昌县交界限附近表现得尤为剧烈，减少比例都超过25%。这种森林减少趋势在1985—2000年表现较为平缓，在2000—2013年表现强烈。其中龙南县和信丰县交界附近，森林类斑块面积减少超过了30%，该段沿线的生态系统类型变化表现为森林转为耕地，见图6.3.1-6~图6.3.1-8。

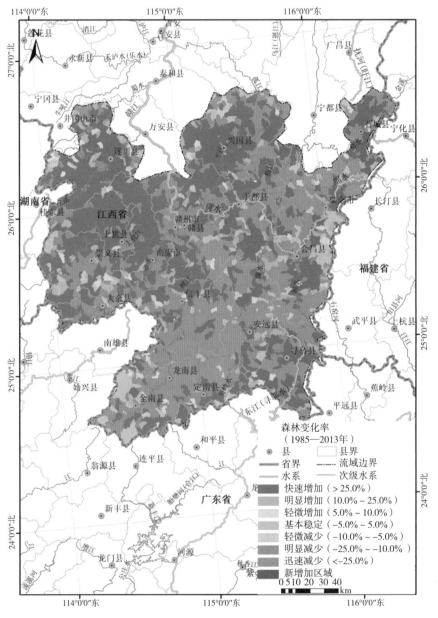

图 6.3.1-6　1985—2013年赣江上游流域森林生态系统变化率

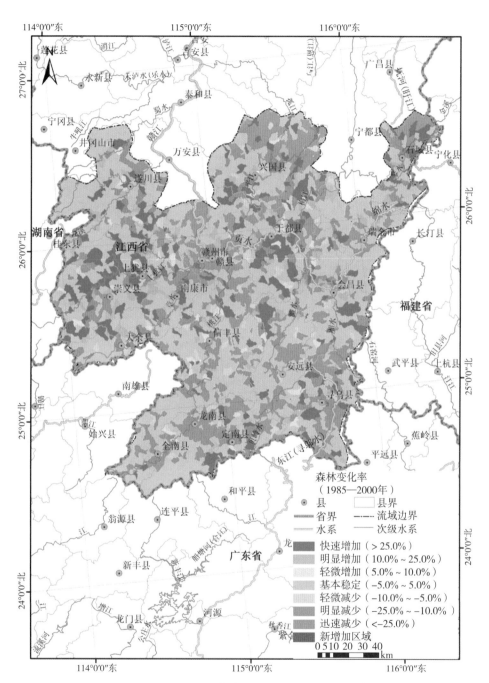

图 6.3.1-7 1985—2000 年赣江上游流域森林生态系统变化率

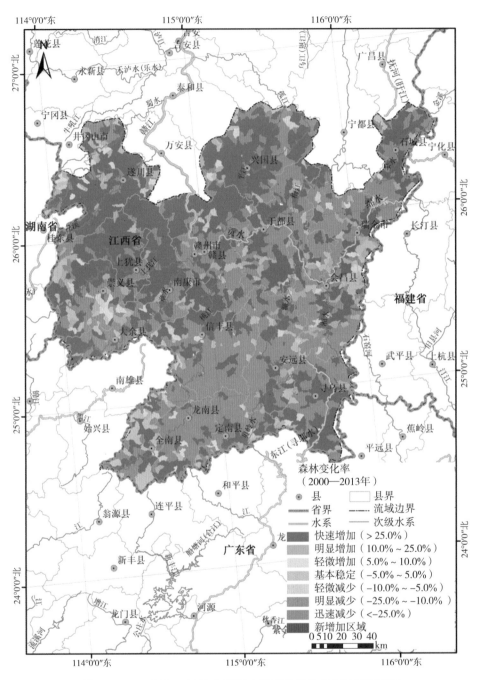

图 6.3.1-8　2000—2013 年赣江上游流域森林生态系统变化率

6.3.2 草地生态系统

（1）草地生态系统略有增加，30 年间增加了 2.4%

1985—2013 年，赣江上游流域草地生态系统面积净增加了 4.4 km²，增加比例为 2.4%，总体上数量保持稳定。1985—2000 年，草地生态系统面积净增加了 3.9 km²，增加比例为 2.1%。2000—2013 年，草地生态系统面积净增加了 0.6 km²，增加比例为 0.3%，见表 6.3.2-1。

表 6.3.2-1　赣江上游流域草地生态系统变化面积与变化百分比

生态系统类型		1985—2000 年		2000—2013 年		1985—2013 年	
		km²	%	km²	%	km²	%
草地	草丛	3.9	2.1	0.6	0.3	4.4	2.4
	总计	3.9	2.1	0.6	0.3	4.4	2.4

（2）草地生态系统对生态系统数量变化影响相对较小，草地转出方向主要为人工表面和森林，转入来源主要为森林和耕地

1985—2013 年，与草地生态系统相关的变化面积为 6.6 km²，占总变化面积的 0.2%；草地主要转出方向为人工表面和森林，面积分别为 0.6 km² 和 0.3 km²；草地主要转入方向为森林和耕地，面积分别为 2.7 km² 和 2.3 km²，见图 6.3.2-1。

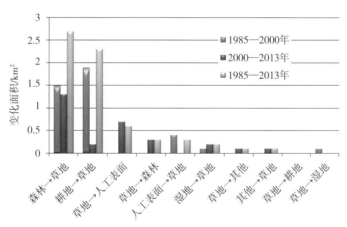

图 6.3.2-1　草地生态系统各变化类型的变化面积（一级分类）

草地转出方向主要为人工表面和森林，发生在 2000—2013 年，具体表现为草丛变为交通用地、草丛变为采矿场、草丛变为灌木园地、草丛变为裸土和草丛变为常绿针叶林，变化面积分别为 0.3 km²、0.3 km²、0.1 km²、0.1 km² 和 0.1 km²。

草地主要转入方向为森林和耕地，1985—2000 年，主要表现为水田变为草丛和常绿针叶林变为草丛，面积分别为 1.8 km² 和 1.1 km²；2000—2013 年，具体主要表现为针阔混交林变为草丛，面积为 1.3 km²，见图 6.3.2-2。

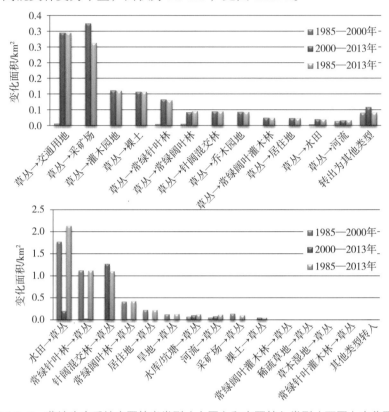

图 6.3.2-2　草地生态系统主要转出类型（上图）和主要转入类型（下图）变化面积

（3）草地生态系统整体格局相对稳定

1985—2013 年，赣江上游流域草地类斑块平均面积由 12.5 hm² 增加到 13.2 hm²，增加了 5.6%，景观格局整体较为稳定，景观破碎度没有明显变化，见表 6.3.2-2、图 6.3.2-3 ~图 6.3.2-5。

表 6.3.2-2　赣江上游流域草地生态系统类斑块平均面积　　　　单位：hm²

	1985 年	2000 年	2013 年
草丛	12.5	12.7	13.2
草地	12.5	12.7	13.2

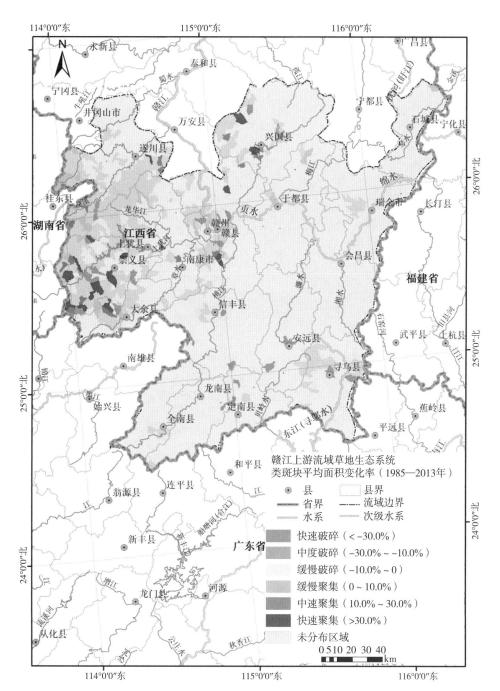

图 6.3.2-3　1985—2013 年赣江上游流域草地生态系统类斑块平均面积变化率

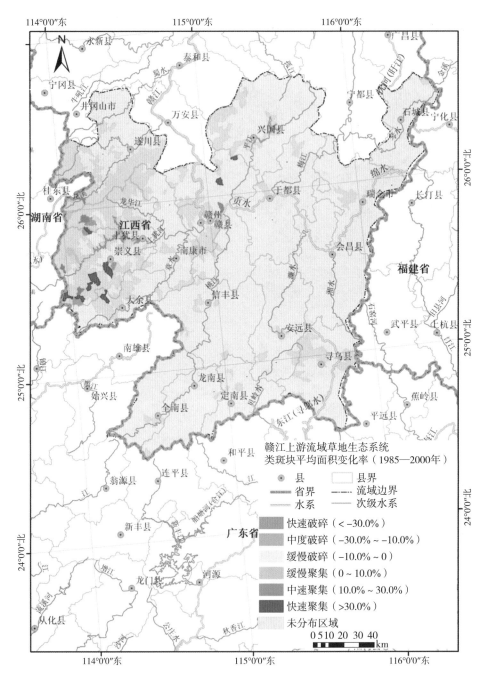

图 6.3.2-4 1985—2000 年赣江上游流域草地生态系统类斑块平均面积变化率

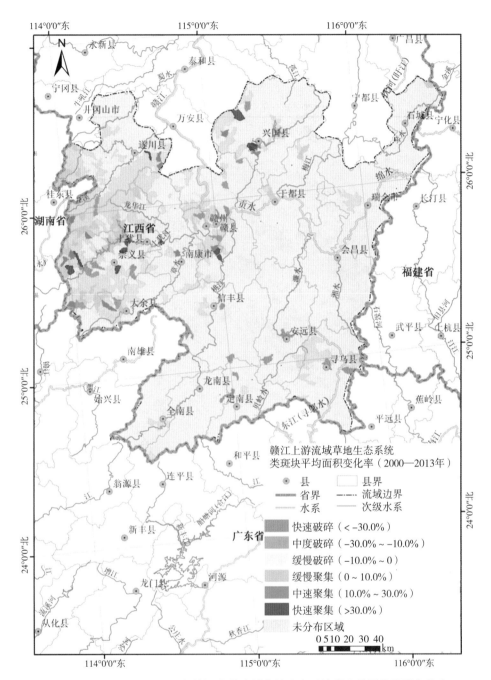

图 6.3.2-5　2000—2013 年赣江上游流域草地生态系统类斑块平均面积变化率

（4）草地生态系统总体稳定，在西部上犹江流域部分地区变化明显

总体来说，草地生态系统在赣江上游流域的分布较为零星，且 30 年间变化面积在各生态系统变化面积中所占比例较小，仅在部分地区有明显的变化。

在赣江上游的西部上犹江支流流域段，特别是在上犹江水库周边地区，大部分地区草地生态系统增加的比例超过 25%。在赣江上游西部上犹江支流段部分地区和赣县南部区域，草地生态系统减少的比例超过 25%，主要是草地转向森林生态系统，见图 6.3.2-6 ~ 图 6.3.2-8。

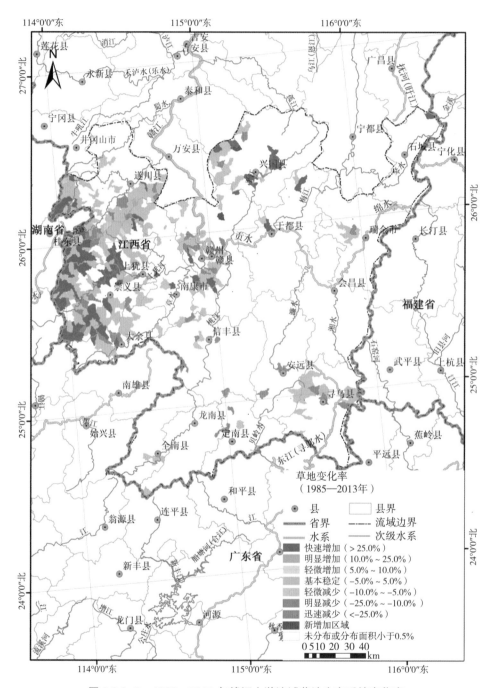

图 6.3.2-6 1985—2013 年赣江上游流域草地生态系统变化率

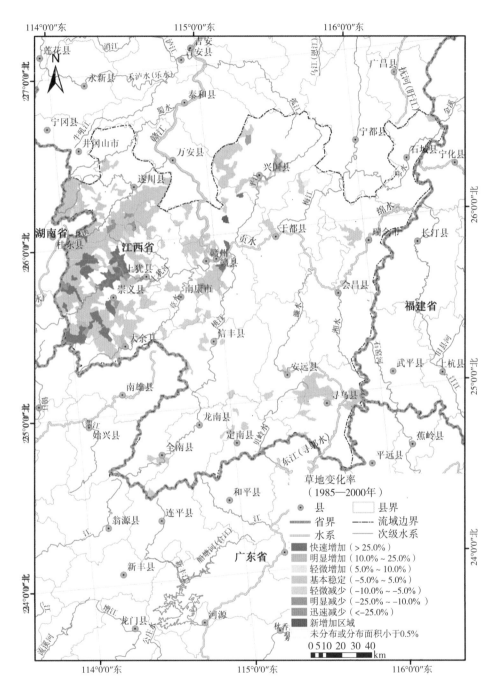

图 6.3.2-7 1985—2000 年赣江上游流域草地生态系统变化率

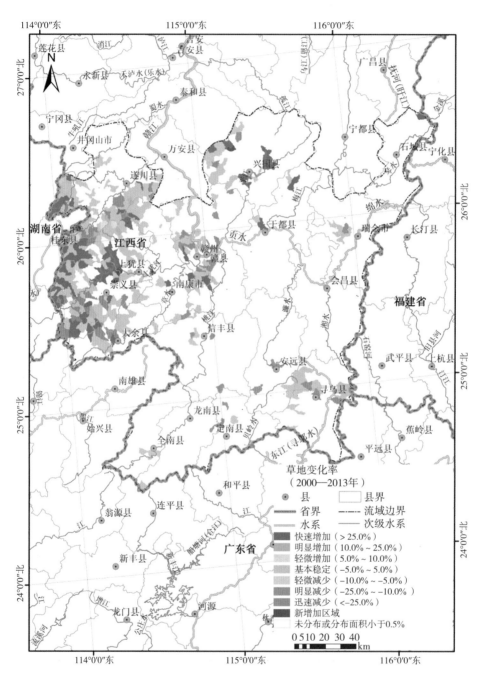

图 6.3.2-8　2000—2013 年赣江上游流域草地生态系统变化率

6.3.3　湿地生态系统

（1）湿地生态系统面积略有减少，30 年间减少 1.3%

1985—2013 年，赣江上游流域湿地生态系统面积减少了 6.5 km²，减少比例为 1.3%，数量略有减少。从二级类型来看，河流减少了 22.1 km²，占 1985 年河流总面积的 5.5%。水库 / 坑塘增加了 15.3 km²，占 1985 年水库 / 坑塘总面积的 14.4%。其他湿地二级类型面积变化数量较小。

1985—2000 年，湿地生态系统面积净减少了 14.1 km²，减少比例为 2.8%。从二级类型来看，河流面积减少了 22.1 km²，占 1985 年河流总面积的 5.5%。水库 / 坑塘面积增加了 7.9 km²，占 1985 年水库 / 坑塘总面积的 7.4%。

2000—2013 年，湿地生态系统面积净增加了 7.6 km²，增加比例为 1.5%。从二级类型来看，水库 / 坑塘面积增加了 7.4 km²，占 2000 年水库 / 坑塘面积的 6.5%。其他湿地二级类型面积数量变化较小，见表 6.3.3-1。

表 6.3.3-1　赣江上游流域湿地生态系统变化面积与变化百分比

生态系统类型		1985—2000 年		2000—2013 年		1985—2013 年	
		km²	%	km²	%	km²	%
湿地	草本湿地	0.1	8.5	0.1	7.1	0.2	16.3
	水库 / 坑塘	7.9	7.4	7.4	6.5	15.3	14.4
	河流	−22.1	−5.5	0.1	0.0	−22.1	−5.5
	总计	−14.1	−2.8	7.6	1.5	−6.5	−1.3

（2）湿地生态系统从变化数量上看对生态系统变化影响较小，主要表现为与森林和耕地的相互转换，与水体的年际波动有关

1985—2013 年，与湿地生态系统相关的变化面积为 210.3 km²，占总变化面积的 11.7%；湿地转变为其他类型与其他类型转变为湿地的面积分别为 108.4 km² 和 101.9 km²，占总变化面积的比例分别为 6.0% 和 5.7%，表现出明显的双向转化特征，见图 6.3.3-1。

1985—2013 年，湿地转出方向主要为森林和耕地，面积分别为 43.4 km² 和 43.3 km²，分别占该时段变化总面积的 2.4% 和 2.4%；湿地转为人工表面的面积也达到 18.5 km²，占该研究时段变化总面积的 1.0%。从二级分类系统来看，1985—2013 年湿地生态系统转出主要表现为河流变为常绿针叶林和水田，面积分别为 23.4 km² 和 21.3 km²，占总变化面积比例分别为 0.6%；其他转出类型还包括水库 / 坑塘转为水田、河流转为旱地、河流转为居住地、河流转为沙漠 / 沙地和河流转为常绿阔叶灌木林等，面积分别为 13.4 km²、11.1 km²、9.7 km²、9.3 km² 和 7.3 km²，占变化总面积的比例为 0.4%、0.3%、0.3%、0.3% 和 0.2%。

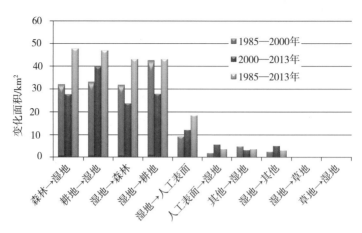

图 6.3.3-1　湿地生态系统各变化类型的变化面积（一级分类）

1985—2013 年，湿地转入方向主要为森林和耕地，面积分别为 47.8 km² 和 47.0 km²，分别占该研究时段变化总面积的 2.7% 和 2.6%。从二级分类系统来看，1985—2013 年湿地生态系统转入主要表现为常绿针叶林转为河流和水田转为河流，面积分别为 26.4 km² 和 25.9 km²，占该研究时段变化总面积的 0.7% 和 0.7%。其他转入类型还包括水田转为水库 / 坑塘、沙漠 / 沙地转为河流、常绿针叶林转为水库 / 坑塘、旱地转为河流等，面积分别为 15.9 km²、10.5 km²、10.0 km² 和 8.1 km²，占变化总面积的比例为 0.4%、0.3%、0.3% 和 0.2%。

1985—2000 年，湿地转出方向主要为耕地和森林，面积分别为 42.9 km² 和 32.1 km²，占该研究时段变化总面积的 9.4% 和 7.1%。另外，湿地转变为人工表面和其他类型的面积分别为 9.1 km² 和 2.4 km²，占该研究时段变化总面积的 2.0% 和 0.5%。从二级分类系统来看，1985—2000 年湿地生态系统转出方向主要为河流转为水田、河流转为常绿针叶林、河流转为沙漠 / 沙地、水库 / 坑塘转为水田和河流转为旱地，面积分别为 25.4 km²、20.9 km²、16.2 km²、15.5 km² 和 12.4 km²，占变化总面积的比例分别为 0.7%、0.6%、0.5%、0.4% 和 0.4%。

1985—2000 年，湿地转入方向主要为耕地和森林，面积分别为 33.3 km² 和 32.3 km²，占该研究时段变化总面积的 7.3% 和 7.1%。另外，其他类型和人工表面转变为湿地的面积分别为 4.9 km² 和 1.9 km²，占该研究时段变化总面积的 1.1% 和 0.4%。从二级分类系统来看，1985—2000 年湿地生态系统转入方向主要为水田转为河流、常绿针叶林转为河流和水田转为水库 / 坑塘，面积分别为 22.4 km²、21.9 km² 和 11.8 km²，占变化总面积的比例为 0.6%、0.6% 和 0.3%。

2000—2013 年，湿地转出方向主要为耕地和森林，面积分别为 27.9 km² 和 23.6 km²，占该研究时段变化总面积的 1.8% 和 1.5%。另外，湿地转变为人工表面和其他类型的面积分别为 12.1 km² 和 5.0 km²，占该研究时段变化总面积的 0.8% 和

0.3%。从二级分类系统来看，2000—2013 年湿地生态系统转出方向主要为河流转为水田、河流转为常绿针叶林，面积分别为 17.2 km² 和 15.1 km²，占变化总面积的比例分别为 0.4% 和 0.3%。

2000—2013 年，湿地转入方向主要为耕地和森林，面积分别为 39.8 km² 和 27.7 km²，占该研究时段变化总面积的 2.6% 和 1.8%。另外，人工表面和其他类型转变为湿地的面积分别为 5.6 km² 和 3.1 km²，占该研究时段变化总面积的 0.4% 和 0.2%。从二级分类系统来看，2000—2013 年湿地生态系统转入方向主要为水田转为河流、沙漠 / 沙地转为河流和常绿针叶林转为河流，面积分别为 24.2 km²、19.0 km² 和 13.3 km²，占变化总面积的比例分别为 0.5%、0.4% 和 0.3%，见图 6.3.3-2。

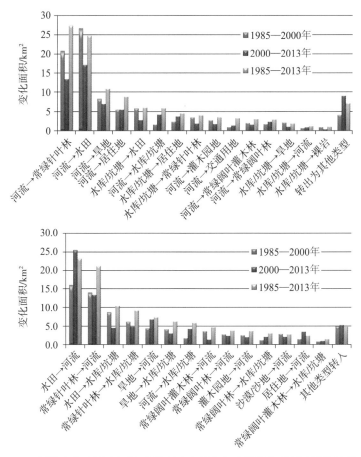

图 6.3.3-2　湿地生态系统主要转出类型（上图）和主要转入类型（下图）变化面积

（3）湿地生态系统整体景观格局也表现出一定的破碎化倾向

1985—2013 年，赣江上游流域湿地类斑块平均面积由 22.2 hm² 减少到 20.2 hm²，减少了 2.0 hm²，减少了 9.0%，破碎化趋势明显。其中，河流类斑块平均面积由 52.9 hm² 减少到 52.1 hm²，减少了 0.8 hm²；水库 / 坑塘类斑块平均面积由

6.5 hm² 减少到 6.3 hm²，减少了 0.2 hm²；草本湿地类斑块平均面积由 3.0 hm² 增加
到 3.4 hm²，增加了 0.4 hm²，见表 6.3.3-2、图 6.3.3-3 ~ 图 6.3.3-8。

表 6.3.3-2 赣江上游流域湿地生态系统类斑块平均面积 单位：hm²

生态系统类型	1985 年	2000 年	2013 年
草本湿地	3.0	3.0	3.4
水库 / 坑塘	6.5	6.6	6.3
河流	52.9	54.0	52.1
总计	22.2	21.6	20.2

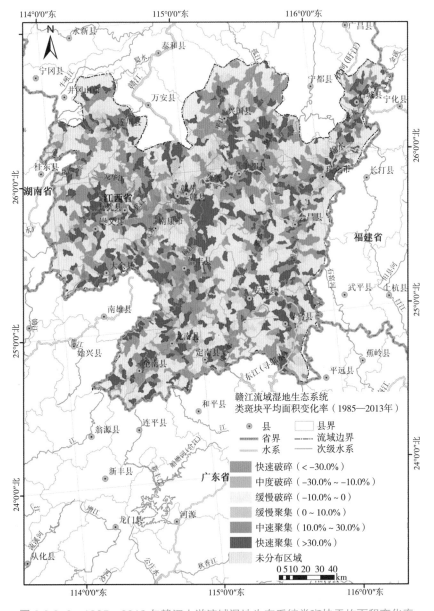

图 6.3.3-3 1985—2013 年赣江上游流域湿地生态系统类斑块平均面积变化率

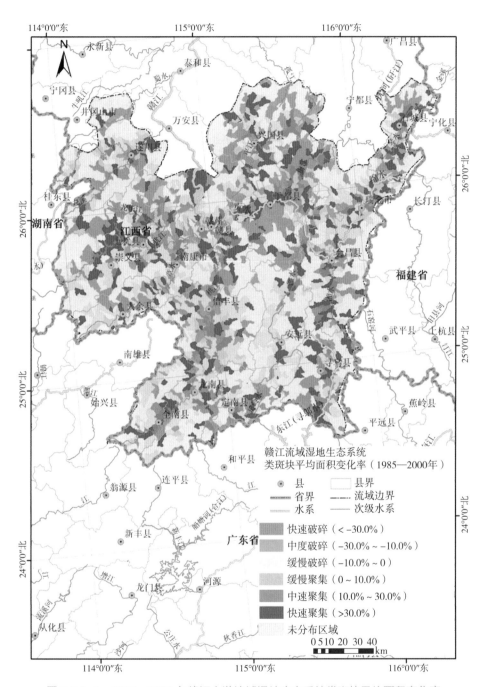

图 6.3.3-4　1985—2000 年赣江上游流域湿地生态系统类斑块平均面积变化率

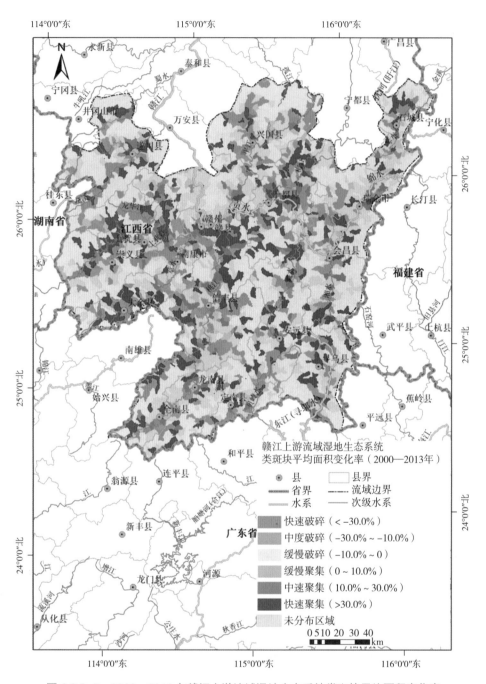

图 6.3.3-5　2000—2013 年赣江上游流域湿地生态系统类斑块平均面积变化率

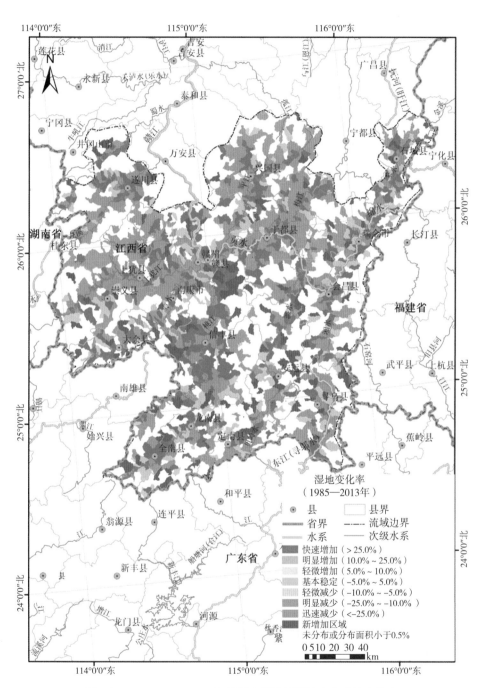

图 6.3.3-6　1985—2013 年赣江上游流域湿地生态系统变化率

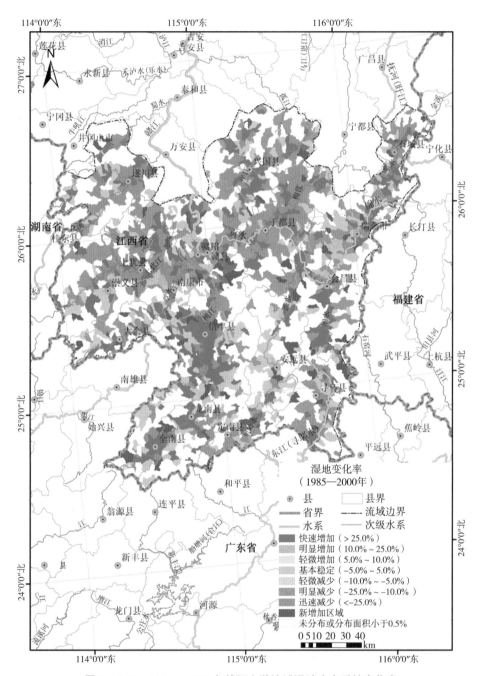

图 6.3.3-7　1985—2000 年赣江上游流域湿地生态系统变化率

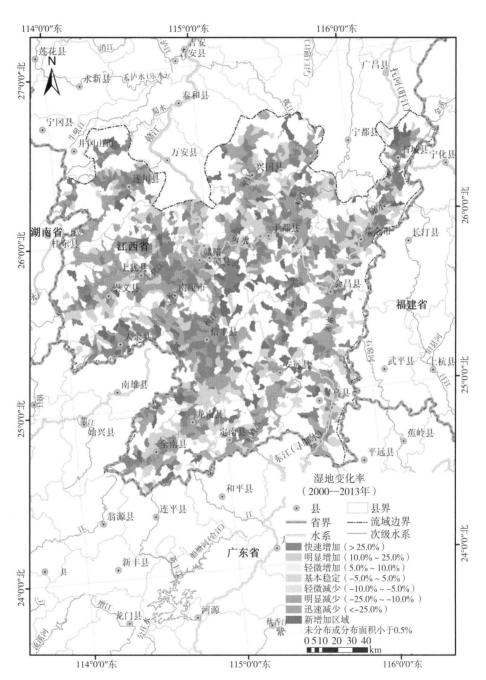

图 6.3.3-8　2000—2013 年赣江上游流域湿地生态系统变化率

6.3.4 耕地生态系统

（1）耕地生态系统数量减少明显，旱地减少面积更为突出

1985—2013 年，赣江上游流域耕地面积净减少量为 677.1 km²，平均每年减少 24.2 km²，减少比例为 10.7%。从二级类型来看，旱地面积减少了 340.8 km²，占 1985 年旱地总面积的 12.7%。水田面积减少了 336.3 km²，占 1985 年水田总面积的 9.3%。

1985—2000 年，赣江上游流域耕地面积净减少量为 113.0 km²，平均每年减少 7.5 km²，减少比例为 1.8%。从二级类型来看，水田面积减少了 90.1 km²，占 1985 年水田总面积的 2.5%。旱地面积减少了 23.0 km²，占 1985 年旱地总面积的 0.9%。

2000—2013 年，赣江上游流域耕地面积净减少量为 564.1 km²，平均每年减少 43.4 km²，减少比例为 9.1%。从二级类型来看，旱地面积减少了 317.8 km²，占 2000 年旱地面积的 11.9%。水田面积减少了 246.3 km²，占 2000 年水田总面积的 7.0%，见表 6.3.4-1。

表 6.3.4-1　赣江上游流域耕地生态系统变化面积与变化百分比

生态系统类型		1985—2000 年		2000—2013 年		1985—2013 年	
		km²	%	km²	%	km²	%
耕地	水田	−90.1	−2.5	−246.3	−7.0	−336.3	−9.3
	旱地	−23.0	−0.9	−317.8	−11.9	−340.8	−12.7
	总计	−113.0	−1.8	−564.1	−9.1	−677.1	−10.7

（2）耕地生态系统是 30 年间对区域生态系统格局影响较大的类型，耕地转出方向主要为人工表面和森林，主要转入方向为森林

1985—2013 年，与耕地生态系统相关的变化面积为 1 149.2 km²，占总变化面积的 64.3%；耕地转变为其他类型与其他类型转变为耕地的面积分别为 913.2 km² 和 236 .0km²，占总变化面积的比例分别为 51.2% 和 13.1%，见图 6.3.4-1。

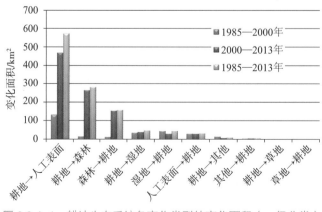

图 6.3.4-1　耕地生态系统各变化类型的变化面积（一级分类）

1985—2013 年，耕地转出方向主要为人工表面和森林，面积分别为 573.7 km^2 和 281.3 km^2，占该研究时段变化总面积的比例为 32.2% 和 15.8%。从二级分类系统来看，1985—2013 年耕地转出方向主要为水田转为居住地、旱地转为常绿针叶林和旱地转为居住地，面积分别为 244.0 km^2、207.0 km^2 和 140.4 km^2，占该研究时段变化总面积的比例为 12.2%、10.4% 和 7.0%。

1985—2013 年，耕地转入方向主要为森林，面积为 157.6 km^2，占该研究时段变化总面积的比例为 8.8%。1985—2013 年耕地转入方向主要为常绿针叶林转为旱地、旱地转为水田和河流转为水田，面积分别为 141.7 km^2、33.2 km^2 和 24.7 km^2，占该研究时段变化总面积的比例为 7.1%、1.7% 和 1.2%。

1985—2000 年，耕地转出方向主要为人工表面和湿地，面积分别为 132.4 km^2 和 33.3 km^2，占该研究时段变化总面积的比例为 29.2% 和 7.3%。1985—2000 年耕地转出方向主要为水田转为居住地、旱地转为居住地、水田转为旱地、水田转为交通用地和水田转为河流，面积分别为 79.7 km^2、24.4 km^2、18.5 km^2、17.0 km^2 和 16.1 km^2，占该研究时段变化总面积的比例分别为 15.6%、4.8%、3.6%、3.3% 和 3.1%。

1985—2000 年，耕地转入方向主要为湿地和人工表面，面积分别为 42.9 km^2 和 28.0 km^2，占该研究时段变化总面积比例为 9.4% 和 6.2%。1985—2000 年耕地转入方向主要为河流转为水田、水田转为旱地和居住地转为水田，面积分别为 26.7 km^2、18.5 km^2 和 13.1 km^2，占该研究时段变化总面积的比例分别为 5.2%、3.6% 和 2.6%。

2000—2013 年，耕地转出方向主要为人工表面和森林，面积分别为 467.7 km^2 和 265.1 km^2，占该研究时段变化总面积比例为 30.2% 和 17.1%。2000—2013 年耕地转出方向主要为旱地转为常绿针叶林、水田转为居住地和旱地转为居住地，面积分别为 196.1 km^2、173.3 km^2 和 119.2 km^2，占该研究时段变化总面积的比例分别为 11.2%、9.9% 和 6.8%。

2000—2013 年，耕地转入方向主要为森林，面积为 154.4 km^2，占该研究时段变化总面积比例为 10.0%。2000—2013 年耕地转入方向主要为常绿针叶林转为旱地，面积为 142.1 km^2，占该研究时段变化总面积的比例为 8.2%，见图 6.3.4-2。

（3）耕地生态系统格局呈聚集趋势

1985—2013 年，赣江上游流域耕地类斑块平均面积由 22.7 hm^2 增加到 25.2 hm^2，增加了 2.5 hm^2，增加了 11.0%，斑块呈聚集趋势。其中，旱地类斑块平均面积由 7.2 hm^2 增加到 9.2 hm^2，增加了 2.0 hm^2；水田类斑块平均面积由 21.8 hm^2 减少到 19.3 hm^2，减少了 2.5 hm^2，见表 6.3.4-2、图 6.3.4-3 ~ 图 6.3.4-5。

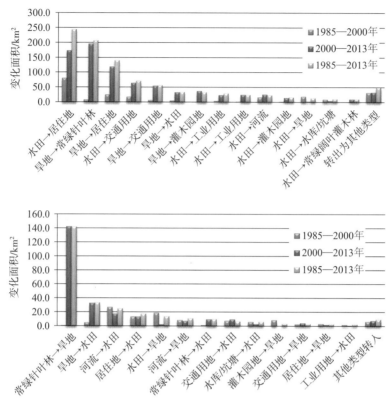

图 6.3.4-2　耕地生态系统主要转出类型（上图）和主要转入类型（下图）变化面积

表 6.3.4-2　赣江上游流域耕地生态系统类斑块平均面积　　　　　　　　单位：hm²

	1985 年	2000 年	2013 年
水田	21.8	21	19.3
旱地	7.2	7.2	9.2
总计	22.7	22.1	25.2

（4）耕地生态系统变化剧烈，在区域整体上呈减少趋势

赣江上游流域地区 30 年间耕地变化剧烈，2000—2013 年的变化比 1985—2000 年的变化更为剧烈。

1985—2013 年，赣江上游流域大部分地区耕地面积呈现显著的减少趋势。在各个城镇周边地区，大量耕地转变为居住地，反映出剧烈的城镇化过程；耕地同时也转变为交通用地，变成贯穿在各个城镇之间的公路。

1985—2013 年，赣江上游流域耕地面积增加的区域主要集中在于都县、全南县北部、信丰县南部、安远县中西部和兴国县中西部地区，表现为森林转为耕地，这些地区的耕地类斑块平均面积呈现快速聚集趋势，见图 6.3.4-6 ~ 图 6.3.4-8。

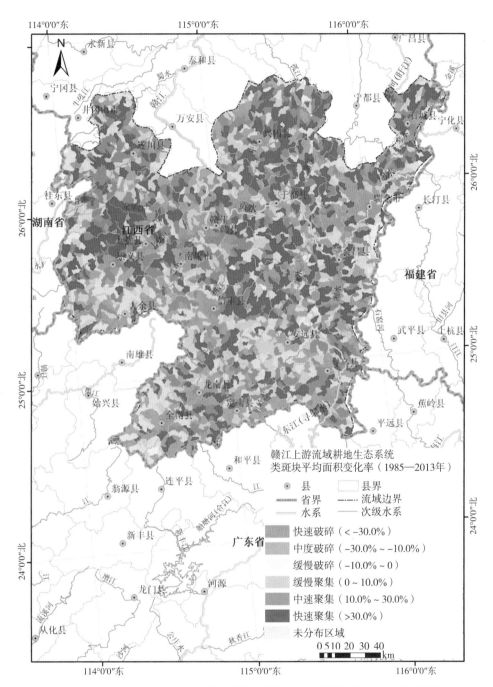

图 6.3.4-3 1985—2013 年赣江上游流域耕地生态系统类斑块平均面积变化率

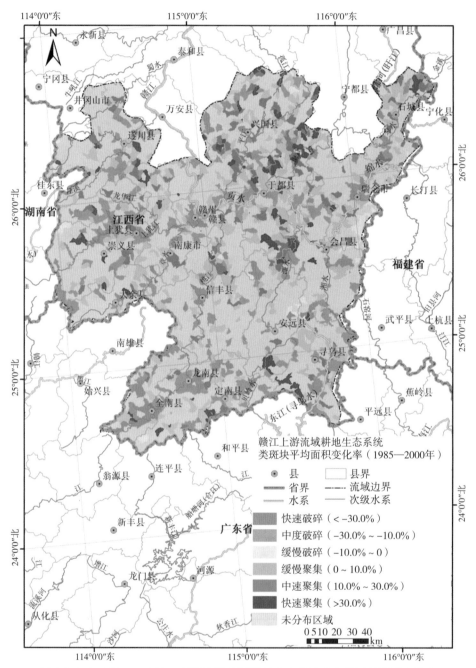

图 6.3.4-4　1985—2000 年赣江上游流域耕地生态系统类斑块平均面积变化率

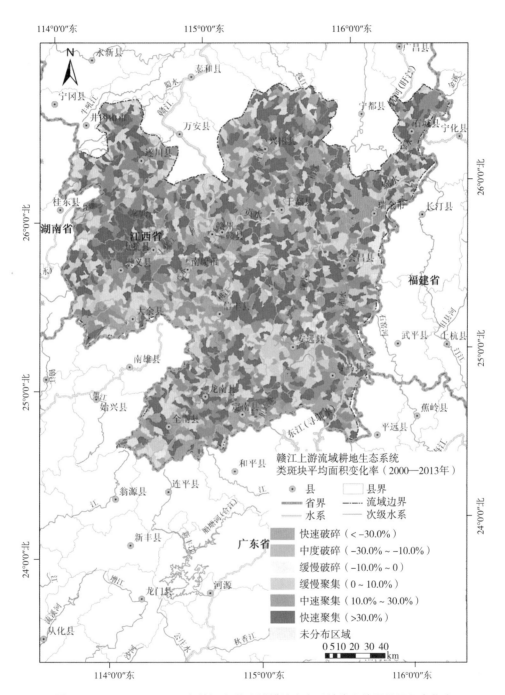

图 6.3.4-5　2000—2013 年赣江上游流域耕地生态系统类斑块平均面积变化率

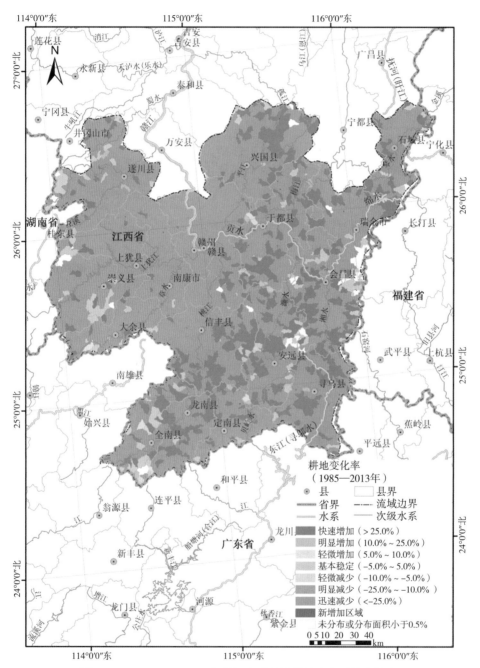

图 6.3.4-6　1985—2013 年赣江上游流域耕地生态系统变化率

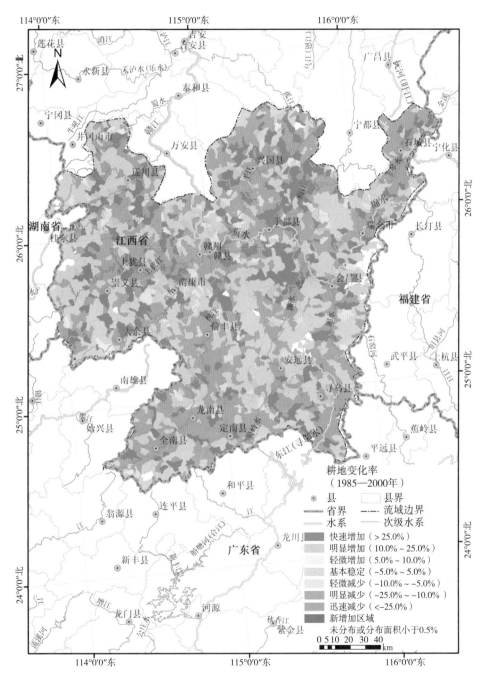

图 6.3.4-7　1985—2000 年赣江上游流域耕地生态系统变化率

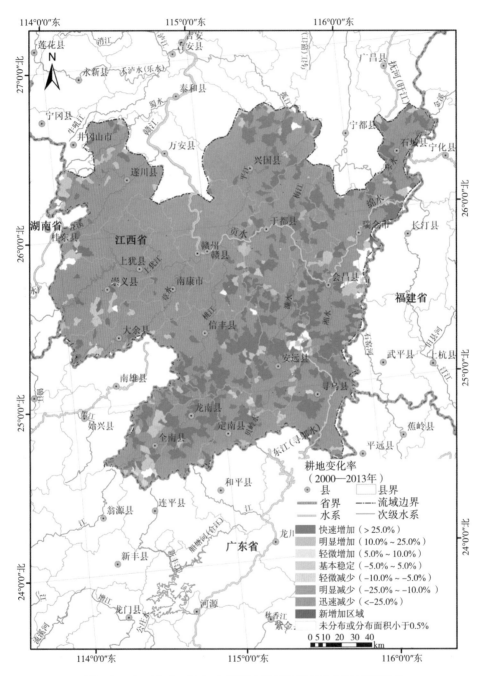

图 6.3.4-8　2000—2013 年赣江上游流域耕地生态系统变化率

6.3.5　人工表面

（1）人工表面急剧扩张，30 年间增加比例为 150.8%，2000 年后扩张的速度是 2000 年前扩张速度的 5.2 倍

1985—2013 年，人工表面净增加了 769.2 km²，增加比例为 150.8%，平均每年增加 27.5 km²，扩张十分迅速。从二级类型来看，居住地增加数量最多，面积增加了 456.2 km²，增加比例为 103.0%。交通用地面积增加了 194.9 km²，增加比例为 615.2%，增加比例最大。工业用地和采矿场面积分别增加了 80.9 km² 和 37.2 km²，增加比例分别为 283.5% 和 532.7%。

1985—2000 年，人工表面增加了 139.8 km²，增加比例为 27.4%，平均每年增加 9.3 km²。从二级类型来看，居住地面积增加了 114.9 km²，增加比例为 25.9%。交通用地、工业用地和采矿场增加面积分别为 19.7 km²、2.8 km² 和 2.4 km²，增加比例分别为 62.2%、9.8% 和 34.3%。

2000—2013 年，人工表面增加了 629.4 km²，增加比例为 96.8%，平均每年增加了 48.4 km²。居住地面积增加了 341.4 km²，增加比例为 61.2%。交通用地、工业用地和采矿场面积分别增加了 175.2 km²、78.1 km² 和 34.8 km²，增加比例分别为 340.9%、249.3% 和 371.1%，见表 6.3.5-1。

表 6.3.5-1　赣江上游流域人工表面生态系统变化面积与变化百分比

生态系统类型		1985—2000 年		2000—2013 年		1985—2013 年	
		km²	%	km²	%	km²	%
人工表面	居住地	114.9	25.9	341.4	61.2	456.2	103.0
	工业用地	2.8	9.8	78.1	249.3	80.9	283.5
	交通用地	19.7	62.2	175.2	340.9	194.9	615.2
	采矿场	2.4	34.3	34.8	371.1	37.2	532.7
	总计	139.8	27.4	629.4	96.8	769.2	150.8

（2）人工表面在 30 年间对生态系统数量变化影响相对较小，转入来源主要为耕地和森林，也表现为单向转化特征

1985—2013 年，人工表面转变为其他类型和其他类型转变为人工表面的面积分别为 54.2 km² 和 823.5 km²，占总变化面积的比例分别是 3.0% 和 46.1%，与人工表面相关的变化占到总变化面积的 49.1%。另外，人工表面转入面积远大于转出面积，表现出强烈的单向转化特征，见图 6.3.5-1。

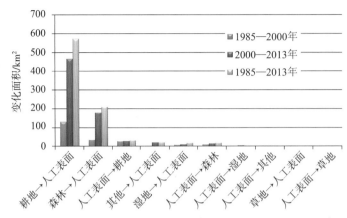

图 6.3.5-1　人工表面生态系统各变化类型的变化面积（一级分类）

1985—2013 年，人工表面转出方向主要为耕地，面积为 31.1 km²，占该研究时段变化总面积的 1.7%；主要表现为居住地转为水田，面积为 17.1 km²，占该研究时段变化总面积的 0.9%。

1985—2013 年，人工表面转入方向主要为耕地和森林，面积分别为 573.7 km² 和 210.8 km²，占该研究时段变化总面积的 32.2% 和 11.8%。从二级分类系统来看，主要表现为水田转为居住地、旱地转为居住地、水田转为交通用地、旱地转为交通用地、常绿针叶林转为交通用地和常绿针叶林转为居住地，面积分别为 244.0 km²、140.4 km²、70.4 km²、56 km²、53.9 km² 和 50.3 km²，占该研究时段变化总面积的比例分别为 12.2%、7%、3.5%、2.8%、2.7% 和 2.5%。

1985—2000 年，人工表面转出方向主要为耕地，面积为 28 km²，占该研究时段变化总面积的 6.2%；主要表现为居住地转为水田，面积为 13.1 km²，占该研究时段变化总面积的 2.6%。

1985—2000 年，人工表面转入方向主要为耕地和森林，面积分别为 132.4 km² 和 36.7 km²，占该研究时段变化总面积的 29.2% 和 8.1%。从二级分类系统来看，主要表现为水田转为居住地和旱地转为居住地，面积分别为 79.7 km² 和 24.4 km²，占该研究时段变化总面积的比例分别为 15.6% 和 4.8%。

2000—2013 年，人工表面转出方向主要为耕地，面积为 29.0 km²，占该研究时段变化总面积的 1.9%；主要表现为居住地转为水田，面积为 12.9 km²，占该研究时段变化总面积的 0.7%。

2000—2013 年，人工表面转入方向主要为耕地和森林，面积分别为 467.7 km² 和 180.3 km²，占该研究时段变化总面积的 30.2% 和 11.6%。从二级分类系统来看，主要表现为水田转为居住地、旱地转为居住地、水田转为交通用地、旱地转为交通用地、常绿针叶林转为交通用地和常绿针叶林转为居住地，面积分别为 173.3 km²、119.2 km²、64.1 km²、54.4 km²、52.8 km² 和 39.1 km²，占该研究时段变化总面积的比例分别为

9.9%、6.8%、3.7%、3.1%、3.0% 和 2.2%，见图 6.3.5-2。

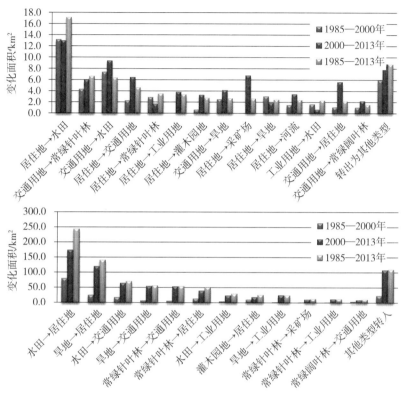

图 6.3.5-2　人工表面生态系统主要转出类型（上图）和主要转入类型（下图）变化面积

（3）人工表面整体景观格局在近 10 年呈强烈的聚集趋势

1985—2013 年，赣江上游流域人工表面生态系统类斑块平均面积由 6.7 hm^2 增加到 14.8 hm^2，增加了 8.1 hm^2，增加了 120.9%，聚集趋势十分明显。其中，居住地类斑块平均面积由 6.2 hm^2 增加到 10.9 hm^2，增加了 4.7 hm^2，增加比例为 75.8%；交通用地类斑块平均面积由 6.5 hm^2 增加到 11.0 hm^2，增加了 4.5 hm^2，增加比例为 69.2%；工业用地类斑块平均面积由 17.5 hm^2 增加到 25.6 hm^2，增加了 8.1 hm^2，增加比例为 46.3%；采矿场类斑块平均面积由 15.0 hm^2 增加到 15.9 hm^2，增加了 0.9 hm^2，增加比例为 6.0%，见表 6.3.5-2、图 6.3.5-3 ～图 6.3.5-5。

表 6.3.5-2　赣江上游流域人工表面生态系统类斑块平均面积　　　　　单位：hm^2

	1985 年	2000 年	2013 年
居住地	6.2	6.4	10.9
工业用地	17.5	16.4	25.6
交通用地	6.5	7.4	11.0
采矿场	15.0	17.0	15.9
总计	45.2	47.2	63.4

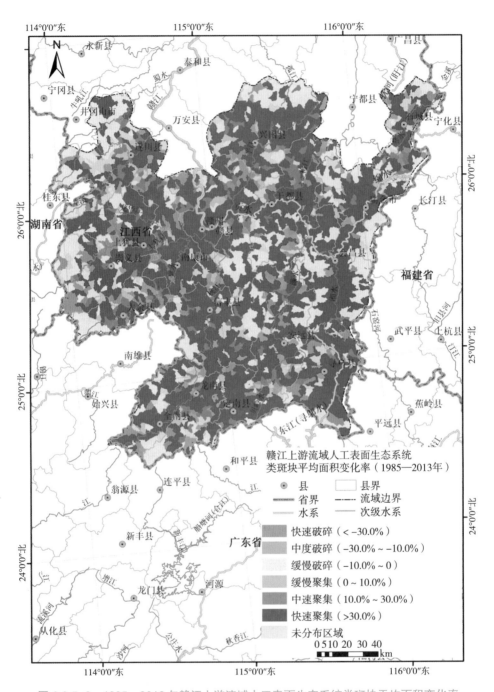

图 6.3.5-3 1985—2013 年赣江上游流域人工表面生态系统类斑块平均面积变化率

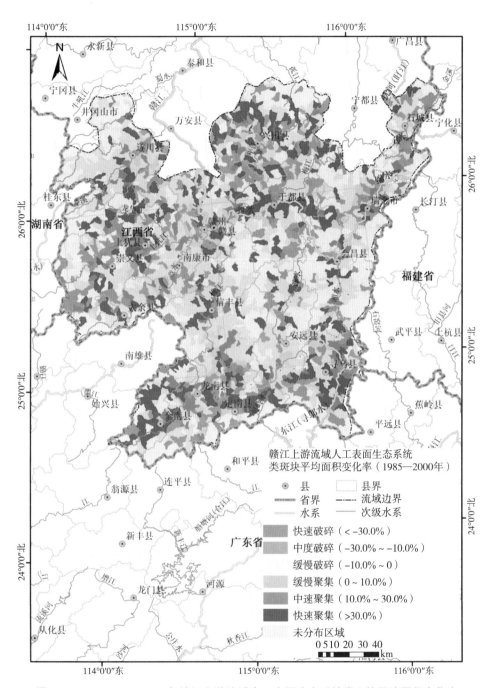

赣江上游流域人工表面生态系统
类斑块平均面积变化率（1985—2000年）

⊙　县		县界
省界		流域边界
水系		次级水系

快速破碎（< −30.0%）

中度破碎（−30.0% ~ −10.0%）

缓慢破碎（−10.0% ~ 0）

缓慢聚集（0 ~ 10.0%）

中速聚集（10.0% ~ 30.0%）

快速聚集（>30.0%）

未分布区域

0 5 10 20　30　40 km

图 6.3.5−4　1985—2000 年赣江上游流域人工表面生态系统类斑块平均面积变化率

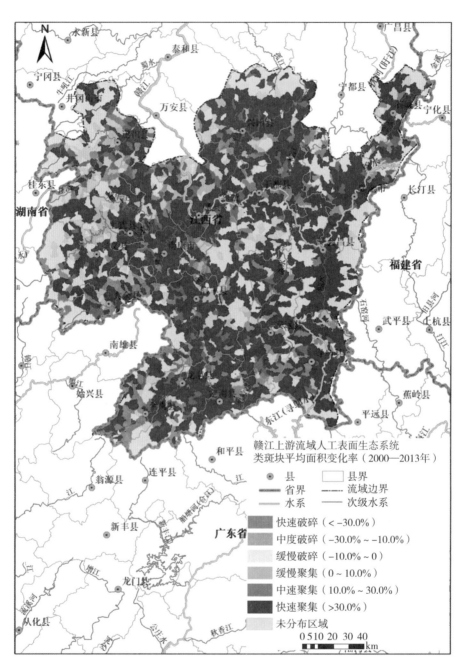

图 6.3.5-5　2000—2013 年赣江上游流域人工表面生态系统类斑块平均面积变化率

（4）30 年间，人工表面的变化具有显著的区域差异，流域内河谷地区显著增加

人工表面生态系统的分布在赣江上游流域较为广泛，且大范围地区在 30 年间都表现出显著的增加趋势，这种趋势在后 10 年表现得尤为明显。

　　随着城镇化速度加快，赣江上游流域各城镇周边地区居住地和交通用地大量增加，其主要来自占用耕地和砍伐森林。大量的人工表面新增加区域主要分布在赣江各级支流的上游，在原有城镇化基础上向各支流的较高海拔地区蔓延，见图 6.3.5-6 ~ 图 6.3.5-8。

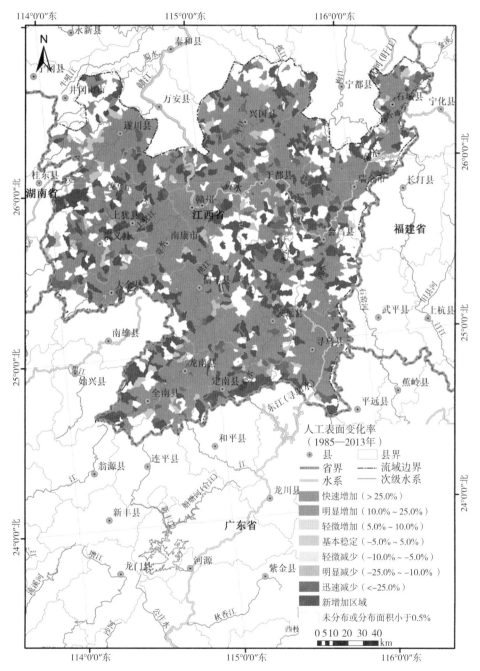

图 6.3.5-6　1985—2013 年赣江上游流域人工表面生态系统变化率

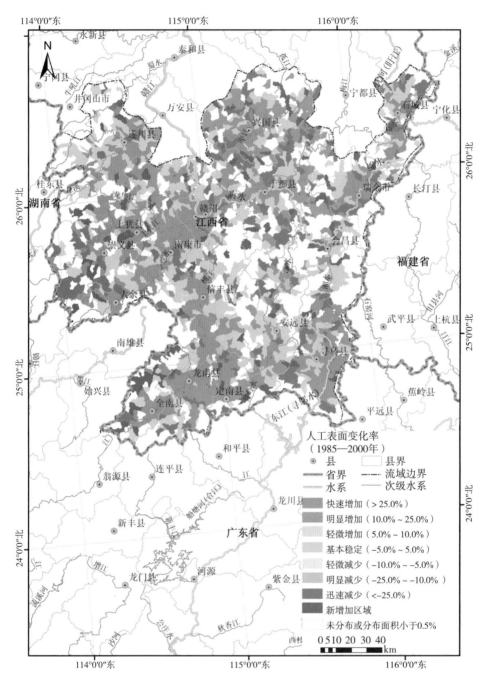

图 6.3.5-7　1985—2000 年赣江上游流域人工表面生态系统变化率

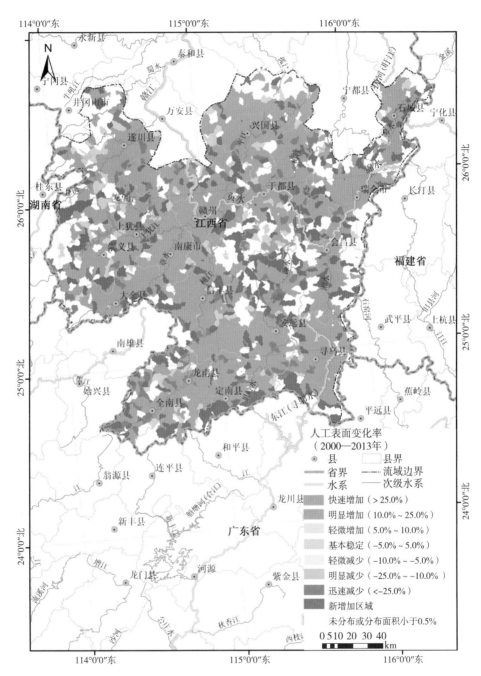

图 6.3.5-8　2000—2013 年赣江上游流域人工表面生态系统变化率

6.3.6 其他生态系统

（1）其他生态系统数量明显增加，主要表现为稀疏草地的增加

1985—2013 年，其他生态系统面积增加了 36.6 km²，增加比例为 4.9%，平均每年增加 1.3 km²。稀疏草地面积增加了 58.1 km²，增加比例为 11.5%。裸土、裸岩和沙漠 / 沙地的面积分别减少了 11.5 km²、5.9 km² 和 4.1 km²，减少比例分别为 13.3%、4.4% 和 15.7%。

1985—2000 年，其他生态系统面积增加了 34.9 km²，增加了 4.6%，平均每年增加 1.2 km²。裸土面积增加了 44.9 km²，增加比例为 51.9%。稀疏草地、沙漠 / 沙地和裸岩面积分别减少了 6.6 km²、2.7 km² 和 0.8 km²，减少比例分别为 1.3%、10.3% 和 0.6%。

2000—2013 年，其他生态系统面积增加了 1.8 km²，增加了 0.2%。稀疏草地面积增加了 64.6 km²，增加比例为 13%。裸土、裸岩和沙漠 / 沙地面积分别减少了 56.4 km²、5.1 km² 和 1.4 km²，减少比例分别为 42.9%、3.8% 和 6.0%，见表 6.3.6-1。

表 6.3.6-1　赣江上游流域其他生态系统变化面积与变化百分比

生态系统类型		1985—2000 年		2000—2013 年		1985—2013 年	
		km²	%	km²	%	km²	%
其他	稀疏灌木林	0.0	0.0	0.0	−0.1	0.0	−0.1
	稀疏草地	−6.6	−1.3	64.6	13.0	58.1	11.5
	裸岩	−0.8	−0.6	−5.1	−3.8	−5.9	−4.4
	裸土	44.9	51.9	−56.4	−42.9	−11.5	−13.3
	沙漠 / 沙地	−2.7	−10.3	−1.4	−6.0	−4.1	−15.7
	总计	34.9	4.6	1.8	0.2	36.6	4.9

（2）其他生态系统 30 年间对生态系统数量变化影响相对较小，其他类型与森林间表现为明显的双向转化特征

1985—2013 年，其他类型转变为另外五种类型与另外五种类型转变为其他类型的面积分别为 131.7 km² 和 168.4 km²，占总变化面积的比例分别为 7.3% 和 9.5%，与其他类型相关的变化占总变化面积的 16.8%。另外，其他生态系统类型与森林生态系统间表现出明显的双向转化特征，见图 6.3.6-1。

1985—2013 年，其他生态系统转出方向主要为森林，面积为 104.2 km²，占总变化面积的比例为 5.8%。其他生态系统转出为人工表面的面积为 19.9 km²，占总变化面积的比例为 1.1%。从二级分类系统来看，其他生态系统转出主要为稀疏草地转为常绿针叶林、裸土转为常绿针叶林和裸土转为常绿阔叶林，面积分别为 31.4 km²、27.4 km² 和 19.7 km²，占该研究时段变化总面积的比例分别为 1.6%、1.4% 和 1%。

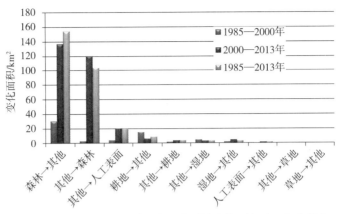

图 6.3.6-1　其他生态系统各变化类型的变化面积（一级分类）

1985—2013 年，其他生态系统转入方向主要为森林，面积为 154.6 km² ，占总变化面积的 8.7%。耕地和湿地转为其他生态系统的面积为 8.9 km² 和 3.0 km² ，占总变化面积的比例分别为 0.5% 和 0.2%。从二级分类系统来看，其他生态系统转入方向主要为常绿针叶林转为稀疏草地和常绿阔叶林转为稀疏草地，面积为 69.7 km² 和 31 km² ，占该研究时段变化总面积的比例为 3.5% 和 1.6%。

1985—2000 年，其他生态系统转出方向主要为湿地、人工表面和森林，面积分别为 4.9 km² 、4.3 km² 和 3.2 km² ，占该研究时段变化总面积的比例分别为 1.1%、0.9% 和 0.7%。

1985—2000 年，其他生态系统转入方向主要为森林，面积为 30.8 km² ，占该研究时段变化总面积的比例为 6.8%。耕地和湿地转为其他生态系统的面积分别为 15.2 km² 和 2.4 km² ，占该研究时段变化总面积的比例分别为 3.3% 和 0.5%。

2000—2013 年，其他生态系统转出方向主要为森林和人工表面，面积分别为 120.4 km² 和 20.7 km² ，占该研究时段变化总面积的比例分别为 7.8% 和 1.3%。从二级分类系统来看，其他生态系统转出方向主要为裸土转为常绿针叶林、稀疏草地转为常绿针叶林和裸土转为常绿阔叶林，面积分别为 38.6 km² 、29.8 km² 和 24.7 km² ，占该研究时段变化总面积的比例分别为 2.2%、1.7% 和 1.4%。

2000—2013 年，其他生态系统转入方向主要为森林，面积为 136.8 km² ，占该研究时段变化总面积的比例为 8.8%。耕地和湿地转为其他生态系统类型的面积分别为 6.1 km² 和 5.0 km² ，占该研究时段变化总面积的比例分别为 0.4% 和 0.3%。从二级分类系统来看，其他生态系统转入方向主要为常绿针叶林转为稀疏草地和常绿阔叶林转为稀疏草地，面积为 69.8 km² 和 31.4 km² ，占该研究时段变化总面积的比例为 4.0% 和 1.8%，见图 6.3.6-2。

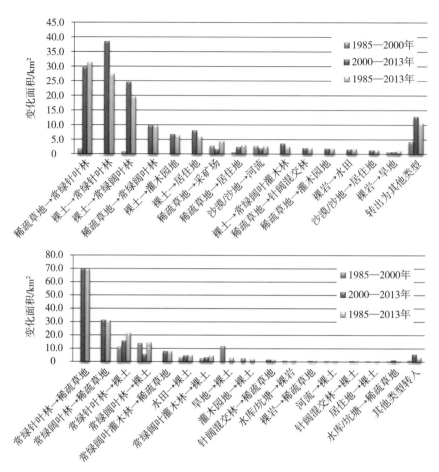

图 6.3.6-2 其他生态系统主要转出类型（上图）和主要转入类型（下图）变化面积

（3）其他类型生态系统整体景观格局表现出聚集趋势，其中稀疏草地和裸土聚集趋势最明显

1985—2013 年，赣江上游流域其他类型类斑块平均面积由 4.9 hm² 增加到 8 hm²，增加了 63.3%，景观格局表现出强烈的聚集趋势。稀疏草地类斑块平均面积由 4.9 hm² 增加到 7.3 hm²，裸土类斑块平均面积由 1.9 hm² 增加到 5.6 hm²，其他二级类型的类斑块平均面积基本保持稳定。稀疏草地和裸土的类斑块平均面积增加表现出强烈的聚集趋势，主要是该区域森林砍伐所致，见表 6.3.6-2、图 6.3.6-3 ~ 图 6.3.6-5。

表 6.3.6-2 赣江上游流域其他生态系统类斑块平均面积 单位：hm²

	1985 年	2000 年	2013 年
稀疏灌木林	66.7	66.7	66.6
稀疏草地	4.9	4.9	7.3
裸岩	5.3	5.3	5.2
裸土	1.9	2.0	5.6
沙漠 / 沙地	6.1	6.0	6.1
平均面积	4.9	4.7	8.0

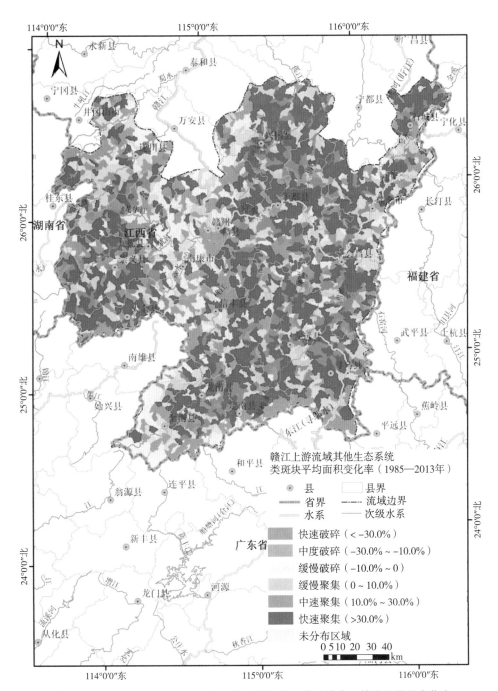

图 6.3.6-3　1985—2013 年赣江上游流域其他生态系统类斑块平均面积变化率

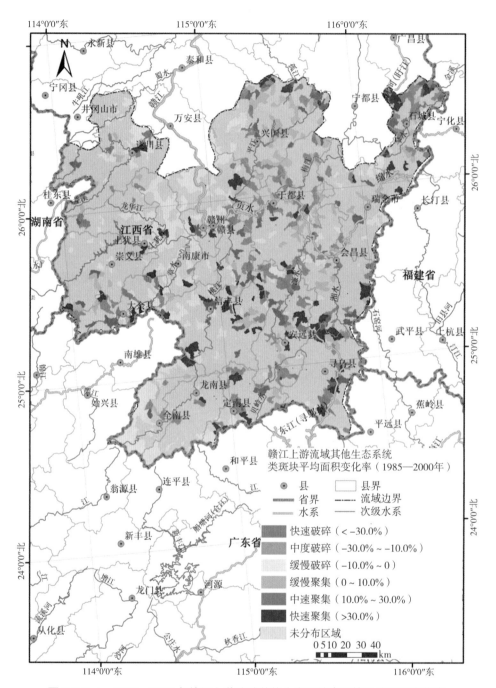

图 6.3.6-4　1985—2000 年赣江上游流域其他生态系统类斑块平均面积变化率

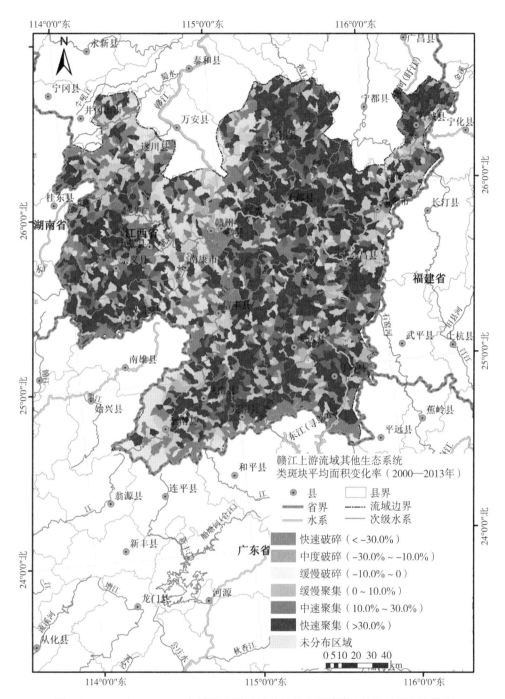

图 6.3.6-5 2000—2013 年赣江上游流域其他生态系统类斑块平均面积变化率

（4）其他类型增加地区主要分布在中、南部山区，减少地区主要在西、北部山区或其他河谷地区

其他类型变化主要在章水（位于上犹江流域）、濂江、桃江西岸、湘水、绵江

和平江等支流地区迅速减少，减少速度超过 25%，主要表现为稀疏草地转为常绿针叶林和常绿阔叶林、裸土转为常绿针叶林和常绿阔叶林；而在梅江、桃江东岸、琴江和湘水上游等支流地区迅速增加，增加速度超过 25%，主要表现为常绿针叶林转为稀疏草地，见图 6.3.6-6 ~ 图 6.3.6-8。

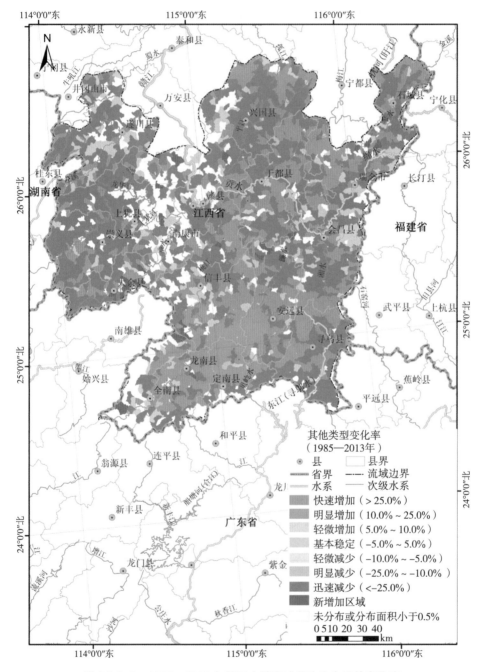

图 6.3.6-6　1985—2013 年赣江上游流域其他生态系统变化率

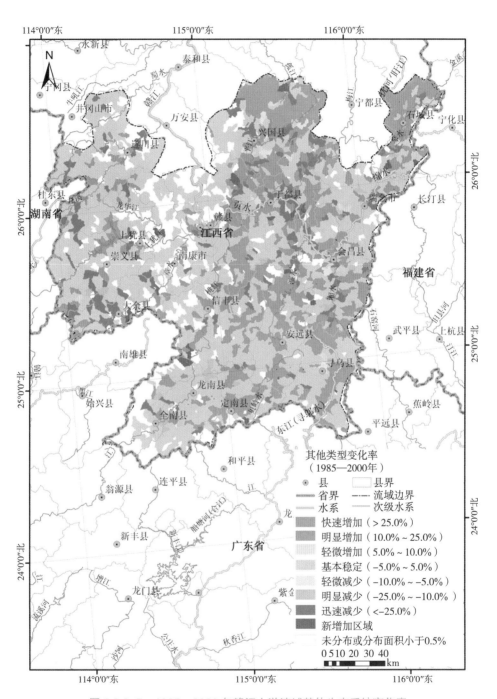

图 6.3.6-7　1985—2000 年赣江上游流域其他生态系统变化率

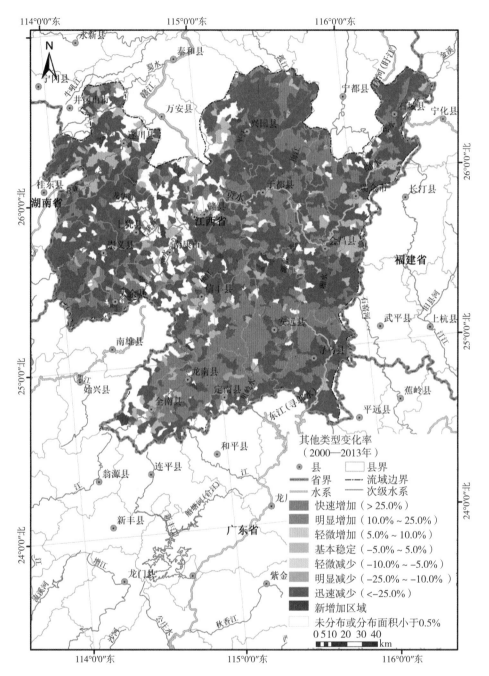

图 6.3.6-8 2000—2013 年赣江上游流域其他生态系统变化率

6.4　赣江上游流域县域生态格局变化分析

6.4.1　县域生态系统构成现状分析

（1）一级生态系统构成分析

表 6.4.1–1 结果分析表明，2013 年赣江上游流域森林生态系统总面积为 29 321.4 km²，各县中森林面积最大的是遂川县，面积为 2 469.5 km²，占赣江上游流域森林总面积的 8.4%，其他依次为赣县、兴国县、会昌县和于都县，面积分别为 2 408.1 km²、2 306.3 km²、2 187.2 km² 和 1 994.2 km²，占流域森林总面积的比例分别为 8.2%、7.9%、7.5% 和 6.8%。森林生态系统面积最小的是赣州市，只有 234.3 km²，占总面积的 0.8%。

2013 年赣江上游流域草地生态系统总面积为 192.2 km²，面积最大的县仍是遂川县，草地面积达到 63.2 km²，占流域草地总面积的比例达到 32.9%，其次为上犹县、崇义县、寻乌县和兴国县，其草地生态系统的面积分别为 47.3 km²、34.3 km²、14.1 km² 和 9.4 km²，占流域草地总面积的比例分别为 24.6%、17.8%、7.3 % 和 4.9%。草地面积最小的是龙南县，只有 0.02 km²，会昌县无草地分布。

2013 年赣江上游流域湿地生态系统总面积为 505.6 km²，各县湿地生态系统面积从大到小依次是赣县、于都县、信丰县、兴国县和会昌县，面积分别为 75.4 km²、52.2 km²、46.1 km²、43.2 km² 和 36.5 km²，占流域湿地总面积的比例分别为 14.9%、10.3%、9.1%、8.5% 和 7.2%。定南县的湿地面积最小，约 9.5 km²，占总湿地面积的比例为 1.9%。

2013 年赣江上游流域耕地生态系统总面积为 5 640.0 km²，耕地生态系统面积最大的县级行政单位为信丰县，面积为 873.9 km²，占流域耕地总面积的 15.5%，其他依次于都县、兴国县、赣县和南康县，耕地面积达到 639.6 km²、616.9 km²、381.2 km² 和 360.8 km²，占流域耕地总面积的比例分别为 11.3%、10.9%、6.8% 和 6.4%。崇义县耕地最少，只有 59.8 km²，占流域耕地总面积的比例为 1.1%。

2013 年赣江上游流域人工表面生态系统总面积为 1 279.1 km²，人工表面生态系统面积最大的县为南康县，面积为 146.3 km²，占赣江流域人工表面总面积的比例的 11.4%，其次为赣州市、信丰县、瑞金县和寻乌县，面积分别为 132.3 km²、114.4 km²、89.9 km² 和 84.7 km²，占流域内人工表面生态系统总面积的比例分别为 10.3%、8.9%、7.0% 和 6.6%。崇义县人工表面的面积最少，约 21.6 km²，占流域人工表面生态系统总面积的比例为 1.7%。

2013 年赣江上游流域其他生态系统总面积为 791.0 km²，其他生态系统面积最大的县为兴国县，总面积达到 147.5 km²，占流域内其他生态系统总面积的比例为 18.6%，其次为于都县、会昌县、安远县和瑞金县，面积分别为 142.7 km²、60.0 km²、

表 6.4.1-1 2013 年赣江上游流域各县生态系统类型面积

生态系统	森林生态系统		草地生态系统		湿地生态系统		耕地生态系统		人工表面生态系统		其他生态系统	
	面积/km²	百分比/%	面积/km²	百分比/%	面积/km²	百分比/%	面积/km²	百分比/%	面积/km²	百分比/%	面积/km²	百分比/%
赣州市	234.3	0.8	2.5	1.3	20.4	4.0	75.3	1.3	132.3	10.3	1.0	0.1
赣县	2 408.1	8.2	1.6	0.8	75.4	14.9	381.2	6.8	73.3	5.7	30.2	3.8
信丰县	1 795.7	6.1	1.0	0.5	46.1	9.1	873.9	15.5	114.4	8.9	39.1	4.9
大余县	1 103.4	3.8	3.2	1.6	16.1	3.2	156.2	2.8	47.9	3.7	24.2	3.1
上犹县	1 339.5	4.6	47.3	24.6	30.6	6.1	103.0	1.8	36.9	2.9	12.0	1.5
崇义县	1 953.8	6.7	34.3	17.8	31.7	6.3	59.8	1.1	21.6	1.7	18.7	2.4
安远县	1 976.2	6.7	0.0	0.0	13.7	2.7	314.7	5.6	64.3	5.0	57.0	7.2
龙南县	1 210.9	4.1	0.0	0.0	13.9	2.7	257.5	4.6	83.3	6.5	34.1	4.3
定南县	1 048.2	3.6	0.1	0.1	9.5	1.9	152.0	2.7	55.5	4.3	31.0	3.9
全南县	1 261.6	4.3	0.1	0.1	14.0	2.8	192.7	3.4	25.2	2.0	14.1	1.8
于都县	1 994.2	6.8	5.8	3.0	52.2	10.3	639.6	11.3	76.3	6.0	142.7	18.0
兴国县	2 306.3	7.9	9.4	4.9	43.2	8.5	616.9	10.9	72.8	5.7	147.5	18.7
会昌县	2 187.2	7.5	0.0	0.0	36.5	7.2	315.6	5.6	66.8	5.2	60.0	7.6
寻乌县	1 685.4	5.7	14.1	7.3	10.9	2.1	337.4	6.0	84.7	6.6	46.7	5.9
石城县	1 179.5	4.0	0.3	0.2	12.9	2.6	181.2	3.2	24.1	1.9	44.2	5.6
瑞金县	1 855.8	6.3	5.1	2.7	30.4	6.0	343.3	6.1	89.9	7.0	56.0	7.1
南康县	1 311.8	4.5	4.2	2.2	22.9	4.5	360.8	6.4	146.3	11.4	9.2	1.2
遂川县	2 469.5	8.4	63.2	32.9	25.3	5.0	279.1	4.9	63.5	5.0	23.1	2.9
总计	29 321.4	100.0	192.2	100.0	505.6	100.0	5 640.0	100.0	1 279.1	100.0	791.0	100.0

57.0 km² 和 56.0 km²，占流域其他生态系统总面积的比例分别为 18.0%、7.6%、7.2% 和 7.1%。

（2）二级生态系统构成分析

从各县二级生态系统类型的丰富程度看，2013 年赣江流域的二级生态系统类型达到 25 种。通过统计分析，可以看到各二级生态系统类型中最具代表性的县域名单，见表 6.4.1–2。其中，赣州市辖区以及相邻的赣县和南康县这三个地级市辖区内的生态系统分布最具有代表性。

表 6.4.1–2　2013 年赣江上游流域二级生态系统类型中面积最大的县域

一级类型	二级类型	面积 /km²	县名称
森林生态系统	常绿阔叶林	898.4	会昌县
	落叶阔叶林	1.1	于都县
	常绿针叶林	1 860.5	赣县
	针阔混交林	222.7	寻乌县
	常绿阔叶灌木林	165.4	瑞金县
	落叶阔叶灌木林	0.6	遂川县
	常绿针叶灌木林	5.2	定南县
	乔木园地	10.8	信丰县
	灌木园地	183.7	南康县
	乔木绿地	63.1	赣州市
草地生态系统	草丛	63.2	遂川县
湿地生态系统	草本湿地	0.5	南康县
	水库 / 坑塘	26.4	信丰县
	河流	69.9	赣县
耕地生态系统	水田	577.6	信丰县
	旱地	296.3	信丰县
人工表面生态系统	居住地	116.4	南康县
	工业用地	52.7	赣州市
	交通用地	22.6	寻乌县
	采矿场	10.0	定南县

续表

一级类型	二级类型	面积 /km²	县名称
其他生态型系统	稀疏灌木林	1.6	南康县
	稀疏草地	101.5	于都县
	裸岩	42.6	兴国县
	裸土	9.9	兴国县
	沙漠 / 沙地	8.1	于都县

赣江上游流域广泛分布着常绿针叶林，而赣县的常绿针叶林面积最大，面积达到 1 860.5 km²，而赣县的河流面积也多于其他县，面积达到 69.9 km²。赣州市是赣江流域的中心城市，分布着面积最大的乔木绿地和工业用地，面积分别为 63.1 km² 和 52.7 km²。南康县灌木园地、草本湿地、居住地和稀疏灌木林的面积最大，分别为 183.7 km²、0.5 km²、116.4 km² 和 1.6 km²。

信丰县的耕地面积最为广泛，旱地和水田的面积都最多，面积分别达到 296.3 km² 和 577.6 km²。信丰县的乔木园地和水库 / 坑塘的面积也最多，达到 10.8 km² 和 26.4 km²。

遂川县的草地面积最多，主要是草丛，达到 63.2 km²。定南县的采矿场面积比其他县都多，达到 10.0 km²。

兴国县的裸岩和裸土面积最大，约 42.6 km² 和 9.9 km²。

6.4.2 县域生态系统类型转换的总体特征

（1）赣州市生态系统变化强度剧烈，生态系统变化率达 18.7%

从一级分类生态系统类型变化来看，1985—2013 年赣江上游流域生态系统综合变化率最高的县是赣州市，达到 18.7%，其他生态系统综合变化率较高的依次为南康县、寻乌县、定南县和龙南县，生态系统综合变化率分别为 6.9%、6.7%、6.5% 和 6.1%。

1985—2000 年赣江上游流域生态系统综合变化率各县都较小，最高为赣州市，达到 4.5%，其他生态系统综合变化率较高的依次为寻乌县、定南县、于都县和赣县，生态系统综合变化率分别为 2.0%、1.6%、1.5% 和 1.4%。

2000—2013 年赣江上游流域生态系统综合变化率最高的县是赣州市，达到 14.9%，其他生态系统综合变化率较高的依次为南康县、定南县、龙南县和寻乌县，生态系统综合变化率分别为 6.1%、5.7%、5.3% 和 5.3%，见图 6.4.2-1。

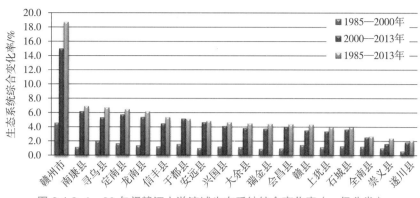

图 6.4.2-1　30 年间赣江上游流域生态系统综合变化率（一级分类）

从二级分类生态系统类型变化来看，1985—2013 年赣江上游流域生态系统综合变化率最高的县是赣州市，达到 19.9%，其他较高的依次为南康县、定南县、寻乌县、龙南县和大余县，生态系统综合变化率分别为 8.1%、7.3%、6.9%、6.6% 和 6.0%。

1985—2000 年赣江上游流域生态系统综合变化率最高的县是赣州市，达到 5.3%，其他较高的依次为定南县、寻乌县、石城县、于都县和赣县，生态系统综合变化率分别为 2.3%、2.0%、2.0%、1.7% 和 1.5%。

2000—2013 年赣江上游流域生态系统综合变化率最高的县是赣州市，达到 15.8%，其他较高的依次为南康县、定南县、龙南县、于都县和寻乌县，生态系统综合变化率分别为 7.0%、6.2%、5.8%、5.8% 和 5.5%，见图 6.4.2-2 ~图 6.4.2-5。

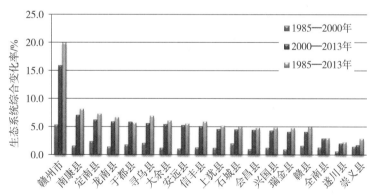

图 6.4.2-2　30 年间赣江上游流域生态系统综合变化率（二级分类）

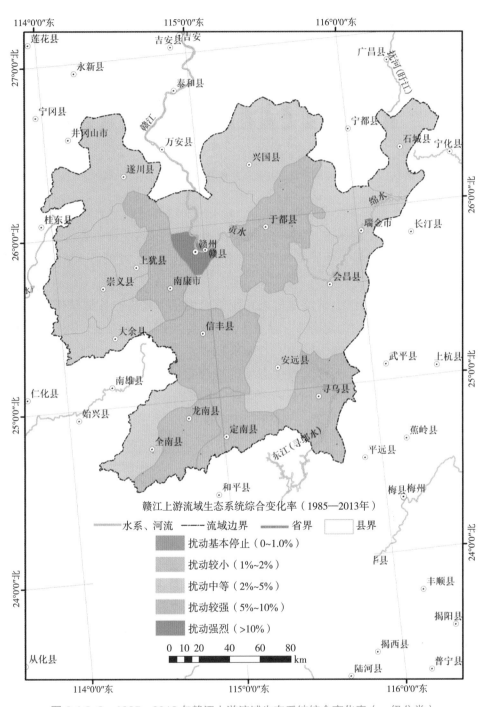

图 6.4.2-3　1985—2013 年赣江上游流域生态系统综合变化率（一级分类）

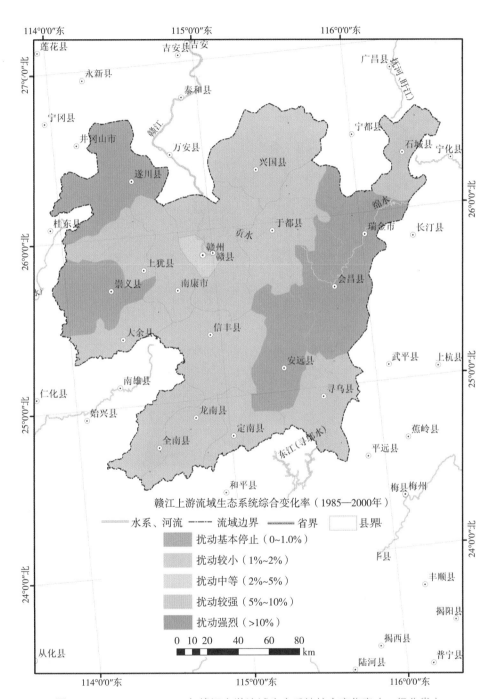

图 6.4.2-4　1985—2000 年赣江上游流域生态系统综合变化率（一级分类）

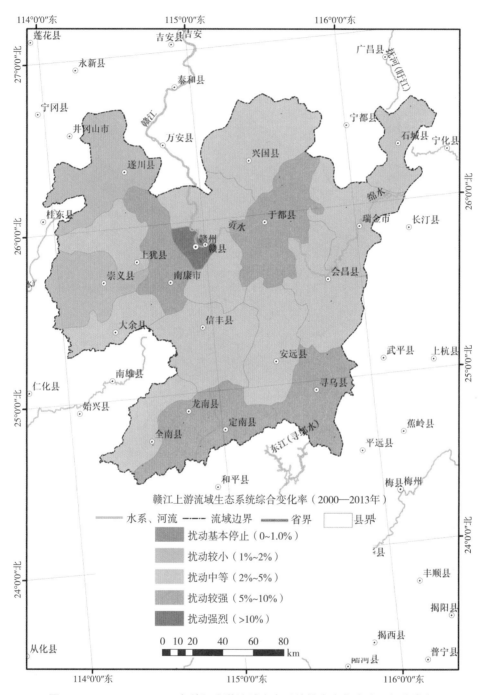

图 6.4.2-5　2000—2013 年赣江上游流域生态系统综合变化率（一级分类）

（2）西北部县生态有所恢复，东南部生态环境质量下降较为明显

从一级分类生态系统类型变化来看，1985—2013 年赣江上游流域各县类型转类指数表现出生态恢复的县有 6 个，其中兴国县、赣州市、上犹县、赣县、遂川县和石城县的转类指数分别为 0.7%、0.6%、0.3%、0.3%、0.2% 和 0.1%，但不是十分明显。其他各县的转类指数都小于零，恶化趋势最明显的县有龙南县、定南县和信丰县，转类指数分别为 –2.6%、–2.5% 和 –2.3%，表现出明显的退化趋势。1985—2000 年赣江上游流域各县表现出生态恢复的县只有 5 个，为大余县、赣县、于都县、上犹县和龙南县，转类指数分别为 0.4%、0.3%、0.1%、0.1% 和 0.02%。其他都表现出恶化趋势，其中转类指数超过 –1.0% 的县为石城县，转类指数为 –1.2%，表现出明显的恶化，其他县表现出轻微的退化趋势。2000—2013 年赣江上游流域各县表现出生态恢复的县只有 9 个，生态恢复最为明显的是石城县和兴国县，转类指数都为 1.7%，表现出明显恢复的趋势。赣州市、寻乌县、崇义县、上犹县、遂川县、赣县和南康县也都呈现缓慢恢复趋势。

从二级分类生态系统类型变化来看，1985—2013 年赣江上游流域各县表现出生态恢复的县有兴国县、遂川县和赣县，转类指数分别为 0.8%、0.2% 和 0.02%，表现出微弱的生态恢复趋势。其他各县呈现恶化趋势，定南县退化趋势最明显，转类指数达到 –3.3%。1985—2000 年赣江上游流域各县表现出生态恢复的县只有 4 个，为赣县、大余县、于都县和龙南县，转类指数分别为 0.5%、0.4%、0.1% 和 0.1%。其他都表现出恶化趋势。其中转类指数超过 –1% 的县有石城县和定南县，转类指数分别为 –1.2% 和 –1.3%。2000—2013 年赣江上游流域各县表现出生态恢复的县只有 5 个，生态恢复最为明显的是兴国县，转类指数为 1.6%。龙南县表现出明显恶化趋势，转类指数为 –3.0%，见图 6.4.2-6 ~ 图 6.4.2-10。

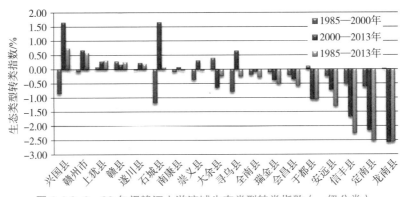

图 6.4.2-6　30 年间赣江上游流域生态类型转类指数（一级分类）

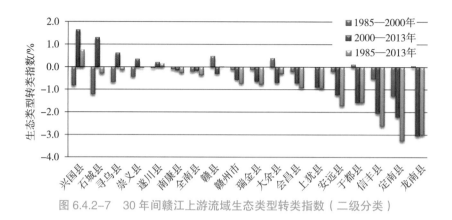

图 6.4.2-7　30 年间赣江上游流域生态类型转类指数（二级分类）

（3）主要生态类型转变表现在耕地和林地转为人工表面以及耕地转为森林，北部各县耕地转变为森林最为主要，南部各县林地转为人工表面更为突出

从一级分类生态系统类型变化来看，观察变化剧烈的几个县，1985—2013 年赣江上游流域各县的主要变化类型都与林地、耕地和人工表面这几种生态系统相关。赣州市生态系统变化最大的 3 种转换类型分别为耕地转为人工表面、林地转为人工表面和耕地转为林地，占变化总面积的比例分别达到 65.9%、20.0% 和 8.2%。南康县生态系统变化最大的 3 种转换类型分别为耕地转为人工表面、耕地转为林地和林地转为人工表面，占变化总面积的比例分别达到 42.7%、23.3% 和 16.6%。寻乌县生态系统变化最大的 3 种转换类型分别为林地转为人工表面、耕地转为林地和耕地转为人工表面，占变化总面积的比例分别达到 21.6%、20.8% 和 19.8%。定南县生态系统变化最大的 3 种转换类型分别为耕地转为人工表面、林地转为人工表面和耕地转为林地，占变化总面积的比例分别达到 32.9%、18.1% 和 14.8%。龙南县生态系统变化最大的 3 种转换类型分别为耕地转为人工表面、林地转为耕地和林地转为其他，占变化总面积的比例分别达到 40.3%、15.0% 和 12.8%。

1985—2000 年赣江上游流域的赣州市生态系统变化最大的 3 种转换类型分别为耕地转为人工表面、林地转为人工表面和耕地转为林地，占变化总面积的比例分别达到 68.7%、12.2% 和 4.9%。寻乌县生态系统变化最大的 3 种转换类型分别为耕地转为人工表面、林地转为人工表面和林地转为其他，占变化总面积的比例分别达到 26.8%、25.3% 和 10.3%。定南县生态系统变化最大的 3 种转换类型分别为耕地转为人工表面、耕地转为林地和林地转为其他，占变化总面积的比例分别达到 32.4%、16.2% 和 9.8%。于都县生态系统变化最大的 3 种转换类型分别为湿地转为耕地、耕地转为人工表面、人工表面转为耕地，占变化总面积的比例分别达到 30.0%、16.6% 和 10.3%。赣县生态系统变化最大的 3 种转换类型分别为林地转为湿地、林地转为人工表面和耕地转为湿地，占变化总面积的比例分别达到 32.4%、13.7% 和 10.7%。

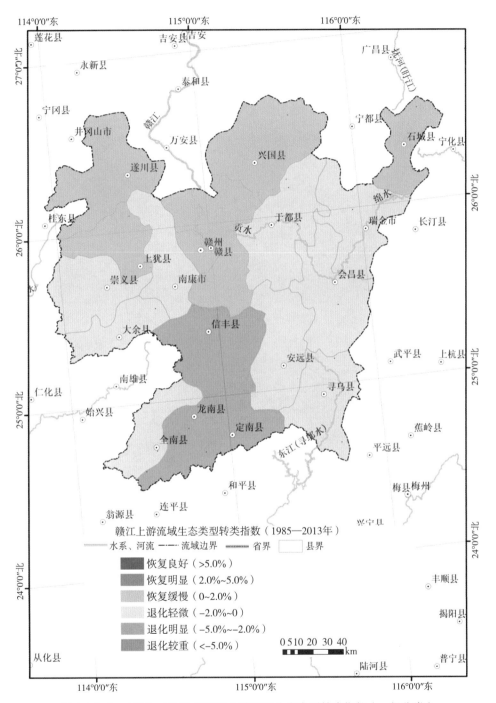

图 6.4.2-8 1985—2013 年赣江上游流域生态类型转类指数（一级分类）

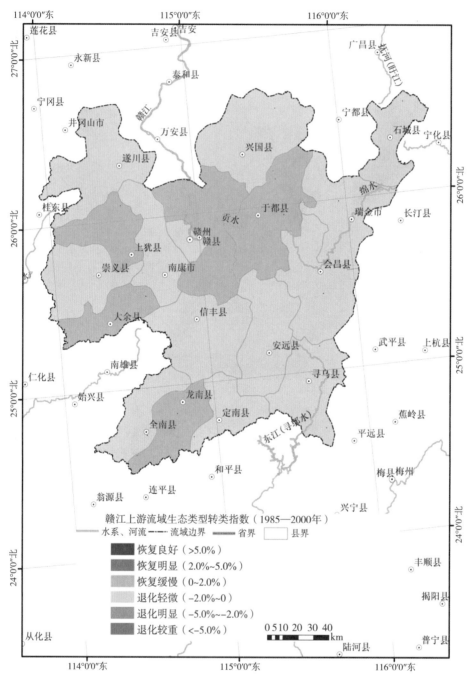

图 6.4.2-9　1985—2000 年赣江上游流域生态类型转类指数（一级分类）

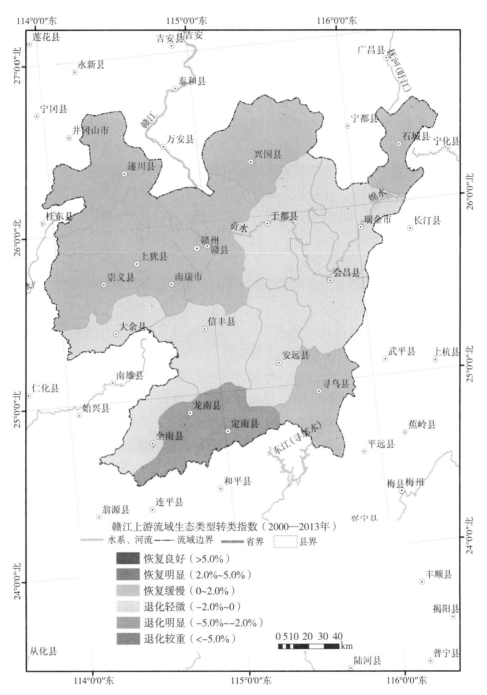

图 6.4.2-10　2000—2013 年赣江上游流域生态类型转类指数（一级分类）

2000—2013 年赣江上游流域的各县的主要变化类型都与林地、耕地和人工表面这几种生态系统相关。赣州市生态系统变化最大的 3 种转换类型分别为耕地转为人工表面、林地转为人工表面和耕地转为林地，占变化总面积的比例分别达到 62.7%、21.6% 和 8.6%。南康县生态系统变化最大的 3 种转换类型分别为耕地转为人工表面、耕地转为林地和林地转为人工表面，占变化总面积的比例分别达到 42.8%、26.1% 和 17.9%。定南县生态系统变化最大的 3 种转换类型分别为耕地转为人工表面、林地转为人工表面和林地转为其他，占变化总面积的比例分别达到 30.8%、18.6% 和 13.5%。龙南县生态系统变化最大的 3 种转换类型分别为耕地转为人工表面、林地转为耕地和林地转为其他，占变化总面积的比例分别达到 34.9%、17.1% 和 14.7%。寻乌县生态系统变化最大的 3 种转换类型分别为耕地转为林地、林地转为人工表面和耕地转为人工表面，占变化总面积的比例分别达到 24.7%、18.1% 和 16.5%。

（4）生态系统景观格局变化

1）于都县和崇义县景观破碎度持续减小；其余各县景观破碎度先增加后减小，整体为减小趋势

1985—2013 年，于都县和崇义县景观呈持续聚集趋势。以于都县为例，于都县境内斑块数由 5 623 个减少到 3 902 个，减少了 30.6%；平均斑块面积则由原来的 51.8 hm² 增加到 74.6 hm²，增加了 44%；边界密度由 36.3 m/hm² 减少到 33.6 m/hm²；聚集度指数则由 68.6% 增加到 2000 年的 68.9%，然后减少到 67.8%。

1985—2013 年，其他各县表现为先呈破碎化趋势，然后呈聚集趋势，整体呈现聚集趋势。其中，变化较为剧烈的县包括赣县、兴国县、石城县、遂川县、瑞金市、南康市、上犹县、会昌县、赣州市、安远县、寻乌县等。以赣县为例，赣县境内斑块数量先由 4 396 个增加到 2000 年的 4 651 个，然后减少到 2013 年的 3 449 个，整体减少了 21.5%；平均斑块面积先由 67.6 hm² 减少到 2000 年的 63.9 hm²，然后增加到 2013 年的 86.1 hm²，整体增加了 27.4%；边界密度先由 31.3 m/hm² 增加到 2000 年的 31.6 m/hm²，然后减少到 2013 年的 28.8 m/hm²；聚集度指数则一直减小，从 77.1% 减少到 75.9%，见表 6.4.2-1。

表 6.4.2-1　赣江上游流域各县一级生态系统景观格局特征及其变化

县域	年份	斑块数 NP	平均斑块面积 MPS/hm²	边界密度 ED/（m/hm²）	聚集度指数 CONT/%
兴国县	1985	6 804	47.0	38.4	69.7
	2000	7 168	44.6	39.1	69.4
	2013	4 835	66.1	35.5	69.4

县域	年份	斑块数 NP	平均斑块面积 MPS/hm²	边界密度 ED/（m/hm²）	聚集度指数 CONT/%
石城县	1985	2 864	50.4	30.2	77.2
	2000	3 103	46.5	31.0	76.8
	2013	2 081	69.3	27.8	76.7
遂川县	1985	4 256	68.7	27.8	77.7
	2000	4 311	67.8	27.7	77.7
	2013	3 450	84.8	25.6	77.9
于都县	1985	5 623	51.8	36.3	68.6
	2000	5 495	53.0	35.6	68.9
	2013	3 902	74.6	33.6	67.8
瑞金市	1985	3 403	70.0	24.4	75.6
	2000	3 522	67.6	25.0	75.2
	2013	2 642	90.1	25.0	73.9
赣县	1985	4 396	67.6	31.3	77.1
	2000	4 651	63.9	31.6	76.3
	2013	3 449	86.1	28.8	75.9
南康市	1985	4 076	45.5	45.8	69.2
	2000	4 211	44.1	46.0	69.2
	2013	3 217	57.7	41.2	68.6
上犹县	1985	2 462	63.7	28.5	77.4
	2000	2 585	60.7	28.1	77.5
	2013	1 851	84.8	25.1	77.7
会昌县	1985	3 753	71.0	23.5	76.5
	2000	3 965	67.2	23.8	76.1
	2013	3 225	82.7	24.6	74.4
赣州市	1985	1 216	38.3	50.3	58.8
	2000	1 394	33.4	54.0	57.6
	2013	845	55.1	41.2	59.3
崇义县	1985	2 491	85.1	17.4	85.4
	2000	2 456	86.3	17.1	85.7
	2013	1 802	117.6	15.4	85.8

县域	年份	斑块数 NP	平均斑块面积 MPS/hm^2	边界密度 ED/（m/hm^2）	聚集度指数 CONT/%
安远县	1985	4 279	56.7	30.4	77.8
	2000	4 623	52.5	31.1	77.3
	2013	3 862	62.8	31.3	76.2
大余县	1985	1 924	70.2	26.4	77.4
	2000	1 992	67.8	26.8	77.1
	2013	1 883	71.7	27.2	75.9
信丰县	1985	5 648	50.8	37.9	70.0
	2000	5 944	48.3	39.2	69.0
	2013	5 230	54.9	40.1	67.2
寻乌县	1985	5 493	39.7	41.9	73.6
	2000	5 968	36.5	43.3	72.4
	2013	4 545	48.0	41.0	71.7
全南县	1985	1 006	149.9	20.2	81.4
	2000	1 168	129.1	22.1	80.2
	2013	1 130	133.5	21.7	79.9
定南县	1985	2 496	51.9	34.6	77.3
	2000	2 794	46.4	35.4	76.9
	2013	2 527	51.3	36.1	74.4
龙南县	1985	2 697	59.3	33.8	74.6
	2000	2 981	53.7	35.0	73.9
	2013	2 619	61.1	36.2	71.5

2）人工表面和其他生态系统景观格局在各县都表现为明显的聚集趋势；耕地景观格局在赣州市、瑞金市、全南县、定南县和龙南县表现为破碎化趋势，在会昌县基本保持稳定，在其他各县表现出聚集趋势；森林景观格局在赣州市表现为破碎化趋势，在会昌县和龙南县保持稳定，在其他各县表现出较为明显的聚集趋势；草地景观格局在兴国县、石城县、大余县、信丰县、寻乌县和定南县表现出一定的聚集趋势，在其他各县保持稳定；湿地景观格局在石城县、于都县、瑞金县、赣县、上犹县和赣州市表现出一定的聚集趋势，在其他各县表现为破碎化趋势。

1985—2013 年，兴国县人工表面类斑块面积由 6.2 hm^2 增加到 15.5 hm^2，增加了 150%；其他生态系统类型类斑块面积由 5.6 hm^2 增加到 9.0 hm^2，增加了 60.7%；森林类斑块面积有由 198.7 hm^2 增加到 293.8 hm^2，增加了 47.9%；耕地类斑块面积由

28.5 hm² 增加到 34.7 hm²，增加了 21.8%；湿地类斑块面积由原来的 42.2 hm² 减少到 36.9 hm²，减少了 12.6%；草地类斑块面积由原来的 19.1 hm² 增加到 20.6 hm²，增加了 7.9%。

1985—2013 年，石城县人工表面类斑块面积由原来的 4.5 hm² 增加到 10.2 hm²，增加了 126.7%；其他生态系统类型类斑块面积由原来的 4.3 hm² 增加到 6.7 hm²，增加了 55.8%；森林类斑块面积由 411.7 hm² 增加到 621.1 hm²，增加了 50.9%；湿地类斑块面积由 11.2 hm² 增加到 15.4 hm²，增加了 37.5%；耕地类斑块面积由 15.7 hm² 增加到 19.9 hm²，增加了 26.8%；草地类斑块面积由原来的 26.3 hm² 增加到 28.5 hm²，增加了 8.4%。

1985—2013 年，遂川县其他生态系统类型类斑块面积由 4.3 hm² 增加到 7.1 hm²，增加了 65.1%；人工表面类斑块面积由 8.8 hm² 增加到 14.5 hm²，增加了 64.8%；森林类斑块面积由 727.4 hm² 增加到 921.6 hm²，增加了 26.7%；耕地类斑块面积由 14.1 hm² 增加到 16.1 hm²，增加了 14.2%；草地类斑块面积由 11.2 hm² 增加到 11.4 hm²，增加了 1.8%，保持稳定；湿地类斑块面积由原来的 22.4 hm² 减少到 19.5 hm²，减少了 12.9%。

1985—2013 年，于都县人工表面类斑块面积由 5.4 hm² 增加到 14 hm²，增加了 159.3%；其他生态系统类型类斑块面积由 7.4 hm² 增加到 13.1 hm²，增加了 77%；湿地类斑块面积由 16.9 hm² 增加到 26.6 hm²，增加了 57.4%；耕地类斑块面积由 35.6 hm² 增加到 46.4 hm²，增加了 30.3%；森林类斑块面积由 221.5 hm² 增加到 287.3 hm²，增加了 29.7%；草地类斑块面积由 284 hm² 增加到 284.4 hm²，保持稳定。

1985—2013 年，瑞金市人工表面类斑块面积由 6.8 hm² 增加到 21.7 hm²，增加了 219.1%；其他生态系统类型类斑块面积由原来的 5.1 hm² 增加到 9.1 hm²，增加了 78.4%；森林类斑块面积由 323.4 hm² 增加到 423.7 hm²，增加了 31%；湿地类斑块面积由 22.9 hm² 增加到 25.8 hm²，增加了 12.7%；耕地类斑块面积由 34.2 hm² 减少到 32.6 hm²，减少了 4.7%；草地类斑块面积由原来的 256.2 hm² 减少到 256.1 hm²，保持稳定。

1985—2013 年，赣县人工表面类斑块面积由 6.3 hm² 增加到 14 hm²，增加了 122.2%；其他生态系统类型类斑块面积由 3.9 hm² 增加到 7.5 hm²，增加了 92.3%；森林类斑块面积由 433.9 hm² 增加到 531.6 hm²，增加了 22.5%；湿地类斑块面积由 55.9 hm² 增加到 65.5 hm²，增加了 17.2%；耕地类斑块面积由 17.4 hm² 增加到 19.9 hm²，增加了 14.4%；草地类斑块面积由原来的 4 hm² 增加到 4.3 hm²，保持稳定。

1985—2013 年，南康市人工表面类斑块面积由 8.7 hm² 增加到 20.8 hm²，增加了 139.1%；其他生态系统类型类斑块面积由 5.6 hm² 增加到 8.7 hm²，增加了 55.4%；

森林类斑块面积由 164.5 hm² 增加到 197.3 hm²，增加了 19.9%；耕地类斑块面积由 21.9 hm² 增加到 24.3 hm²，增加了 11%；湿地类斑块面积由 13.6 hm² 减少到 10.7 hm²，减少了 21.3%；草地类斑块面积由原来的 9 hm² 减少到 8.9 hm²，保持稳定。

1985—2013 年，上犹县人工表面类斑块面积由 6 hm² 增加到 15.9 hm²，增加了 165%；其他生态系统类型类斑块面积由 4.1 hm² 增加到 7 hm²，增加了 70.7%；湿地类斑块面积由 65.5 hm² 增加到 85.1 hm²，增加了 29.9%；森林类斑块面积由 699.3 hm² 增加到 864.2 hm²，增加了 23.6%；耕地类斑块面积由 9.2 hm² 增加到 10.2 hm²，增加了 10.9%；草地类斑块面积由原来的 19.1 hm² 增加到 19.5 hm²，保持稳定。

1985—2013 年，会昌县人工表面类斑块面积由 5.9 hm² 增加到 17.7 hm²，增加了 200%；其他生态系统类型类斑块面积由 4.2 hm² 增加到 6.8 hm²，增加了 61.9%；耕地类斑块面积由 21.7 hm² 增加到 21.9 hm²，保持稳定；湿地类斑块面积由 37.5 hm² 减少到 34.7 hm²，减少了 7.5%；森林类斑块面积由 519.8 hm² 减少到 518.4 hm²，保持稳定。

1985—2013 年，赣州市人工表面类斑块面积由 17.8 hm² 增加到 95.9 hm²，增加了 438.8%；湿地类斑块面积由 46.4 hm² 增加到 68.2 hm²，增加了 47%；其他生态系统类型类斑块面积由 2.7 hm² 增加到 6.2 hm²，增加了 129%；耕地类斑块面积由 28.3 hm² 减少到 20.7 hm²，减少了 26.9%；森林类斑块面积由 102.9 hm² 减少到 92.2 hm²，减少了 10.4%；草地类斑块面积由 5.7 hm² 增加到 5.9 hm²，保持稳定。

1985—2013 年，崇义县其他生态系统类型类斑块面积由 3.8 hm² 增加到 7.1 hm²，增加了 86.8%；人工表面类斑块面积由 5.8 hm² 增加到 9.4 hm²，增加了 62.1%；森林类斑块面积由 2 140.4 hm² 增加到 3 311.5 hm²，增加了 54.7%；耕地类斑块面积由 6.3 hm² 增加到 7.7 hm²，增加了 22.2%；草地类斑块面积由 7.3 hm² 增加到 8.5 hm²，增加了 16.4%；湿地类斑块面积由 53.4 hm²，减少到 49.4 hm²，减少了 7.5%。

1985—2013 年，安远县森林类斑块面积由 330.6 hm² 增加到 501.6 hm²，增加了 51.7%；其他生态系统类型类斑块面积由 3.7 hm² 增加到 5.5 hm²，增加了 48.6%；人工表面类斑块面积由 6.2 hm² 增加到 8.9 hm²，增加了 43.5%；湿地类斑块面积由 17 hm² 减少到 12.7 hm²，减少了 25.3%；耕地类斑块面积由 18.5 hm² 增加到 19.6 hm²，增加了 5.9%；草地类斑块面积保持稳定，为 1.9 hm²。

1985—2013 年，大余县其他生态系统类型类斑块面积由 5.8 hm² 增加到 11.4 hm²，增加了 96.6%；人工表面类斑块面积由 8.1 hm² 增加到 10.4 hm²，增加了 28.4%；草地类斑块面积由 5 hm² 增加到 5.4 hm²，增加了 8%；森林类斑块面积由 402.3 hm² 增加到 427.6 hm²，增加了 6.3%；湿地类斑块面积由 14.6 hm² 减少到

12.7 hm²，减少了 13%；耕地类斑块面积由 22.5 hm² 减少到 20.3 hm²，减少了9.8%。

1985—2013 年，信丰县其他生态系统类型类斑块面积由 3.2 hm² 增加到6.9 hm²，增加了 115.6%；人工表面类斑块面积由 4.5 hm² 增加到 9.1 hm²，增加了102.2%；湿地类斑块面积由 9 hm² 减少到 6.8 hm²，减少了 24.4%；耕地类斑块面积由 50.4 hm² 增加到 58.4 hm²，增加了 15.9%；森林类斑块面积由 130 hm² 增加到 147.5 hm²，增加了 13.5%；草地类斑块面积由 5.9 hm² 增加到 6.6 hm²，增加了11.9%。

1985—2013 年，寻乌县人工表面类斑块面积由 4 hm² 增加到 10.6 hm²，增加了165%；其他生态系统类型类斑块面积由 3.5 hm² 增加到 5.4 hm²，增加了 54.3%；森林类斑块面积由 231.8 hm² 增加到 344 hm²，增加了 48.4%；草地类斑块面积由 44.2 hm²增加到 48.5 hm²，增加了 9.7%；耕地类斑块面积由 13.7 hm² 增加到 14.8 hm²，增加了 8%；湿地类斑块面积由 12.4 hm² 减少到 11.8 hm²，减少了 4.8%。

1985—2013 年，全南县人工表面类斑块面积由 4.9 hm² 增加到 10.3 hm²，增加了110.2%；其他生态系统类型类斑块面积由 6.7 hm² 增加到 8.2 hm²，增加了 22.4%；森林类斑块面积由 891.5 hm² 增加到 986.1 hm²，增加了 10.6%；湿地类斑块面积由 19.1 hm² 减少到 14.5 hm²，减少了 24.1%；耕地类斑块面积由 44.2 hm² 减少到39.9 hm²，减少了 9.7%；草地类斑块面积保持不变，为 2.4 hm²。

1985—2013 年，定南县人工表面类斑块面积由 5.5 hm² 增加到 12.1 hm²，增加了120%；草地类斑块面积由 2 hm² 增加到 3.2 hm²，增加了 60%；其他生态系统类型类斑块面积由 3.9 hm² 增加到 6.1 hm²，增加了 56.4%；森林类斑块面积由 387.7 hm²增加到 468.1 hm²，增加了 20.7%；湿地类斑块面积由 26 hm² 减少到 11.3 hm²，减少了 56.5%；耕地类斑块面积由 13.6 hm² 减少到 12.2 hm²，减少了 10.3%。

1985—2013 年，龙南县人工表面类斑块面积由 8.1 hm² 增加到 16.9 hm²，增加了108.6%；其他生态系统类型类斑块面积由 3.7 hm² 增加到 6.4 hm²，增加了 73%；湿地类斑块面积由 11.5 hm² 减少到 9.3 hm²，减少了 19.1%；耕地类斑块面积由24 hm² 减少到 23.1 hm²，减少了 3.8%；森林类斑块面积由原来的 382.9 hm² 减少到 373.8 hm²，减少了 2.4%，保持稳定；草地类斑块面积保持不变，为 1.7 hm²，见表 6.4.2-2。

表 6.4.2-2　赣江上游流域各县一级生态系统类斑块平均面积　　　　　　单位：hm²

县域	年份	森林	草地	湿地	耕地	人工表面	其他
兴国县	1985	198.7	19.1	42.2	28.5	6.2	5.6
	2000	195.2	19.1	46.1	28.8	5.6	5.5
	2013	293.8	20.6	36.9	34.7	15.5	9

县域	年份	森林	草地	湿地	耕地	人工表面	其他
石城县	1985	411.7	26.3	11.2	15.7	4.5	4.3
	2000	415	26.3	14.6	16.1	3.9	3.9
	2013	621.1	28.5	15.4	19.9	10.2	6.7
遂川县	1985	727.4	11.2	22.4	14.1	8.8	4.3
	2000	743	11.3	21.5	13.9	8.7	4.3
	2013	921.6	11.4	19.5	16.1	14.5	7.1
于都县	1985	221.5	284	16.9	35.6	5.4	7.4
	2000	225.7	284	18.6	38.2	6.1	7
	2013	287.3	288.4	26.6	46.4	14	13.1
瑞金市	1985	323.4	256.2	22.9	34.2	6.8	5.1
	2000	327.8	256.2	25.6	32.8	7.6	5
	2013	423.7	256.1	25.8	32.6	21.7	9.1
赣县	1985	433.9	4	55.9	17.4	6.3	3.9
	2000	415.1	4.2	74	17.6	6	3.5
	2013	531.6	4.3	65.5	19.9	14	7.5
南康市	1985	164.5	9	13.6	21.9	8.7	5.6
	2000	161.9	9	12.3	21.5	8.3	5.6
	2013	197.3	8.9	10.7	24.3	20.8	8.7
上犹县	1985	699.3	19.1	65.5	9.2	6	4.1
	2000	748.7	19.2	60.6	8.6	5.6	3.8
	2013	864.2	19.5	85.1	10.2	15.9	7
会昌县	1985	519.8	—	37.5	21.7	5.9	4.2
	2000	512	—	37.4	20.6	6	4.1
	2013	518.4	—	34.7	21.9	17.7	6.8
赣州市	1985	102.9	5.7	46.4	28.3	17.8	2.7
	2000	101.4	5.7	41	21.5	18.3	2.9
	2013	92.2	5.9	68.2	20.7	95.9	6.2
崇义县	1985	2 140.4	7.3	53.4	6.3	5.8	3.8
	2000	2 145.4	7.9	64.4	6.1	5.2	3.9
	2013	3 311.5	8.5	49.4	7.7	9.4	7.1

县域	年份	森林	草地	湿地	耕地	人工表面	其他
安远县	1985	330.6	1.9	17	18.5	6.2	3.7
	2000	295.5	1.9	17.6	18.6	5.9	3.5
	2013	501.6	1.9	12.7	19.6	8.9	5.5
大余县	1985	402.3	5	14.6	22.5	8.1	5.8
	2000	406.5	5.4	12.2	21.4	10.2	4.6
	2013	427.6	5.4	12.7	20.3	10.4	11.4
信丰县	1985	130	5.9	9	50.4	4.5	3.2
	2000	127.9	5.9	8.2	47.9	5.4	3.6
	2013	147.5	6.6	6.8	58.4	9.1	6.9
寻乌县	1985	231.8	44.2	12.4	13.7	4	3.5
	2000	228.3	44.2	12.2	13.1	5.2	3.5
	2013	344	48.5	11.8	14.8	10.6	5.4
全南县	1985	891.5	2.4	19.1	44.2	4.9	6.7
	2000	841.3	2.4	16.5	35.9	10.6	6.9
	2013	986.1	2.4	14.5	39.9	10.3	8.2
定南县	1985	387.7	2	26	13.6	5.5	3.9
	2000	391.3	2	15.6	12.3	5.3	3.8
	2013	468.1	3.2	11.3	12.2	12.1	6.1
龙南县	1985	382.9	1.7	11.5	24	8.1	3.7
	2000	372.9	1.7	9.5	22.2	7.7	3.7
	2013	373.8	1.7	9.3	23.1	16.9	6.4

6.4.3　县域各生态系统变化特征

（1）森林生态系统

1）西北部 6 县森林生态系统增加，赣州市减少最多，约 3.9%

1985—2013 年赣江上游流域各县的森林面积增加的有 6 个县，增加最多的是上犹县，面积约为 10.9 km²，增加面积占 1985 年区域内森林总面积的 0.8%。其次南康县增加比例 0.8%，面积为 10.6 km²。森林面积减少的县有 12 个，减少最多的是赣州市，面积为 9.6 km²，减少的面积占 1985 年森林面积的 3.9%，其次减少比例超过 1% 的有龙南县、信丰县、定南县、寻乌县、安远县、会昌县，减少面积分别为 29.5 km²、38.7 km²、17.6 km²、18.3 km²、20.5 km² 和 21.7 km²，减少的比例分别为 2.4%、2.1%、1.7%、1.1%、1.0% 和 1.0%。

1985—2000 年赣江上游流域各县森林面积增加的只有 6 个县，上犹县和崇义县为增加最多的两个县，增加面积约为 4.0 km² 和 4.5 km²，增加面积占 1985 年区域内森林总面积的 0.3% 和 0.2%。减少最多的是寻乌县，面积为 12.3 km²，减少的面积占 1985 年森林面积的 0.7%。

2000—2013 年赣江上游流域各县森林面积增加的有 9 个县，增加最多的是兴国县，面积约为 20.4 km²，增加面积占 1985 年区域内森林总面积的 0.9%。减少最多的是赣州市，面积为 8.0 km²，减少的面积占 1985 年森林面积的 3.3%，见图 6.4.3-1 ~图 6.4.3-3。

2）各县森林生态系统景观格局变化，东部各县森林类斑块平均面积表现出快速聚集趋势，中西部各县森林类斑块平均面积表现出中速聚集趋势

1985—2013 年，兴国县、石城县、瑞金市、安远县和寻乌县等东部各县森林类斑块平均面积表现出快速聚集趋势，遂川县、上犹县、赣县、南康市、于都县、信丰县、定南县和全南县等中西部各县森林类斑块平均面积表现出中速聚集趋势，大余县森林类斑块平均面积表现为缓慢聚集趋势，赣州市森林类斑块平均面积表现为中度破碎化趋势，会昌县和龙南县森林类斑块平均面积表现为缓慢破碎化趋势。

1985—2000 年，遂川县、上犹县、崇义县、大余县、于都县、石城县、瑞金市和定南县森林类斑块平均面积表现为缓慢聚集趋势，安远县森林类斑块平均面积表现为中度破碎化趋势，兴国县、赣县、赣州市、南康市、信丰县、龙南县、全南县、会昌县和寻乌县森林类斑块平均面积表现为缓慢破碎趋势。

2000—2013 年，兴国县、石城县、崇义县、安远县和寻乌县森林类斑块平均面积表现出快速聚集趋势，遂川县、上犹县、南康市、赣县、于都县、瑞金市、信丰县、全南县和定南县森林类斑块平均面积表现为中速聚集趋势，大余县、会昌县和龙南县森林类斑块平均面积表现为缓慢聚集趋势，赣州市森林类斑块平均面积表现为缓慢破碎趋势，见图 6.4.3-4 ~图 6.4.3-6。

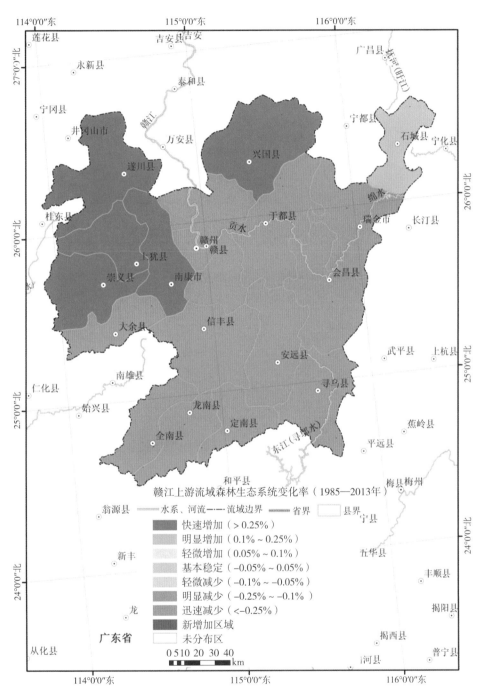

图 6.4.3-1　1985—2013 年赣江上游流域森林生态系统变化率（一级分类）

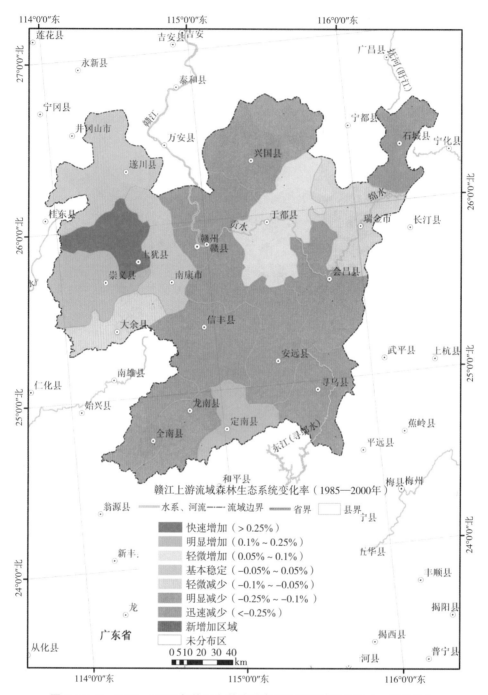

图 6.4.3-2　1985—2000 年赣江上游流域森林生态系统变化率（一级分类）

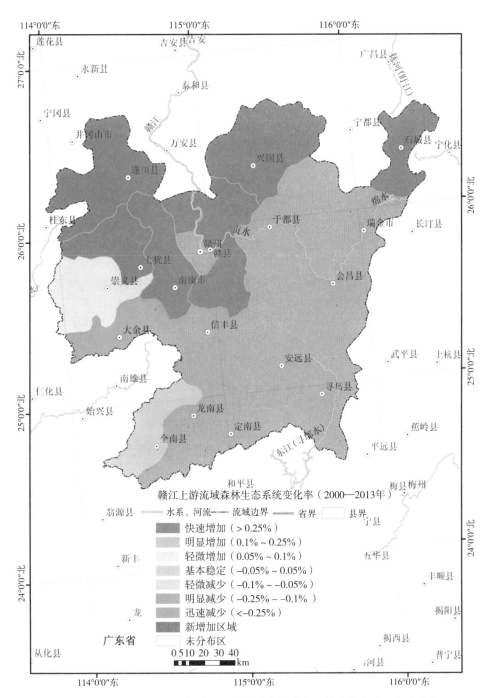

图 6.4.3-3　2000—2013 年赣江上游流域森林生态系统变化率（一级分类）

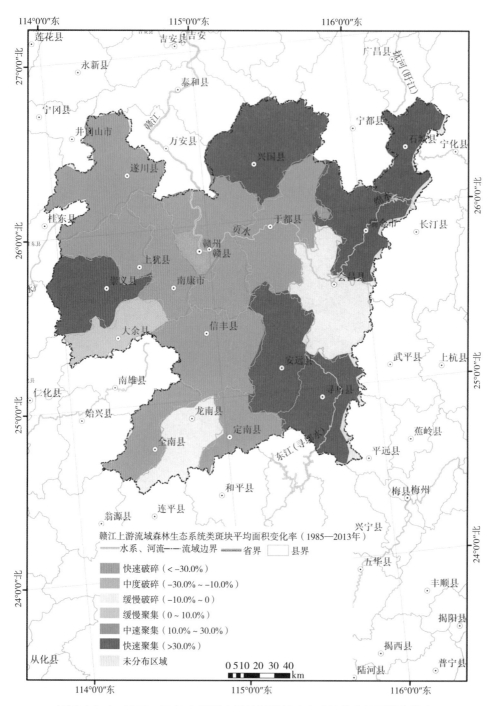

图 6.4.3-4　1985—2013 年赣江上游流域森林生态系统类斑块面积变化率

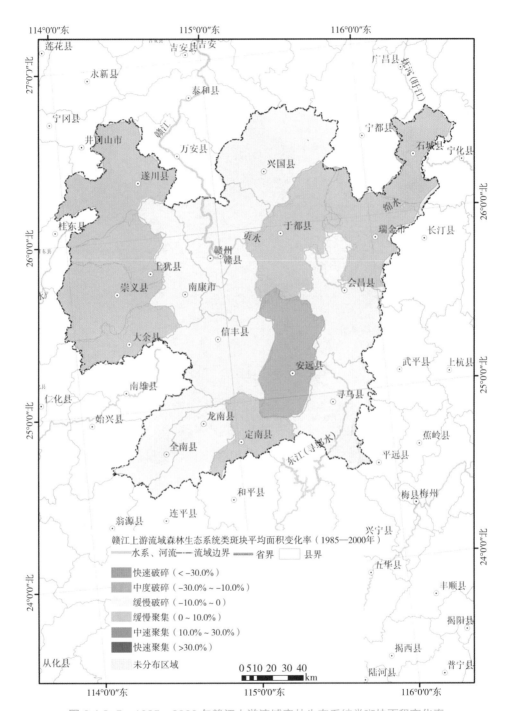

图 6.4.3-5　1985—2000 年赣江上游流域森林生态系统类斑块面积变化率

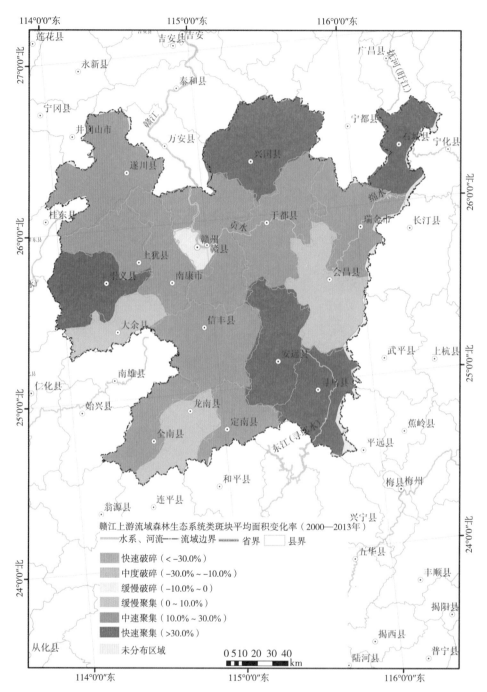

图 6.4.3-6 2000—2013 年赣江上游流域森林生态系统类斑块面积变化率

（2）草地生态系统变化

1）北部各县草原生态系统增加较为明显，中南部各县草地减少突出，变化主要发生在后十年

1985—2013 年，赣江上游流域草地面积增加的县有 9 个，主要分布在流域北部，崇义县和石城县增加比例超过 10%，面积约为 4.1 km² 和 0.03 km²，增加面积占 1985 年区域内草地总面积的 13.7% 和 10.6%。草地面积减少的县有 8 个，主要分布在流域中南部，安远县的草地面积减少最多，减少面积为 0.08 km²，减少的比例达到 66.9%。

1985—2000 年，赣江上游流域各县的草地面积变化不大，只有一个县的面积略减少，其他县面积都略增，增加最多的是崇义县，面积约为 3.6 km²，增加面积占 1985 年区域内草地总面积的 11.8%，其次为大余县，增加面积为 0.2 km²，增加的比例达到 5.9%。

2000—2013 年，赣江上游流域草地面积增加的县有 9 个，石城县增加比例超过 10%。草地面积减少的县有 8 个，安远县的草地面积减少最多，减少面积为 0.08 km²，减少的比例达到 66.9%。会昌县无草地分布，见图 6.4.3-7 ~图 6.4.3-9。

2）各县草地生态系统景观格局变化

1985—2013 年，定南县草地类斑块平均面积表现为快速聚集趋势，崇义县和信丰县草地类斑块平均面积表现为中速聚集趋势，遂川县、上犹县、大余县、兴国县、赣县、赣州市、于都县、石城县、安远县和寻乌县草地类斑块平均面积表现出缓慢聚集趋势，南康市、瑞金市、全南县和龙南县草地类斑块平均面积表现出缓慢破碎趋势。

1985—2000 年，遂川县、上犹县、崇义县、大余县、赣州市、赣县和于都县草地类斑块平均面积表现为缓慢聚集趋势，兴国县、南康市、石城县、瑞金市、信丰县、安远县、寻乌县、定南县、龙南县和全南县草地类斑块平均面积表现出缓慢破碎趋势。

2000—2013 年，定南县草地类斑块平均面积表现为快速聚集趋势，信丰县草地类斑块平均面积表现为中速聚集趋势，遂川县、上犹县、崇义县、大余县、兴国县、赣州市、赣县、于都县、石城县、安远县和寻乌县草地类斑块平均面积表现出缓慢聚集趋势，南康市、瑞金市、龙南县和全南县草地类斑块平均面积表现出缓慢破碎趋势，见图 6.4.3-10 ~图 6.4.3-12。

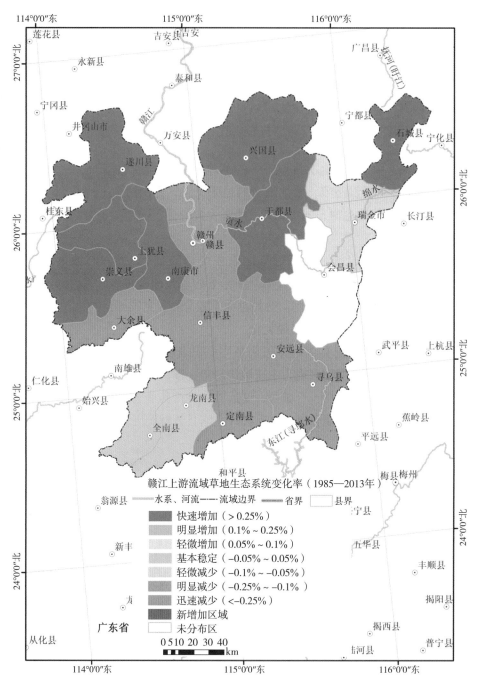

图 6.4.3-7　1985—2013 年赣江上游流域草地生态系统变化率（一级分类）

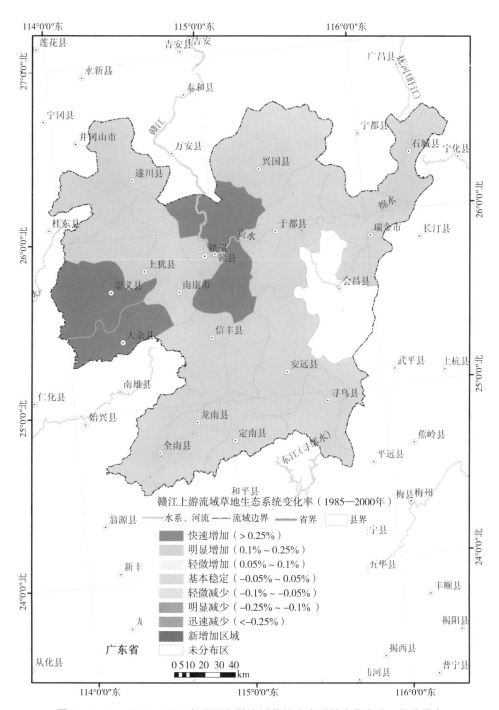

图 6.4.3-8　1985—2000 年赣江上游流域草地生态系统变化率（一级分类）

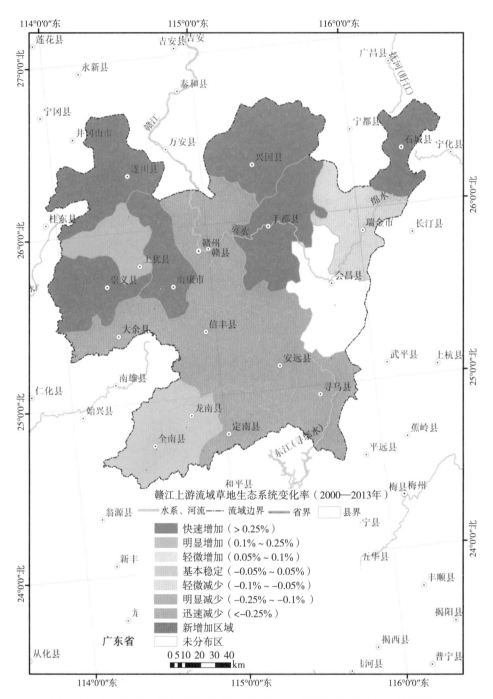

图 6.4.3-9　2000—2013 年赣江上游流域草地生态系统变化率（一级分类）

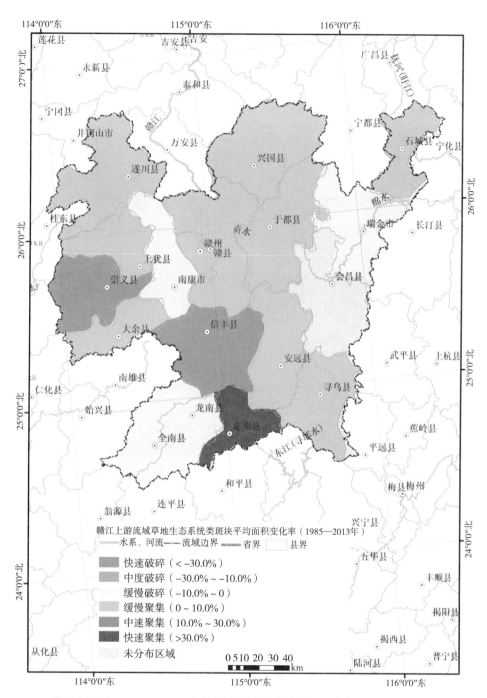

图 6.4.3-10　1985—2013 年赣江上游流域草地生态系统类斑块面积变化率

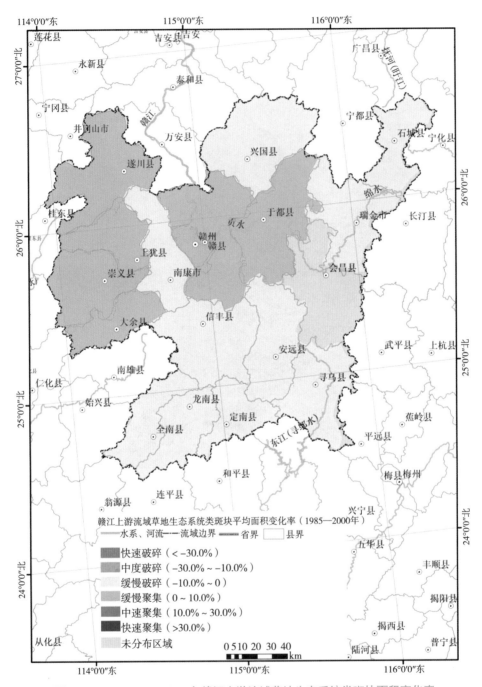

图 6.4.3-11 1985—2000 年赣江上游流域草地生态系统类斑块面积变化率

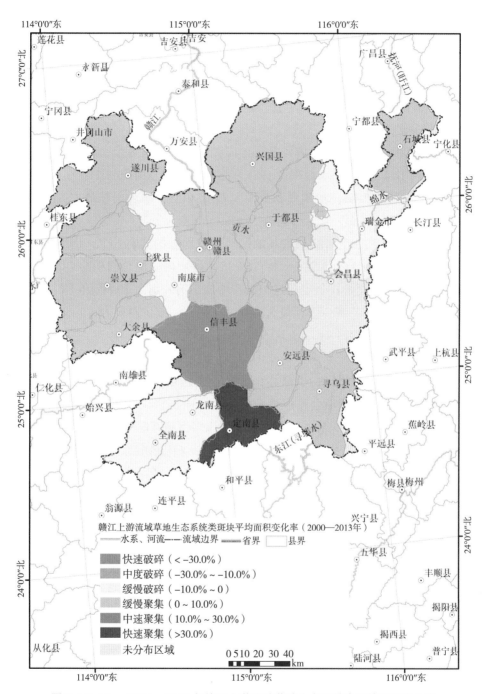

图 6.4.3-12　2000—2013 年赣江上游流域草地生态系统类斑块面积变化率

（3）湿地生态系统变化

1）大余县和赣县增加最多，南部寻乌县减少最多

1985—2013 年赣江上游流域各县湿地面积增加的县有 9 个，增加最多的是大余县，面积约为 3.7 km²，增加面积占 1985 年区域内湿地总面积的 30.2%。其次赣县、石城县、龙南县增加比例也超过 10%，增加比例分别为 28.4%、15.1% 和 10.5%。湿地面积减少的有 9 个县，减少面积最大的县为寻乌县，减少面积为 3.3 km²，减少比例为 23.3%。

1985—2000 年赣江上游流域各县湿地面积增加的县有 8 个，增加最多的是赣县，面积约为 12.4 km²，增加面积占 1985 年区域内湿地总面积的 21.1%。其次为安远县，增加比例为 17.4%。湿地面积减少的有 10 个县，减少面积最大的县为于都县，减少面积为 11.9 km²，减少比例为 21.5%。

2000—2013 年赣江上游流域各县的湿地面积增加的县有 6 个，增加最多的是大余县，面积约为 3.1 km²，增加面积占 1985 年区域内湿地总面积的 24.0%。其次为于都县和石城县，增加比例也超过 10%，增加比例分别为 20.8% 和 18.1%。湿地面积减少的有 12 个县，减少面积最大的县为上犹县，减少面积为 3.9 km²，减少比例为 11.3%，见图 6.4.3-13 ~ 图 6.4.3-15。

2）各县湿地生态系统景观格局变化

1985—2013 年，赣州市、于都县和石城县湿地类斑块平均面积表现出快速聚集趋势，上犹县、赣县和瑞金市湿地类斑块平均面积表现出中速聚集趋势，崇义县、会昌县和寻乌县湿地类斑块平均面积表现出缓慢破碎趋势，定南县湿地类斑块平均面积表现为快速破碎化趋势，兴国县、遂川县、南康市、大余县、信丰县、安远县、龙南县和全南县湿地类斑块平均面积表现出中度破碎趋势。

1985—2000 年，赣县湿地类斑块平均面积表现为快速聚集趋势，崇义县、于都县、瑞金市和石城县湿地类斑块平均面积表现出中速聚集趋势，兴国县和安远县湿地类斑块平均面积表现为缓慢聚集趋势，定南县湿地类斑块平均面积表现为快速破碎趋势，赣州市、大余县、龙南县和全南县湿地类斑块平均面积表现出中度破碎趋势，遂川县、上犹县、南康市、信丰县、会昌县和寻乌县湿地类斑块平均面积表现出缓慢破碎趋势。

2000—2013 年，上犹县、赣州市和于都县湿地类斑块平均面积表现出快速聚集趋势，大余县、瑞金市和石城县湿地类斑块平均面积表现出缓慢聚集趋势，兴国县、赣县、南康市、崇义县、信丰县、安远县、定南县和全南县湿地类斑块平均面积表现出中度破碎趋势，遂川县、龙南县、会昌县和寻乌县湿地类斑块平均面积表现出缓慢破碎趋势，见图 6.4.3-16 ~ 图 6.4.3-18。

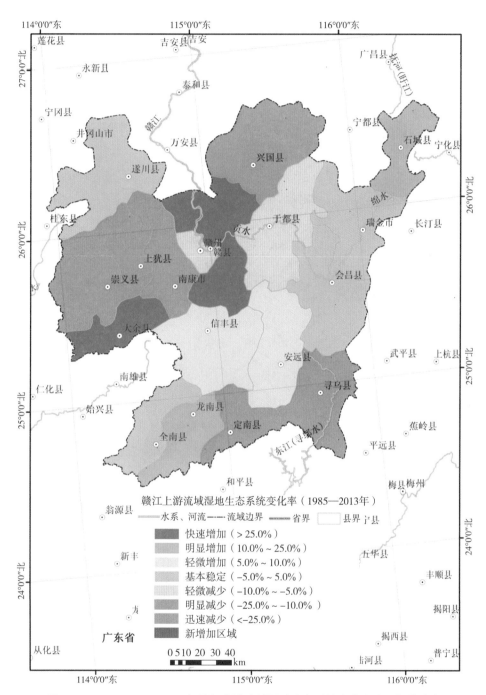

图 6.4.3-13 1985—2013 年赣江上游流域湿地生态系统变化率（一级分类）

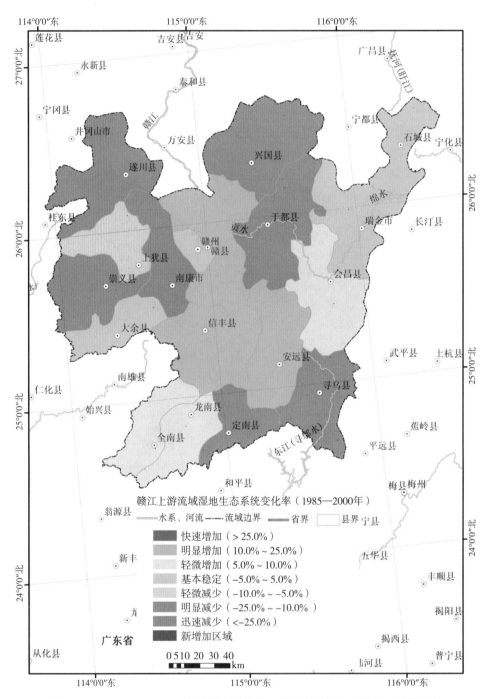

图 6.4.3-14　1985—2000 年赣江上游流域湿地生态系统变化率（一级分类）

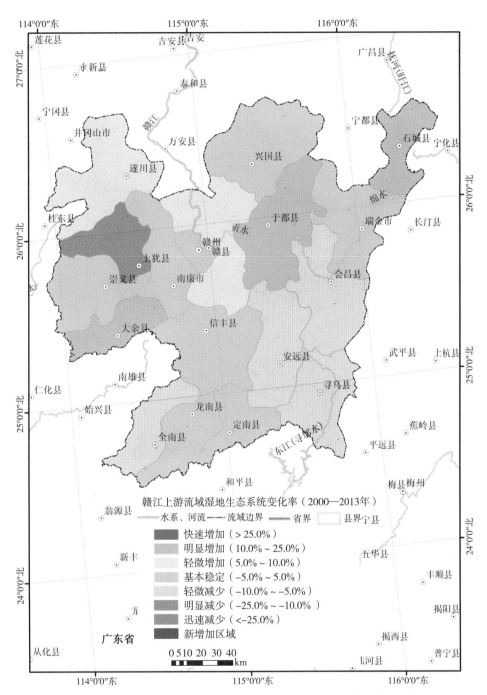

图 6.4.3-15　2000—2013 年赣江上游流域湿地生态系统变化率（一级分类）

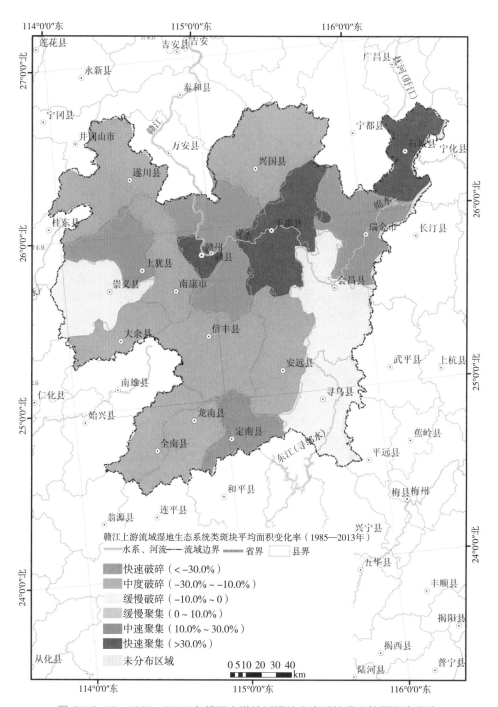

图 6.4.3-16　1985—2013 年赣江上游流域湿地生态系统类斑块面积变化率

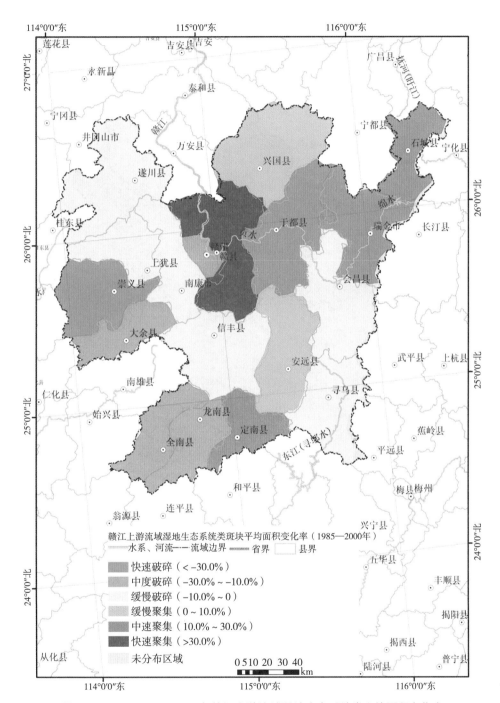

图 6.4.3-17　1985—2000 年赣江上游流域湿地生态系统类斑块面积变化率

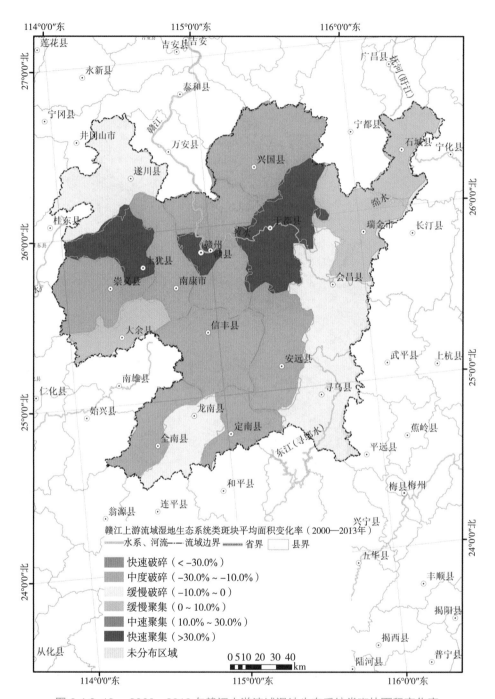

赣江上游流域湿地生态系统类斑块平均面积变化率（2000—2013年）
水系、河流 流域边界 省界 县界

快速破碎（< -30.0%）
中度破碎（-30.0% ~ -10.0%）
缓慢破碎（-10.0% ~ 0）
缓慢聚集（0 ~ 10.0%）
中速聚集（10.0% ~ 30.0%）
快速聚集（>30.0%）
未分布区域

0 5 10 20 30 40 km

图 6.4.3-18　2000—2013 年赣江上游流域湿地生态系统类斑块面积变化率

（4）耕地生态系统变化

1）各县耕地面积都在减少，赣州市减少最多

1985—2013 年赣江上游流域各县的耕地面积都在减少，其中赣州市减少的比例最多，减少的面积为 63.6 km², 减少比例为 45.8%。其次依次为上犹县、崇义县、南康县、定南县和大余县，减少比例也较多，减少的面积分别为 29.6 km²、13.6 km²、77.9 km²、30.7 km² 和 27.5 km²，减少比例分别为 22.3%、18.5%、17.8%、16.8% 和15.0%。

1985—2000 年赣江上游流域各县中只有于都县耕地面积增加，但增加的面积只有 5.7 km²，增加的比例为 0.8%。其余各县的耕地都在减少，赣州市和定南县减少最多，耕地减少的面积分别为 14.7 km² 和 9.1 km²，增加的比例分别为 10.6% 和5.0%。

1985—2013 年赣江上游流域各县的耕地面积都在减少，其中赣州市减少的比例最多，减少的面积为 49.0 km²，减少比例为 39.4%。其次依次为上犹县、南康县、崇义县和大余县减少比例也较多，减少的面积分别为 24.3 km²、75.2 km²、11.3 km²和 25.5 km²， 减 少 比 例 分 别 为 19.1%、17.2%、15.9% 和 14.0%， 见 图 6.4.3-19 ~图 6.4.3-21。

2）各县耕地生态系统景观格局变化

1985—2013 年，于都县耕地类斑块平均面积表现为快速聚集趋势，石城县、兴国县、赣县、遂川县、上犹县、崇义县、南康市和信丰县耕地类斑块平均面积表现出中速聚集趋势，会昌县、安远县和寻乌县耕地类斑块平均面积表现出缓慢聚集趋势，赣州市和定南县耕地类斑块平均面积表现为中度破碎趋势，瑞金市、大余县、龙南县和全南县耕地类斑块平均面积表现出缓慢破碎趋势。

1985—2000 年，石城县、兴国县、于都县、赣县和安远县耕地类斑块平均面积表现出缓慢聚集趋势，赣州市和全南县耕地类斑块平均面积表现出中度破碎趋势，遂川县、上犹县、崇义县、大余县、南康市、信丰县、龙南县、定南县、寻乌县、会昌县和瑞金市耕地类斑块平均面积表现出缓慢破碎趋势。

2000—2013 年，石城县、寻乌县、兴国县、于都县、赣县、遂川县、上犹县、崇义县、南康市、信丰县和全南县耕地类斑块平均面积表现出中速聚集趋势，会昌县、安远县和龙南县耕地类斑块平均面积表现出缓慢聚集趋势，大余县、赣州市、瑞金市和定南县耕地类斑块平均面积表现出缓慢破碎趋势，见图 6.4.3-22 ~图 6.4.3-24。

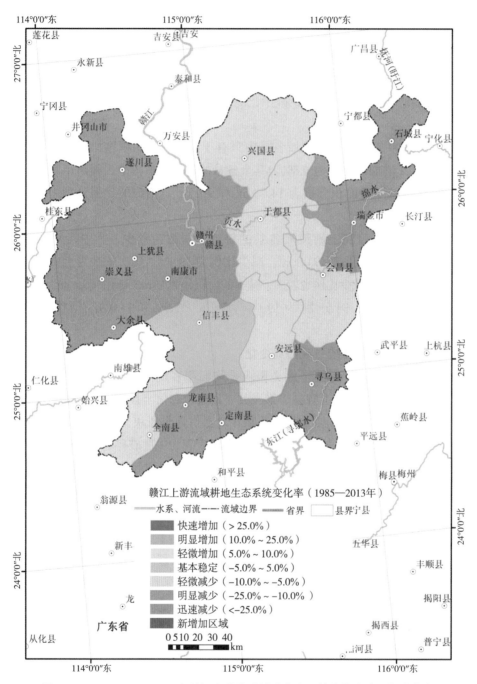

图 6.4.3-19　1985—2013 年赣江上游流域耕地生态系统变化率（一级分类）

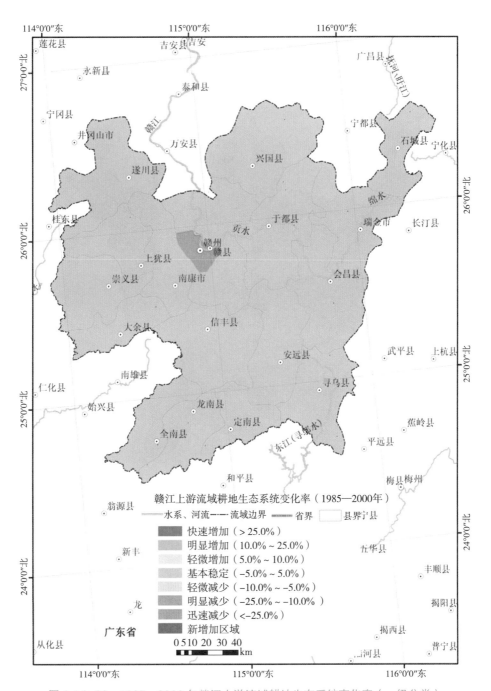

图 6.4.3-20　1985—2000 年赣江上游流域耕地生态系统变化率（一级分类）

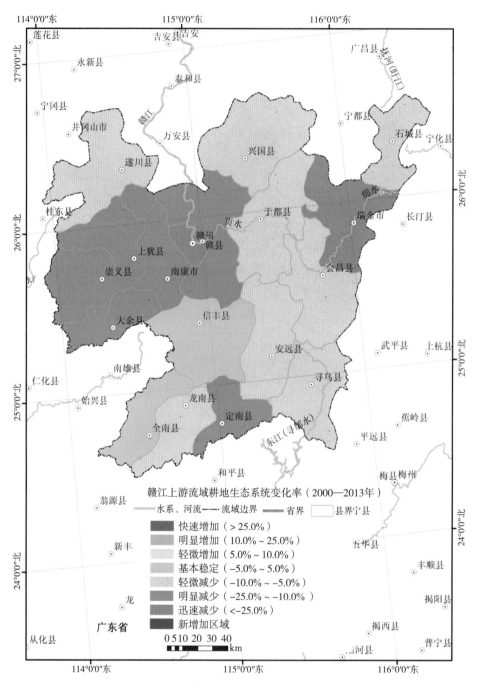

赣江上游流域耕地生态系统变化率（2000—2013年）

——— 水系、河流 ----- 流域边界 ━━━ 省界 □ 县界宁县

快速增加（>25.0%）
明显增加（10.0%~25.0%）
轻微增加（5.0%~10.0%）
基本稳定（-5.0%~5.0%）
轻微减少（-10.0%~-5.0%）
明显减少（-25.0%~-10.0%）
迅速减少（<-25.0%）
新增加区域

0 5 10 20 30 40 km

图 6.4.3-21　2000—2013 年赣江上游流域耕地生态系统变化率（一级分类）

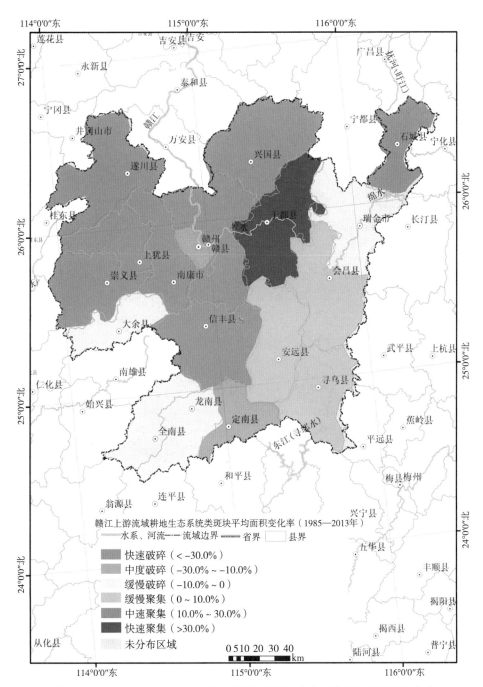

赣江上游流域耕地生态系统类斑块平均面积变化率（1985—2013年）
水系、河流 ——流域边界 ━━━省界 □县界

快速破碎（＜-30.0%）
中度破碎（-30.0% ～ -10.0%）
缓慢破碎（-10.0% ～ 0）
缓慢聚集（0 ～ 10.0%）
中速聚集（10.0% ～ 30.0%）
快速聚集（＞30.0%）
未分布区域

0 5 10 20 30 40
km

图 6.4.3-22　1985—2013 年赣江上游流域耕地生态系统类斑块面积变化率

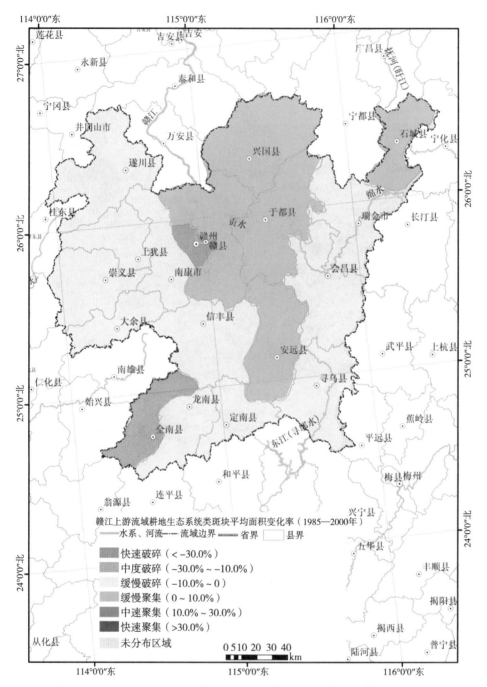

图 6.4.3-23　1985—2000 年赣江上游流域耕地生态系统类斑块面积变化率

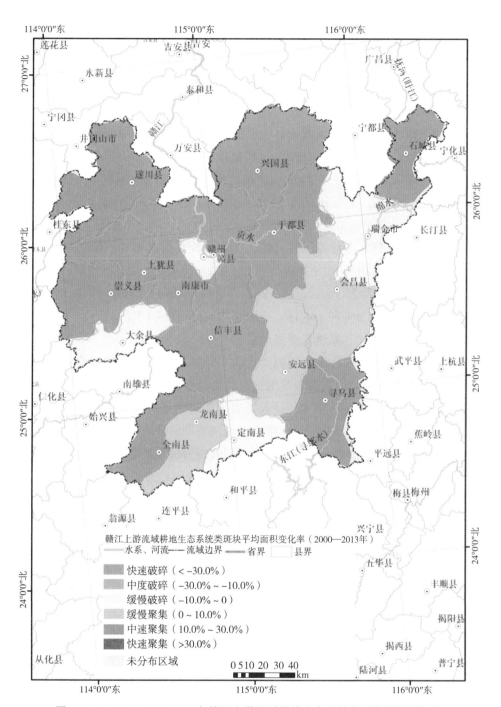

图 6.4.3-24　2000—2013 年赣江上游流域耕地生态系统类斑块面积变化率

（5）人工表面生态系统变化

1）各县人工表面迅速增加，增幅最大的为上犹县，增加499.6%

1985—2013年赣江上游流域各县的人工表面面积都在增加，增加最多的是上犹县，面积约为30.8 km²，增加比例达到499.6%。其次为全南县、会昌县、定南县和寻乌县，面积分别为19.3 km²、50.5 km²、40.9 km²和59.9 km²，增加比例分别为326.4%、309.2%、281.5%和241.1%。

1985—2000年赣江上游流域各县中只有崇义县的人工表面面积在减少，减少的面积为2.1 km²，减少比例为19.1%。其余各县的人工表面面积都在增加，增加最多的是全南县，面积约为11.7 km²，增加比例达到197.9%。其次为上犹县、寻乌县、定南县和大余县，面积分别为5.3 km²、20.8 km²、5.6 km²和7.4 km²，增加比例分别为85.2%、83.6%、38.6%和38.2%。

2000—2013年赣江上游流域各县的人工表面面积都在增加，增加最多的是会昌县，面积约为46.6 km²，增加比例达到231.4%。其次为上犹县、定南县、石城县和崇义县，面积分别为25.5 km²、35.3 km²、14.9 km²和12.8 km²，增加比例分别为223.7%、175.2%、161.1%和146.1%，见图6.4.3-25～图6.4.3-27。

2）各县人工表面生态系统景观格局变化

1985—2013年，大余县人工表面类斑块平均面积表现为中速聚集趋势，其他各县人工表面类斑块平均面积都表现出快速聚集趋势。

1985—2000年，全南县和寻乌县人工表面类斑块平均面积表现为快速聚集趋势，大余县、信丰县、于都县和瑞金市人工表面类斑块平均面积表现出中速聚集趋势，赣州市和会昌县人工表面类斑块平均面积表现为缓慢聚集趋势，兴国县、石城县和崇义县人工表面类斑块平均面积表现出中度破碎趋势，遂川县、上犹县、南康市、赣县、安远县、定南县和龙南县人工表面类斑块平均面积表现出缓慢破碎趋势。

2000—2013年，大余县人工表面类斑块平均面积表现为缓慢聚集趋势，全南县人工表面类斑块平均面积表现为缓慢破碎趋势，其余各县人工表面类斑块平均面积都表现出快速聚集趋势，见图6.4.3-28～图6.4.3-30。

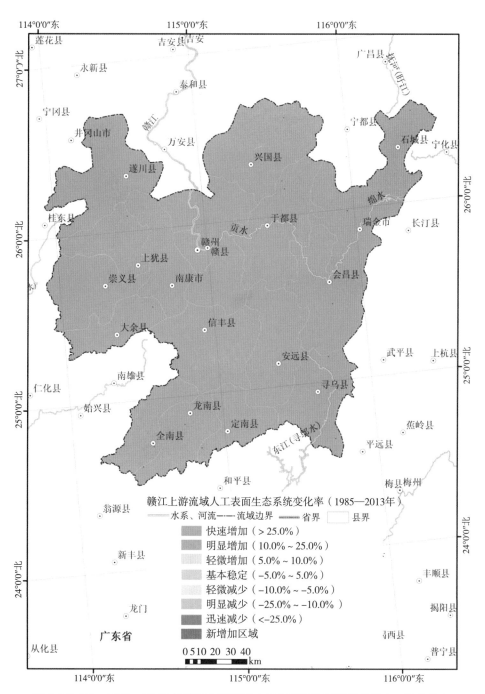

图 6.4.3-25 1985—2013 年赣江上游流域人工表面生态系统变化率（一级分类）

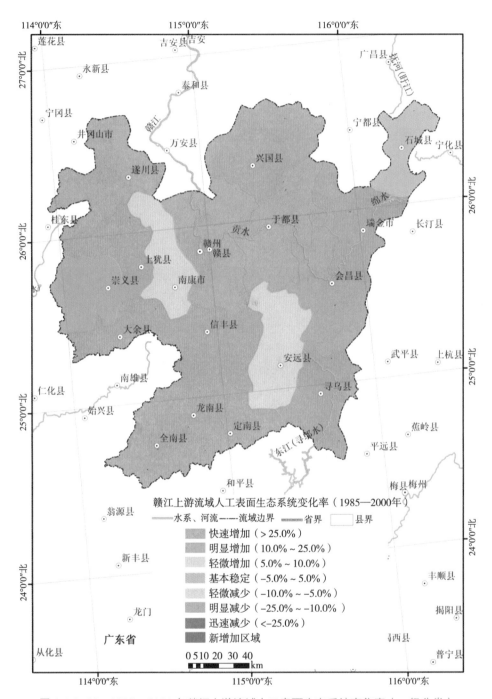

图 6.4.3-26 1985—2000 年赣江上游流域人工表面生态系统变化率（一级分类）

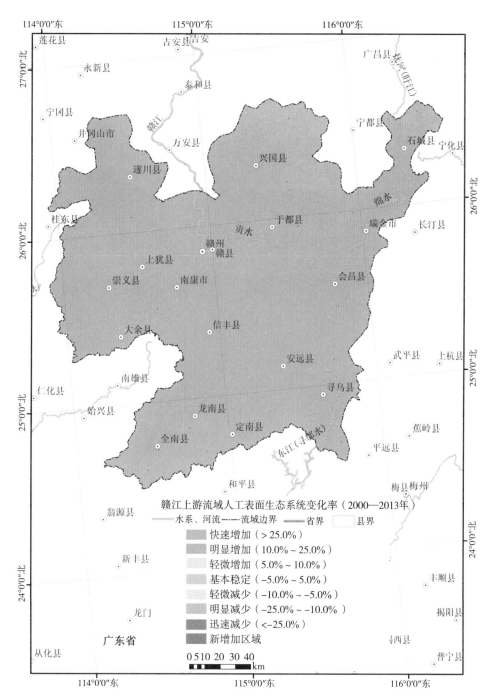

图 6.4.3-27　2000—2013 年赣江上游流域人工表面生态系统变化率（一级分类）

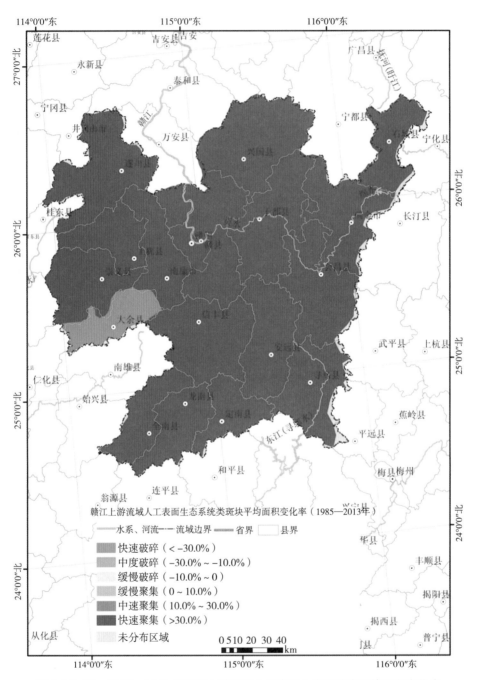

图 6.4.3-28　1985—2013 年赣江上游流域人工表面生态系统类斑块面积变化率

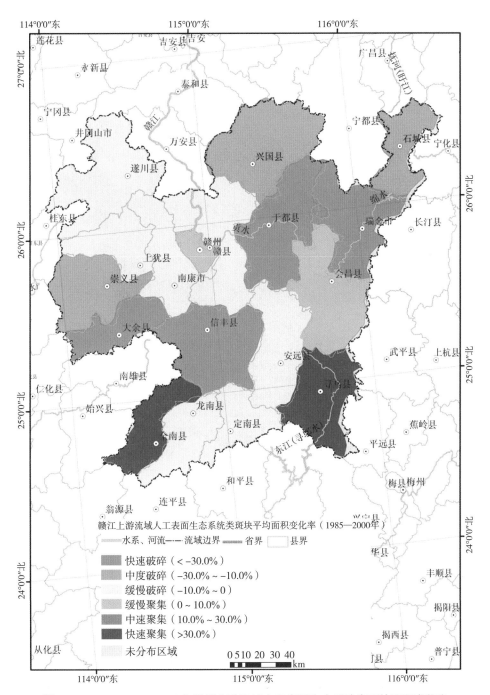

图 6.4.3-29　1985—2000 年赣江上游流域人工表面生态系统类斑块面积变化率

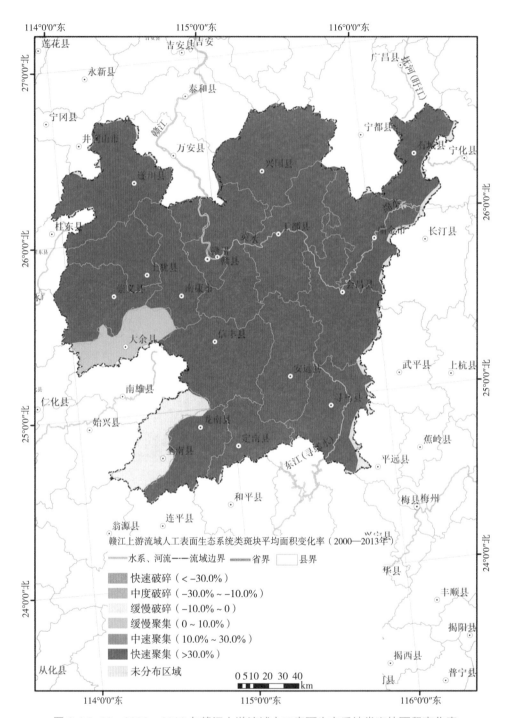

图 6.4.3-30 2000—2013 年赣江上游流域人工表面生态系统类斑块面积变化率

（6）其他生态系统变化

1）南部地区其他生态系统增加，信丰县最多，赣州市减少最多

1985—2013 年赣江上游流域各县其他生态系统面积增加的有 11 个县，增加最多的是信丰县，面积约为 14.6 km²，增加面积占 1985 年区域内其他生态系统总面积的 59.6%。面积减少的县有 7 个，减少最多的是赣州市，减少面积为 1.1 km²，减少比例为 51.1%，其次为上犹县、崇义县、南康县、遂川县、大余县和兴国县，减少面积分别为 5.4 km²、2.6 km²、1.0 km²、2.4 km²、1.7 km² 和 8.6 km²，减少比例分别为 31.1%、12.2%、9.7%、9.4%、6.5% 和 5.5%。

1985—2000 年赣江上游流域各县中其他生态系统面积增加的有 14 个县，增加最多的是信丰县，面积约为 4.5 km²，增加面积占 1985 年区域内其他生态系统总面积的 18.3%。面积减少的县有 4 个，减少最多的是大余县，减少面积为 5.6 km²，减少比例为 21.6%，其次上犹县、遂川县和于都县的其他生态系统面积也在减少，减少面积分别为 1.2 km²、0.3 km² 和 0.3 km²。

2000—2013 年赣江上游流域各县其他生态系统面积增加的有 9 个县，增加最多的是龙南县，面积约为 10.6 km²，增加面积占 1985 年区域内其他生态系统总面积的 44.9%。面积减少的县有 9 个，减少最多的是赣州市，减少面积为 1.2 km²，减少比例为 54.4%，见图 6.4.3-31 ~图 6.4.3-33。

2）各县其他生态系统景观格局变化

1985—2013 年，全南县其他生态系统类型类斑块平均面积表现为中速聚集趋势，其余各县其他生态系统类型类斑块平均面积都表现出快速聚集趋势。

1985—2000 年，信丰县其他生态系统类型类斑块平均面积表现为中速聚集趋势，崇义县、南康市、赣州市和全南县其他生态系统类型类斑块平均面积表现出缓慢聚集趋势，赣县和大余县其他生态系统类型类斑块平均面积表现为中度破碎趋势，遂川县、上犹县、兴国县、于都县、瑞金市、石城县、会昌县、安远县、寻乌县、定南县和龙南县其他生态系统类型类斑块平均面积表现出缓慢破碎趋势。

2000—2013 年，全南县其他生态系统类型类斑块平均面积表现为中速聚集趋势，其余各县其他生态系统类型类斑块平均面积都表现出快速聚集趋势，见图 6.4.3-34 ~图 6.3.4-36。

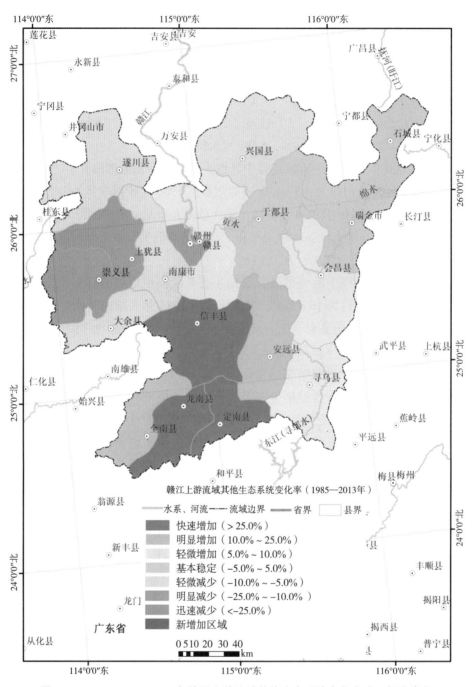

图 6.4.3-31　1985—2013 年赣江上游流域其他生态系统变化率（一级分类）

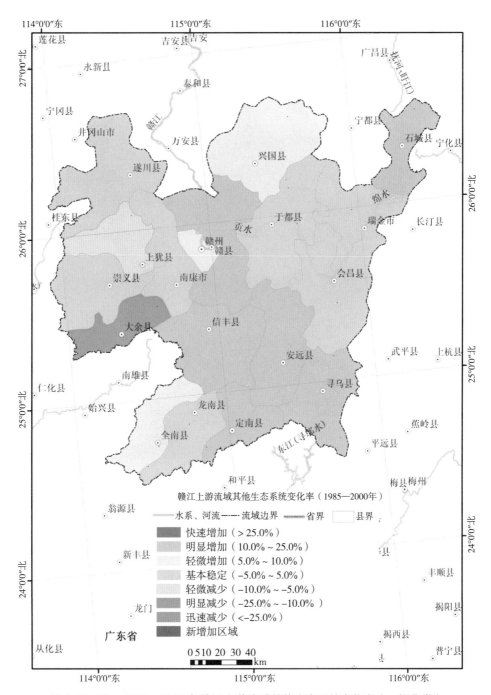

图 6.4.3-32 1985—2000 年赣江上游流域其他生态系统变化率（一级分类）

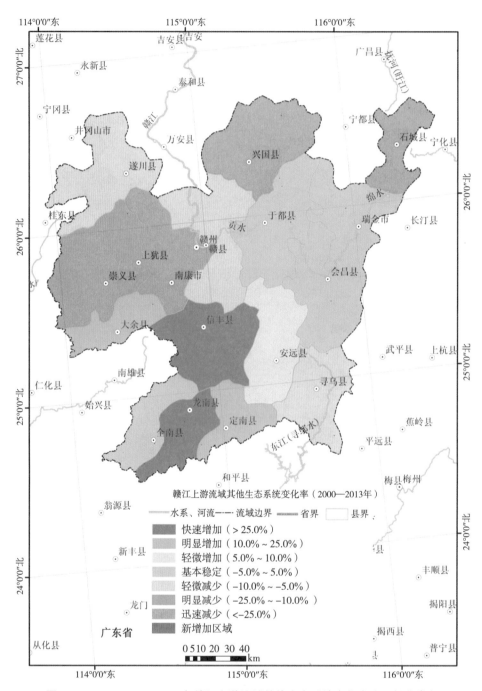

图 6.4.3-33　2000—2013 年赣江上游流域其他生态系统变化率（一级分类）

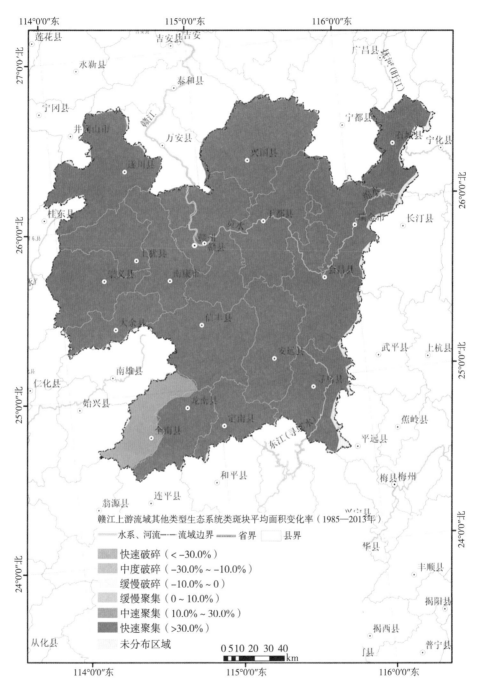

图 6.4.3-34　1985—2013 年赣江上游流域其他生态系统类斑块面积变化率

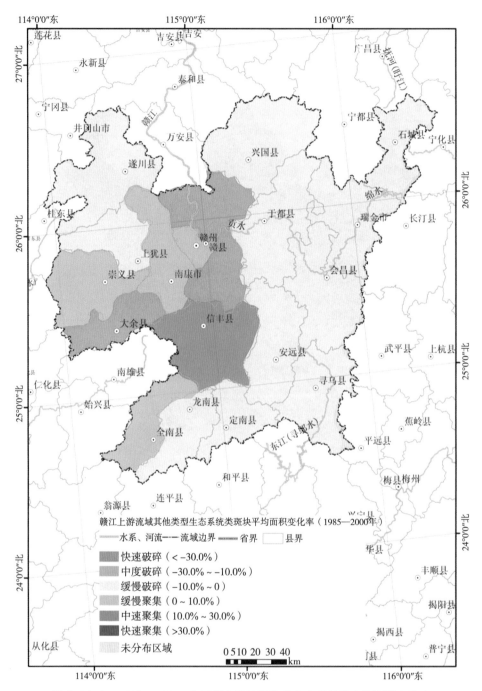

图 6.4.3-35　1985—2000 年赣江上游流域其他生态系统类斑块面积变化率

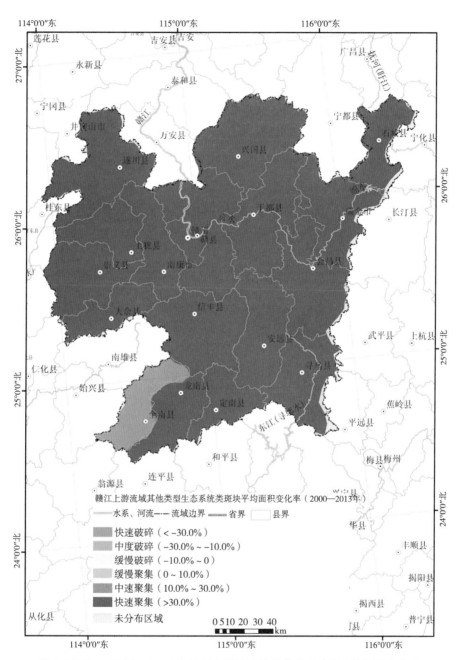

图 6.4.3-36　2000—2013 年赣江上游流域其他生态系统类斑块面积变化率

6.5　赣江上游小流域生态格局变化分析

6.5.1　小流域生态系统综合变化率分析

生态系统综合变化率（EC）可定量描述生态系统的变化速度。综合考虑研究时段内生态系统类型间的转移，着眼于变化的过程而非变化结果，反映研究区生态系统类型变化的剧烈程度，以便于在不同空间尺度上找出生态系统类型变化的热点区域。1985—2013年赣江上游流域生态系统综合变化率分布见图6.5.1–1，结果显示：赣江上游流域小流域生态系统综合变化率从1985—2013年变化的总体趋势以"扰动基本停止"和"扰动中等"为主，分别为858个和864个小流域，占流域总数3 216个的26.7%和26.9%，其面积为7 323.95 km² 和12 395.49 km²，占赣江上游流域总面积的19.05%和32.25%；其次为"扰动较强"，小流域个数为645个，占总数的20.06%，其面积为8 367.74 km²，占赣江上游流域总面积的21.77%；"扰动强烈"小流域457个，占总数的14.21%，其面积为4 293.96 km²，占赣江上游总面积的11.17%，见表6.5.1–1。

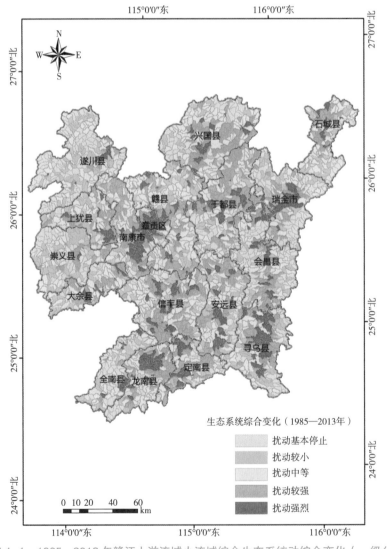

图6.5.1–1　1985—2013年赣江上游流域小流域综合生态系统动综合变化（一级分类）

表 6.5.1-1　1985—2013 年赣江上游流域小流域生态系统综合变化率

级别	面积 /km²	比例 /%	小流域个数 / 个	比例 /%
扰动基本停止	7 323.95	19.05	858	26.68
扰动较小	6 055.00	15.75	392	12.19
扰动中等	12 395.49	32.25	864	26.87
扰动较强	8 367.74	21.77	645	20.06
扰动强烈	4 293.96	11.17	457	14.21
合计	38 436.14	100.0	3 216	100.0

6.5.2　小流域生态系统类型转化分析

利用生态系统类型相互转化强度（土地覆被转类指数，LCCI）来表征生态系统类型的相互转换特征。土地覆被转类指数反映土地覆被类型在特定时间内变化的总体趋势。LCCI 值为正时表示此研究区总体上土地覆被类型转好，值为负时表示此研究区总体上土地覆被类型转差。1985—2013 年赣江上游流域土地覆被转类指数分布见图 6.5.2-1，结果显示：赣江上游流域小流域土地覆被类型从 1985—2013 年变化的总体趋势以"恢复缓慢"为主，在总计 3 216 个小流域中有 1 083 个小流域，占 33.68%，其面积为 10 412.89 km²，占赣江上游流域总面积的 27.09%；其次为"恢复明显"，小流域个数为 786 个，占总数的 24.44%，其面积为 10 328.00 km²，占赣江上游流域总面积的 26.87%；"退化较重"小流域 16 个，占总数的 0.50%，其面积为 141.43 km²，占赣江上游流域总面积的 0.37%，见表 6.5.2-1、图 6.5.2-1。

表 6.5.2-1　1985—2013 年赣江上游流域小流域生态系统类型相互转化强度

级别	面积 /km²	比例 /%	小流域个数 / 个	比例 /%
恢复良好	445.65	1.16	42	1.31
恢复明显	10 328.00	26.87	786	24.44
恢复缓慢	10 412.89	27.09	1 083	33.68
退化轻微	9 714.99	25.28	696	21.64
退化明显	7 393.18	19.23	593	18.44
退化较重	141.43	0.37	16	0.50
合计	38 436.14	100.00	3 216	100.00

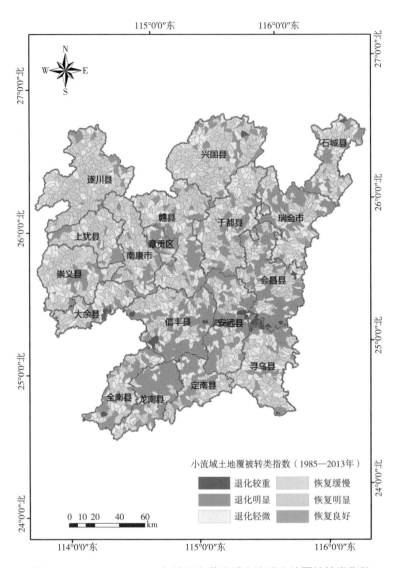

图 6.5.2-1 1985—2013年赣江上游流域小流域土地覆被转类指数

6.6 小结

（1）30年间赣江上游流域生态系统变化强度较大，生态系统综合变化率达到4.7%（一级分类系统），生态系统变化在后10年变化更为剧烈。

（2）自然生态系统面积变化幅度相对较小，30年间森林生态类型变化幅度小于1%。人工生态系统面积变化幅度相对较大，30年间耕地面积减少10.7%，人工表面增加150.8%。

（3）生态系统变化主要表现为耕地转变为人工表面和森林，森林转变为人工表面、耕地和其他类型用地，具有持续性转变的特征。

（4）区域整体景观破碎度先增加后减小，整体上呈减小趋势；森林、耕地、人工表面和其他生态系统类型景观格局破碎度减小，湿地景观格局破碎度增大，草地景观破碎度总体保持稳定。

（5）森林生态系统在区域内所占面积最大，30 年间总体数量稳定，类型间变动较大，与耕地之间的相互转换面积最为突出。森林生态系统变化表现出山区增加，沿支流河谷两侧减少的特征。

（6）草地生态系统和湿地生态系统在本区域面积所占的比例都不足 2%，它们的变化对生态系统数量变化影响相对较小。草地转出方向主要为人工表面和森林，转入来源主要为森林和耕地。湿地生态系统主要表现为与森林和耕地之间的相互转换。

（7）30 年间赣江上游流域的耕地面积减少突出，旱地减少更为明显。耕地转出方向主要为人工表面和森林，主要转入方向为森林。耕地生态系统变化剧烈，耕地与森林表现出较强的相互转换特征。

（8）30 年间赣江上游流域人工表面快速增加，1985—2013 年，人工表面的增加比例为 150.8%，2000 年后扩张的速度是 2000 年前扩张速度的 5.2 倍。人工表面的转入来源主要为耕地和森林，表现为单向转化特征，在流域内河谷平原区增加尤为明显。

（9）人类经济活动是生态系统类型空间格局变化的主要驱动力，30 年间有超过 79.8% 的生态系统类型变化与耕地生态系统和人工表面生态系统的变化有关。

（10）1985—2013 年西北部各县生态有所恢复，东南部生态环境质量下降较为明显，赣州市生态系统变化强度剧烈，达 18.7%；主要生态类型转变表现在耕地的转出和人工表面的转入；北部各县耕地转变为耕地最为主要，南部各县林地转为人工表面更为突出。

（11）1985—2013 年赣江上游流域西北部 6 县森林生态系统增加，赣州市减少最多，约 3.9%；东部各县森林类斑块平均面积表现出快速聚集趋势，中西部各县森林类斑块平均面积表现出中速聚集趋势。西北部崇义县和石城县草地增加明显，变化主要发生在近 10 年；大余县和赣县湿地增加最多，南部寻乌县减少最多；各县耕地面积都在减少，赣州市减少最多；全流域各县人工表面迅速增加，增幅最大的为上犹县，增加 499.6%；南部其他生态系统增加，信丰县最多，而赣州市减少最多。

第 7 章

闽江上游土地覆被变化分析

MINJIANG SHANGYOU

TUDI FUBEI

BIANHUA FENXI

7.1　生态系统面积及组成

7.1.1　各生态系统类型面积组成

遥感监测数据显示，2013 年闽江上游流域森林、草地、湿地、耕地、人工表面、其他类型生态系统面积分别为 22 703.0 km^2、216.4 km^2、315.1 km^2、2 541.8 km^2、542.7 km^2 和 636.5 km^2，占区域面积比分别为 84.2%、0.8%、1.2%、9.4%、2.0% 和 2.4%。总体来看，闽江上游流域是以森林和耕地两种生态系统类型为主的地区，二者占区域总面积的 93.6%，其余各种类型比例只有 6.4%，见表 7.1.1-1。

表 7.1.1-1　闽江上游流域生态系统构成特征

生态系统类型		1985 年		2000 年		2013 年	
		面积 / km^2	比例 / %	面积 / km^2	比例 / %	面积 / km^2	比例 / %
森林	常绿阔叶林	6 602.1	24.5	6 569.5	24.4	6 667.4	24.7
	常绿针叶林	14 102.9	52.3	14 081.6	52.2	14 232.5	52.8
	针阔混交林	703.5	2.6	704.0	2.6	683.6	2.5
	常绿阔叶灌木林	784.5	2.9	747.8	2.8	546.4	2.0
	乔木园地	364.7	1.4	364.4	1.4	427.2	1.6
	灌木园地	131.2	0.5	130.7	0.5	144.4	0.5
	乔木绿地	1.6	0.0	1.6	0.0	1.5	0.0
	合计	22 690.5	84.2	22 599.6	83.9	22 703.0	84.1
草地	草丛	348.3	1.3	349.6	1.3	214.0	0.8
	草本绿地	0.5	0.0	0.2	0.0	2.4	0.0
	合计	348.8	1.3	349.8	1.3	216.4	0.8
湿地	草本湿地	5.7	0.0	9.1	0.0	4.6	0.0
	水库 / 坑塘	82.9	0.3	112.0	0.4	134.7	0.5

生态系统类型		1985 年		2000 年		2013 年	
		面积 / km²	比例 / %	面积 / km²	比例 / %	面积 / km²	比例 / %
湿地	河流	211.7	0.8	176.9	0.7	175.8	0.7
	合计	300.3	1.1	298.0	1.1	315.1	1.2
耕地	水田	2 562.5	9.5	2 503.4	9.3	2 465.3	9.1
	旱地	95.3	0.4	100.5	0.4	76.5	0.3
	合计	2 657.7	9.9	2 603.9	9.7	2 541.8	9.4
人工表面	居住地	171.0	0.6	185.3	0.7	282.7	1.0
	工业用地	19.3	0.1	26.0	0.1	99.5	0.4
	交通用地	42.2	0.2	119.7	0.4	155.9	0.6
	采矿场	1.6	0.0	1.6	0.0	4.6	0.0
	合计	234.1	0.9	332.6	1.2	542.7	2.0
其他类型	稀疏林	703.7	2.6	759.0	2.8	613.1	2.3
	裸岩	0.1	0.0	0.0	0.0	0.1	0.0
	裸土	13.6	0.1	22.2	0.1	22.3	0.1
	沙漠 / 沙地	6.5	0.0	2.5	0.0	1.0	0.0
	合计	723.9	2.7	783.7	2.9	636.5	2.4

在森林生态系统中，常绿针叶林和常绿阔叶林为主要类型，面积分别为 14 232.5 km² 和 6 667.4 km²，分别占区域总面积的 52.8% 和 24.7%。另外，针阔混交林和常绿阔叶灌木林的面积也较大，面积为 683.6 km² 和 546.4 km²，分别占区域总面积的 2.5% 和 2.0%。其余类型面积都相对较小，面积都小于 500 km²，占区域总面积为 2.1%。

在闽江上游流域的草地生态系统中，分布着草丛和草本绿地两种草地生态系统。其中草丛的面积为 214.0 km²，占区域总面积的 0.8%，草本绿地的面积只有 2.4 km²。

在湿地生态系统中，河流与水库 / 坑塘的面积最多，分别为 175.8 km² 和

134.7 km²，占区域总面积的比例分别为 0.7% 和 0.5%，草本湿地的面积小于 5 km²。

在耕地生态系统中，闽江上游流域以水田为主，旱地和水田面积分别为 76.5 km² 和 2 465.3 km²，分别占研究区总面积的 0.3% 和 9.1%。

人工表面以居住用地为主，面积为 282.7 km²，交通建设用地为 155.9 km²，工业用地和采矿场分别为 99.5 km² 和 4.6 km²。

其他类型中主要以稀疏林和裸土为主，面积分别为 613.1 km² 和 22.3 km²，占区域总面积的 2.3% 和 0.1%；裸岩和沙地的分布面积都极小，见图 7.1.1-1。

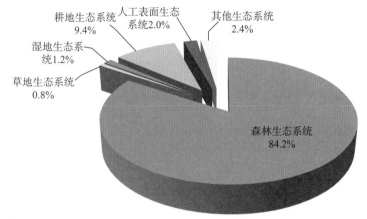

图 7.1.1-1　2013 年闽江上游流域生态系统面积构成

7.1.2　各生态系统类型空间分布

闽江上游流域位于亚热带海洋性季风气候区，四季分明，雨热同期，生态系统类型以森林为主。其中，常绿阔叶林和常绿针叶林的分布最广，常绿阔叶林多分布在海拔 500～1 200 m 交通不便的偏远山区以及村庄附近的保安林。常绿针叶林主要有马尾松、杉木林等，马尾松次生林是闽江上游地区分布最广的树种，生长于海拔 1 000 m 以下（个别生长于海拔 1 200 m 以下）贫瘠干燥的山地，杉木主要分布于 700 m 以下阴湿肥沃的土地，绝大部分为人造林。邵武市、沙县是福建省杉木中心产区；区域水资源丰富，河流广布；西部山区地势高，起伏大，水能资源丰富，安砂、池潭与东溪三大水库分别分布在闽江上游支流沙溪、金溪和建溪上游。与人类活动密切的居住用地、耕地主要分布在河流谷地中，见图 7.1.2-1、图 7.1.2-2。

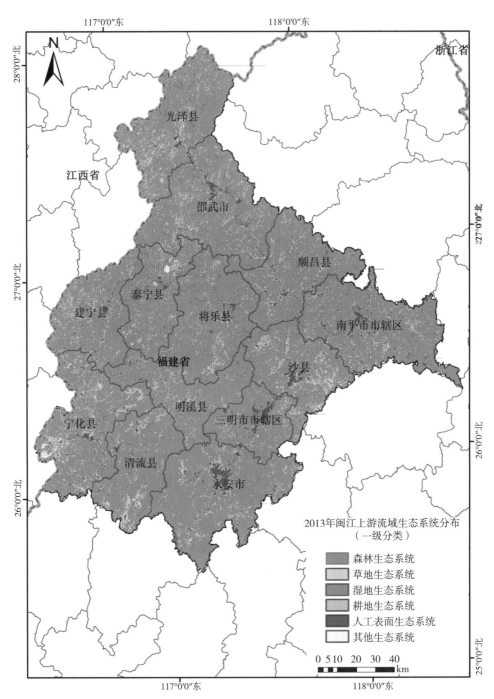

图 7.1.2-1　2013 年闽江上游流域生态系统分布（一级分类）

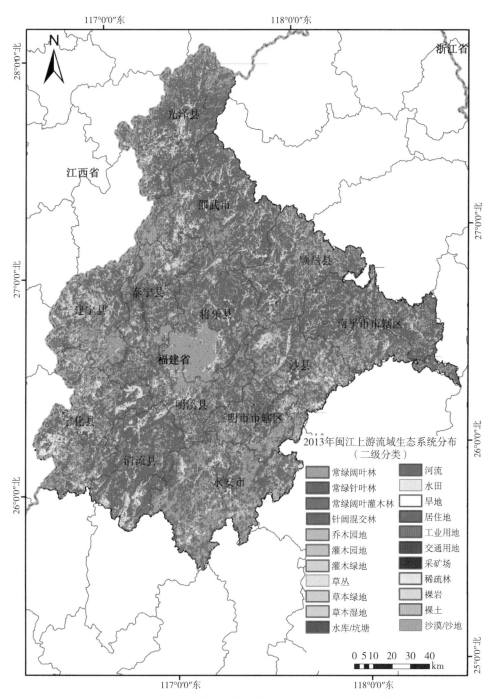

图 7.1.2-2　2013 年闽江上游流域生态系统分布（二级分类）

7.2 生态系统变化总体特征

7.2.1 生态系统构成变化

（1）多种自然生态系统面积急剧减少，30年间草地生态系统减少超过35%

从一级生态系统来看，1985—2013年，闽江上游流域草地生态系统的面积净减少了132.4 km²，减少比例为38.0%，超过草地总量的1/3，平均每年减少将近1.3%；其他生态系统类型面积也迅速减少，净减少了87.5 km²，减少面积也超过了总分布量的10%，平均每年减少将近2.9 km²。只有森林和湿地的面积呈增加状态，但增加比例较小。过去30年闽江上游流域森林生态系统面积呈稳定增加状态，增加面积为12.4 km²，增加比例为0.1%，基本保持稳定；湿地面积也略有增加，增加面积为14.8 km²，增加比例为4.9%。

从二级生态系统来看，1985—2013年，闽江上游流域草地生态系统的剧烈减少主要来源于天然草丛持续减少，30年间，天然草丛减少比率达到38.5%；而其他生态系统中的稀疏林减少面积最多，达到90.5 km²，减少比例高达12.9%。

（2）人工生态系统面积变化幅度大

从一级生态系统来看，1985—2013年，闽江上游流域人工表面面积持续增加，净增加了308.7 km²，平均每年增加10.0 km²，增加比例为131.9%，扩张十分迅速；过去30年闽江上游地区耕地面积持续减少，但减少面积较小，净减少量为115.9 km²，减少比例为4.5%。

从二级生态系统来看，1985—2013年，闽江上游流域的所有人工表面类型的面积都持续增加，其中居住地、工业用地、交通用地、采矿场增加的比例分别为65.4%、416.0%、269.4%和190.0%，扩张都十分迅速，见图7.2.1-1、图7.2.1-2。

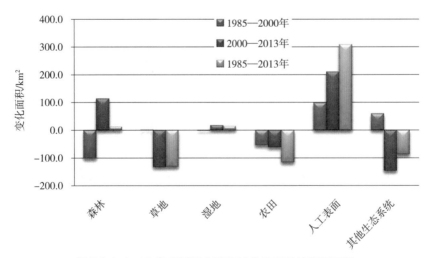

图 7.2.1-1　30年间闽江上游流域各生态系统变化面积

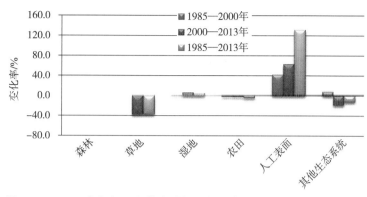

图 7.2.1-2　30 年间闽江上游流域各生态系统面积变化率（一级分类）

7.2.2　生态系统变化强度

（1）生态系统变化强度较大，30 年来生态系统综合变化率为 3.9%（一级分类系统）

从一级分类生态系统类型变化来看，1985—2000 年闽江上游流域生态系统综合变化率为 1.2%，共有 334.1 km² 生态系统类型发生了变化；2000—2013 年生态系统综合变化率为 3.4%，共有 929.1 km² 土地生态系统类型（一级分类）发生了变化；1985—2013 年生态系统综合变化率为 3.9%，共有 1 042.3 km² 土地生态系统类型发生了变化。

从二级分类生态系统类型变化来看，1985—2000 年，生态系统综合变化率为 2.9%，共有 785.6 km² 土地生态系统类型发生了变化；2000—2013 年生态系统综合变化率为 6.1%，共有 1 642.3 km² 土地生态系统类型发生了变化；1985—2013 年生态系统综合变化率为 7.2%，共有 1938.0 km² 土地生态系统类型发生了变化，见表 7.2.2-1、表 7.2.2-2。

表 7.2.2-1　闽江上游流域生态系统综合变化率、相互转化强度（一级分类）

	1985—2000 年	2000—2013 年	1985—2013 年
EC/%	1.2	3.4	3.9
LCCI /%	−0.8	2.4	1.6

表 7.2.2-2　闽江上游流域生态系统综合变化率、相互转化强度（二级分类）

	1985—2000 年	2000—2013 年	1985—2013 年
EC/%	2.9	6.1	7.2
LCCI /%	−0.7	3.2	2.5

（2）生态系统变化表现出阶段性特征，近 10 年变化更剧烈

从一级分类生态系统类型变化来看，1985—2013 年生态系统综合变化率为3.9%，2000—2013 年生态系统综合变化率达到 3.4%，而 1985—2000 年闽江上游流域生态系统综合变化率为 1.2%。从二级分类生态系统类型变化来看，1985—2013 年生态系统综合变化率为 7.2%，2000—2013 年生态系统综合变化率达到 6.1%，而1985—2000 年闽江上游生态系统综合变化率为 2.9%。可见，过去 30 年闽江上游流域生态系统类型变化主要出现在近 10 年间。

7.2.3 生态系统类型变化方向

（1）生态系统变化主要变化类型表现为草地和其他生态系统转为森林、耕地和森林转为转为人工表面、森林转为其他生态系统

从一级分类生态系统类型变化来看，1985—2013 年，草地生态系统转为森林面积最大，为 174.5 km²，占研究时段内区域变化总面积的 16.7%；除此之外依次为其他转为森林、耕地转为人工表面、森林转为人工表面和森林转为其他生态系统，面积分别为 164.3 km²、150.7 km²、128.2 km² 和 114.0 km²，分别占发生变化总面积的 15.8%、14.5%、12.3% 和 10.9%，这几种转换类型的总面积占总变化面积的70.2%。

1985—2000 年，森林转为其他的面积最大，为 68.8 km²，占该时段区域变化总面积的 20.6%；其次为耕地转为人工表面生态系统和森林转为人工表面，面积分别为50.7 km² 和 43.1 km²，分别占发生变化总面积的 15.2% 和 12.9%。

2000—2013 年，其他转为森林面积最大，为 211.1 km²，占该研究时段区域变化总面积的 22.7%；其余依次为草地转为森林、耕地转为人工表面、森林转为其他和森林转为人工表面，面积分别为 162.8 km²、104.5 km²、102.3 km² 和 81.9 km²，分别占发生变化总面积的 17.5%、11.2%、11.0% 和 8.8%，见图 7.2.3-1。

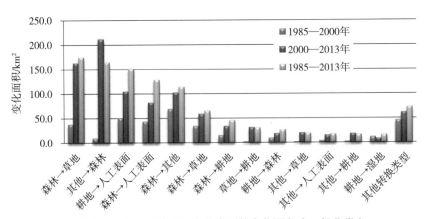

图 7.2.3-1 生态系统主要变化类型的变化面积（一级分类）

从二级分类的生态系统类型变化来看，1985—2013 年，闽江上游流域共有 1 938.0 km² 土地生态系统类型发生了变化，占总变化面积比例较大的转换类型主要为常绿阔叶灌木林转为常绿针叶林、常绿阔叶灌木林转为常绿阔叶林、常绿阔叶林转为常绿阔叶灌木林、常绿针叶林转为常绿阔叶灌木林和稀疏林转为常绿阔叶林，变化面积分别为 266.2 km²、147.6 km²、76.3 km²、75.3 km² 和 70.3 km²，占总变化面积比例分别为 13.7%、7.6%、3.9%、3.9% 和 3.6%

1985—2000 年，闽江上游流域共有 785.6 km² 土地生态系统类型发生了变化。占总变化面积比例较大的转换类型主要包括常绿阔叶灌木林转为常绿针叶林、常绿针叶林转为常绿阔叶灌木林、常绿阔叶林转为常绿阔叶灌木林、常绿阔叶灌木林转为常绿阔叶林和常绿针叶林转为稀疏林，面积分别为 134.1 km²、109.8 km²、45.8 km²、45.8 km² 和 41.0 km²，占总变化面积的比例分别为 17.1%、14.0%、5.8%、5.8% 和 5.2%。

2000—2013 年，闽江上游流域共有 1 642.3 km² 土地生态系统类型发生了变化。占总变化面积比例较大的转换类型主要有常绿阔叶灌木林转为常绿针叶林、常绿阔叶灌木林转为常绿阔叶林、常绿针叶林转为常绿阔叶灌木林、常绿阔叶林转为常绿阔叶灌木林和稀疏林转为常绿阔叶林，面积分别为 237.6 km²、145.2 km²、76.1 km²、73.3 km² 和 73.3 km²，占总变化面积的比例分别为 14.5%、8.8%、4.6%、4.5% 和 4.5%，见图 7.2.3-2、表 7.2.3-1、表 7.2.3-2。

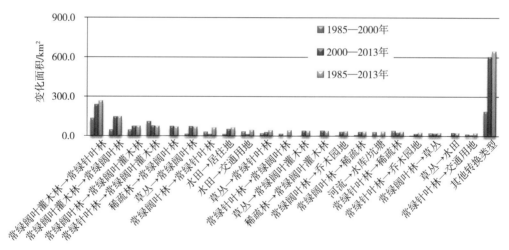

图 7.2.3-2　生态系统主要变化类型的变化面积（二级分类）

表 7.2.3-1　一级生态系统分布与构成转移矩阵　　　　　　单位：km²

年份	类型	森林	草地	湿地	耕地	人工表面	其他
1985—2000	森林	22 538.8	33.9	1.7	15.2	43.1	68.8
	草地	37.8	302.3	1.5	1.6	3.0	2.6
	湿地	2.7	8.5	280.1	4.3	3.8	1.2
	耕地	9.4	3.9	11.7	2 578.1	50.7	4.6
	人工表面	1.9	0.0	1.0	2.7	228.2	0.3
	其他	9.1	1.3	1.9	1.9	3.8	706.2
2000—2013	森林	22 318.3	58.7	4.8	33.7	81.9	102.3
	草地	162.8	123.4	9.9	31.5	7.3	14.9
	湿地	2.1	0.7	291.2	1.3	2.5	0.2
	耕地	18.7	13.4	8.2	2 457.1	104.5	2.0
	人工表面	0.6	0.1	0.2	0.4	331.3	0.0
	其他	211.1	20.2	1.2	18.3	15.5	517.4
1985—2013	森林	22 332.2	65.2	5.2	45.7	128.2	114.0
	草地	174.5	115.9	2.7	30.5	9.6	15.5
	湿地	3.6	0.7	287.0	1.1	7.2	0.8
	耕地	26.5	14.9	16.0	2 446.1	150.7	3.5
	人工表面	1.8	0.2	1.1	1.7	229.2	0.0
	其他	164.3	19.5	3.0	16.7	17.8	502.6

表 7.2.3-2　主要生态系统转换类型、面积、百分比（一级分类）

1985—2000 年			2000—2013 年			1985—2013 年		
类型	面积/km²	%	类型	面积/km²	%	类型	面积/km²	%
森林→其他	68.8	20.6	其他→森林	211.1	22.7	草地→森林	174.5	16.7
耕地→人工表面	50.7	15.2	草地→森林	162.8	17.5	其他→森林	164.3	15.8
森林→人工表面	43.1	12.9	耕地→人工表面	104.5	11.2	耕地→人工表面	150.7	14.5
草地→森林	37.8	11.3	森林→其他	102.3	11.0	森林→人工表面	128.2	12.3

1985—2000 年			2000—2013 年			1985—2013 年		
类型	面积 / km²	%	类型	面积 / km²	%	类型	面积 / km²	%
森林→草地	33.9	10.1	森林→人工表面	81.9	8.8	森林→其他	114.0	10.9
森林→耕地	15.2	4.5	森林→草地	58.7	6.3	森林→草地	65.2	6.3
耕地→湿地	11.7	3.5	森林→耕地	33.7	3.6	森林→耕地	45.7	4.4
耕地→森林	9.4	2.8	草地→耕地	31.5	3.4	草地→耕地	30.5	2.9
其他→森林	9.1	2.7	其他→草地	20.2	2.2	耕地→森林	26.5	2.5
湿地→草地	8.5	2.5	耕地→森林	18.7	2.0	其他→草地	19.5	1.9
耕地→其他	4.6	1.4	其他→耕地	18.3	2.0	其他→人工表面	17.8	1.7
湿地→耕地	4.3	1.3	其他→人工表面	15.5	1.7	其他→耕地	16.7	1.6
耕地→草地	3.9	1.2	草地→其他	14.9	1.6	耕地→湿地	16.0	1.5
湿地→人工表面	3.8	1.1	耕地→草地	13.4	1.4	草地→其他	15.5	1.5
其他→人工表面	3.8	1.1	草地→湿地	9.9	1.1	耕地→草地	14.9	1.4
草地→人工表面	3.0	0.9	耕地→湿地	8.2	0.9	草地→人工表面	9.6	0.9
湿地→森林	2.7	0.8	草地→人工表面	7.3	0.8	湿地→人工表面	7.2	0.7
人工表面→耕地	2.7	0.8	森林→湿地	4.8	0.5	森林→湿地	5.2	0.5
草地→其他	2.6	0.8	湿地→人工表面	2.5	0.3	湿地→森林	3.6	0.3
人工表面→森林	1.9	0.6	湿地→森林	2.1	0.2	耕地→其他	3.5	0.3
其他→耕地	1.9	0.6	耕地→其他	2.0	0.2	其他→湿地	3.0	0.3
其他→湿地	1.9	0.6	湿地→耕地	1.3	0.1	草地→湿地	2.7	0.3
森林→湿地	1.7	0.5	其他→湿地	1.2	0.1	人工表面→森林	1.8	0.2
草地→耕地	1.6	0.5	湿地→草地	0.7	0.1	人工表面→耕地	1.7	0.2

1985—2000 年			2000—2013 年			1985—2013 年		
类型	面积 / km²	%	类型	面积 / km²	%	类型	面积 / km²	%
草地→湿地	1.5	0.5	人工表面→森林	0.6	0.1	人工表面→湿地	1.1	0.1
其他→草地	1.3	0.4	人工表面→耕地	0.4	0.0	湿地→耕地	1.1	0.1
湿地→其他	1.2	0.4	人工表面→湿地	0.2	0.0	湿地→其他	0.8	0.1
人工表面→湿地	1.0	0.3	湿地→其他	0.2	0.0	湿地→草地	0.7	0.1
人工表面→其他	0.3	0.1	人工表面→草地	0.1	0.0	人工表面→草地	0.2	0.0
人工表面→草地	0.0	0.0	人工表面→其他	0.0	0.0	人工表面→其他	0.0	0.0
总计	333.9	100.0	总计	929.0	99.8	总计	1042.2	100.0

（2）30 年间生态系统的主要转化方向具有持续性特征

在闽江上游流域转换面积最大的几种转换类型的转换现象在 30 年间持续发生。具体来说，基于一级分类系统，1985—2013 年，草地生态系统转为森林的面积最大，达到 174.5 km²，其中 1985—2000 年，草地生态系统转为森林的面积为 37.8 km²，2000—2013 年草地生态系统转为森林的面积为 162.8 km²，三个阶段转换比例都超过了同时段变化总面积的 10%；其次，变化面积大的森林转为其他生态系统、其他转为森林、耕地转为人工表面的现象也持续发生；1985—2000 年这三种转换方式的比例为 20.6%、2.7% 和 15.2%；2000—2013 年转换加剧，占同时期变化总面积的比例分别为 11.0%、22.7% 和 11.2%；1985—2013 年这三种转换方式的面积占总变化面积的 10.9%、15.8% 和 14.5%。

从二级分类系统来看，1985—2013 年常绿阔叶灌木林转为常绿针叶林、常绿阔叶灌木林转为常绿阔叶林、常绿阔叶灌木林转为常绿阔叶灌木林和常绿针叶林转为常绿阔叶灌木林这四种转换类型转换比例分别为 13.7%、7.6%、3.9% 和 3.9%，转换总面积超过同期变化总面积的 29.1%。这四种转换方式在 1985—2000 年的面积在前四位，分别为 17.1%、5.8%、5.8% 和 14.0%；这四种转换方式在 2000—2013 年的面积在前四位，分别为 14.5%、8.8%、4.6% 和 4.5%，总面积仍超过同期变化总面积的 32.4%。

（3）30 年间生态系统的变化具有明显的双向转化特征

在闽江上游流域，30 年间主要的生态系统变化具有明显的双向转化特征，尤其是其他生态系统和森林这两种生态系统间的相互转化总面积在各个阶段的比例都超过 20%。

具体来说，从一级分类系统来看，1985—2013 年，其他生态系统转为森林和森林转为其他生态系统的面积分别为 164.3 km^2 和 114.0 km^2，占总变化面积的比例分别为 15.8% 和 10.9%；其次，草地转为森林和森林转为草地的面积分别为 174.5 km^2 和 65.2 km^2，所占比例分别为 16.7% 和 6.3%；森林转为耕地和耕地转为森林的面积分别为 45.7 km^2 和 26.5 km^2，所占比例分别为 4.4% 和 2.5%。1985—2000 年，其他生态系统转为森林和森林转为其他生态系统的面积分别为 9.1 km^2 和 68.8 km^2，占总变化面积的比例分别为 2.7% 和 20.6%；其次，草地转为森林和森林转为草地的面积分别为 37.8 km^2 和 33.9 km^2，占总变化面积的比例分别为 11.3% 和 10.1%；森林转为耕地和耕地转为森林的面积分别为 15.2 km^2 和 9.4 km^2，所占比例分别为 4.5% 和 2.8%；2000—2013 年，其他生态系统转为森林和森林转为其他生态系统的面积分别为 211.1 km^2 和 102.3 km^2，占总变化面积的比例分别为 22.7% 和 11.0%；其次，草地转为森林和森林转为草地的面积分别为 162.8 km^2 和 58.7 km^2，所占比例分别为 17.5% 和 6.3%；森林转为耕地和耕地转为森林的面积分别为 33.7 km^2 和 18.7 km^2，占总变化面积的比例分别为 3.6% 和 2.0%。

从二级分类系统来看，1985—2013 年，常绿阔叶灌木林转为常绿针叶林和常绿针叶林转为常绿阔叶灌木林的面积分别为 266.2 km^2 和 75.3 km^2，占总变化面积的比例分别为 13.7% 和 3.9%；其次为常绿阔叶灌木林转为常绿阔叶林和常绿阔叶林转为常绿阔叶灌木林，转化面积分别为 147.6 km^2 和 76.3 km^2，占总变化面积的比例分别为 7.6% 和 3.9%；常绿阔叶林转为常绿针叶林和常绿针叶林转为常绿阔叶林的面积分别为 63.9 km^2 和 43.0 km^2，占总变化面积的比例分别为 3.3% 和 2.2%；1985—2000 年，常绿阔叶灌木林转为常绿针叶林和常绿针叶林转为常绿阔叶灌木林的面积分别为 134.1 km^2 和 109.8 km^2，占总变化面积的比例分别为 17.1% 和 14.0%；常绿阔叶林转为常绿阔叶灌木林和常绿阔叶灌木林转为常绿阔叶林的转化面积分别为 45.8 km^2 和 45.8 km^2，占总变化面积的比例分别为 5.8% 和 5.8%；常绿阔叶林转为常绿针叶林和常绿针叶林转为常绿阔叶林的面积分别为 30.7 km^2 和 17.7 km^2，占总变化面积的比例分别为 3.9% 和 2.3%；2000—2013 年，常绿阔叶灌木林转为常绿针叶林和常绿针叶林转为常绿阔叶灌木林的面积分别为 237.6 km^2 和 76.1 km^2，占总变化面积的比例分别为 14.5% 和 4.6%；常绿阔叶林转为常绿阔叶灌木林和常绿阔叶灌木林转为常绿阔叶林的面积分别为 73.3 km^2 和 145.2 km^2，占总变化面积的比例分别为 4.5% 和 8.8%；稀疏林转为常绿阔叶林和常绿阔叶林转为稀疏林的面积分别为 73.3 km^2 和 31.9 km^2，占总变化面积的比例分别为 4.5% 和

1.9%。

（4）人类经济活动是生态系统类型空间格局变化的重要驱动力

从生态系统类型变化总体情况来看，30 年间生态系统类型变化中与人类经济活动有关的耕地生态系统和人工表面生态系统的贡献较大，说明人类经济活动是生态系统类型空间格局变化的重要驱动力。具体来说基于一级分类系统，1985—2013 年有 45.4%（总面积达 473.3 km²）的生态系统类型变化与这两种生态系统类型的变化有关，有 30.5%（总面积达 318.3 km²）的生态系统类型变化与人工表面生态系统有关。其中 1985—2000 年，有 48.8%（总面积达到 163.1 km²）生态系统变化与这两种生态系统类型变化有关，2000—2013 年，有 36.6%（总面积达 340.2 km²）的生态系统类型变化与这两种生态系统类型变化有关。

7.2.4 生态系统格局变化

（1）区域整体景观破碎化趋势明显

1985—2013 年，闽江上游流域在研究时段内斑块数由 23 587 个增加到 26 281 个，增加了 11.4%；平均斑块面积则由 114.3 km² 减少到 102.6 km²，减少了 10.2%；边界密度由 21.9 m/hm² 增加到 22.6 m/hm²；聚集度指数也由 78.3% 减少到 78.0%。可以看出，四个指标都表明闽江上游流域景观格局在 30 年间破碎化趋势明显，见表 7.2.4-1。

表 7.2.4-1　闽江上游流域一级生态系统景观格局特征及其变化

年份	斑块数 NP	平均斑块面积 MPS/hm²	边界密度 ED/（m/hm²）	聚集度指数 CONT/%
1985	23 587	114.3	21.9	78.3
2000	26 201	102.9	23.2	77.5
2013	26 281	102.6	22.6	78

（2）森林、草地、湿地、耕地和其他生态系统破碎化趋势明显。只有人工表面景观格局破碎化程度减弱，呈聚集态势

1985—2013 年，闽江上游流域只有人工表面景观斑块面积由 10.1 hm² 增加到 15.8 hm²，呈增加趋势，说明闽江流域 30 年间城镇化迅速；在城镇化的过程中伴随着自然生态系统的开采、占用和破坏，其他各生态系统的类斑块面积都呈现减少趋势。森林类斑块面积由原来的 1 495.4 hm² 减少到 1 075.4 hm²，减少了 28.1%；草地类斑块面积由 8.7 hm² 减少到 7 hm²，减少了 19.5%；湿地类斑块面积由 30.7 hm² 减少到 29.1 hm²，减少了 5.2%；耕地类斑块面积由 31.2 hm² 减少到 23.6 hm²，减少了 24.4%；其他生态系统斑块面积由 11.6 hm² 减少到 11.0 hm²，减少了 5.2%，见表 7.2.4-2。

表 7.2.4-2　闽江上游流域一级生态系统类斑块平均面积　　　　　　　单位：hm^2

年份	森林	草地	湿地	耕地	人工表面	其他
1985	1 495.4	8.7	30.7	31.2	10.1	11.6
2000	1 195.1	8.2	29.7	26.9	13.8	11.2
2013	1 075.4	7	29.1	23.6	15.8	11.0

7.2.5　生态系统变化的区域差异

（1）生态变化主要表现为沿主要河流谷地的线状延伸

1985—2013 年，闽江上游流域生态系统变化剧烈，综合变化率主要表现为沿大型河谷两侧延伸的特征。在闽江干流以及富屯溪和沙溪等支流生态系统变化等都很明显。

（2）主要城镇居民点附近生态系统类型变化较为突出

过去 30 年闽江流域生态系统类型变化表现为围绕主要城镇及周边地区的生态系统类型辐射片状快速变化。在邵武市、永安市、三明市和南平市等地级市周边，生态系统综合变化率要明显高于周边地区，建宁县、宁化县、光泽县等县级城镇周边也变化快速，见图 7.2.5-1、图 7.2.5-2。

（3）主要变化热点地区

1）九龙溪汇入沙溪河谷处，主要是永安市所属辖区。生态系统变化类型主要表现为耕地转变为人工表面，体现了高强度经济活动下城镇化的迅速扩展；

2）沙溪永安市至沙溪沙县段及将乐县附近，生态系统类型变化表现为森林转变为人工表面，具体来说表现为水田和常绿针叶林转为居住地、工业用地和交通用地；

3）池潭水库上游地区，位于邵武市和泰宁县交界处，水库上游沿线是其草地转为森林的典型区；

4）闽江上游西部建宁县和宁化县，草地转为林地和林地、草地转为耕地交错零星分布。

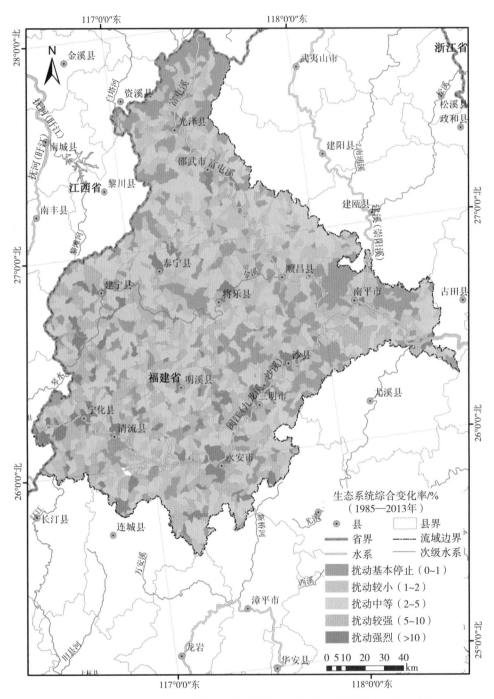

图 7.2.5-1　1985—2013 年闽江上游流域生态系统综合变化率（一级分类）

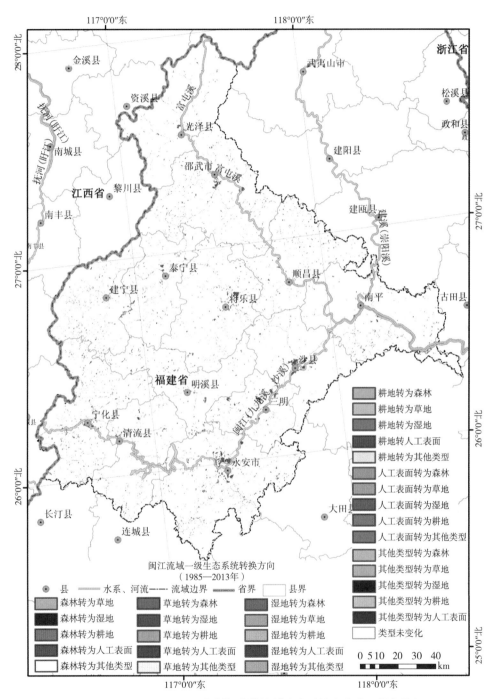

图 7.2.5-2 1985—2013 年闽江上游流域生态系统变化（一级分类）

7.3 各生态系统类型变化特征

7.3.1 森林生态系统

（1）森林生态系统数量先减后增，总体数量保持稳定，二级类型间变动较大

森林生态系统是闽江上游流域的主要生态系统类型，2013 年该生态系统的面积占总面积的 84.2%。从一级分类系统来看，1985—2013 年，森林生态系统占闽江上游流域总面积由 22 690.6 km² 逐渐增加到 22 702.9 km²，增加了 12.3 km²，增加的比例为 0.1%，面积数量总体稳定。其中，1985—2000 年，森林生态系统减少了 101.8 km²，减少的比例为 0.4%；2000—2013 年，森林生态系统增加了 113.7 km²，增加的比例为 0.5%。

从二级类型来看，1985—2013 年常绿针叶林、常绿阔叶林、乔木园地、灌木园地的面积增加，增加面积分别为 129.4 km²、65.2 km²、62.5 km² 和 13.2 km²，乔木园地和灌木园地增长比例都超过 10%。同时，针阔混交林、常绿阔叶灌木林和乔木绿地却在减少，减少的面积分别为 19.9 km²、238.3 km² 和 0.2 km²，减少比例分别为 2.8%、30.4% 和 10.7%。

1985—2000 年，森林生态系统的面积呈减少趋势，减少最多的是常绿阔叶灌木林，减少的面积为 37.1 km²，减少比例为 4.7%；其次为常绿阔叶林、常绿针叶林、乔木园地和灌木园地，减少面积分别为 35.3 km²、29.1 km²、0.3 km² 和 0.5 km²，乔木绿地变化很小。

2000—2013 年，乔木园地增加最快，增加 62.8 km²，增加了 17.2%；其次为灌木园地，增加 13.7 km²，增加了 10.5%；然后为常绿阔叶林和常绿针叶林，增加面积分别为 100.5 km² 和 158.5 km²，增加比例为 1.5% 和 1.1%。常绿阔叶灌木林减少最多，减少面积 201.2 km²，减少了 26.9%；其次为乔木绿地和针阔混交林，减少面积分别为 0.2 km² 和 20.4 km²，减少比例分别为 9.9% 和 2.9%，见表 7.3.1-1。

表 7.3.1-1　生态系统面积变化与变化百分比

森林生态系统		1985—2000 年		2000—2013 年		1985—2013 年	
		km²	%	km²	%	km²	%
森林	常绿阔叶林	−35.3	−0.5	100.5	1.5	65.2	1.0
	常绿针叶林	−29.1	−0.2	158.5	1.1	129.4	0.9
	针阔混交林	0.5	0.1	−20.4	−2.9	−19.9	−2.8
	常绿阔叶灌木林	−37.1	−4.7	−201.2	−26.9	−238.3	−30.4
	乔木园地	−0.3	−0.1	62.8	17.2	62.5	17.1

森林生态系统		1985—2000 年		2000—2013 年		1985—2013 年	
		km²	%	km²	%	km²	%
森林	灌木园地	−0.5	−0.3	13.7	10.5	13.2	10.1
	乔木绿地	0.0	−0.9	−0.2	−9.9	−0.2	−10.7
	合计	−101.8	−0.4	113.7	0.5	11.9	0.1

（2）森林生态系统是闽江上游流域 30 年来对生态系统变化影响最大的类型，森林转出方向主要为人工表面，转入来源主要为草地，森林和其他生态系统之间表现出强烈的相互转化特征

1985—2013 年，森林转变为其他类型与其他类型转变为森林的面积分别为 114.0 km² 和 164.3 km²，占总变化面积的比例分别为 10.9% 和 15.8%，这两种生态系统之间相互转换的总面积占同时期变化总面积的 33.7%。另外，森林生态系统类型转出和转入的面积都大大高于森林净变化面积（12.4 km²），表现出强烈的双向转化特征。1985—2000 年，森林转变为其他类型与其他类型转变为森林的面积分别为 68.8 km² 和 9.1 km²，占总变化面积的比例分别为 20.6% 和 2.7%，这两种生态系统之间相互转换的总面积占同时期变化总面积的 23.3%。2000—2013 年，森林转为其他类型与其他类型转为森林的面积分别为 102.3 km² 和 211.1 km²，占总变化面积的比例分别为 11.0% 和 22.7%，这两种生态系统之间相互转换的总面积占同时期变化总面积的 33.7%，见图 7.3.1-1。

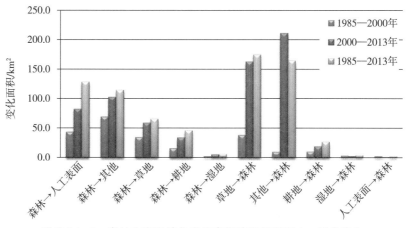

图 7.3.1-1　森林生态系统各变化类型的变化面积（一级分类）

1985—2013 年，森林转出方向主要为人工表面和其他类型，面积达 128.2 km² 和 114.0 km²，占该研究时段变化总面积的 12.3% 和 10.9%；森林转为草地的面积也达到 65.2 km²，占该研究时段变化总面积的 6.3%。其他转出类型依次为耕地和

湿地，面积为 45.7 km^2 和 5.2 km^2，占该研究时段变化总面积的比例分别为 4.4% 和 0.5%。森林转入的方向主要为草地，面积为 174.5 km^2，占该研究时段变化总面积比例为 16.7%；其次为其他生态系统转为森林、耕地转为森林、湿地转为森林和人工表面转为森林，面积分别为 164.3 km^2、26.5 km^2、3.6 km^2 和 1.8 km^2，占比分别为 15.8%、2.5%、0.3% 和 0.2%。

1985—2000 年，森林转出方向主要为其他类型和人工表面，面积达 68.8 km^2 和 43.1 km^2，占该研究时段变化总面积的 20.6% 和 12.9%；森林转变为草地的面积也达到 33.9 km^2，占该研究时段变化总面积的 10.1%。其他转出类型依次为耕地和湿地，面积为 15.2 km^2 和 1.7 km^2，占该研究时段变化总面积的比例分别为 4.5% 和 0.5%。森林转入的方向主要为草地，面积为 37.8 km^2，所占比例为 11.3%；其次为耕地转为森林、其他转为森林、湿地转为森林和人工表面转为森林，转换面积分别为 9.4 km^2、9.1 km^2、2.7 km^2 和 1.9 km^2，占比分别为 2.8%、2.7%、0.8% 和 0.6%。

2000—2013 年，森林转出方向主要为其他类型和人工表面，面积达 102.3 km^2 和 81.9 km^2，占该研究时段变化总面积的 11.0% 和 8.8%；森林转变为草地的面积也达到 58.7 km^2，占该研究时段变化总面积的 6.3%。其他转出类型依次为耕地和湿地，面积为 33.7 km^2 和 4.8 km^2，占该研究时段变化总面积的比例分别为 3.6% 和 0.5%。森林转入的方向主要为其他生态系统，面积为 211.1 km^2，占比为 22.7%；其次为草地转为森林、耕地转为森林、湿地转为森林，转换面积分别为 162.8 km^2、18.7 km^2 和 2.1 km^2，占比分别为 17.5%、2.0% 和 0.2%；人工表面转为森林的面积很少。

从二级分类系统来看，1985—2013 年森林生态系统转出主要表现为常绿阔叶灌木林转为常绿针叶林，面积为 266.2 km^2，占总变化面积的百分比为 13.7%；其次为常绿阔叶灌木林转为常绿阔叶林、常绿阔叶林转为常绿阔叶灌木林、常绿针叶林转为常绿阔叶灌木林和常绿阔叶林转为常绿针叶林，转出面积分别为 147.6 km^2、76.3 km^2、75.3 km^2 和 63.9 km^2，占总变化面积的百分比分别为 7.6%、3.9%、3.9% 和 2.3%。

1985—2013 年森林转入来源主要是常绿阔叶灌木林转为常绿针叶林，面积达到 266.2 km^2，占总变化面积的 13.7%；其次为常绿阔叶灌木林转为常绿阔叶林、常绿阔叶林转为常绿阔叶灌木林、常绿针叶林转为常绿阔叶灌木林和稀疏林转为常绿阔叶林，转入的面积为 147.6 km^2、76.3 km^2、75.3 km^2 和 70.3 km^2，占总变化面积的比例分别为 7.5%、3.9%、3.9% 和 3.6%，见图 7.3.1-2。

（3）森林生态系统向人工林方向转化的趋势十分明显

乔木园地和乔木绿地是闽江上游流域两种主要人工森林。1985—2013 年，乔木园地面积增加了 62.5 km^2，增加了 17.1%，而乔木绿地面积减少了 0.2 km^2，面积较小。乔木园地增加主要来自常绿阔叶林和常绿针叶林，分别为 37.2 km^2 和

28.2 km²，占总变化面积的比例为 1.9% 和 1.5%。其中，1985—2000 年乔木园地面积减少了 0.3 km²，而乔木绿地面积基本不变。2000—2013 年，乔木园地面积增加了 62.8 km²，增加了 17.2%，而乔木绿地面积减少了 0.2 km²，面积变化较小。

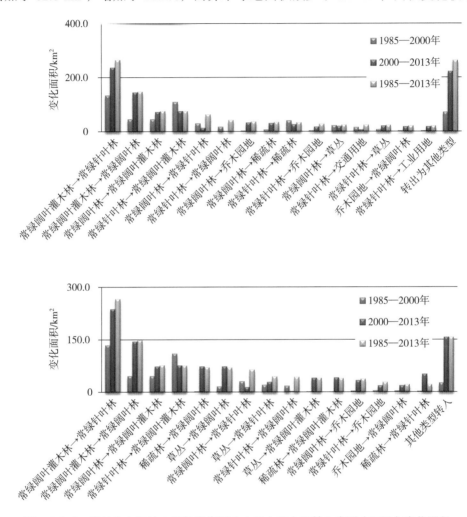

图 7.3.1-2　森林生态系统主要转出类型（上图）和主要转入类型（下图）变化面积

（4）森林生态系统景观破碎化趋势明显

1985—2013 年，闽江上游流域森林类斑块平均面积由 1 495.4 hm² 减少到 1 075.4 hm²，减少了 28.1%，景观格局呈现破碎化趋势。森林各二级类型常绿阔叶林、常绿针叶林、常绿阔叶灌木林和灌木园地都表现出破碎化趋势，其斑块面积分别由 32.2 hm² 减少到 30.9 hm²、由 145.9 hm² 减少到 143.1 hm²、由 10.3 hm² 减少到 8.3 hm² 和由 7.4 hm² 减少到 7.2 hm²；只有针阔混交林表现出明显的聚集态势，平均类斑块面积由 42.9 hm² 增加到 44.7 hm²，乔木园地的类斑块面积基本不变，见表 7.3.1-2、图 7.3.1-3 ~图 7.3.1-5。

表 7.3.1-2　闽江上游流域二级生态系统类斑块平均面积　　单位：hm²

森林生态系统	1985 年	2000 年	2013 年
常绿阔叶林	32.2	31.3	30.9
常绿针叶林	145.9	141.4	143.1
常绿阔叶灌木林	10.3	9.1	8.3
针阔混交林	42.9	43	44.7
乔木园地	9	8.8	9.2
灌木园地	7.4	7.1	7.2
乔木绿地	18.3	14.8	18.3
森林	1 495.4	1 195.1	1 075.4

（5）森林生态系统变化表现出中部增加，沿河流谷底和主要城镇周围迅速减少

中部地区森林生态系统呈显著增加趋势，很多小流域增加比例都超过 25%。其中位于邵武市和泰宁县交界处的池潭水库上游地区是草地生态系统转为森林的典型区，主要表现为稀疏林转为森林；位于宁化县的闽江上游支流九龙溪源头河谷段生态系统类型变化表现为耕地转变为森林，受国家退耕还林政策的影响突出。

闽江上游流域森林生态系统 30 年间显著减少的地区主要分布在西北部的富屯溪沿线和东南部的九龙溪、沙溪等闽江支流沿线，在永安市、沙县、顺昌县辖区表现尤为剧烈，减少比例都超过 25%。这种森林减少的趋势在 1985—2000 年表现较为缓慢，在 2000—2013 年表现强烈。其中，沙溪的永安市到沙县段景观破碎化明显，森林类斑块面积减少超过了 30%，该段沿线的生态系统类型变化表现为森林转变为人工表面，具体来说表现为常绿针叶林转为居住地和工业用地，可以看出这些地区在人类活动影响下，居住地、工业用地、交通用地迅速扩张。

闽江上游流域森林生态系统 30 年间显著减少的地区主要分布在西部宁化县、清流县、建宁县和光泽县城区附近，这些明显表现出林地直接转为人工表面，见图 7.3.1-6 ~ 图 7.3.1-8。

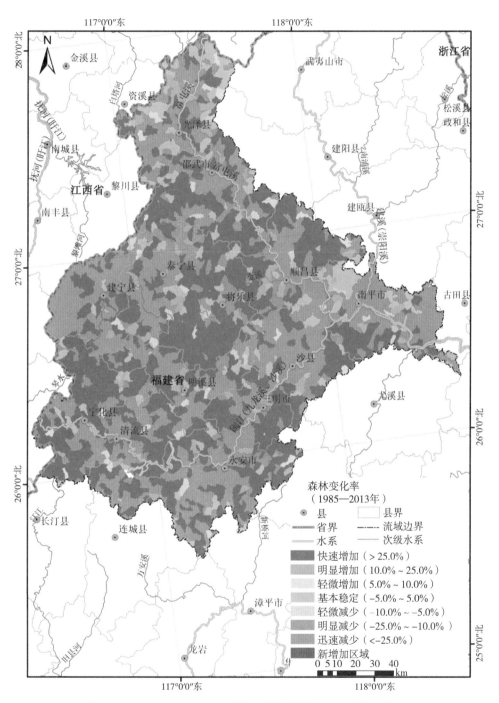

图 7.3.1-3　1985—2013 年闽江上游流域森林生态系统变化率

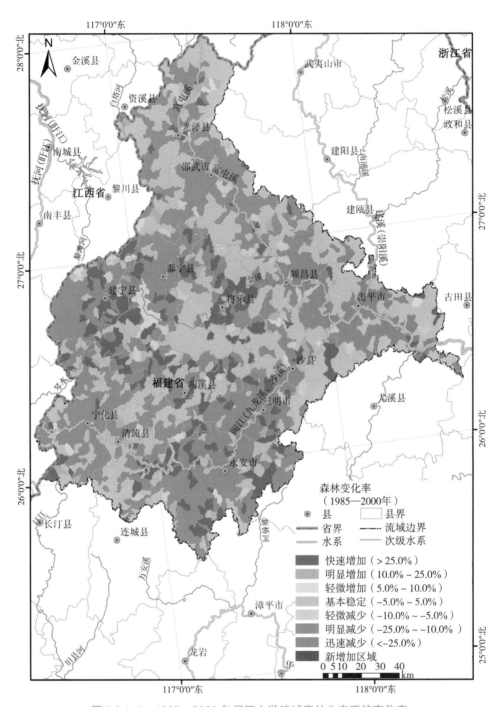

图 7.3.1–4　1985—2000 年闽江上游流域森林生态系统变化率

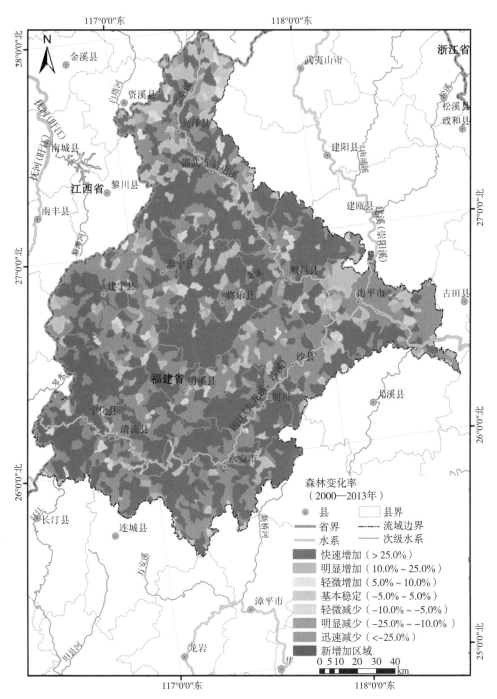

图 7.3.1-5　2000—2013 年闽江上游流域森林生态系统变化率

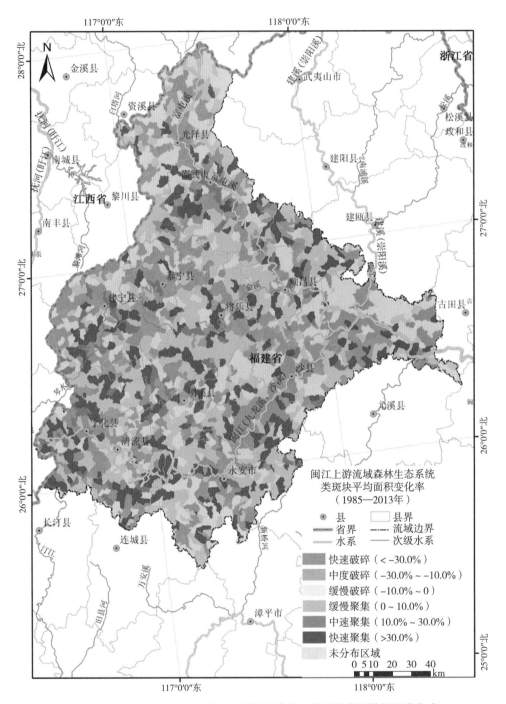

图 7.3.1-6　1985—2013 年闽江上游流域森林生态系统类斑块面积变化率

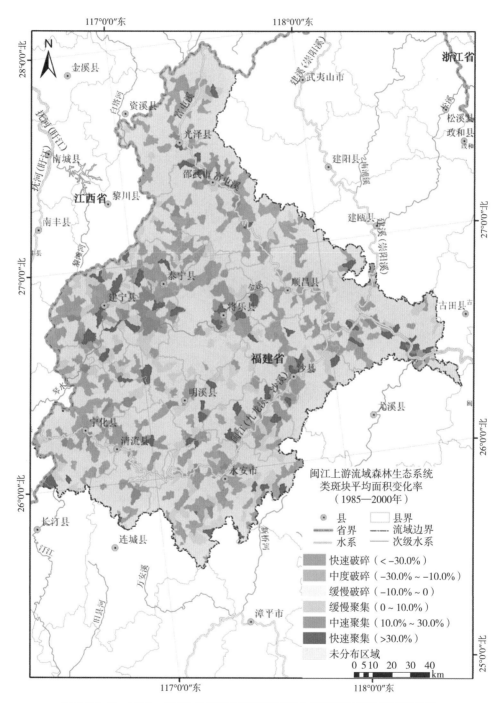

图 7.3.1-7 1985—2000 年闽江上游流域森林生态系统类斑块面积变化率

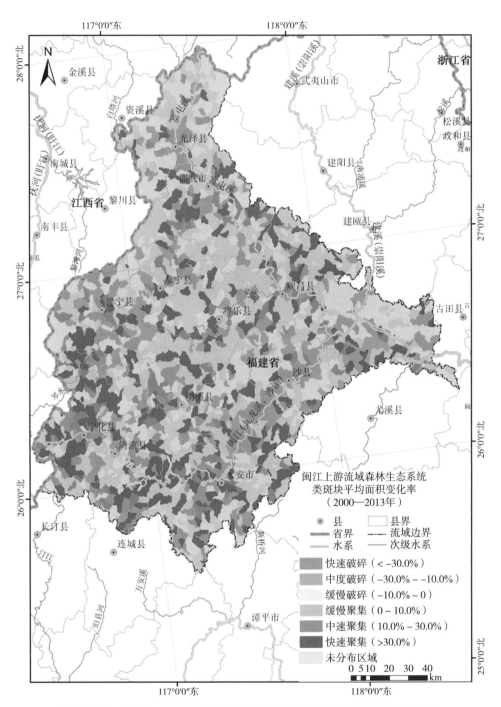

图 7.3.1-8 2000—2013 年闽江上游流域森林生态系统类斑块面积变化率

7.3.2 草地生态系统

（1）草地生态系统数量总体减少，其中天然草丛迅速减少而草本绿地面积略有增加

草地生态系统在闽江上游流域所有生态系统类型中面积占比最小，2013 年草地生态系统占区域总面积的 0.8%，虽然对整体格局影响较小，但却是各生态类型中减小比例最大的类型。

从一级分类系统来看，1985—2013 年草地面积净减少了 132.4 km²，平均每年减少 4.4 km²，减少比例为 38.0%，总体来说数量呈减少趋势。其中，1985—2000 年，草地略增了 1.0 km²，变化比例为 0.3%；而 2000—2013 年，草地减少了 133.4 km²，减少比例为 38.1%。

从二级分类系统来看，草地生态系统的面积减少主要来源于 30 年间天然草丛的减少，而 30 年间草本绿地的面积呈增加趋势。具体来说，1985—2013 年，草丛面积减少了 134.3 km²，占 1985 年草丛面积的 38.5%；草本绿地的面积增加了 1.9 km²，占 1985 年草本绿地面积的 342.8%。

1985—2000 年，草丛面积增加了 1.3 km²，占 1985 年草丛面积的 0.4%；草本绿地的面积减少了 0.3 km²，占 1985 年草本绿地面积的 54.7%。2000—2013 年，草丛面积减少了 135.6 km²，占 1985 年草丛面积的 38.8%；草本绿地面积增加了 2.2 km²，占 1985 年草本绿地面积的 878.3%，见表 7.3.2-1。

表 7.3.2-1 生态系统变化面积与变化百分比

草地生态系统		1985—2000 年		2000—2013 年		1985—2013 年	
		km²	%	km²	%	km²	%
草地	草丛	1.3	0.4	−135.6	−38.8	−134.3	−38.5
	草本绿地	−0.3	−54.7	2.2	878.3	1.9	342.8
	合计	1.0	0.3	−133.4	−38.1	−132.4	−38.0

（2）草地转出方向主要为森林和耕地，转入来源主要为森林和其他生态类型，森林和草地表现出双向转化特征

1985—2013 年，草地转为森林和草地转为耕地的面积分别为 174.5 km² 和 30.5 km²，占草地总转出面积的 16.7% 和 2.9%；其次，草地转为其他、人工表面、湿地的面积分别为 15.5 km²、9.6 km² 和 2.7 km²，占草地转出总面积的比例分别为 1.5%、0.9% 和 0.3%；森林转为草地和其他生态类型转为草地的面积分别为 65.2 km² 和 19.5 km²，占草地总转入面积的 6.3% 和 1.9%。耕地、湿地和人工表面转为草地的面积分别为 14.9 km²、0.7 km² 和 0.2 km²，占同时期草地转入总面积的

1.4%、0.1% 和 0。

1985—2000 年，草地转为森林和草地转为人工表面的面积分别为 37.8 km² 和 3.0 km²，占草地总转出面积的 11.3% 和 0.9%；其次，草地转为其他生态系统、耕地和湿地的面积分别为 2.6 km²、1.6 km² 和 1.5 km²，占草地转出总面积的比例分别为 0.8%、0.5% 和 0.5%；森林转为草地和湿地转为草地的面积分别为 33.9 km² 和 8.5 km²，占草地总转入面积的 10.1% 和 2.5%。耕地和其他生态系统转为草地的面积分别为 3.9 km² 和 1.3 km²，占同时期草地转入总面积的比例分别为 1.2% 和 0.4%，人工表面转为草地的面积极小。

2000—2013 年，草地转为森林和草地转为耕地的面积分别为 162.8 km² 和 31.5 km²，占草地总转出面积的 17.5% 和 3.4%；其次，草地转为耕地、其他类型、湿地和人工表面的面积分别为 31.5 km²、14.9 km²、9.9 km² 和 7.3 km²，占草地转出总面积的比例分别为 3.4%、1.6%、1.1% 和 0.8%；森林转为草地和其他生态类型转为草地的面积分别为 58.7 km² 和 20.2 km²，占草地总转入面积的 6.3% 和 2.2%。耕地、湿地和人工表面转为草地的面积分别为 13.4 km²、0.7 km² 和 0.1 km²，占同时期草地转入总面积的比例分别为 1.4%、0.1% 和 0，见图 7.3.2-1。

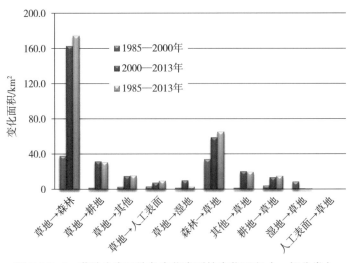

图 7.3.2-1 草地生态系统各变化类型的变化面积（一级分类）

从二级分类系统来看，草地生态系统的变化主要与草丛的变化有关，而草本绿地的变化较小。1985—2013 年，草丛转为常绿阔叶林的面积最大，达到 69.6 km²，占总变化面积的比例为 3.6%；其次为草丛转为常绿针叶林、草丛转为常绿阔叶灌木林、草丛转为水田和草丛转为稀疏林，面积分别为 44.4 km²、29.7 km²、25.0 km² 和 15.1 km²，占总变化面积的比例分别为 2.3%、2.0%、1.3% 和 0.8%。这种转入的趋势在 30 年间持续存在，且在后十年转入趋势更为强烈。1985—2000 年，草丛转为常绿阔叶林、常绿针叶林、常绿阔叶灌木林、水田和稀疏林的面积分别只有 15.7 km²、20.6 km²、1.4 km²、1.1 km² 和 2.4 km²，但到 2000—2013 年，草丛转为这五种类型的面积分别达到 73.2 km²、28.7 km²、40.3 km²、25.4 km² 和 14.4 km²。

草丛的转入主要来源于常绿阔叶林、常绿针叶林、稀疏林、常绿阔叶灌木林和水田，1985—2013 年，这五种转入来源转入的面积分别为 25.1 km²、24.0 km²、18.4 km²、12.8 km² 和 6.6 km²，占总变化面积的比例分别为 1.3%、1.2%、0.9%、0.7% 和 0.3%。草本绿地的变化主要来源于水田和稀疏林，转入面积较小，见图 7.3.2-2。

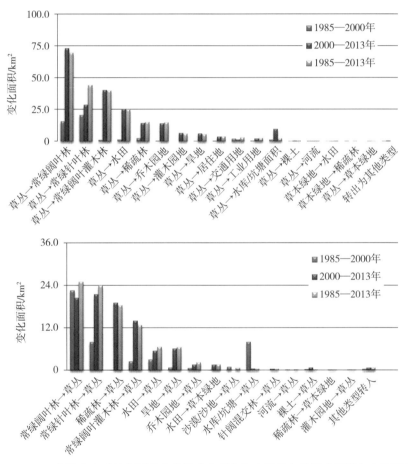

图 7.3.2-2　草地生态系统主要转出类型（上图）和主要转入类型（下图）变化面积

（3）草地生态系统整体格局也表现出一定的破碎化趋势，破碎化主要与草丛的变化有关

1985—2013 年，闽江上游流域草地类斑块平均面积由 8.7 hm² 减少到 7.0 hm²，减少了 19.5%，景观格局表现出一定的破碎化特征。草丛类斑块平均面积减少明显，由 8.7 hm² 减少到 6.9 hm²；草本绿地类斑块指数增加，由 6.0 hm² 增加到

7.3 hm², 景观破碎化程度有所逆转。天然草丛的破碎化和与人类活动相关的草本绿地的破碎化逆转深刻表明了人类活动的影响，见表 7.3.2-2。

表 7.3.2-2　闽江上游流域二级生态系统类斑块平均面积　　　　单位：hm²

草地生态系统	1985 年	2000 年	2013 年
草丛	8.7	8.2	6.9
草本绿地	6	4.9	7.3
总计	8.7	8.2	7.0

（4）草地生态系统变化具有明显的区域差异，在东南部沙溪沿线增加明显，在西部部分山区和富屯溪子流域减少明显，南平市和邵武市北部基本保持稳定

总体来说，草地生态系统在闽江上游流域的分布较为零星，且 30 年间变化面积在各生态系统变化面积中所占比例较小，但其变化也具有明显的区域差异。

在闽江上游东南部沙溪沿线，尤其是在永安市到沙县沿线，30 年间草地生态系统呈显著增加的趋势，大部分地区草地生态系统增加比例超过 25%，且有大面积的新增草地。在该区域，这种现象在 1985—2000 年表现得不明显，草地生态系统在此阶段较为稳定，但到 2000—2013 年急剧增加，大面积的草地也在此阶段出现。此阶段的草地类斑块面积变化呈现快速聚集的状态。在本区域内草地的面积增加主要来源于其他生态类型，也有部分耕地转化而来，从二级分类系统具体来说，主要是稀疏林转为草丛。

在闽江上游的西部地区（除去泰宁县和建宁县）和富屯溪子流域，草地生态系统 30 年来表现出显著减少的趋势，其中 1985—2000 年该区域草地生态系统的变化保持基本稳定状态，局部零星地区呈现快速增加和快速减少的不稳定状态。这一时期的草地景观呈现破碎和聚集并存的不稳定状态。2000—2013 年，这一地区的草地生态系统成片大量减少，绝大部分地区减少比例超过 25%，与此同时伴随着草地景观破碎度加剧。在闽江上游流域的南平市和邵武市北部东溪水库上游地区，草地生态系统在这 30 年里数量基本稳定，但也呈现缓慢破碎化的状态，见图 7.3.2-3 ~ 图 7.3.2-8。

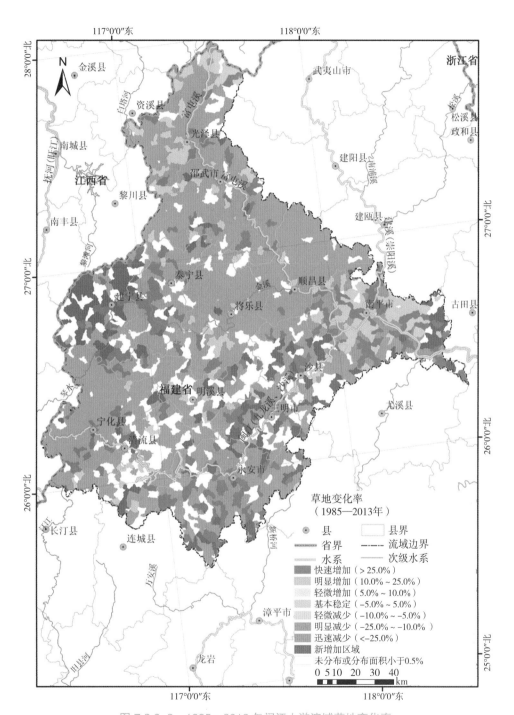

图 7.3.2-3　1985—2013 年闽江上游流域草地变化率

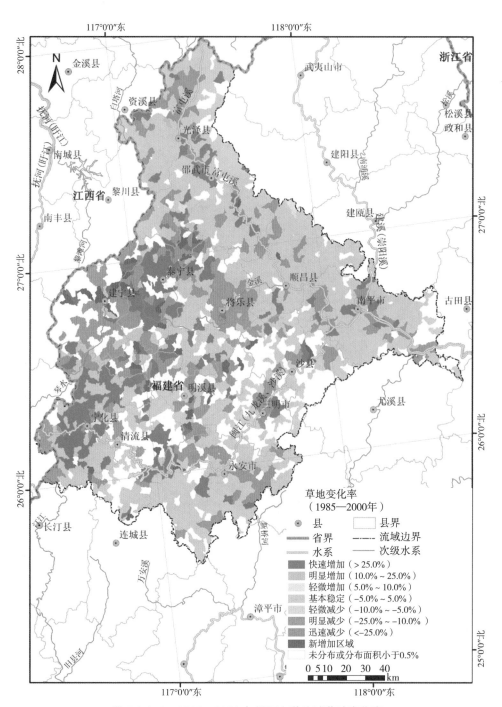

图 7.3.2-4 1985—2000 年闽江上游流域草地变化率

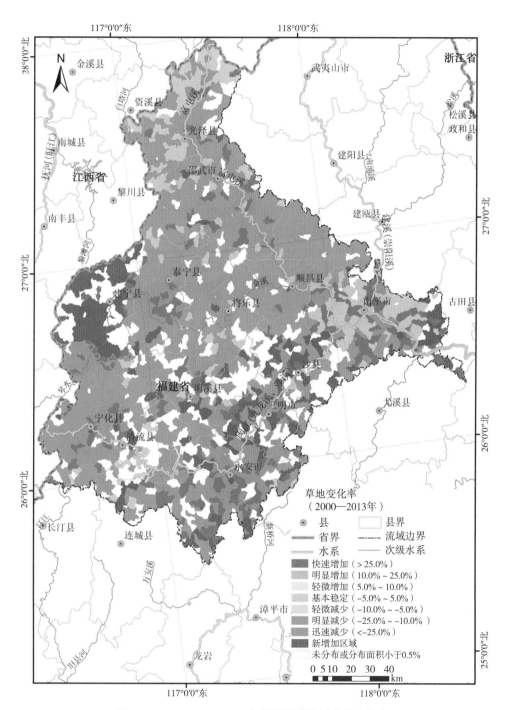

图 7.3.2-5　2000—2013 年闽江上游流域草地变化率

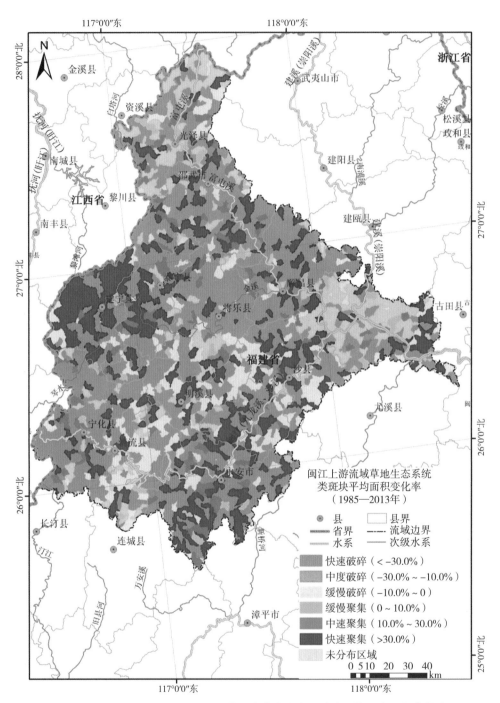

图 7.3.2-6　1985—2013 年闽江上游流域草地生态系统类斑块平均面积变化率

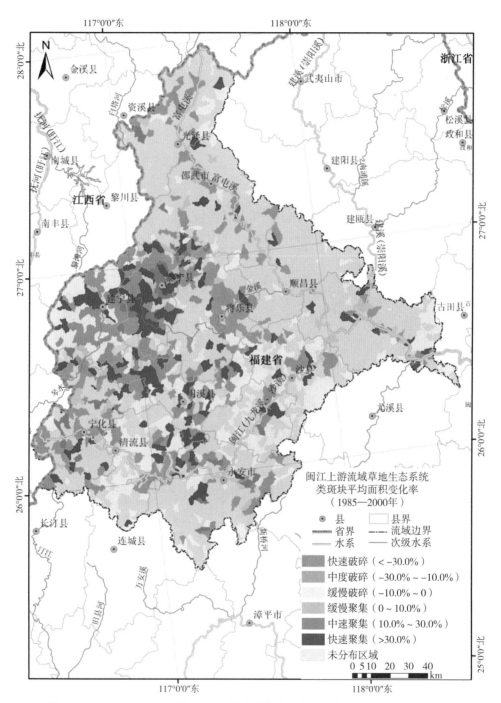

图 7.3.2-7　1985—2000 年闽江上游流域草地生态系统类斑块平均面积变化率

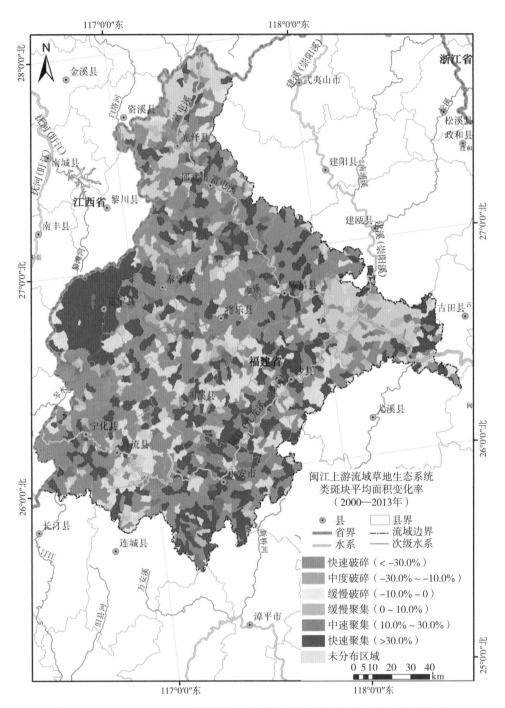

图 7.3.2-8　2000—2013 年闽江上游流域草地生态系统类斑块平均面积变化率

7.3.3　湿地生态系统

（1）湿地生态系统数量略加，主要与水库/坑塘面积增加有关

闽江上游流域湿地生态系统分布较少，2013 年湿地的面积只占区域总面积的 1.2%。从一级分类系统来看，1985—2013 年，湿地面积净增加了 14.8 km²，增加比例为 4.9%；1985—2000 年，湿地面积呈减少态势，减少了 2.7 km²，减少比例为 0.9%；2000—2013 年湿地面积增加较多，增加的面积为 17.5 km²，增加了 5.9%。

从二级分类系统来看，1985—2013 年，水库/坑塘的面积显著增加，增加了 51.8 km²，占 1985 年河流湿地总面积的 62.5%。而草本湿地和河流都呈减少趋势，30 年间减少的面积分别为 1.1 km² 和 35.9 km²，与 1985 年相比减少比例分别为 20.0% 和 17.0%；其中，1985—2000 年水库/坑塘和草本湿地增加的面积分别为 29.0 km² 和 3.4 km²，所占比例分别为 35.0% 和 60.1%；河流呈减少趋势，减少面积为 35.1 km²，减少比例为 16.6%。

2000—2013 年，水库/坑塘增加的面积为 22.7 km²，增加比例为 20.3%；而河流和草本湿地减少的面积分别为 0.6 km² 和 4.6 km²，减少比例分别为 0.3% 和 50.0%。水库/坑塘的面积增加主要与人类活动相关，见表 7.3.3-1。

表 7.3.3-1　湿地生态系统面积变化与变化百分比

湿地生态系统		1985—2000 年		2000—2013 年		1985—2013 年	
		km²	%	km²	%	km²	%
湿地	草本湿地	3.4	60.1	−4.6	−50.0	−1.1	−20.0
	水库/坑塘	29.0	35.0	22.7	20.3	51.8	62.5
	河流	−35.1	−16.6	−0.6	−0.3	−35.9	−17.0
	合计	−2.7	−0.9	17.5	5.9	14.8	4.9

（2）从变化数量上看，湿地生态系统 30 年来对生态系统变化影响较小，湿地与耕地之间的双向转化特征明显

从一级分类系统来看，1985—2013 年湿地转出主要为人工表面生态系统，面积为 7.2 km²，占湿地总转出面积的 54.1%，其次转出为森林、耕地生态系统、其他生态系统和草地生态系统，转出面积分别为 3.6 km²、1.1 km²、0.8 km² 和 0.7 km²，占总变化面积的比例分别为 0.3%、0.1%、0.1% 和 0.1%。湿地转入主要来源为耕地生态系统，共有 16.0 km² 的耕地转为湿地，占湿地总转入面积的比例为 56.8%；其次为森林转为湿地、其他生态系统转为湿地、草地转为湿地和人工表面生态系统转为湿地，转化面积分别为 5.2 km²、3.0 km²、2.7 km² 和 1.1 km²，占总变化面积的比例分别为 0.5%、0.3%、0.2% 和 0.1%。

1985—2000 年湿地主要转出为草地，转化面积为 8.5 km²，占总变化面积的

2.5%；其次转出为耕地生态系统、人工表面生态系统、森林生态系统和其他生态系统，转出面积分别为 4.3 km²、3.8 km²、2.7 km² 和 1.2 km²，占总变化面积的比例分别为 1.3%、1.1%、0.8% 和 0.4%。湿地转入主要来源为耕地生态系统，共有11.7 km² 的耕地转为湿地，占总变化面积的比例 3.5%；其次为森林转为湿地、草地转为湿地、其他生态系统转为湿地和人工表面生态系统转为湿地，转化面积分别为 1.9 km²、1.7 km²、1.5 km² 和 1.0 km²，占总变化面积的比例分别为 0.6%、0.5%、0.5% 和 0.3%。

2000—2013 年湿地主要转出为人工表面生态系统，转化面积为 2.5 km²，占总变化面积的 0.5%；其余依次为森林生态系统、耕地生态系统、草地生态系统和其他生态系统，转出面积分别为 2.1 km²、1.3 km²、0.7 km² 和 0.2 km²，占总变化面积的比例分别为 0.2%、0.1%、0.1% 和 0。湿地转入主要来源于草地生态系统，共有9.9 km² 的耕地转为湿地，占总变化面积的比例 1.1%；其次为耕地转为湿地、森林转为湿地、其他生态系统转为湿地和人工表面生态系统转为湿地，转化面积分别为 8.2 km²、4.8 km²、1.2 km² 和 0.2 km²，占总变化面积的比例分别为 0.9%、0.5%、0.1% 和 0.1%，见图 7.3.3-1。

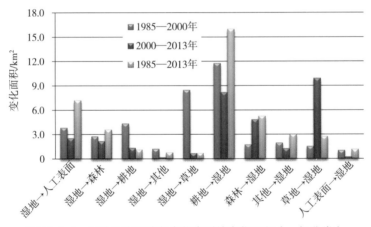

图 7.3.3-1　湿地生态系统各变化类型的变化面积（一级分类）

7.3.4　耕地生态系统

（1）耕地生态系统数量持续减少，30 年间减少 4.4%，其中水田减少更为突出

闽江上游流域耕地生态系统的分布仅次于森林生态系统，2013 年耕地生态系统的面积达到区域总面积的 9.4%。从一级分类系统来看，30 年间，耕地生态系统面积持续减少。1985—2013 年耕地生态系统的面积共减少了 116.2 km²，减少的比例为 4.4%；其中 1985—2000 年，耕地减少面积为 54.6 km²，减少比例为 2.1%；2000—2013 年，耕地减少面积为 61.6 km²，减少比例为 2.4%。

从二级分类系统来看，1985—2013 年，水田和旱地都在减少，减少的面积分别为 97.3 km² 和 18.8 km²，减少比例分别为 3.8% 和 20.0%；其中，1985—2000 年，水田的面积减少了 59.8 km²，减少比例为 2.3%，旱地的面积增加了 5.2 km²，增加了 5.5%；2000—2013 年，水田和旱地减少的面积分别为 37.5 km² 和 24.1 km²，减少比例分别为 1.4% 和 25.5%，见表 7.3.4-1。

表 7.3.4-1　耕地生态系统面积变化与变化百分比

生态系统类型		1985—2000 年		2000—2013 年		1985—2013 年	
		km²	%	km²	%	km²	%
耕地	水田	−59.8	−2.3	−37.5	−1.4	−97.3	−3.8
	旱地	5.2	5.5	−24.1	−25.5	−18.9	−20.0
	总计	−54.6	−2.1	−61.6	−2.4	−116.2	−4.4

（2）耕地生态系统 30 年转出方向主要为人工表面和森林，具有明显的单向转化特征

从 1985—2013 年来看，耕地转出方向主要为人工表面，有 150.7 km² 耕地转为人工表面，占耕地变化面积比例为 14.5%；其次为耕地转为森林、耕地转为湿地、耕地转为草地和耕地转为其他类型，面积分别为 26.5 km²、16.0 km²、14.9 km² 和 3.5 km²，占总变化面积的比例分别为 2.5%、1.5%、1.4% 和 0.3%。耕地转入来源主要为森林，有 45.7 km² 的森林转为耕地；其次为草地转为耕地、其他生态系统转为耕地、人工表面转为耕地和湿地转为耕地，面积分别为 30.5 km²、16.7 km²、1.7 km² 和 1.1 km²，占总变化面积比例分别为 2.9%、1.6%、0.2% 和 0.1%。

1985—2000 年耕地转出方向主要为人工表面，有 50.7 km² 的耕地转为人工表面，占总变化面积比例为 15.2%；其次为耕地转为湿地、耕地转为森林、耕地转为其他和耕地转为草地，面积分别为 11.7 km²、9.4 km²、4.6 km² 和 3.9 km²，占总变化面积的比例分别为 3.5%、2.8%、1.4% 和 1.2%。耕地转入来源主要为森林，有 15.2 km² 的森林转为耕地；其次为湿地生态系统转为耕地、人工表面转为耕地、其他生态系统转为耕地和草地转为耕地，面积分别为 4.3 km²、2.7 km²、1.9 km² 和 1.6 km²，占总变化面积比例分别为 1.3%、0.8%、0.6% 和 0.4%。

2000—2013 年，耕地转出方向主要为人工表面，有 104.8 km² 的耕地转为人工表面，占总变化面积的比例为 11.2%；其次为耕地转为森林、耕地转为草地、耕地转为湿地和耕地转为其他，面积分别为 18.7 km²、13.4 km²、8.2 km² 和 2.0 km²，占总变化面积比例分别为为 2.0%、1.4%、0.9% 和 0.2%。耕地转入的来源主要是森林，有 33.7 km² 的森林转为耕地；其次为草地生态系统转为耕地、其他生态系统转为耕地、湿地转为耕地，面积分别为 31.5 km²、18.3 km²、1.3 km² 和

0.4 km²，占总变化面积比例分别为 3.4%、2.0%、0.1% 和 0.04%，见图 7.3.4-1。

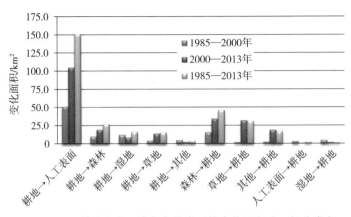

图 7.3.4-1 耕地生态系统各变化类型的变化面积（一级分类）

从二级分类系统来看，1985—2013 年，水田和旱地都呈减少趋势。水田主要转变为居住地、交通用地、工业用地、水库/坑塘和旱地，面积分别为 63.8 km²、46.6 km²、22.4 km²、11.9 km² 和 10.9 km²，占总变化面积的比例分别为 3.3%、2.4%、1.2%、0.6% 和 0.6%，这五种转出类型在 1985—2000 年和 2000—2013 年面积都居于首位。旱地转出面积较小，主要转变为居住地、水田和草丛，30 年间旱地转为居住地 8.6 km²、旱地转为水田 7.1 km²、旱地转为草丛的面积为 6.6 km²。

水田的转入来源主要是草丛，1985—2013 年草丛转为水田面积为 25.0 km²，占总变化面积的比例为 1.3%；其次是常绿阔叶林转为水田、常绿针叶林转为水田、稀疏林转为水田和常绿阔叶灌木林转为水田，面积分别为 13.9 km²、13.0 km²、11.3 km² 和 7.5 km²，占总变化面积的比例分别为 0.7%、0.7%、0.6% 和 0.4%，这五种转入来源在 1985—2000 年和 2000—2013 年都居于首位。而旱地的转入来源主要有水田、草丛和稀疏林，1985—2013 年水田转入旱地的面积有 10.9 km²，草丛转为旱地的面积为 5.6 km²、常绿阔叶林转为旱地的面积为 3.4 km²，见图 7.3.4-2。

（3）耕地生态系统格局呈破碎化趋势，水田破碎化趋势更为突出

1985—2013 年，闽江上游流域耕地类斑块平均面积由 31.2 hm² 减少到 23.6 hm²，减少了 7.6 hm²，减少了 24.4%，破碎化趋势明显。其中，旱地类斑块平均面积由 6.8 hm² 减少到 6.2 hm²，减少了 0.6 hm²，减少了 8.8%；水田类斑块平均面积由 30.4 hm² 减少到 23.2 hm²，减少了 7.2 hm²，减少了 23.7%，见表 7.3.4-2、图 7.3.4-3 ～图 7.3.4-8。

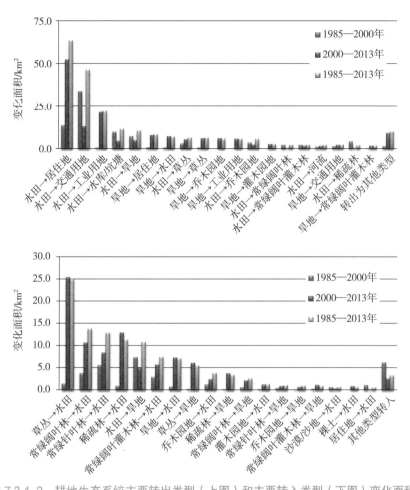

图 7.3.4-2　耕地生态系统主要转出类型（上图）和主要转入类型（下图）变化面积

表 7.3.4-2　闽江上游流域耕地生态系统类斑块平均面积　　　　　　　　单位：hm²

耕地生态系统	1985 年	2000 年	2013 年
水田	30.4	26.2	23.2
旱地	6.8	6.1	6.2
总计	31.2	26.9	23.6

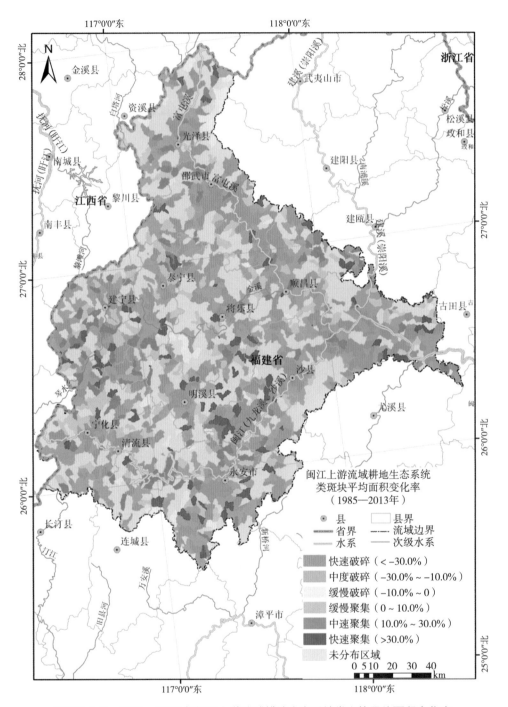

图 7.3.4-3 1985—2013 年闽江上游流域耕地生态系统类斑块平均面积变化率

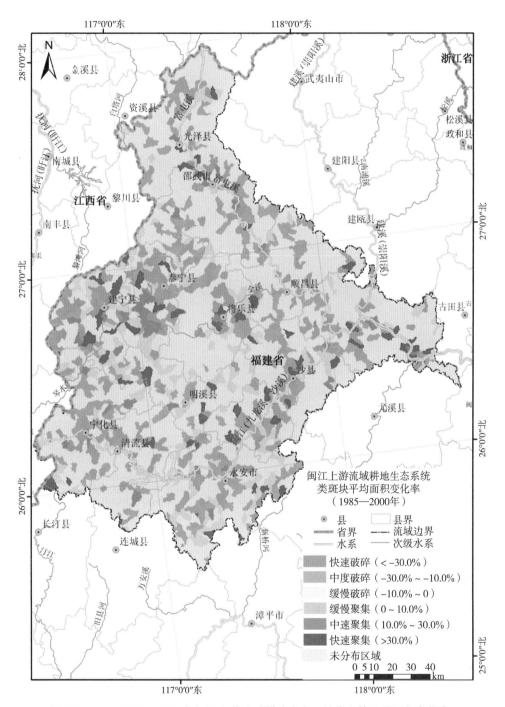

图 7.3.4-4　1985—2000 年闽江上游流域耕地生态系统类斑块平均面积变化率

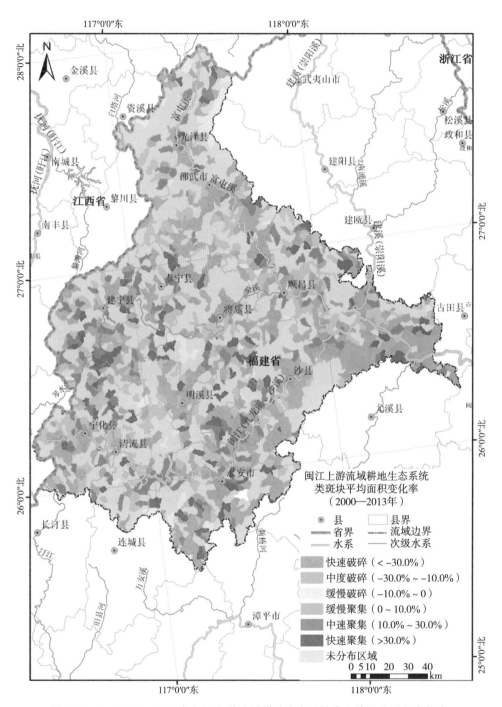

图 7.3.4-5　2000—2013 年闽江上游流域耕地生态系统类斑块平均面积变化率

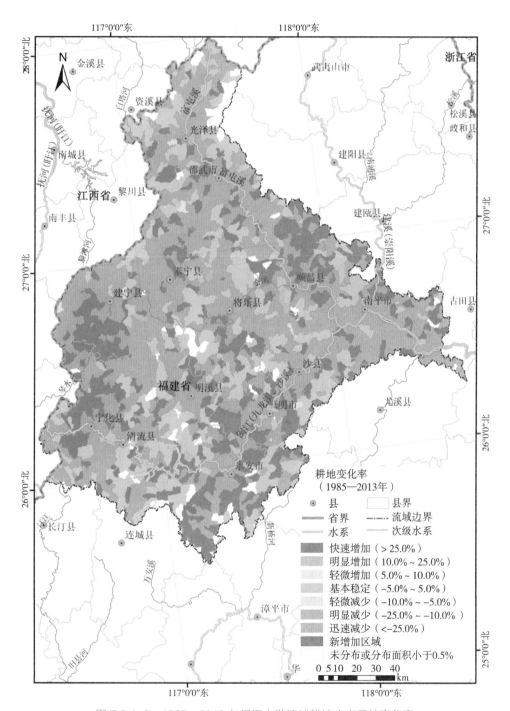

图 7.3.4-6　1985—2013 年闽江上游流域耕地生态系统变化率

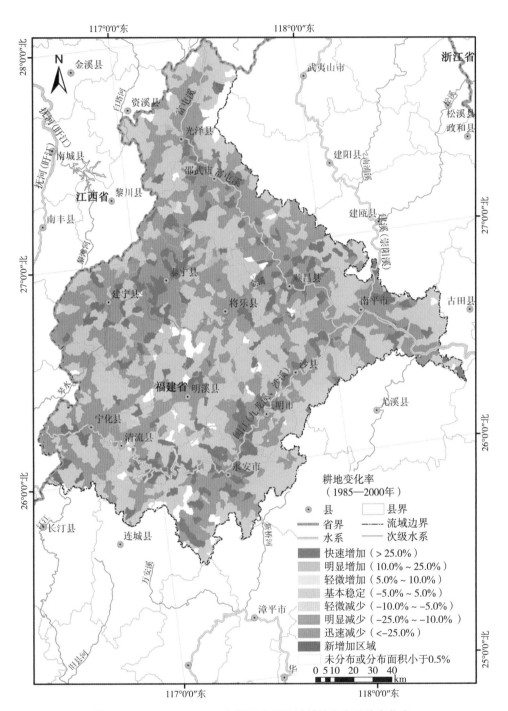

图 7.3.4-7　1985—2000 年闽江上游流域耕地生态系统变化率

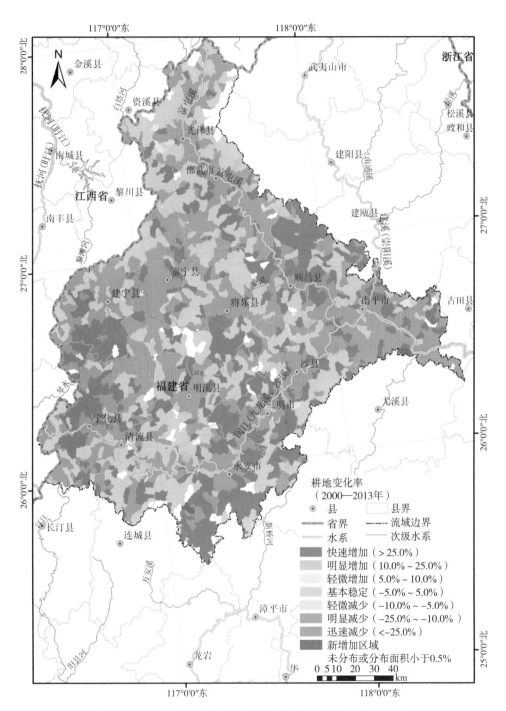

图 7.3.4-8　2000—2013 年闽江上游流域耕地生态系统变化率

7.3.5　人工表面生态系统

（1）30 年间，人工表面生态系统的面积急剧持续扩张，增加比例达 144.3%，工矿建设用地增加更为突出

2013 年，闽江上游流域人工表面生态系统占区域总面积的 2.0%，但人工表面生态系统 30 年间剧烈增加，且持续增加，其增加比例都远远大于其他各生态系统比例。从一级分类系统来看，1985—2013 年，人工表面面积净增加了 308.6 km²，增加比例为 144.3%，平均每年增加 4.4 km²，扩张迅速。尤其是 2000—2013 年，人工表面增加了 210.5 km²，平均每年增加 7.0 km²。

从二级类型来看，1985—2013 年，交通用地、工业用地、居住地和采矿场面积都大幅增加。其中居住地增加面积最大，增加了 112.0 km²，增加比例为 65.4%，其次为交通用地、工业用地和采矿场，增加面积分别为 113.8 km²、80.2 km² 和 3.0 km²，增加比例分别为 269.4%、416.0% 和 190.0%。

其中，1985—2000 年，居住地增加了 14.3 km²，增加的比例为 8.3%；交通用地和工业用地增加的面积分别为 77.5 km² 和 6.7 km²，增加比例分别为 183.6% 和 34.7%；采矿场的面积在这一阶段略微变化。

2000—2013 年，居住地增加了 97.7 km²，增加的比例为 52.7%；工业用地、交通用地和采矿场增加面积分别为 73.5 km²、36.3 km² 和 3.0 km²，增加比例分别为 283.0%、30.3% 和 196.4%。

总体来说，30 年间，工业用地、交通用地和采矿场增长的比例都比较高，表现出在闽江上游地区修建工厂、修建公路和开采矿产活动增多，见表 7.3.5-1。

表 7.3.5-1　闽江上游流域人工表面变化面积与变化百分比

生态系统类型		1985—2000 年		2000—2013 年		1985—2013 年	
		km²	%	km²	%	km²	%
人工表面	居住地	14.3	8.3	97.7	52.7	112	65.4
	工业用地	6.7	34.7	73.5	283.0	80.2	416.0
	交通用地	77.5	183.6	36.3	30.3	113.8	269.4
	采矿场	0.0	-2.2	3.0	196.4	3.0	190.0
	合计	98.5	23.5	210.5	97.9	308.6	144.3

（2）30 年间，人工表面生态系统转入面积远大于转出面积，转入来源主要为耕地和森林，单向转化特征显著

闽江上游流域人工表面生态系统面积增加迅速，转入面积要远大于转出面积，表现出显著的单向转化特征。从一级分类系统来看，1985—2013 年人工表面面积的增加主要来源为耕地和森林，耕地转为人工表面面积和森林转为人工表面面积

分别为 150.7 km² 和 128.2 km²，这两种生态类型的转入占人工表面总转入面积的比例分别为 48.1% 和 40.9%，占总转入量的比例超过 85%。其他生态系统转为人工表面、草地转为人工表面和湿地转为人工表面的面积分别为 17.8 km²、9.6 km² 和 7.2 km²，占人工表面总转入面积的比例分别为 5.7%、3.1% 和 2.3%。人工表面在此期间转出面积很小，只有 4.8 km²。

1985—2000 年人工表面面积增加主要来源于耕地和森林，耕地转为人工表面和森林转为人工表面的面积分别为 50.7 km² 和 43.1 km²，这两种生态类型转入面积占人工表面总转入面积比例分别为 48.5% 和 41.2%，占总转入量的比例超过 85%。其他生态系统转为人工表面、湿地转为人工表面和草地转为人工表面面积分别为 3.8 km²、3.8 km² 和 3.0 km²，占人工表面总转入面积比例分别为 3.6%、3.6% 和 2.9%。人工表面在此期间转出面积很小，只有 6.0 km²。

2000—2013 年人工表面面积增加主要来源为耕地和森林，耕地转为人工表面和森林转为人工表面的面积分别为 104.5 km² 和 81.9 km²，这两种生态类型的转入占人工表面总转入面积的比例分别为 49.3% 和 38.7%，占总转入量的比例超过 85%。其他生态系统转为人工表面、草地转为人工表面和湿地转为人工表面面积分别为 15.5 km²、7.3 km² 和 2.5 km²，占人工表面总转入面积的比例分别为 7.3%、3.5% 和 1.2%。人工表面在此期间的转出面积极小，只有 1.2 km²，见图 7.3.5-1。

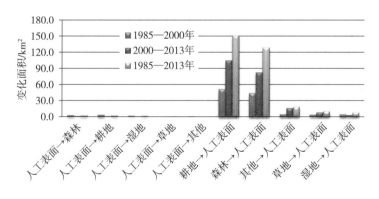

图 7.3.5-1　人工表面生态系统各变化类型的变化面积（一级分类）

从二级分类系统来看，1985—2013 年人工表面转入主要来源于水田，水田转为居住地的面积为 63.8 km²，其次为水田转为交通用地、常绿针叶林转为交通用地、水田转为工业用地和常绿针叶林转为工业用地，面积分别为 46.6 km²、24.9 km²、22.4 km² 和 21.2 km²；1985—2000 年，水田转为交通用地也最多，转入面积是 33.7 km²，水田转为居住地、常绿针叶林转为交通用地和水田转为工业用地的转入面积分别为 13.8 km²、15.9 km² 和 0.7 km²；2000—2013 年，水田转为居住地 52.4 km²，其次为水田转为工业用地，水田转为交通用地和常绿针叶林转为交通用地，面积分别为 21.7 km^2、13.2 km^2 和 7.7 km^2，见图 7.3.5-2。

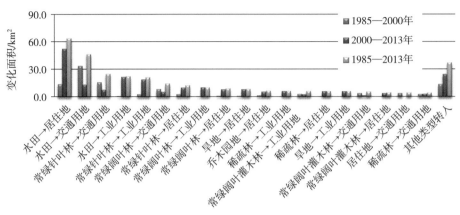

图 7.3.5-2　人工表面生态系统主要转入类型面积

（3）30 年间，人工表面变化具有显著的区域差异，河谷平原区全面增加，中部大佑山、陇西山山区基本保持稳定

人工表面生态系统分布在闽江上游地区较为广泛，且在大部分小流域表现出显著增加趋势，这种趋势在后 10 年尤为明显。在闽江上游中部的大佑山和陇西山山地地区，人工表面分布范围在 30 年间变化较小，变化速率在 5% 以内。而沿着富屯溪、九龙溪和沙溪支流附近的河谷地区，由于城镇分布密集，30 年间，城镇化速度加快，居住地、交通用地大量增加，人工表面增加主要来自于水田和常绿针叶林、常绿阔叶林。

南部的永安市是采矿场集中增加的主要区域，永安市附近广泛分布大型石灰岩矿、陶粒页岩矿、水泥黏土矿、无烟煤矿和铅锌矿等，在近 10 年开采活动较为频繁，见图 7.3.5-3 ~ 图 7.3.5-5。

7.3.6　其他生态系统

（1）其他类型生态系统数量总体减少，主要表现为稀疏林和沙地的减少，但裸土增加明显

2013 年闽江上游流域其他生态系统的面积占区域总面积的比例较小，约 2.4%。1985—2013 年其他生态系统的面积减少了 87.4 km^2，减少了 12.1%。其中，1985—2000 年其他生态系统的面积减少了 59.4 km^2，比例为 8.2%；2000—2013 年其他生态系统的面积减少了 147.0 km^2，减少比例为 18.7%。

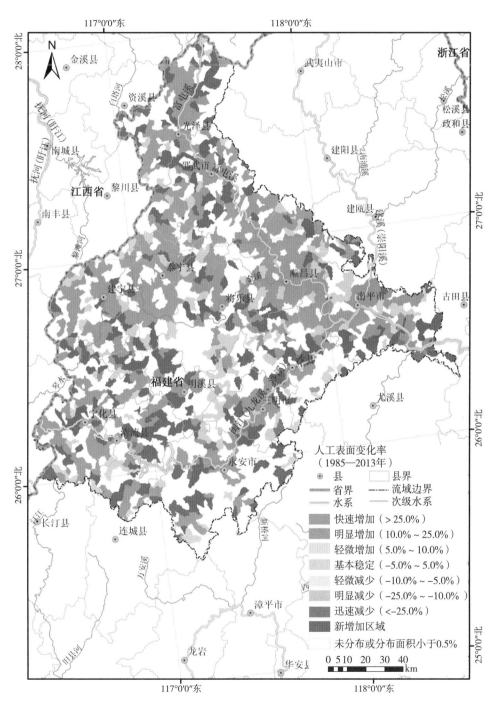

图 7.3.5-3　1985—2013 年闽江上游流域人工表面生态系统变化率

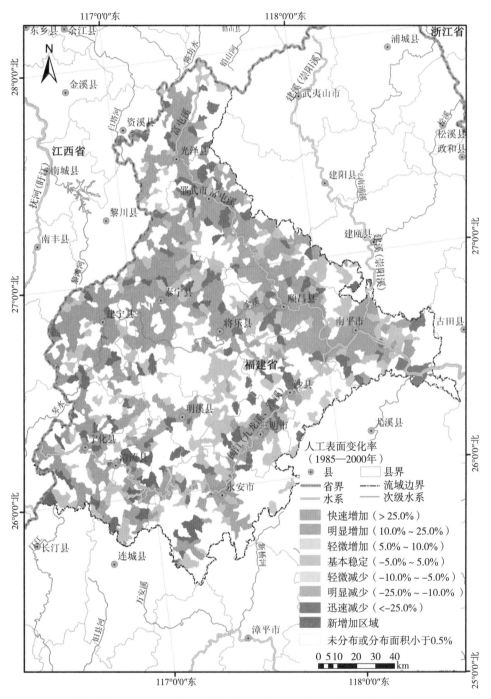

图 7.3.5-4　1985—2000 年闽江上游流域人工表面生态系统变化率

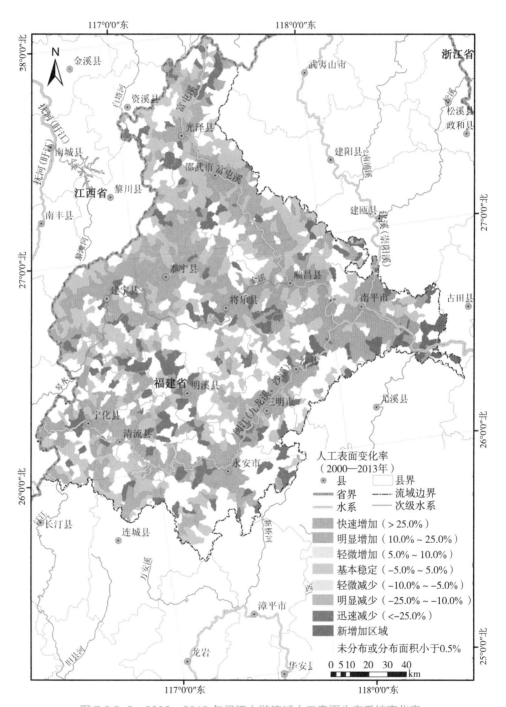

图 7.3.5-5 2000—2013 年闽江上游流域人工表面生态系统变化率

从二级类型来看，1985—2013 年裸土面积急剧增加，增加了 8.6 km²，增加比例为 63.2%；1985—2000 年裸土的面积增加了 8.5 km²，增加比例为 62.4%；2000—2013 年增加的面积为 0.1 km²，增加比例为 0.5%。裸岩的面积变化极小。沙地持续减少，1985—2013 年沙地面积减少了 5.5 km²，减少比例为 84.9%，与植树造林活动有关，见表 7.3.6-1。

表 7.3.6-1　生态系统面积变化与变化百分比

生态系统类型		1985—2000 年		2000—2013 年		1985—2013 年	
		km²	%	km²	%	km²	%
其他类型	稀疏林	55.0	7.8	−145.6	−19.2	−90.5	−12.9
	裸岩	0.0	−37.3	0.0	114.3	0.0	34.3
	裸土	8.5	62.4	0.1	0.5	8.6	63.2
	沙漠/沙地	−4.1	−62.0	−1.5	−60.4	−5.5	−84.9
	合计	−59.4	−8.2	−147.0	−18.7	−87.4	−12.1

（2）其他类型具有明显的双向转换特征，主要表现为稀疏林、裸土与各类乔木林的相互转换

从一级分类系统来看，闽江上游流域其他生态系统和森林生态系统之间的转化表现出显著的双向转化特征。1985—2013 年，其他生态系统转为森林和森林转为其他生态系统的面积分别为 164.3 km² 和 114.0 km²，占总变化面积的比例分别为 15.8% 和 10.9%，这两种生态类型之间的相互转化总面积比例超过了同期总变化面积的 25%。1985—2000 年其他类型转为森林和森林转为其他类型的面积分别为 9.1 km² 和 68.8 km²，占总变化面积的比例分别为 2.7% 和 20.6%。2000—2013 年其他生态系统转为森林和森林转为其他类型的面积分别为 211.1 km² 和 102.3 km²，占总变化面积的比例分别为 22.7% 和 11.0%，见图 7.3.6-1。

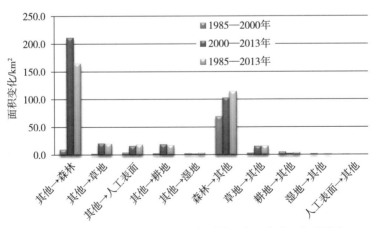

图 7.3.6-1　其他生态系统各变化类型的面积变化（一级分类）

从二级分类系统来看，1985—2013 年，其他生态系统转出以裸土转出为主。裸土转出为常绿针叶林和裸土转出为常绿阔叶林的面积分别为 5.8 km² 和 2.7 km²，占总变化面积的比例分别为 0.3% 和 0.2%；其他生态系统转入以稀疏林转入为主，常绿阔叶林转为稀疏林和常绿针叶林转为稀疏林的面积分别为 35.3 km² 和 34.2 km²，占总变化面积的比例分别为 1.8% 和 1.8%。

1985—2000 年，裸土转为常绿针叶林和常绿阔叶林的面积分别为 1.7 km² 和 1.1 km²，占总变化面积比例分别为 0.2% 和 0.1%；常绿阔叶林转为稀疏林和常绿针叶林转为稀疏林面积分别为 7.5 km² 和 41.0 km²，占总变化面积比例分别为 1.0% 和 5.2%，另外，常绿针叶林转为裸土面积也较大，为 12.8 km²，占总变化面积的比例为 1.7%。

2000—2013 年，裸土转化为常绿针叶林和裸土转为常绿阔叶林的面积分别为 12.7 km² 和 2.4 km²，占总变化面积的比例分别为 0.8% 和 0.1%；常绿阔叶林转为稀疏林和常绿针叶林转为稀疏林的面积分别为 31.9 km² 和 26.9 km²，占总变化面积的比例分别为 1.9% 和 1.6%，另外，常绿阔叶林转为稀疏林的面积也较大，为 20.3 km²，占总变化面积的比例为 1.3%，见图 7.3.6-2。

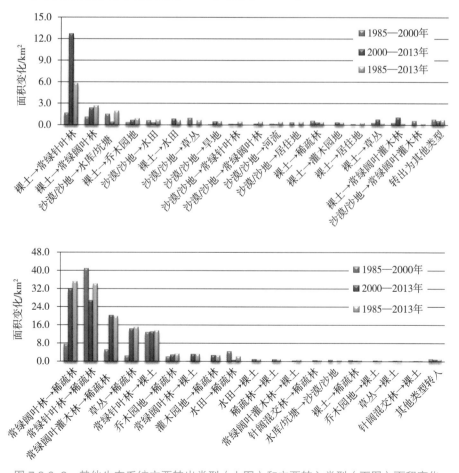

图 7.3.6-2　其他生态系统主要转出类型（上图）和主要转入类型（下图）面积变化

（3）其他类型生态系统景观格局整体表现出一定破碎化趋势，其中沙地的破碎化趋势最明显

1985—2013 年，闽江上游流域其他类型类斑块平均面积由 11.6 hm² 减少到 11.0 hm²，减少了 5.2%，景观格局表现出一定的破碎化趋势。裸土和稀疏林的斑块面积基本保持稳定，变化较小。但沙地类斑块面积从 9.1 hm² 减少到 3.6 hm²，而裸岩的类斑块面积由 2.0 hm² 增加到 2.6 hm²，见表 7.3.6-2、图 7.3.6-3～图7.3.6-5。

表 7.3.6-2　闽江上游流域二级生态系统类斑块平均面积　　　　　单位：hm²

其他生态系统	1985 年	2000 年	2013 年
稀疏林	11.6	11.3	11.1
裸岩	2.0	1.9	2.6
裸土	8.8	7.4	8.5
沙漠／沙地	9.1	5.1	3.6
总计	11.6	11.2	11.0

（4）其他类型减少地区主要分布在中南部和中部山区，增加地区主要在北部地区

其他类型变化在富屯溪流域地区迅速减少，减少速度超过 25%，主要表现为裸土转为针叶林、阔叶林、草丛和水田，而在中南部的岷江干流地区的陇西山地区、泰宁县的峨眉峰地区以及永安市南部山地裸土面积表现出急速减少，减少速度超过 25%。主要表现为稀疏林转变为常绿针叶林、常绿阔叶林，见图 7.3.6-6～图 7.3.6-8。

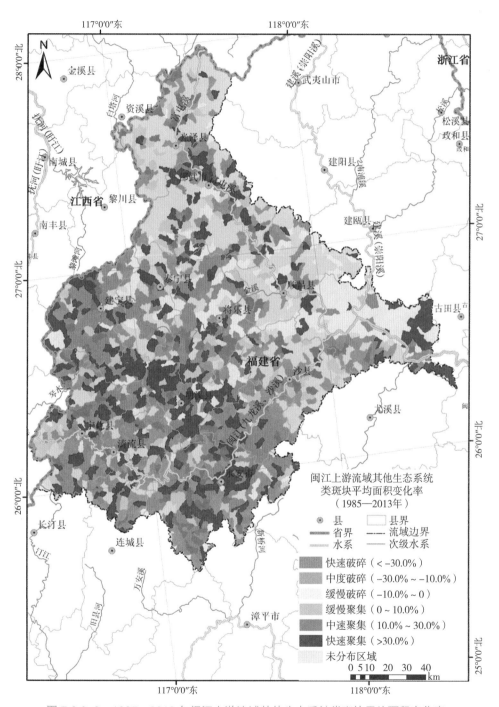

图 7.3.6-3　1985—2013 年闽江上游流域其他生态系统类斑块平均面积变化率

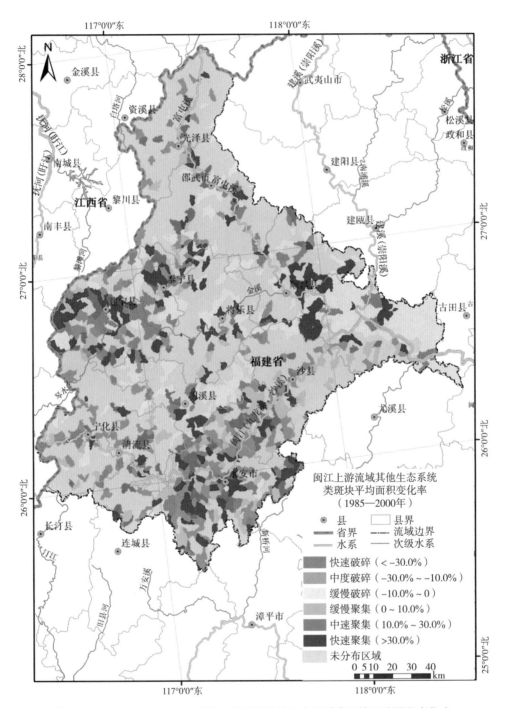

图 7.3.6-4　1985—2000 年闽江上游流域其他生态系统类斑块平均面积变化率

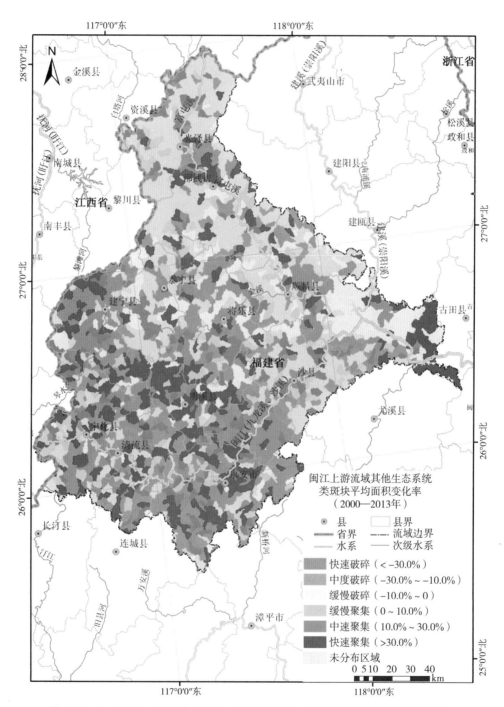

图 7.3.6-5　2000—2013 年闽江上游流域其他生态系统类斑块平均面积变化率

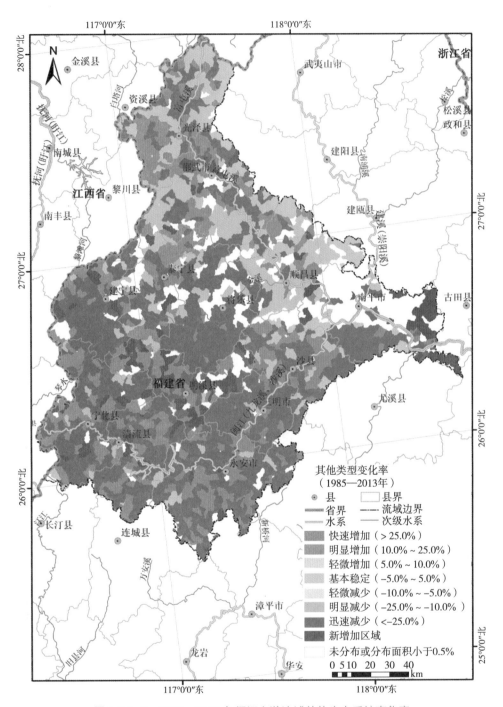

图7.3.6-6　1985—2013年闽江上游流域其他生态系统变化率

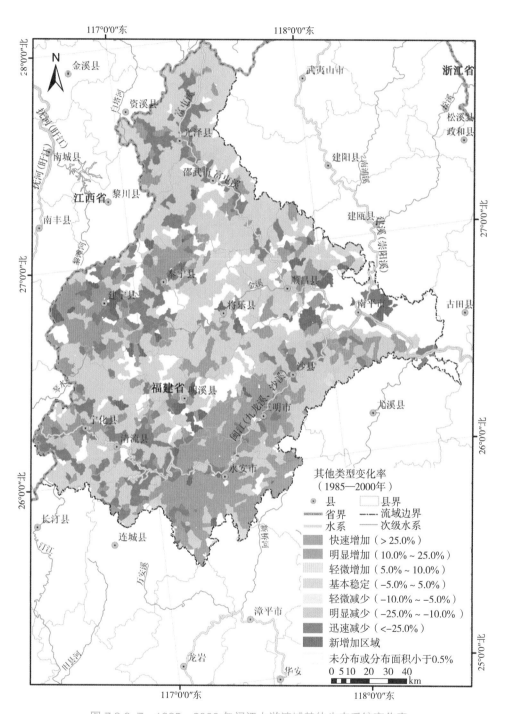

图 7.3.6-7　1985—2000 年闽江上游流域其他生态系统变化率

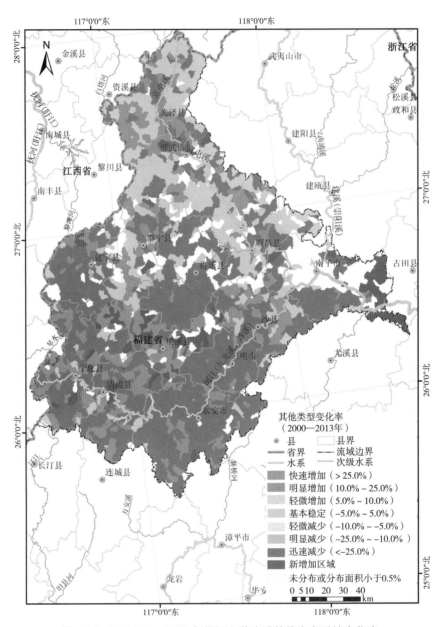

图 7.3.6-8 2000—2013 年闽江上游流域其他生态系统变化率

7.4 闽江上游县域生态格局变化分析

7.4.1 县域生态系统构成现状分析

（1）一级生态系统构成分析

表 7.4.1-1 结果分析表明，2013 年闽江上游流域森林生态系统总面积为

21 860.9 km^2，各县中森林面积最大的是永安市，面积为 2 462.4 km^2，占闽江流域森林总面积的 11.3%；其次较大的依次为邵武市、南平市、将乐县和宁化县，面积分别为 2 277.7 km^2、2 072.9 km^2、1 847.5 km^2 和 1 756.9 km^2，占流域森林总面积的比例分别为 10.4%、9.5%、8.5% 和 8.0%。森林生态系统面积最小的是三明市，只有 933.5 km^2，占总面积的 4.3%。

2013 年闽江上游流域草地生态系统总面积为 211.1 km^2，面积最大的县为南平市，草地面积达到 42.6 km^2，占流域草地总面积的比例达到 20.2%；其次为永安市、邵武市、宁化县和建宁县，其草地生态系统的面积分别为 24.1 km^2、24.0 km^2、20.5 km^2 和 19.5 km^2，占流域草地总面积的比例分别为 11.4%、11.4%、9.7% 和 9.2%。草地面积最小的是沙县，只有 4.8 km^2，占流域草地总面积的比例只有 2.3%。

2013 年闽江上游流域湿地生态系统总面积为 313.5 km^2，各县湿地生态系统面积从大到小依次是南平市、泰宁县、永安市、清流县和邵武市，面积依次为 74.7 km^2、43.9 km^2、30.3 km^2、25.8 km^2 和 23.0 km^2，占流域湿地总面积的比例分别为 23.8%、14.0%、9.7%、8.2% 和 7.4%。明溪县的湿地面积最小，约 8.3 km^2，占总湿地面积的比例为 2.7%。

2013 年闽江上游流域耕地生态系统总面积为 2 500.0 km^2，耕地生态系统面积最大的县为宁化县，面积为 341.5 km^2，占流域耕地总面积的 13.7%；其他依次为邵武市、永安市、建宁县和光泽县，耕地面积达到 306.5 km^2、206.1 km^2、200.8 km^2 和 199.2 km^2，占流域耕地总面积的比例分别为 12.3%、8.2%、8.0% 和 8.0%。三明市耕地最少，只有 65.2 km^2，占流域耕地总面积的比例为 2.6%。

2013 年闽江上游流域人工表面生态系统总面积为 540.4 km^2，人工表面生态系统面积最大的县为永安市，面积为 84.0 km^2，占闽江流域人工表面总面积的比例高达 15.5%；其次为邵武市、南平市、三明市和沙县，面积分别为 67.1 km^2、62.4 km^2、47.2 km^2 和 41.7 km^2，占流域内人工表面生态系统总面积的比例分别为 12.4%、11.5%、8.7% 和 7.7%。明溪县人工表面的面积最少，约 18.9 km^2，占流域人工表面生态系统总面积的比例为 3.5%。

2013 年闽江上游流域其他生态系统总面积为 611.6 km^2，其他生态系统面积最大的县为沙县，总面积达到 110.9 km^2，占流域内其他生态系统总面积的比例为 18.1%；其次为光泽县、宁化县、清流县和永安市，面积分别为 89.8 km^2、78.6 km^2、56.9 km^2 和 49.4 km^2，占流域其他生态系统总面积的比例分别为 14.7%、12.8%、9.3% 和 8.1%，见表 7.4.1-1。

表 7.4.1-1　2013 年闽江上游流域各县生态系统类型面积

生态系统	森林生态系统		草地生态系统		湿地生态系统		耕地生态系统		人工表面生态系统		其他生态系统	
	面积/km²	百分比/%	面积/km²	百分比/%	面积/km²	百分比/%	面积/km²	百分比/%	面积/km²	百分比/%	面积/km²	百分比/%
三明市	933.5	4.3	6.1	2.9	10.1	3.2	65.2	2.6	47.2	8.7	23.1	3.8
明溪县	1 453.4	6.6	5.7	2.7	8.3	2.7	142.4	5.7	18.9	3.5	19.2	3.1
清流县	1 490.9	6.8	8.0	3.8	25.8	8.2	165.6	6.6	28.7	5.3	56.9	9.3
宁化县	1 756.9	8.0	20.5	9.7	11.4	3.6	341.5	13.7	41.1	7.6	78.6	12.8
沙县	1 457.9	6.7	4.8	2.3	18.8	6.0	185.8	7.4	41.7	7.7	110.9	18.1
将乐县	1 847.5	8.5	11.3	5.4	19.2	6.1	160.5	6.4	34.9	6.5	35.5	5.8
泰宁县	1 282.8	5.9	18.7	8.9	43.9	14.0	146.4	5.9	27.0	5.0	43.3	7.1
建宁县	1 362.2	6.2	19.5	9.2	11.1	3.5	200.8	8.0	23.2	4.3	18.6	3.0
永安市	2 462.4	11.3	24.1	11.4	30.3	9.7	206.1	8.2	84.0	15.5	49.4	8.1
南平市	2 072.9	9.5	42.6	20.2	74.7	23.8	185.8	7.4	62.4	11.5	24.5	4.0
顺昌县	1 706.5	7.8	6.5	3.1	17.3	5.5	194.2	7.8	33.0	6.1	13.5	2.2
光泽县	1 756.2	8.0	19.3	9.1	19.6	6.3	199.2	8.0	31.1	5.8	89.8	14.7
邵武市	2 277.7	10.4	24.0	11.4	23.0	7.4	306.6	12.3	67.1	12.4	48.4	7.9
总计	21 860.8	100.0	211.1	100.1	313.5	100.0	2 500.1	100.0	540.3	99.9	611.7	99.9

（2）二级生态系统构成分析

从各县二级生态系统类型的丰富程度看，2013 年闽江上游流域的二级生态系统类型达到 22 种。

通过统计分析，可以看到各二级生态系统类型中最具代表性的县域名单，其中，南平市、永安市和邵武市这三个地级市辖区内的生态系统分布最具有代表性，见表 7.4.1-2。

表 7.4.1–2　2013 年闽江上游流域二级生态系统类型中面积最大的县域

一级类型	二级类型	面积 /km²	县名称
森林生态系统	常绿阔叶林	1 019.9	永安市
	常绿针叶林	1 639.7	邵武市
	针阔混交林	120.8	永安市
	常绿阔叶灌木林	137.3	邵武市
	乔木园地	73.7	建宁县
	灌木园地	24.3	沙县
	乔木绿地	0.7	南平市
草地生态系统	草丛	42.5	南平市
	草本绿地	1.1	沙县
湿地生态系统	草本湿地	1.0	光泽县
	水库 / 坑塘	45.2	南平市
	河流	28.9	南平市
耕地生态系统	水田	330.7	宁化县
	旱地	18.2	沙县
人工表面生态系统	居住地	49.7	永安市
	工业用地	23.0	永安市
	交通用地	28.2	邵武市
	采矿场	1.7	永安市
其他生态型系统	稀疏林	110.6	沙县
	裸岩	0.01	泰宁县
	裸土	7.6	邵武市
	沙漠 / 沙地	0.6	清流县

永安市拥有面积最多的常绿阔叶林和针阔混交林，面积分别达到 1 019.9 km² 和 120.8 km²，永安市的居住地、工业用地和采矿场面积也是整个流域最多的，面积分别为 49.7 km²、23.0 km² 和 1.7 km²。

南平市分布着面积最多的乔木绿地，面积为 0.7 km²，水库 / 坑塘和河流的面积也在整个流域所占比例最大，分别为 45.2 km² 和 28.9 km²。

邵武市的常绿针叶林和常绿阔叶灌木林面积超过其他所有县，面积分别达到 1 639.7 km² 和 137.3 km²，邵武市的交通用地也超过其他县，面积达到 28.2 km²，裸土面积为 7.6 km²，位于全流域首位。

宁化县和沙县分别拥有最多的水田和旱地，面积分别为 330.7 km² 和 18.2 km²。沙县的稀疏林、草本绿地和灌木园地的面积也超过其他各县。

7.4.2 县域生态系统类型转换的总体特征

（1）三明市生态系统变化强度最大，高达 6.3%

从一级分类生态系统类型变化来看，1985—2013 年闽江上游流域生态系统综合变化率最高的县是三明市，达到 6.3%；其次生态系统综合变化率较高的依次为宁化县、永安市、清流县和建宁县，生态系统综合变化率分别为 5.8%、5.4%、4.7% 和 4.4%。

1985—2000 年闽江上游流域生态系统综合变化率各县都较弱，最高的县是泰宁县，为 2.9%，其次生态系统综合变化率较高的依次为建宁县、三明市、永安市和明溪县，生态系统综合变化率分别为 2.0%、1.9%、1.8% 和 1.4%。

2000—2013 年闽江上游流域生态系统综合变化率最高的县是三明市，达到 6.4%；其次生态系统综合变化率较高的依次为宁化县、永安市、清流县和建宁县，生态系统综合变化率分别为 5.4%、5.4%、4.4% 和 3.8%，见图 7.4.2-1。

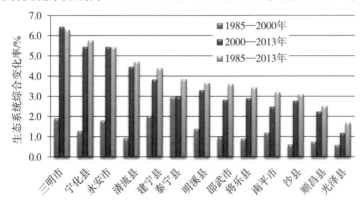

图 7.4.2-1 近 30 年间闽江上游流域生态系统综合变化率（一级分类）

从二级分类生态系统类型变化来看，1985—2013 年闽江上游流域生态系统综合变化率最高的县是建宁县，达到 10.6%；其次较高的依次为三明市、南平市、宁化县、永安市和邵武市，生态系统综合变化率分别为 9.6%、9.2%、8.6%、8.4% 和 8.1%。

1985—2000 年闽江上游流域生态系统综合变化率最高的县是泰宁县，为 6.5%；其次较高的依次为建宁县、三明市、南平市、永安市和明溪县，生态系统综合变化率分别为 6.4%、4.4%、4.1%、3.7% 和 3.4%。

2000—2013 年闽江上游流域生态系统综合变化率最高的县是三明市，达到 8.3%；其次生态系统综合变化率较高的依次为永安市、南平市、宁化县和建宁县，生态系统综合变化率分别为 7.9%、7.8%、7.8% 和 7.2%，见图 7.4.2-2 ~ 图 7.4.2-5。

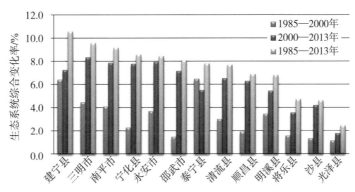

图 7.4.2-2　近 30 年间闽江上游流域生态系统综合变化率（二级分类）

（2）绝大多数县表现出明显的生态恢复趋势，这种恢复主要发生在后 10 年（LCCI）

从一级分类生态系统类型变化来看，1985—2013 年闽江上游流域各县类型转类指数表现出生态恢复的县有 10 个，其中转类指数超过 2% 的县有将乐县、三明市、宁化县、永安市和顺昌县，转类指数分别为 5.3%、4.6%、3.1%、2.3% 和 2.0%，表现出明显的生态恢复趋势。而明溪县、沙县和光泽县的转类指数都小于零，分别为 −0.5%、−0.2% 和 −0.1%，表现出轻微的退化趋势。1985—2000 年闽江上游流域各县表现出生态恢复的县只有 2 个，为将乐县和明溪县，转类指数分别为 0.2% 和 0.1%。其他都表现出恶化趋势，其中转类指数超过 −2% 的县有泰宁县、三明市和永安市，转类指数分别为 −2.6%、−2.6% 和 −2.3%，表现出明显的恶化趋势；其他县表现出轻微的退化趋势。2000—2013 年闽江上游流域各县表现出生态恢复的县有 11 个，生态恢复最为明显的是三明市和将乐县，转类指数分别为 7.3% 和 5.2%，超过 5%，表现出明显恢复的趋势。永安市、宁化县、泰宁县、顺昌县、邵武市和建宁县也都恢复良好，转类指数介于 2% 和 5%，沙县和明溪县表现出轻微恶化趋势，转类指数分别为 −0.2% 和 −0.6%。

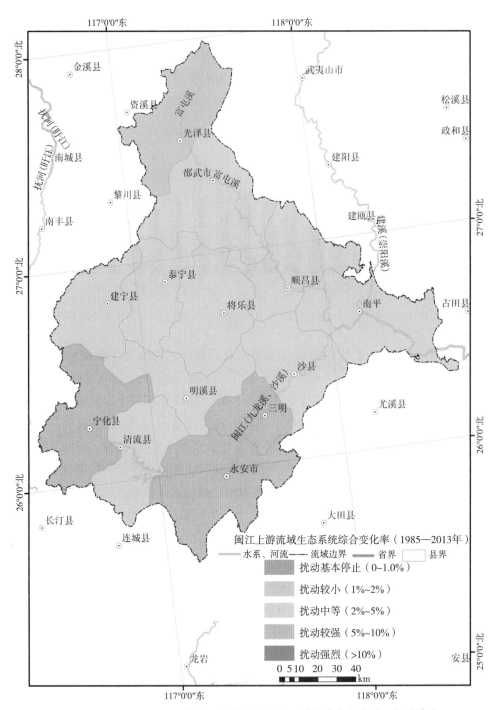

图 7.4.2-3 1985—2013 年闽江上游流域生态系统综合变化率（一级分类）

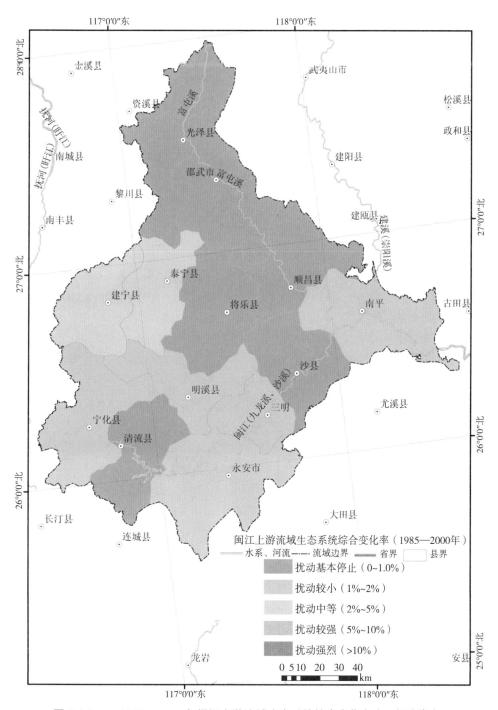

图 7.4.2-4　1985—2000 年闽江上游流域生态系统综合变化率（一级分类）

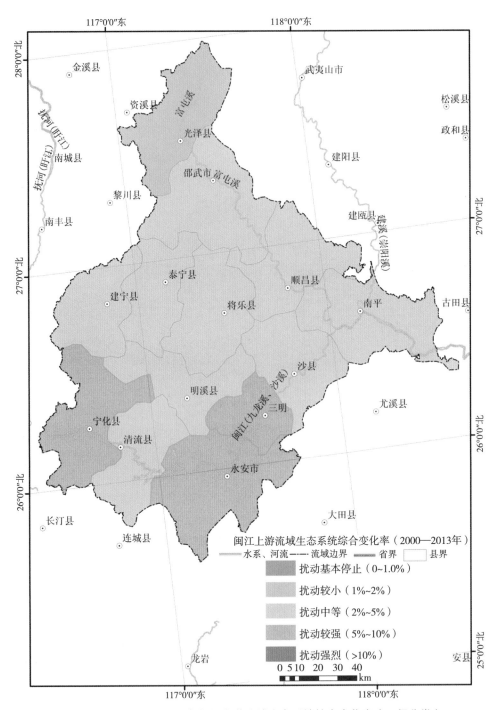

图 7.4.2-5 2000—2013 年闽江上游流域生态系统综合变化率（一级分类）

　　从二级分类生态系统类型变化来看，1985—2013 年闽江上游流域各县表现出生态恢复的县有 11 个，其中转类指数超过 2% 的县有三明市、邵武市、宁化县、将乐县、顺昌县、建宁县和南平市，转类指数分别为 6.0%、4.8%、4.5%、4.4%、3.6%、3.5% 和 2.7%，表现出明显的生态恢复趋势。而明溪县、沙县的转类指数都小于零，分别为 –1.2% 和 –0.1%，表现出轻微的退化趋势。1985—2000 年闽江上游流域各县表现出生态恢复的县只有 4 个，为将乐县、明溪县、清流县和建宁县，转类指数分别为 0.4%、0.4%、0.2% 和 0.04%。其他都表现出恶化趋势，其中转类指数超过 –2% 的县有永安市和泰宁县，转类指数分别为 –2.4% 和 –2.1%，表现出明显的恶化趋势。其他县表现出轻微的退化趋势。2000—2013 年闽江上游流域各县表现出生态恢复的县有 12 个，生态恢复最为明显的是三明市，转类指数为 7.7%，超过 5%，表现出明显恢复的趋势。邵武市、宁化县、顺昌县、南平市、将乐县、永安市、建宁县和泰宁县也都恢复良好，转类指数介于 2% 和 5% 之间，明溪县表现出轻微恶化趋势，转类指数为 –1.6%，见图 7.4.2-6～图 7.4.2-10。

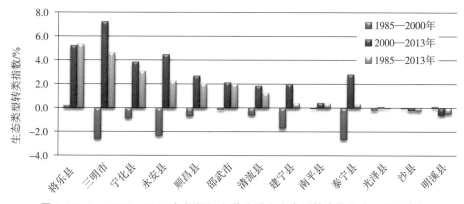

图 7.4.2-6　1985—2013 年间闽江上游流域生态类型转类指数（一级分类）

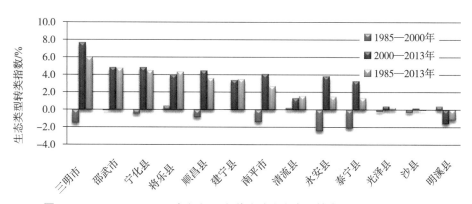

图 7.4.2-7　1985—2013 年间闽江上游流域生态类型转类指数（二级分类）

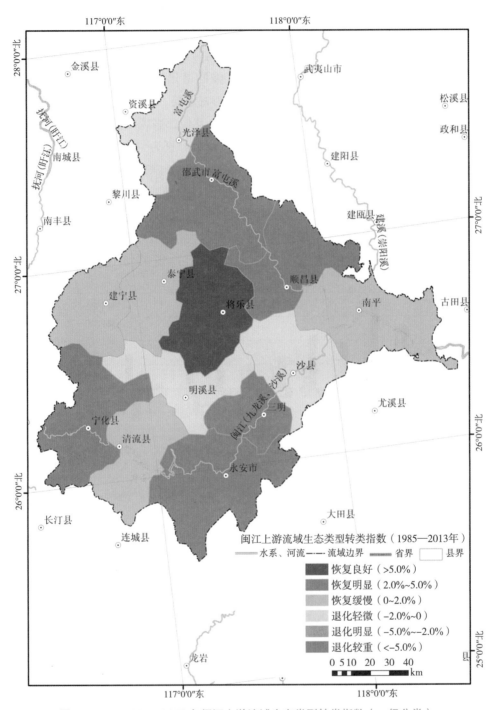

图 7.4.2-8　1985—2013 年闽江上游流域生态类型转类指数（一级分类）

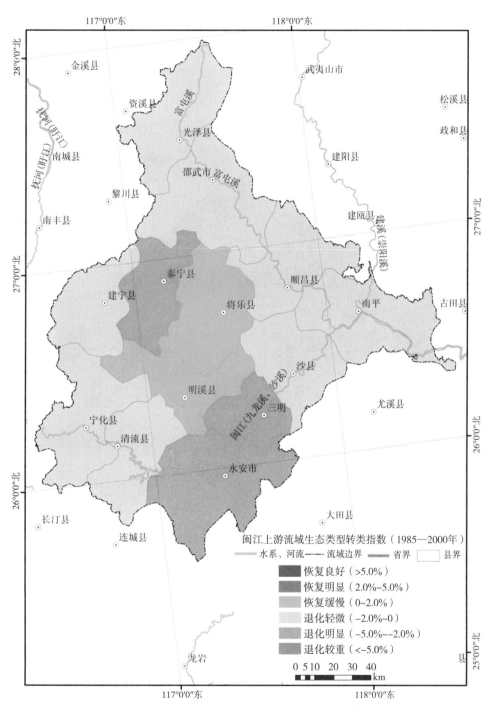

图 7.4.2-9　1985—2000 年闽江上游流域生态类型转类指数（一级分类）

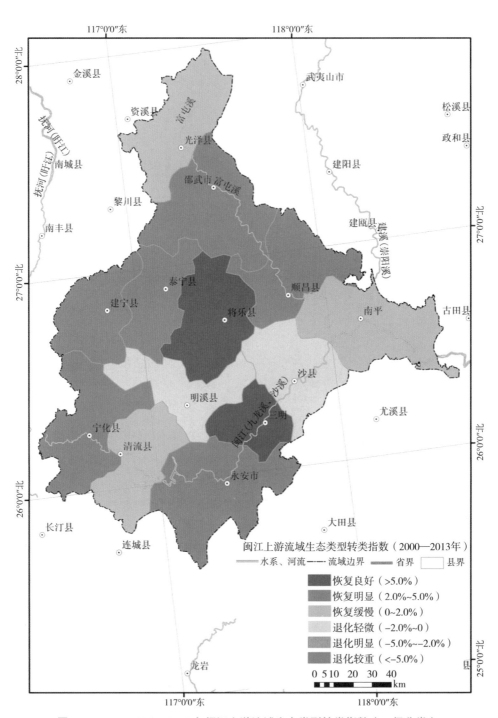

图 7.4.2-10　2000—2013 年闽江上游流域生态类型转类指数（一级分类）

（3）各县主要生态系统变化表现为其他与林地、草地与林地的相互转化、人工表面的转入和耕地的转出

从一级分类生态系统类型变化来看，1985—2013 年闽江上游流域变化剧烈的几个县的主要变化类型都与林地、草地、耕地和人工表面这几种生态系统相关。三明市生态系统变化最大的 3 种转换类型分别为其他转为林地、林地转为人工表面和林地转为其他，占变化总面积的比例分别达到 27.1%、18.5% 和 10.6%。宁化县生态系统变化最大的 3 种转换类型分别为草地转为林地、其他转为林地和耕地转为人工表面，占变化总面积的比例分别达到 19.3%、17.8% 和 12.2%。永安市生态系统变化最大的 3 种转换类型分别为草地转为林地、林地转为人工表面和耕地转为人工表面，占变化总面积的比例分别达到 17.0%、13.8% 和 13.7%。清流县生态系统变化最大的 3 种转换类型分别为其他转为林地、林地转为其他、耕地转为人工表面，占变化总面积的比例分别达到 33.1%、24.5% 和 10.0%。建宁县生态系统变化最大的 3 种转换类型分别为林地转为草地、其他转为林地和林地转为其他，占变化总面积的比例分别达到 20.9%、20.4% 和 10.6%。

1985—2000 年闽江上游流域各县的主要变化类型都与林地、草地、耕地和人工表面这几种生态系统相关。泰宁县生态系统变化最大的 3 种转换类型分别为林地转为草地、湿地转为草地和草地转为林地，占变化总面积的比例分别达到 18.7%、17.7% 和 13.7%。建宁县生态系统变化最大的 3 种转换类型分别为林地转为其他、草地转为林地和林地转为人工表面，占变化总面积的比例分别达到 40.6%、16.3% 和 11.9%。三明市生态系统变化最大的 3 种转换类型分别为林地转为其他、林地转为人工表面和耕地转为林地，占变化总面积的比例分别达到 45.4%、11.8% 和 9.5%。永安市生态系统变化最大的 3 种转换类型分别为林地转为其他、林地转为人工表面和草地转为林地，占变化总面积的比例分别达到 45.3%、10.1% 和 9..0%。明溪县生态系统变化最大的 3 种转换类型分别为草地转为林地、林地转为草地和耕地转为人工表面，占变化总面积的比例分别达到 40.2%、32.4% 和 13.8%。

2000—2013 年闽江上游流域各县的主要变化类型都与林地和其他生态系统相关。三明市生态系统变化最大的 3 种转换类型分别为其他转为林地、林地转为人工表面和林地转为其他，占变化总面积的比例分别达到 38.6%、15.2% 和 10.1%。宁化县生态系统变化最大的 3 种转换类型分别为草地转为林地、其他转为林地和林地转为其他，占变化总面积的比例分别达到 24.8%、19.0% 和 8.7%。永安市生态系统变化最大的 3 种转换类型分别为其他转为林地、草地转为林地和耕地转为人工表面，占变化总面积的比例分别达到 25.8%、14.8% 和 12.2%。清流县生态系统变化最大的 3 种转换类型分别为其他转为林地、林地转为其他和草地转为林地，占变化总面积的比例分别达到 34.4%、25.6% 和 10.4%。建宁县生态系统变化最大的 3 种转换类型分别为其他转为林地、林地转为草地和林地转为耕地，占变化总面积的比

例分别达到 36.6%、24.6% 和 10.2%。

（4）生态系统景观格局变化

1）将乐县和顺昌县景观呈聚集趋势，其他各县景观呈破碎化趋势，其中尤以建宁县、南平县和沙县景观破碎化趋势最为突出

1985—2013 年，将乐县和顺昌县景观格局呈现聚集趋势。以将乐县为例，将乐县境内景观斑块数由 1 761 个减少到 1 531 个，减少了 13.1%；平均斑块面积由 119.8 hm² 增加到 137.7 hm²，增加了 14.9%；边界密度由 19.6m/hm² 减少到 17.6m/hm²；聚集度指数也由 80.1% 增加到 81.9%。可以看出，四个指标都表明将乐县境内景观格局聚集趋势明显，景观类型分布更为紧凑。

1985—2013 年，除将乐县和顺昌县外，其他各县景观格局呈现破碎化趋势，其中，尤以建宁县、南平县和沙县景观破碎化趋势最为突出。以建宁县为例，建宁县境内斑块数由 1 581 个增加到 2 046 个，增加了 29.4%；平均斑块面积则由 103.4 hm² 减少到 79.9 hm²，减少了 22.7%；边界密度由 23.9m/hm² 增加到 27.3m/hm²；聚集度指数也由 79.6% 减少到 77.8%。可以看出，四个指标都表明建宁县境内景观格局破碎化趋势明显，景观类型分布更为分散，见表 7.4.2-1。

表 7.4.2-1　闽江上游流域各县一级生态系统景观格局特征及其变化

县域	年份	斑块数 NP	平均斑块面积 MPS/hm²	边界密度 ED/（m/hm²）	聚集度指数 CONT/%
光泽县	1985	2 180	97.0	24.0	77.2
	2000	2 280	92.8	24.9	76.7
	2013	2 270	93.2	25	76.5
邵武市	1985	2 303	119.3	22.9	77.6
	2000	2 633	104.3	24.6	76.6
	2013	2 654	103.5	23.8	77.3
顺昌县	1985	1 551	126.6	19.4	81.0
	2000	1 724	113.9	20.5	80.3
	2013	1 544	127.2	19.1	81.8
泰宁县	1985	1 796	87.0	25.8	75.9
	2000	2 155	72.5	28.9	74.6
	2013	2 125	73.5	28.3	74.7
建宁县	1985	1 581	103.4	23.9	79.6
	2000	1 883	86.9	26.0	78.6
	2013	2 046	79.9	27.3	77.8

县域	年份	斑块数 NP	平均斑块面积 MPS/hm²	边界密度 ED/（m/hm²）	聚集度指数 CONT/%
将乐县	1985	1 761	119.8	19.6	80.1
	2000	1 830	115.2	20.2	79.9
	2013	1 531	137.7	17.6	81.9
南平县	1985	2 711	90.7	22.2	78.0
	2000	2 678	91.9	22.9	77.4
	2013	3 211	76.6	23.7	76.9
沙县	1985	1 848	98.5	25.3	75.9
	2000	1 984	91.7	25.8	75.6
	2013	2 371	76.8	27.1	74.2
明溪县	1985	1 033	159.5	17.7	83.7
	2000	1 076	153.1	18.0	83.6
	2013	1 188	138.7	18.5	83.2
宁化县	1985	2 395	93.9	29.3	73.0
	2000	2 794	80.5	31.4	71.9
	2013	2 460	91.4	29.3	73.6
三明市	1985	991	109.5	20.9	79.1
	2000	1 102	98.5	22.3	78.0
	2013	1 113	97.5	19.8	79.4
清流县	1985	1 447	122.7	20.8	78.5
	2000	1 663	106.8	22.2	77.6
	2013	1 648	107.8	22.1	77.8
永安市市	1985	2 143	133.3	17.3	80.4
	2000	2 554	111.8	19.0	79.2
	2013	2 244	127.3	17.3	80.1

2）人工表面景观格局在各县市都表现为明显聚集趋势；耕地景观格局在各县市都表现出较为明显的破碎化趋势；森林景观格局在清流县保持稳定，在其他各县市都表现出较为明显的破碎化趋势；草地景观格局在光泽县和顺昌县保持稳定，在其他各县都表现出破碎化趋势；湿地景观格局在南平县和明溪县表现为聚集趋势，在顺昌县保持稳定，在其他各县市表现为破碎化趋势；其他类型生态系统景观格局在邵武市、明溪县和将乐县表现为聚集趋势，在光泽县、顺昌县和泰宁县保持稳

定，在其他各县表现为破碎化趋势

1985—2013 年，光泽县人工表面类斑块面积由原来的 7.4 hm² 增加到 19.7 hm²，增加了 166.2%；湿地类斑块面积由原来的 18.7 hm² 减少到 13.2 hm²，减少了 29.4%；森林类斑块面积由原来的 1 408.4 hm² 减少到 1 009.4 hm²，减少了 28.3%；耕地类斑块面积由原来的 33.1 hm² 减少到 28.2 hm²，减少了 14.8%；其他生态系统类型类斑块面积由原来的 11.4 hm² 减少到 11.1 hm²，减少了 2.6%，保持稳定；草地类斑块面积由原来的 6.9 hm² 增加到 7 hm²，保持稳定。

1985—2013 年，邵武市人工表面类斑块面积由原来的 9.1 hm² 增加到 17.1 hm²，增加了 87.9%；其他生态系统类型类斑块面积由原来的 11.9 hm² 增加到 12.9 hm²，增加了 8.4%；耕地类斑块面积由原来的 41.2 hm² 减少到 24.9 hm²，减少了 39.6%；湿地类斑块面积由原来的 27.8 hm² 减少到 20.8 hm²，减少了 25.2%；森林类斑块面积由原来的 1 262.2 hm² 减少到 1 040.1 hm²，减少了 17.6%；草地类斑块面积由原来的 8.9 hm² 减少到 7.4 hm²，减少了 16.9%。

1985—2013 年，顺昌县人工表面类斑块面积由原来的 8.6 hm² 增加到 11.1 hm²，增加了 29.1%；耕地类斑块面积由原来的 30.6 hm² 减少到 24 hm²，减少了 21.6%；森林类斑块面积由原来的 1 626.6 hm² 减少到 1 416.3 hm²，减少了 12.9%；湿地类斑块面积由原来的 41.4 hm² 减少到 41.2 hm²，保持稳定；草地和其他生态系统类斑块面积也都保持稳定。

1985—2013 年，泰宁县人工表面类斑块面积由原来的 3.7 hm² 增加到 6.4 hm²，增加了 73.0%；其他生态系统类型类斑块面积由原来的 15.1 hm² 增加到 15.3 hm²，保持稳定；草地类斑块面积由原来的 8.4 hm² 减少到 6.1 hm²，减少了 27.4%；湿地类斑块面积由原来的 69.7 hm² 减少到 51.0 hm²，减少了 26.8%；森林类斑块面积由原来的 1 066.7 hm² 减少到 833 hm²，减少了 21.9%；耕地类斑块面积由原来的 20.4 hm² 减少到 16.7 hm²，减少了 18.1%。

1985—2013 年，建宁县人工表面类斑块面积由原来的 4.8 hm² 增加到 7 hm²，增加了 45.8%；草地类斑块面积由原来的 12.6 hm² 减少到 5.8 hm²，减少了 54.0%；森林类斑块面积由原来的 1 240.4 hm² 减少到 796.7 hm²，减少了 35.8%；湿地类斑块面积由原来的 11.7 hm² 减少到 10.3 hm²，减少了 12.0%；耕地类斑块面积由原来的 25.9 hm² 减少到 22.9 hm²，减少了 11.6%；其他生态系统类型类斑块面积由原来的 9.1 hm² 减少到 8.4 hm²，减少了 7.7%。

1985—2013 年，将乐县人工表面类斑块面积由原来的 7.5 hm² 增加到 18.2 hm²，增加了 142.7%；其他生态系统类型类斑块面积由原来的 11.4 hm² 增加到 13.2 hm²，增加了 15.8%；耕地类斑块面积由原来的 29.1 hm² 减少到 21.1 hm²，减少了 27.5%；森林类斑块面积由原来的 2 300.4 hm² 减少到 1 759.5 hm²，减少了 23.5%；草地类斑块面积由原来的 8.5 hm² 减少到 7.1 hm²，减少了 16.5%；湿地类斑块面积由原来的 45.7 hm² 减少到 41.8 hm²，减少了 8.5%。

1985—2013 年，南平县湿地类斑块面积由原来的 30.3 hm² 增加到 56.6 hm²，增加了 86.8%；人工表面类斑块面积由原来的 11.2 hm² 增加到 13.5 hm²，增加了 20.5%；耕地类斑块面积由原来的 19.1 hm² 减少到 13.4 hm²，减少了 29.8%；森林类斑块面积由原来的 1 131.4 hm² 减少到 811.8 hm²，减少了 28.3%；其他生态系统类型类斑块面积由原来的 10.3 hm² 减少到 7.8 hm²，减少了 24.3%；草地类斑块面积由原来的 6.7 hm² 减少到 6.4 hm²，减少了 4.5%。

1985—2013 年，沙县人工表面类斑块面积由原来的 17.3 hm² 增加到 22.7 hm²，增加了 31.2%；森林类斑块面积由原来的 996.8 hm² 减少到 473.4 hm²，减少了 52.5%；耕地类斑块面积由原来的 35.9 hm² 减少到 25.8 hm²，减少了 28.1%；湿地类斑块面积由原来的 45 hm² 减少到 31.9 hm²，减少了 29.1%；草地类斑块面积由原来的 7.2 hm² 减少到 5.4 hm²，减少了 25%；其他生态系统类型类斑块面积由原来的 11.8 hm² 减少到 11.0 hm²，减少了 6.8%。

1985—2013 年，明溪县人工表面类斑块面积由原来的 8.3 hm² 增加到 12.7 hm²，增加了 53%；湿地类斑块面积由原来的 10.0 hm² 增加到 11.4 hm²，增加了 14%；其他生态系统类型类斑块面积由原来的 8.4 hm² 增加到 9.5 hm²，增加了 13.1%；耕地类斑块面积由原来的 28.7 hm² 减少到 22.8 hm²，减少了 20.6%；草地类斑块面积由原来的 11.6 hm² 减少到 9.3 hm²，减少了 19.8%；森林类斑块面积由原来的 2 017.5 hm² 减少到 1 816.7 hm²，减少了 10%。

1985—2013 年，宁化县人工表面类斑块面积由原来的 9.8 hm² 增加到 15 hm²，增加了 53.1%；耕地类斑块面积由原来的 39.7 hm² 减少到 32.3 hm²，减少了 18.6%；草地类斑块面积由原来的 10.5 hm² 减少到 8.6 hm²，减少了 18.1%；湿地类斑块面积由原来的 13.7 hm² 减少到 12.1 hm²，减少了 11.7%；森林类斑块面积由原来的 699.6 hm² 减少到 618.4 hm²，减少了 11.6%；其他生态系统类型类斑块面积由原来的 15.9 hm² 减少到 15.3 hm²，减少了 3.8%。

1985—2013 年，三明市人工表面类斑块面积由原来的 34.6 hm² 增加到 43.3 hm²，增加了 25.1%；森林类斑块面积由原来的 2 164.7 hm² 减少到 856.4 hm²，减少了 60.4%；耕地类斑块面积由原来的 21.8 hm² 减少到 15.1 hm²，减少了 30.7%；其他生态系统类型类斑块面积由原来的 9.5 hm² 减少到 7 hm²，减少了 26.3%；草地类斑块面积由原来的 8.4 hm² 减少到 6.4 hm²，减少了 23.8%；湿地类斑块面积由原来的 30 hm² 减少到 25.3 hm²，减少了 15.7%。

1985—2013 年，清流县人工表面类斑块面积由原来的 9.3 hm² 增加到 12.1 hm²，增加了 30.1%；草地类斑块面积由原来的 7.9 hm² 减少到 5.9 hm²，减少了 25.3%；耕地类斑块面积由原来的 37.7 hm² 减少到 31.1 hm²，减少了 17.5%；其他生态系统类型类斑块面积由原来的 12.6 hm² 减少到 11 hm²，减少了 12.7%；湿地类斑块面积由原来的 40.2 hm² 减少到 35.3 hm²，减少了 12.2%；森林类斑块面积由原来的 1 000.6 hm² 减少到 980.8 hm²，减少了 2%，保持稳定。

1985—2013 年，永安市人工表面类斑块面积由原来的 21.2 hm² 增加到 31.6 hm²，增加了 49.1%；湿地类斑块面积由原来的 54.2 hm² 减少到 36.5 hm²，减少了 32.7%；耕地类斑块面积由原来的 35.9 hm² 减少到 25.4 hm²，减少了 29.3%；草地类斑块面积由原来的 10 hm² 减少到 8 hm²，减少了 20%；森林类斑块面积由原来的 1 762.8 hm² 减少到 1 431.5 hm²，减少了 18.8%；其他生态系统类型类斑块面积由原来的 8.6 hm² 减少到 8.1 hm²，减少了 5.8%，见表 7.4.2-2。

表 7.4.2-2　闽江上游流域各县一级生态系统类斑块平均面积　　　　单位：hm²

县域	年份	森林	草地	湿地	耕地	人工表面	其他
光泽县	1985	1 408.4	6.9	18.7	33.1	7.4	11.4
	2000	1 301.2	6.5	13.4	28.4	20.8	11.1
	2013	1 009.4	7.0	13.2	28.2	19.7	11.1
邵武市	1985	1 262.2	8.9	27.8	41.2	9.1	11.9
	2000	991.4	8.3	19.0	31.7	15.6	12.3
	2013	1 040.1	7.4	20.8	24.9	17.1	12.9
顺昌县	1985	1 626.6	8.3	41.4	30.6	8.6	6.7
	2000	1 306.1	8.2	38.1	25.0	12.1	7.7
	2013	1 416.3	8.3	41.2	24.0	11.1	6.7
泰宁县	1985	1 066.7	8.4	69.7	20.4	3.7	15.1
	2000	866	8.2	40.9	18.5	4.5	15.1
	2013	833	6.1	51.0	16.7	6.4	15.3
建宁县	1985	1 240.4	12.6	11.7	25.9	4.8	9.1
	2000	905.6	2.1	10.4	23.2	5.8	10.1
	2013	796.7	5.8	10.3	22.9	7.0	8.4
将乐县	1985	2 300.4	8.5	45.7	29.1	7.5	11.4
	2000	1 715	7.7	40.2	24.9	14.0	11.7
	2013	1 759.5	7.1	41.8	21.1	18.2	13.2
南平县	1985	1 131.4	6.7	30.3	19.1	11.2	10.3
	2000	1 027	6.9	85.4	16.1	16.7	9.7
	2013	811.8	6.4	56.6	13.4	13.5	7.8
沙县	1985	996.8	7.2	45.0	35.9	17.3	11.8
	2000	800.2	7.0	37.7	33.0	18.2	11.5
	2013	473.4	5.4	31.9	25.8	22.7	11.0
明溪县	1985	2 017.5	11.6	10.0	28.7	8.3	8.4
	2000	1 839.8	11.1	11.0	26.5	12.3	7.7
	2013	1 816.7	9.3	11.4	22.8	12.7	9.5

县域	年份	森林	草地	湿地	耕地	人工表面	其他
宁化县	1985	699.6	10.5	13.7	39.7	9.8	15.9
	2000	597.1	9.1	12.6	34.1	13.5	14.6
	2013	618.4	8.6	12.1	32.3	15.0	15.3
三明市	1985	2 164.7	8.4	30.0	21.8	34.6	9.5
	2000	1 587.9	9.6	29.7	20.3	45.6	9.3
	2013	856.4	6.4	25.3	15.1	43.3	7.0
清流县	1985	1 000.6	7.9	40.2	37.7	9.3	12.6
	2000	848.6	9.4	35.8	31.7	9.9	11.9
	2013	980.8	5.9	35.3	31.1	12.1	11.0
永安市	1985	1 762.8	10.0	54.2	35.9	21.2	8.6
	2000	1 221.2	9.7	34.7	31.7	26.8	8.5
	2013	1 431.5	8.0	36.5	25.4	31.6	8.1

7.4.3　县域各生态系统变化特征

（1）森林生态系统

1）将乐县森林生态系统增加，沙县减少最多，约 1.2%

1985—2013 年闽江上游流域各县的森林面积增加的有 6 个县，增加最多的是将乐县，面积约为 30.2 km²，增加面积占 1985 年区域内森林总面积的 1.7%。其次为宁化县，增加比例也超过 1%，面积为 21.3 km²，增加面积占 1985 年区域内森林总面积的 1.2%。森林面积减少的县有 7 个，减少最多的是沙县，面积为 17.2 km²，减少的面积占 1985 年森林面积的 1.2%；其次减少比例超过 1% 的有建宁县，减少面积为 14.5 km²，减少的比例为 1.1%。

1985—2000 年闽江上游流域各县森林面积增加的只有 2 个县，明溪县和将乐县，增加面积分别约为 0.9 km² 和 0.5 km²，增加面积占 1985 年区域内森林总面积的 0.1% 和 0.03%。其他各县森林面积减少，减少最多的是三明市，面积为 9.8 km²，减少的面积占 1985 年森林面积的 1.1%；其次减少比例超过 1% 的为永安市，减少面积为 25.6 km²，减少的比例为 1.0%。

2000—2013 年闽江上游流域各县森林面积增加的有 8 个县，增加最多的是宁化县，面积为 30.7 km²，增加面积占 1985 年区域内森林总面积的 1.8%。其次将乐县和三明市增加比例也超过 1%，面积为 29.6 km² 和 12.5 km²，增加面积占 1985 年区域内森林总面积的 1.6% 和 1.4%。森林面积减少的县有 5 个，减少最多的是沙县，面积为 14.4 km²，减少的面积占 1985 年森林面积的 1.0%，见图 7.4.3-1 ～ 图 7.4.3-3。

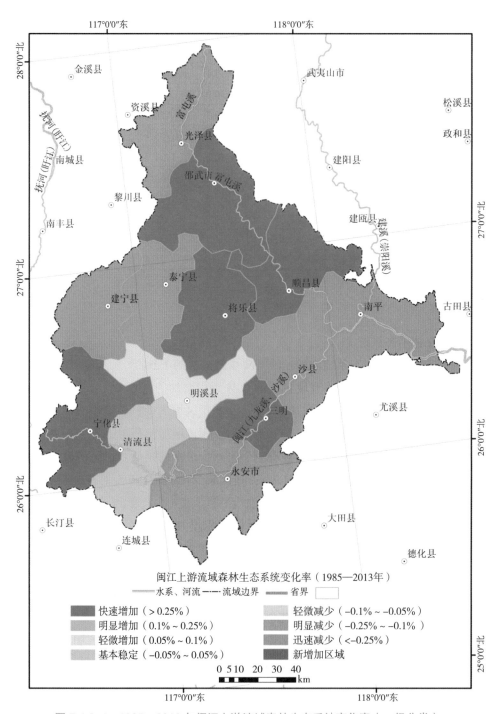

闽江上游流域森林生态系统变化率（1985—2013年）

———— 水系、河流 ----- 流域边界 ——— 省界 ☐

快速增加（＞0.25%）	轻微减少（−0.1%～−0.05%）
明显增加（0.1%～0.25%）	明显减少（−0.25%～−0.1%）
轻微增加（0.05%～0.1%）	迅速减少（＜−0.25%）
基本稳定（−0.05%～0.05%）	新增加区域

0 5 10   20   30   40
km

图 7.4.3-1 1985—2013 年闽江上游流域森林生态系统变化率（一级分类）

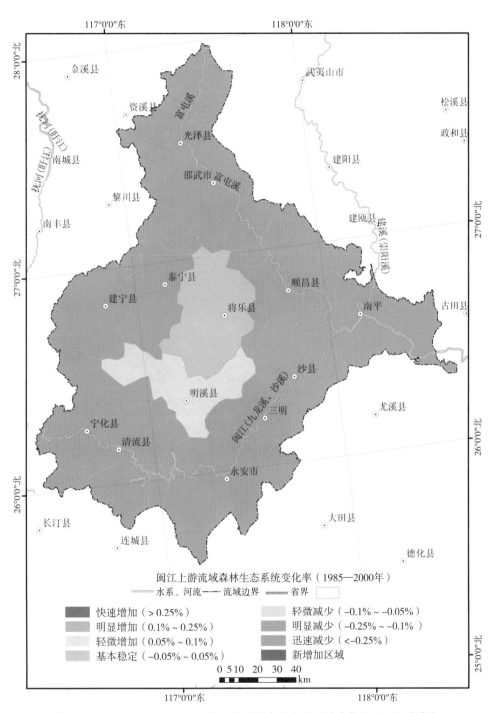

图 7.4.3-2　1985—2000 年闽江上游流域森林生态系统变化率（一级分类）

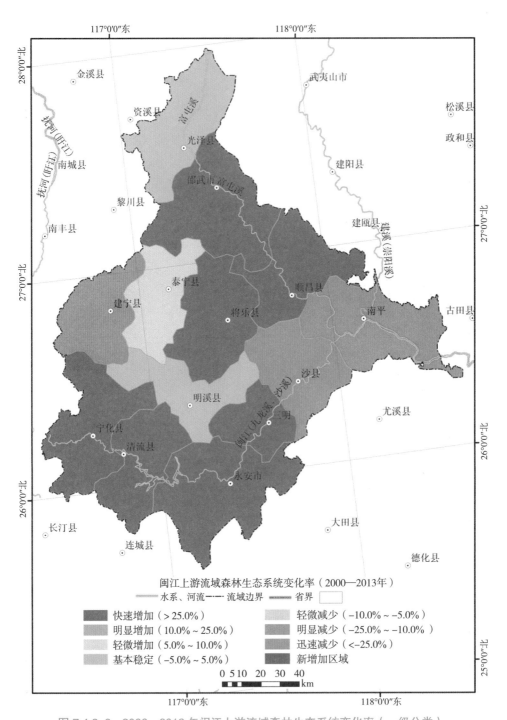

图 7.4.3-3 2000—2013 年闽江上游流域森林生态系统变化率（一级分类）

2）各县森林生态系统景观格局变化

1985—2013 年，建宁县、沙县和三明市森林类斑块平均面积表现出快速破碎趋势，明溪县和清流县森林类斑块平均面积表现出缓慢破碎趋势，其余各县森林类斑块平均面积表现出中度破碎趋势。

1985—2000 年，永安市森林类斑块平均面积表现为快速破碎趋势，光泽县、南平县和明溪县森林类斑块平均面积表现出缓慢破碎趋势，其余各县森林类斑块平均面积表现出中度破碎趋势。

2000—2013 年，清流县和永安市森林类斑块平均面积表现为中速聚集趋势，宁化县、邵武市、顺昌县和将乐县森林类斑块平均面积表现出缓慢聚集趋势，沙县和三明市森林类斑块平均面积表现为快速破碎趋势，建宁县、光泽县和南平县森林类斑块平均面积表现出中度破碎趋势，泰宁县和明溪县森林类斑块平均面积表现为缓慢破碎趋势，见图 7.4.3-4 ~ 图 7.4.3-6。

（2）草地生态系统变化

1）绝大部分县草地减少，西部建宁县和东部南平市略增

1985—2013 年闽江上游流域草地面积增加的县有建宁县和南平市，面积约为 11.7 km² 和 0.2 km²，增加面积占 1985 年区域内草地总面积的 150.7% 和 0.4%。其他县的草地面积都在减少，顺昌县的草地面积减少最多，减少面积为 22.4 km²，减少的比例达到 77.6%；其次明溪县、将乐县、宁化县和邵武市的草地减少比例也都超过了 50%，面积比例分别为 64.1%、61.6%、58.9% 和 51.9%。

1985—2000 年，闽江上游流域各县的草地面积增加的县有泰宁县、清流县、宁化县和邵武市，面积约为 10.3 km²、3.9 km²、5.2 km² 和 0.4 km²，增加面积占 1985 年区域内草地总面积的 39.0%、35.2%、10.4% 和 0.8%。其他县的草地面积都在减少，建宁县的草地面积减少最多，减少面积为 6.5 km²，减少的比例达到 83.7%；其次明溪县和沙县减少的比例也较多，比例分别为 14.2% 和 10.3%。

2000—2013 年闽江上游流域草地面积增加的县有建宁县和南平市，面积分别约为 18.3 km² 和 0.8 km²，增加面积占 1985 年区域内草地总面积的 1 439.9% 和 1.9%。其他县的草地面积都在减少，顺昌县的草地面积减少最多，减少面积为 22.1 km²，减少的比例达到 77.4%；其次宁化县、明溪县、将乐县和邵武市的草地减少比例也都超过了 50%，面积比例分别为 62.7%、58.1%、57.6% 和 52.2%，见图 7.4.3-7 ~ 图 7.4.3-9。

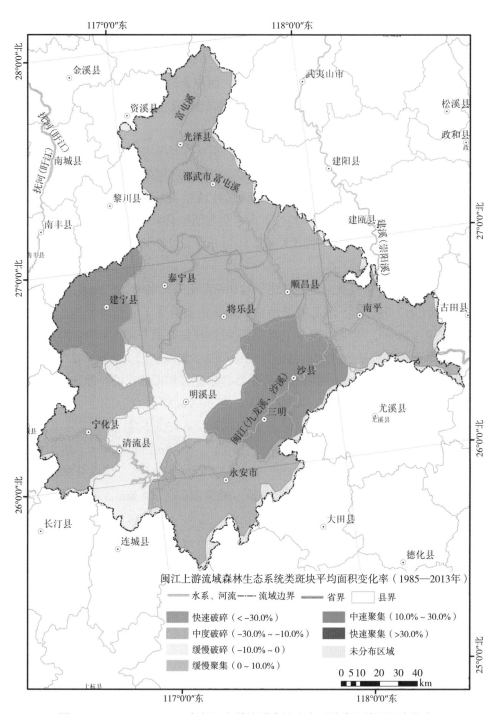

图 7.4.3-4　1985—2013 年闽江上游流域森林生态系统类斑块面积变化率

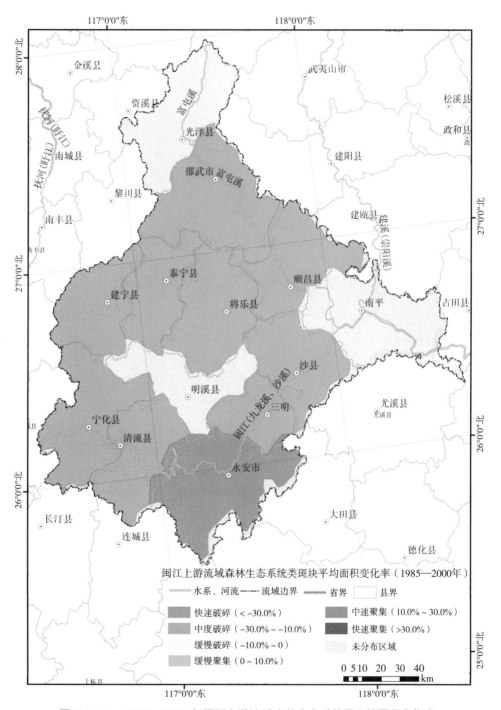

图 7.4.3-5 1985—2000 年闽江上游流域森林生态系统类斑块面积变化率

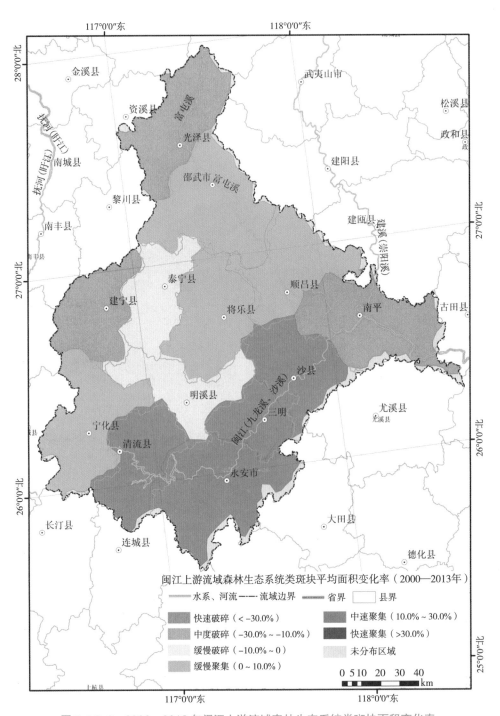

图 7.4.3-6 2000—2013 年闽江上游流域森林生态系统类斑块面积变化率

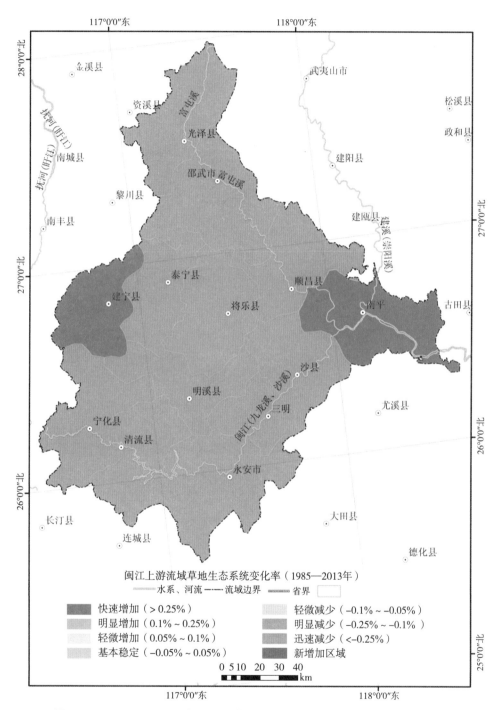

闽江上游流域草地生态系统变化率（1985—2013年）

————　水系、河流　—·—·—　流域边界　━━━　省界　□

快速增加（>0.25%）　　　　　　轻微减少（−0.1%～−0.05%）

明显增加（0.1%～0.25%）　　　　明显减少（−0.25%～−0.1%）

轻微增加（0.05%～0.1%）　　　　迅速减少（<−0.25%）

基本稳定（−0.05%～0.05%）　　　新增加区域

0 5 10　20　30　40
━━━━━━━━━━ km

图 7.4.3-7　1985—2013 年闽江上游流域草地生态系统变化率（一级分类）

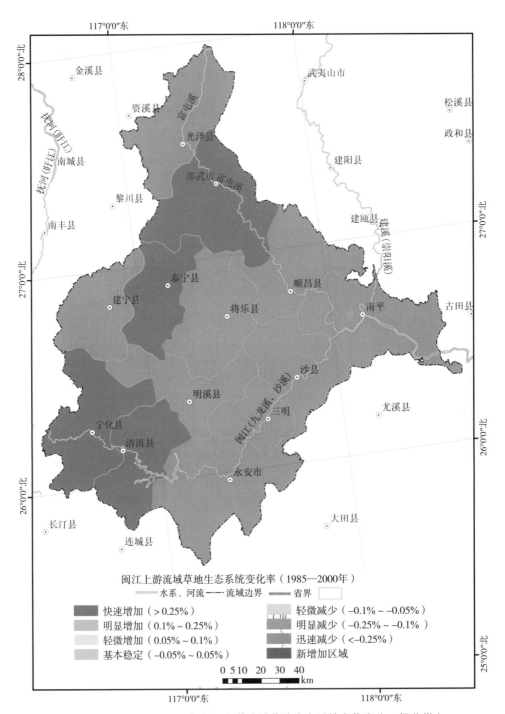

图 7.4.3-8 1985—2000 年闽江上游流域草地生态系统变化率（一级分类）

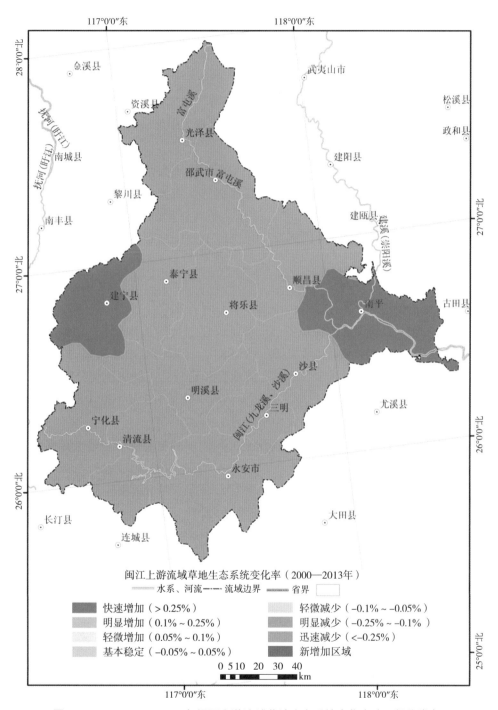

图 7.4.3-9　2000—2013 年闽江上游流域草地生态系统变化率（一级分类）

2）各县草地生态系统景观格局变化

1985—2013 年，光泽县和顺昌县草地类斑块平均面积表现为缓慢聚集趋势，建宁县草地类斑块平均面积表现为快速破碎趋势，南平县草地类斑块平均面积表现为缓慢破碎趋势，其余各县草地类斑块平均面积表现出中度破碎趋势。

1985—2000 年，清流县和三明市草地类斑块平均面积表现为中速聚集趋势，南平县草地类斑块平均面积表现为缓慢聚集趋势，建宁县草地类斑块平均面积表现为快速破碎趋势，宁化县草地类斑块平均面积表现为中度破碎趋势，其余各县表现出缓慢破碎趋势。

2000—2013 年，建宁县草地类斑块平均面积表现为快速聚集趋势，光泽县和顺昌县草地类斑块平均面积表现为缓慢聚集趋势，清流县和三明市草地类斑块平均面积表现为快速破碎趋势，将乐县、宁化县和南平县草地类斑块平均面积表现出缓慢破碎趋势，其余各县草地类斑块平均面积表现出中度破碎趋势，见图 7.4.3-10 ～图 7.4.3-12。

（3）湿地生态系统变化

1）大部分县湿地面积略增，增加最多的是南平市，达 19.1%

1985—2013 年闽江上游流域各县的湿地面积增加的县有 8 个，增加最多的是南平市，面积约为 12.0 km²，增加面积占 1985 年区域内湿地总面积的 19.1%。其次为明溪县、泰宁市、邵武市、沙县、清流县和建宁县，增加比例分别为 10.9%、4.9%、3.5%、1.9%、1.8% 和 1.7%。湿地面积减少的有 5 个县，减少面积最大的县为宁化县，减少面积为 0.6 km²，减少比例为 4.6%。

1985—2000 年闽江上游流域各县湿地面积增加的县有 5 个，增加最多的是南平市，面积约为 12.4 km²，增加面积占 1985 年区域内湿地总面积的 19.9%。其次为明溪，增加比例为 4.2%。湿地面积减少的有 8 个县，减少面积最大的县为泰宁县，减少面积为 9.9 km²，减少比例为 23.7%。

2000—2013 年闽江上游流域各县的湿地面积增加的县有 10 个，增加最多的是泰宁县，面积约为 12.0 km²，增加面积占 1985 年区域内湿地总面积的 37.5%。其次为清流县、明溪县、光泽县、邵武市、沙县、顺昌县和宁化县，增加比例分别为 7.6%、6.5%、6.2%、5.5%、4.0%、3.3% 和 2.9%。湿地面积减少的有 3 个县，减少面积最大的县为三明市，减少面积为 0.3 km²，减少比例为 2.5%，见图 7.4.3-13 ～图 7.4.3-15。

2）各县湿地生态系统景观格局变化

1985—2013 年，南平县湿地类斑块平均面积表现为快速聚集趋势，明溪县湿地类斑块平均面积表现为中速聚集趋势，永安市湿地类斑块平均面积表现为快速破碎趋势，将乐县和顺昌县湿地类斑块平均面积表现为缓慢破碎趋势，其余各县湿地类斑块平均面积表现出中度破碎趋势。

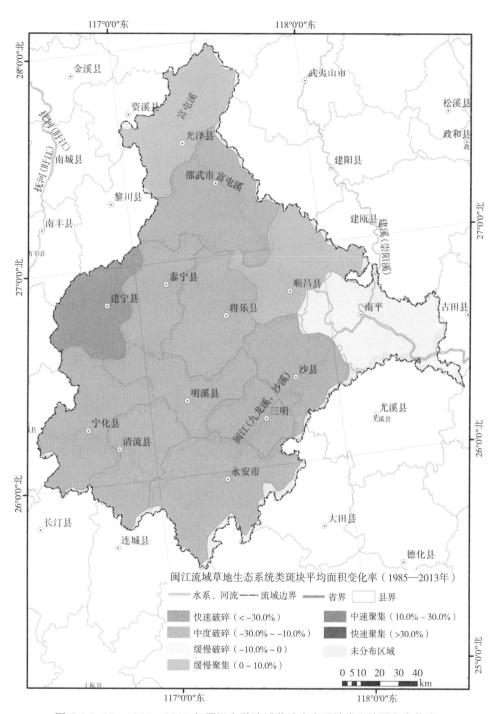

图 7.4.3-10　1985—2013 年闽江上游流域草地生态系统类斑块面积变化率

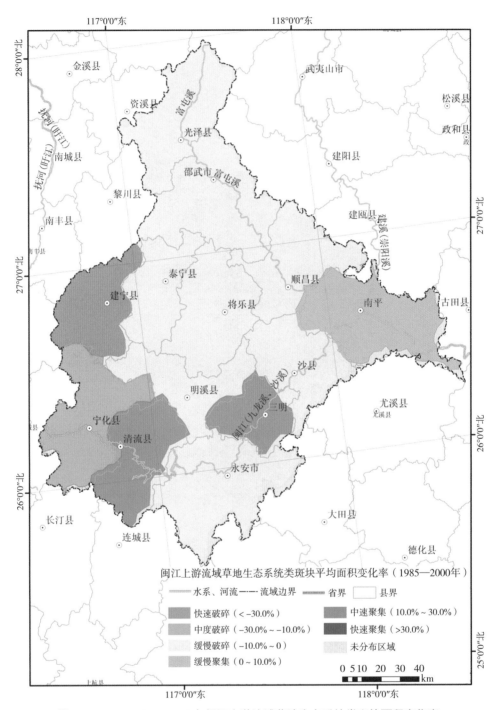

图 7.4.3-11　1985—2000 年闽江上游流域草地生态系统类斑块面积变化率

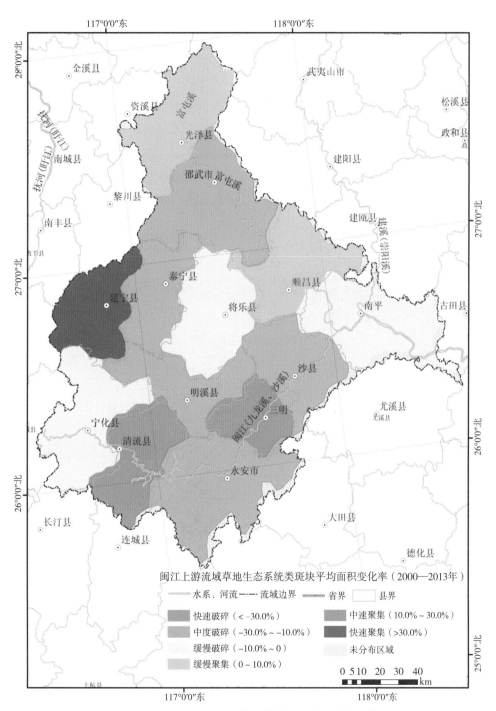

图 7.4.3-12　2000—2013 年闽江上游流域草地生态系统类斑块面积变化率

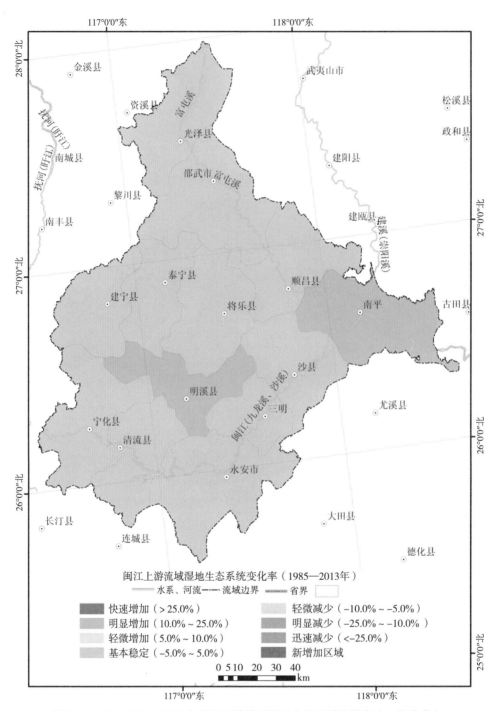

图 7.4.3-13 1985—2013 年闽江上游流域湿地生态系统变化率（一级分类）

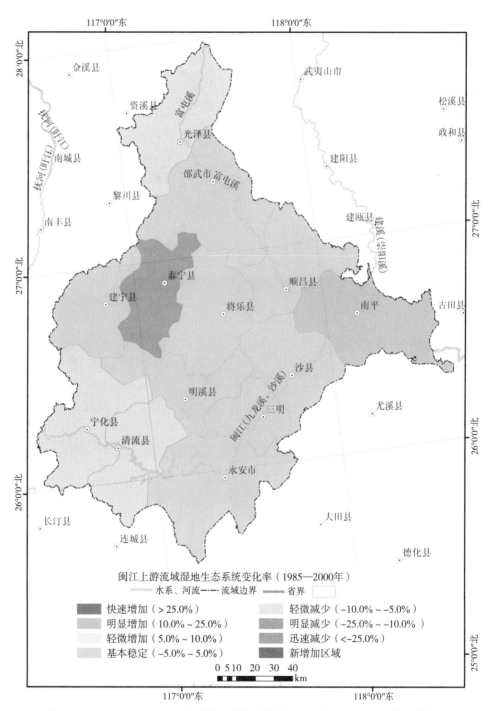

图 7.4.3-14　1985—2000 年闽江上游流域湿地生态系统变化率（一级分类）

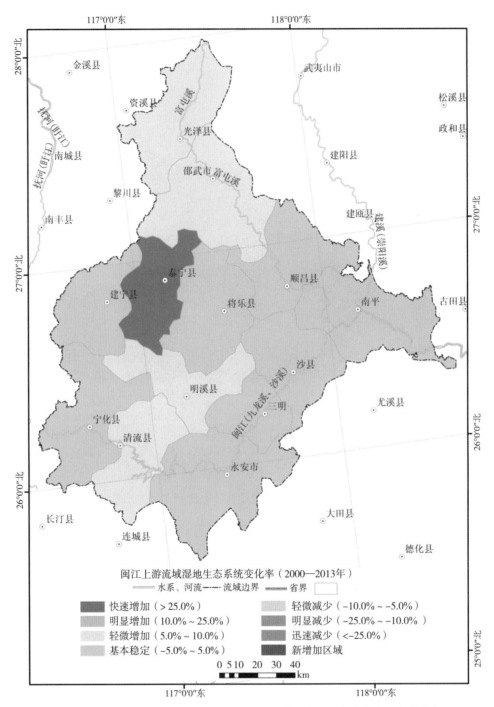

图 7.4.3-15　2000—2013 年闽江上游流域湿地生态系统变化率（一级分类）

1985—2000 年，南平县湿地类斑块平均面积表现为快速聚集趋势，明溪县湿地类斑块平均面积表现为中速聚集趋势，永安市、泰宁县和邵武市湿地类斑块平均面积表现出快速破碎趋势，光泽县、建宁县、将乐县、沙县和清流县湿地类斑块平均面积表现出中度破碎趋势，顺昌县、宁化县和三明市湿地类斑块平均面积表现出缓慢破碎趋势。

2000—2013 年，泰宁县湿地类斑块平均面积表现为中速聚集趋势，邵武市、顺昌县、将乐县、明溪县和永安市湿地类斑块平均面积表现出缓慢聚集趋势，南平县湿地类斑块平均面积表现为快速聚集趋势，沙县和三明市湿地类斑块平均面积表现为中度破碎趋势，光泽县、建宁县、宁化县和清流县湿地类斑块平均面积表现为缓慢破碎趋势，见图 7.4.3-16 ～图 7.4.3-18。

（4）耕地生态系统变化

1）绝大部分县耕地面积减少，南平市减少最多

1985—2013 年闽江上游流域只有两个县的耕地面积在增加，顺昌县和建宁县耕地增加的面积分别为 129.8 km^2 和 86.8 km^2，增加的比例分别为 0.7% 和 0.4%。其他各县的耕地面积都在减少。其中南平市减少的比例最多，减少的面积为 24.7 km^2，减少比例为 11.7%。其次依次为明溪县、邵武市、三明市和将乐县，减少比例也较多，减少的面积分别为 11.9 km^2、23.3 km^2、4.0 km^2 和 9.6 km^2，减少比例分别为 7.7%、7.1%、5.8% 和 5.6%。

1985—2000 年闽江上游流域各县的耕地面积都在减少，南平市和三明市减少最多，耕地减少的面积分别为 12.2 km^2 和 3.0 km^2，减少的比例分别为 5.8% 和 4.3%。

2000—2013 年闽江上游流域只有两个县的耕地面积在增加，建宁县和顺昌县耕地增加的面积分别为 4.9 km^2 和 3.9 km^2，增加的比例分别为 2.5% 和 2.1%。其他各县的耕地面积都在减少。其中南平市减少的比例最多，减少的面积为 12.5 km^2，减少比例为 6.3%。其次依次为明溪县、邵武市、沙县和永安市，减少的面积分别为 8.9 km^2、17.0 km^2、8.1 km^2 和 7.8 km^2，减少比例分别为 5.9%、5.2%、4.2% 和 3.7%，见图 7.4.3-19 ～图 7.4.3-21。

2）各县耕地生态系统景观格局变化

1985—2013 年，邵武市和三明市耕地类斑块平均面积表现为快速聚集趋势，其余各县耕地类斑块平均面积表现出中度破碎趋势。

1985—2000 年，泰宁县、明溪县、沙县和三明市耕地类斑块平均面积表现出缓慢破碎趋势，其余各县耕地类斑块平均面积表现出中度破碎趋势。

2000—2013 年，光泽县、泰宁县、建宁县、宁化县、清流县和顺昌县耕地类斑块平均面积表现出缓慢破碎趋势，其余各县耕地类斑块平均面积表现出中度破碎趋势，见图 7.4.3-22 ～图 7.4.3-24。

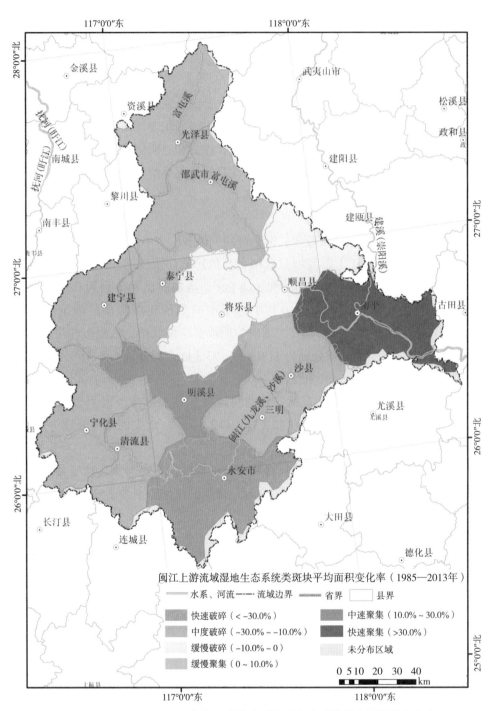

图 7.4.3-16 1985—2013 年闽江上游流域湿地生态系统类斑块面积变化率

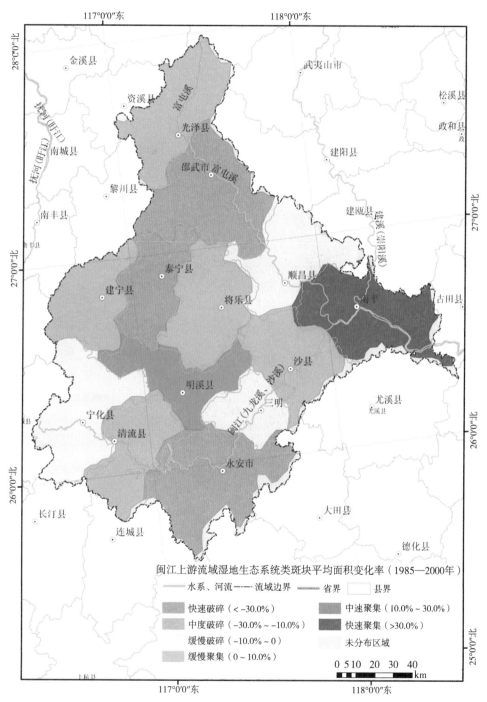

图 7.4.3-17　1985—2000 年闽江上游流域湿地生态系统类斑块面积变化率

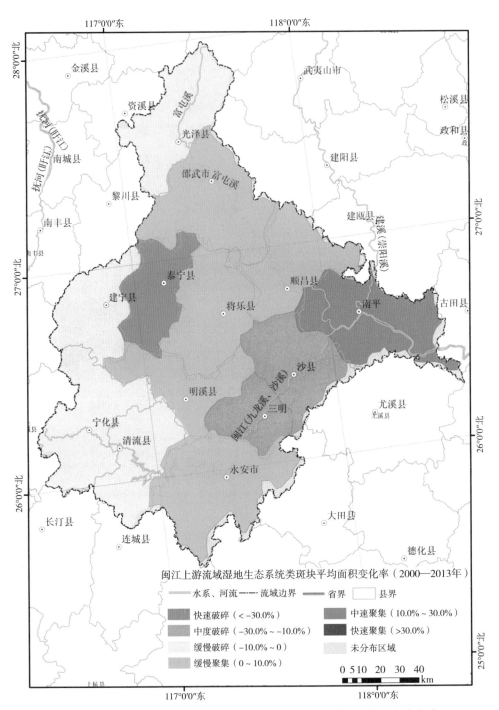

图 7.4.3-18　2000—2013 年闽江上游流域湿地生态系统类斑块面积变化率

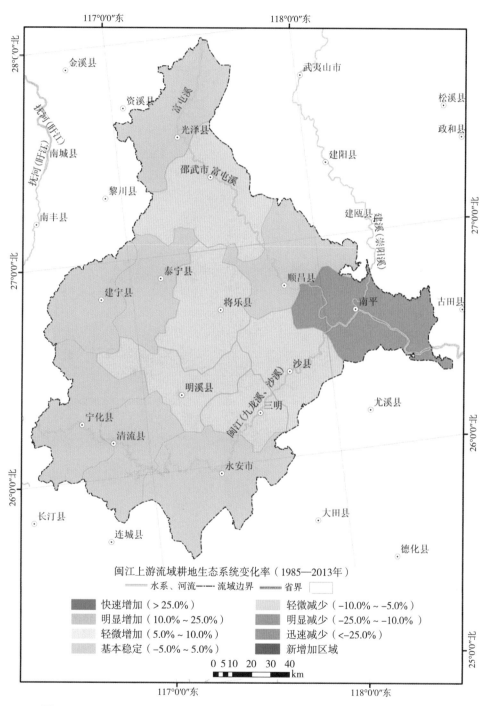

图 7.4.3-19 1985—2013 年闽江上游流域耕地生态系统变化率（一级分类）

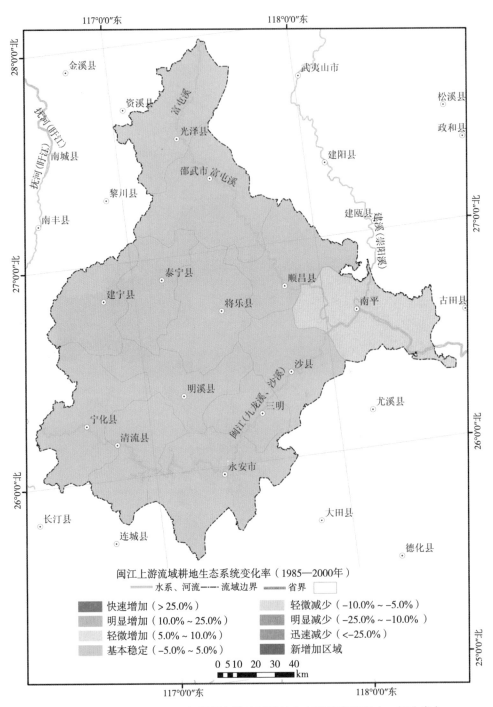

图 7.4.3-20　1985—2000 年闽江上游流域耕地生态系统变化率（一级分类）

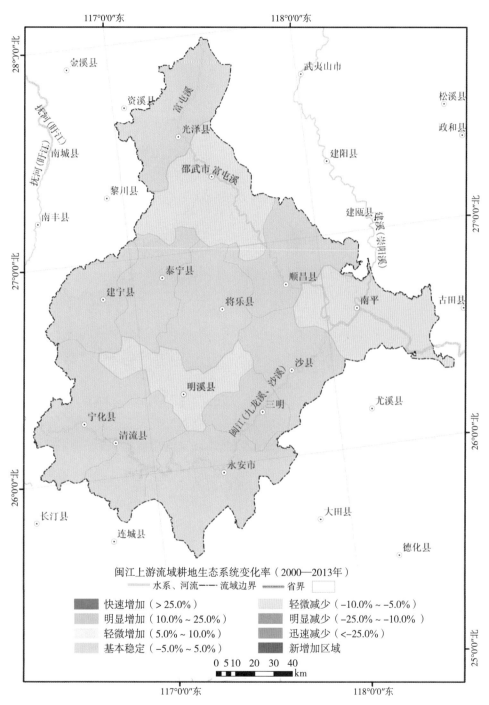

图 7.4.3-21　2000—2013 年闽江上游流域耕地生态系统变化率（一级分类）

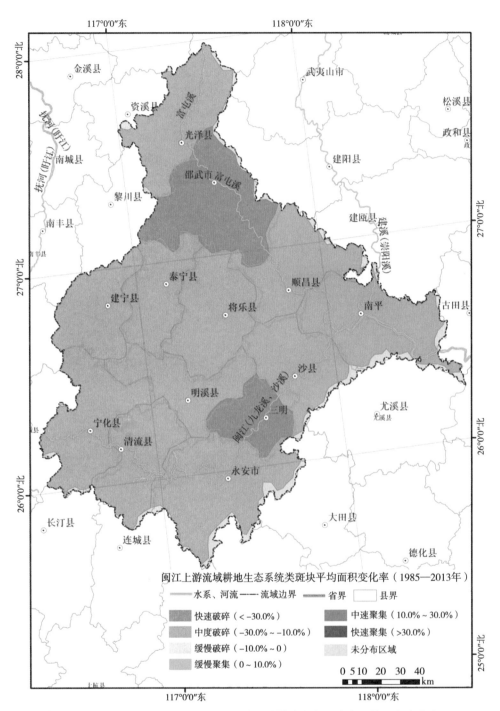

图 7.4.3-22　1985—2013 年闽江上游流域耕地生态系统类斑块面积变化率

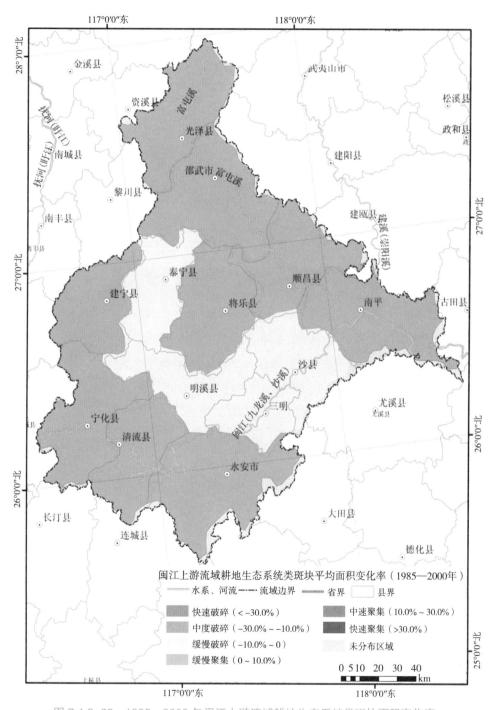

图 7.4.3-23　1985—2000 年闽江上游流域耕地生态系统类斑块面积变化率

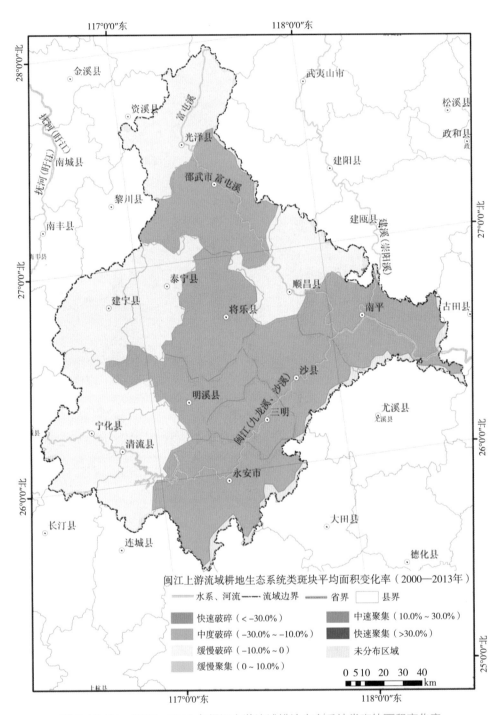

图 7.4.3-24　2000—2013 年闽江上游流域耕地生态系统类斑块面积变化率

（5）人工表面生态系统变化

1）各县人工表面迅速增加，增幅最大的为沙县，增加 240.3%

1985—2013 年闽江上游流域各县的人工表面面积都在增加，增加最多的是沙县，面积约为 29.5 km²，增加比例达到 240.3%。其次为清流县、明溪县、宁化县和邵武市，面积分别为 19.3 km²、12.3 km²、26.6 km² 和 41.9 km²，增加比例分别为 203.0%、186.9%、182.8% 和 166.4%。

1985—2000 年闽江上游流域各县的人工表面面积都在增加，增加最多的是宁化县，面积为 12.3 km²，增加比例达到 84.3%。其次为清流县、光泽县、邵武市和建宁县，面积分别为 7.4 km²、9.3 km²、17.9 km² 和 6.9 km²，增加比例分别为 78.2%、73.9%、70.9% 和 65.1%。

2000—2013 年闽江上游流域各县的人工表面面积都在增加，增加最多的是沙县，面积为 24.5 km²，增加比例达到 141.6%。其次为永安市、明溪县、将乐县和清流县，面积分别为 39.8 km²、8.9 km²、15.1 km² 和 11.8 km²，增加比例分别为 90.2%、89.3%、75.9% 和 70.1%，见图 7.4.3-25 ~ 图 7.4.3-27。

2）各县人工表面生态系统景观格局变化

1985—2013 年，南平县、三明市和清流县人工表面类斑块平均面积表现出中速聚集趋势，其余各县人工表面类斑块平均面积表现出快速聚集趋势。

1985—2000 年，建宁县、泰宁县和永安市人工表面类斑块平均面积表现出中速聚集趋势，沙县和清流县人工表面类斑块平均面积表现为缓慢聚集趋势，其余各县人工表面类斑块平均面积表现出快速聚集趋势。

2000—2013 年，泰宁县和将乐县人工表面类斑块平均面积表现为快速聚集趋势，建宁县、宁化县、清流县、永安市和沙县人工表面类斑块平均面积表现出中速聚集趋势，邵武市和明溪县人工表面类斑块平均面积表现为缓慢聚集趋势，南平县人工表面类斑块平均面积表现为中度破碎趋势，光泽县、顺昌县和三明市人工表面类斑块平均面积表现出缓慢破碎趋势，见图 7.4.3-28 ~ 图 7.4.3-30。

（6）其他生态系统变化

1）其他生态系统多数减少，三明市减少最多，达 45.0%

1985—2013 年闽江上游流域各县的其他生态系统面积增加的有 5 个县，增加最多的是明溪县，面积约为 8.1 km²，增加面积占 1985 年区域内其他生态系统总面积的 72.5%。面积减少的县有 8 个，减少最多的是三明市，减少面积为 18.8 km²，减少比例为 45.0%；其次是将乐县、建宁县、永安市和永安市，减少面积分别为 22.8 km²、10.9 km²、20.5 km² 和 10.9 km²，减少比例分别为 39.2%、37.0%、29.4% 和 16.0%。

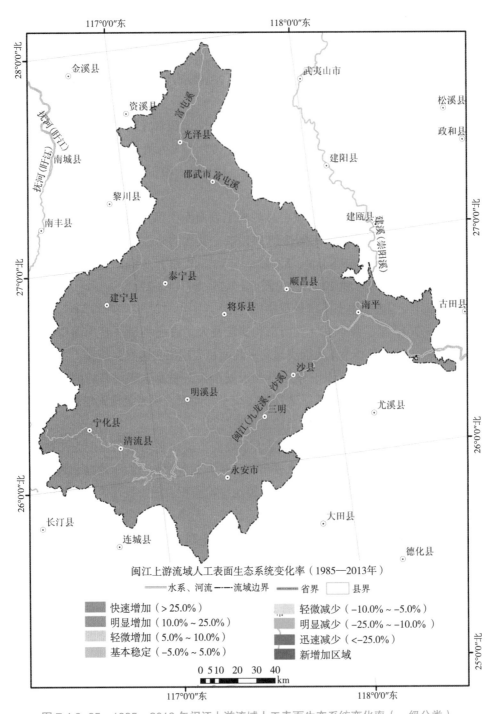

图 7.4.3-25　1985—2013 年闽江上游流域人工表面生态系统变化率（一级分类）

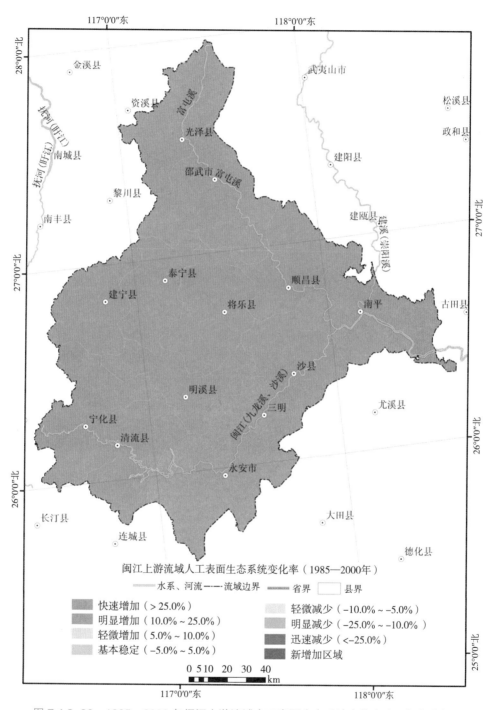

图 7.4.3-26 1985—2000 年闽江上游流域人工表面生态系统变化率（一级分类）

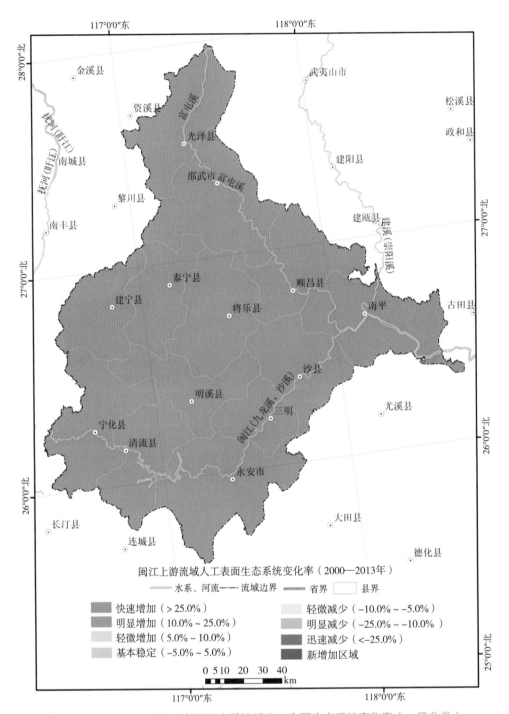

闽江上游流域人工表面生态系统变化率（2000—2013年）

水系、河流 ——— 流域边界 ══ 省界 □ 县界

快速增加（>25.0%）　　　　轻微减少（-10.0%~-5.0%）
明显增加（10.0%~25.0%）　　明显减少（-25.0%~-10.0%）
轻微增加（5.0%~10.0%）　　　迅速减少（<-25.0%）
基本稳定（-5.0%~5.0%）　　　新增加区域

0 5 10 20 30 40 km

图 7.4.3-27　2000—2013年闽江上游流域人工表面生态系统变化率（一级分类）

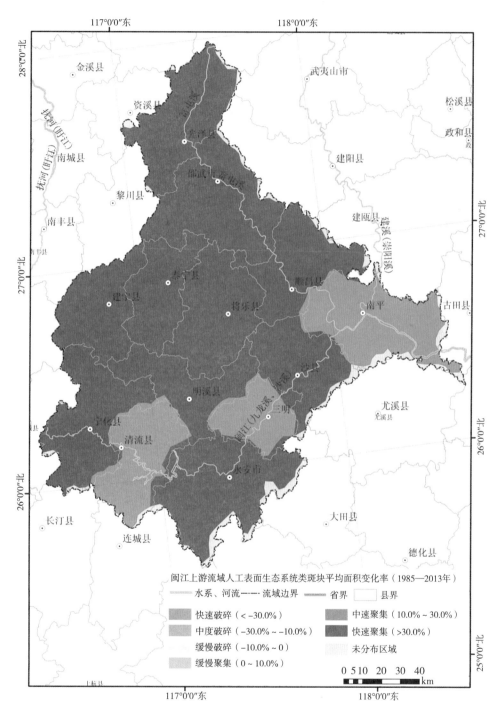

图 7.4.3-28　1985—2013 年闽江上游流域人工表面生态系统类斑块面积变化率

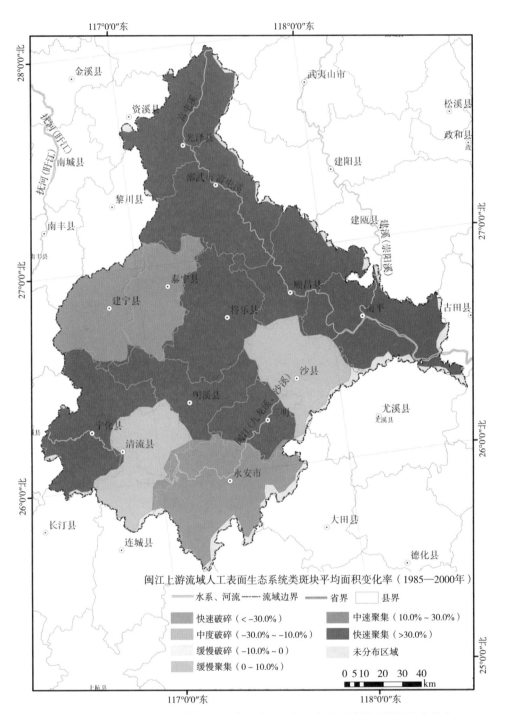

图 7.4.3-29　1985—2000 年闽江上游流域人工表面生态系统类斑块面积变化率

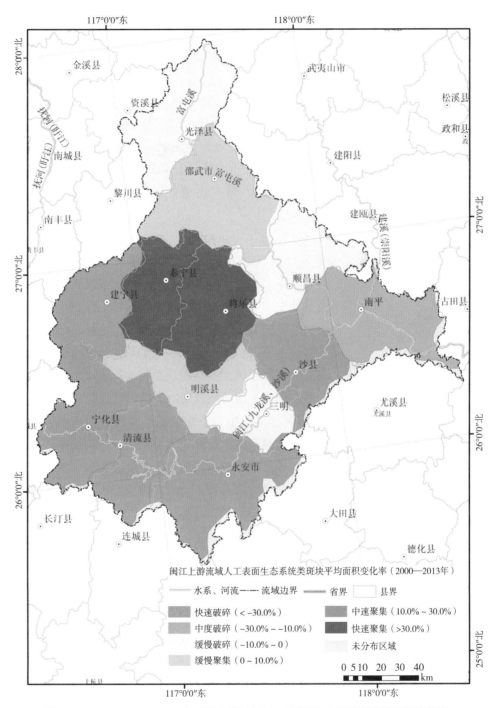

图 7.4.3-30 2000—2013 年闽江上游流域人工表面生态系统类斑块面积变化率

1985—2000 年闽江上游流域各县的其他生态系统面积增加的有 10 个县，增加最多的是建宁县，面积约为 12.9 km²，增加面积占 1985 年区域内其他生态系统总面积的 43.7%。面积减少的县有 3 个，减少最多的是清流县，减少面积为 1.0 km²，减少比例为 1.5%，其次光泽县和邵武市的其他生态系统面积也在减少，减少面积分别为 0.1 km² 和 0.02 km²。

2000—2013 年闽江上游流域各县的其他生态系统面积增加的有 3 个县，增加最多的是明溪县，面积约为 7.4 km²，增加面积占 1985 年区域内其他生态系统总面积的 62.5%。面积减少的县有 10 个，减少最多的是建宁县，减少面积为 23.8 km²，减少比例为 56.1%，其次为三明市、永安市、将乐县和顺昌县，减少面积分别为 27.8 km²、42.7 km²、26.2 km² 和 4.1 km²，减少比例分别为 54.7%、46.3%、42.5% 和 23.4%，见图 7.4.3-31 ~ 图 7.4.3-33。

2）各县其他生态系统景观格局变化

1985—2013 年，将乐县和明溪县其他生态系统类型类斑块平均面积表现为中速聚集趋势，邵武市和泰宁县其他生态系统类型类斑块平均面积表现为缓慢聚集趋势，南平县、清流县和三明市其他生态系统类型类斑块平均面积表现出中度破碎趋势，其余各县其他生态系统类型类斑块平均面积表现出缓慢破碎趋势。

1985—2000 年，建宁县和顺昌县其他生态系统类型类斑块平均面积表现为中速聚集趋势，邵武市和将乐县其他生态系统类型类斑块平均面积表现为缓慢聚集趋势，其余各县其他生态系统类型类斑块平均面积表现出缓慢破碎趋势。

2000—2013 年，将乐县和明溪县其他生态系统类型类斑块平均面积表现为中速聚集趋势，邵武市、泰宁县和宁化县其他生态系统类型类斑块平均面积表现出缓慢聚集趋势，建宁县、顺昌县、南平县和三明市其他生态系统类型类斑块平均面积表现出中度破碎趋势，光泽县、沙县、清流县和永安市其他生态系统类型类斑块平均面积表现出缓慢破碎趋势，见图 7.3.4-34 ~ 图 7.3.4-36。

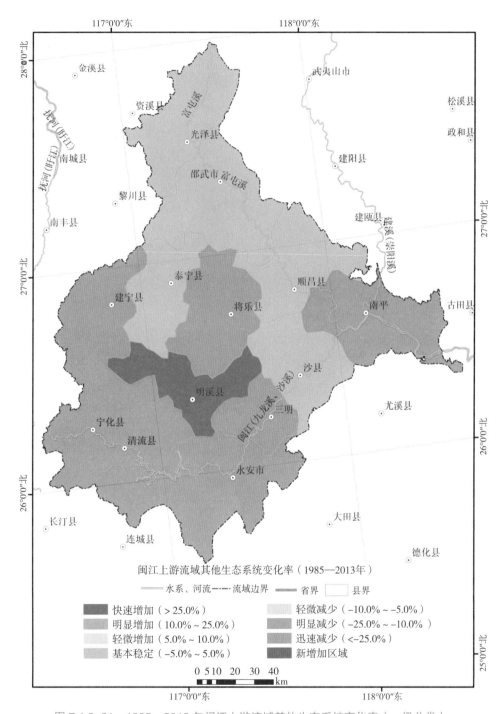

图 7.4.3-31　1985—2013 年闽江上游流域其他生态系统变化率（一级分类）

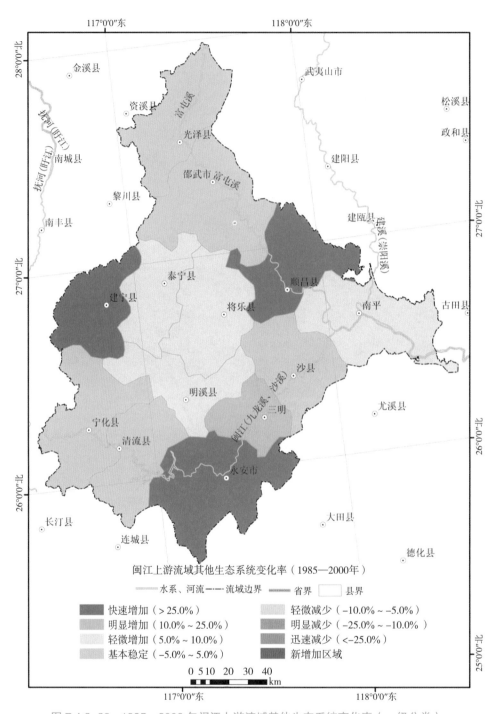

图 7.4.3-32　1985—2000 年闽江上游流域其他生态系统变化率（一级分类）

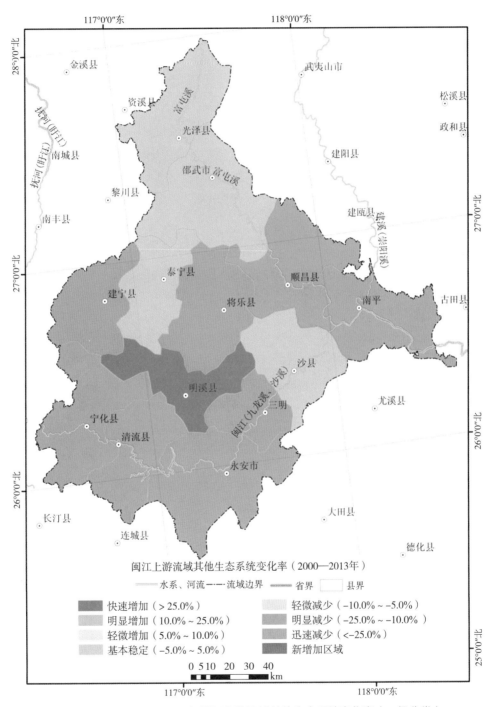

图 7.4.3-33　2000—2013 年闽江上游流域其他生态系统变化率（一级分类）

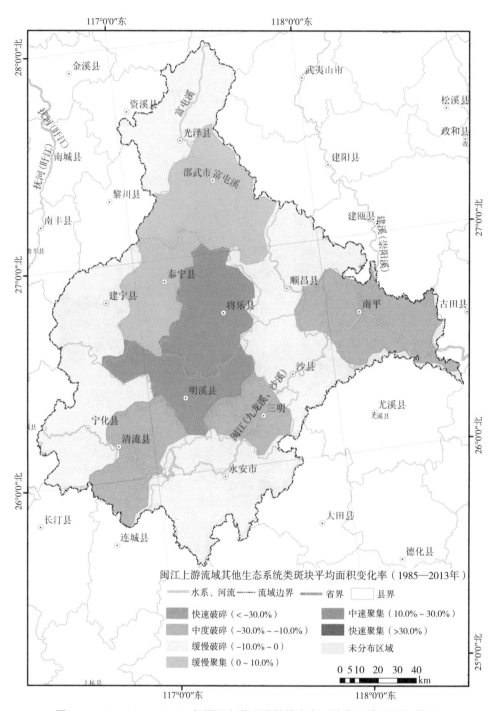

图 7.4.3-34　1985—2013 年闽江上游流域其他生态系统类斑块面积变化率

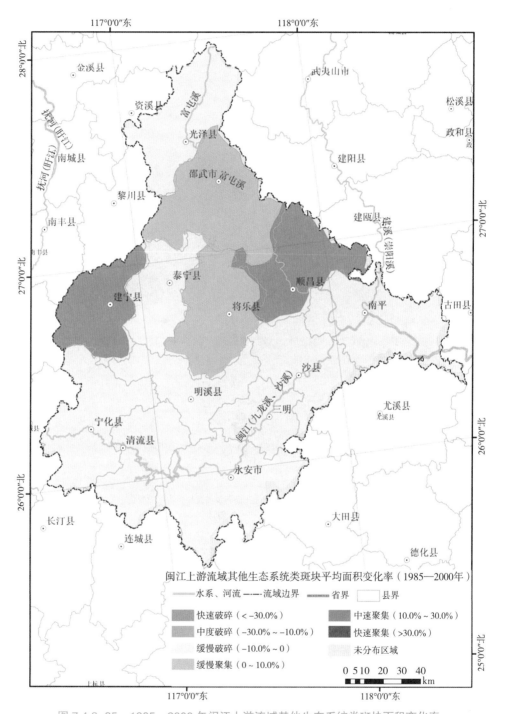

闽江上游流域其他生态系统类斑块平均面积变化率（1985—2000年）

水系、河流　——流域边界　—— 省界　□ 县界

快速破碎（<−30.0%）　中速聚集（10.0%～30.0%）

中度破碎（−30.0%～−10.0%）　快速聚集（>30.0%）

缓慢破碎（−10.0%～0）　未分布区域

缓慢聚集（0～10.0%）

0 5 10　20　30　40 km

图 7.4.3-35　1985—2000 年闽江上游流域其他生态系统类斑块面积变化率

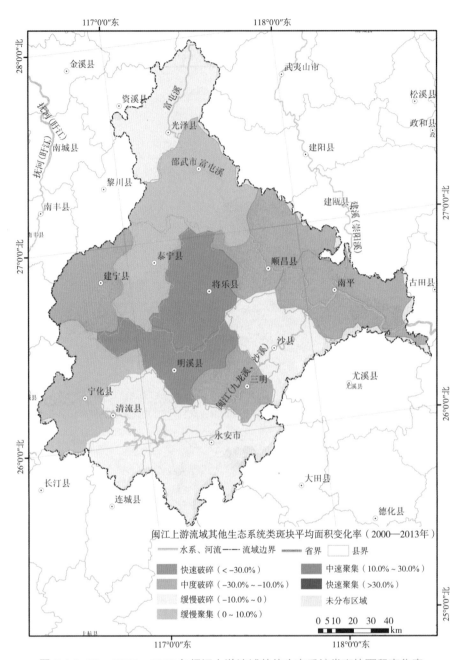

图 7.4.3-36　2000—2013 年闽江上游流域其他生态系统类斑块面积变化率

7.5　闽江上游小流域生态格局变化分析

7.5.1　小流域生态系统综合变化率分析

生态系统综合变化率（EC）可定量描述生态系统的变化速度。综合考虑了研究时段内生态系统类型间的转移，着眼于变化的过程而非变化结果，反映研究区生态系统类型变化的剧烈程度，以便于在不同空间尺度上找出生态系统类型变化的热点区域。1985—2013 年闽江上游流域生态系统综合变化率分布见图 7.5.1-1，结果显示：闽江上游流域小流域生态系统综合变化率从 1985—2013 年变化的总体趋势以"扰动较强"为主，总计 2 188 个小流域中 605 个小流域为"扰动较强"，占 27.52%，其面积为 8 570.43 km²，占闽江上游流域总面积的 31.72%；其次为"扰动中等"，小流域个数为 592 个，占总数的 27.06%，其面积为 8 666.42 km²，占闽江上游总面积的 32.07%；"扰动强烈"小流域 396 个，占总数的 18.10%，其面积为 4 015.88 km²，占闽江上游总面积的 14.86%，见表 7.5.1-1。

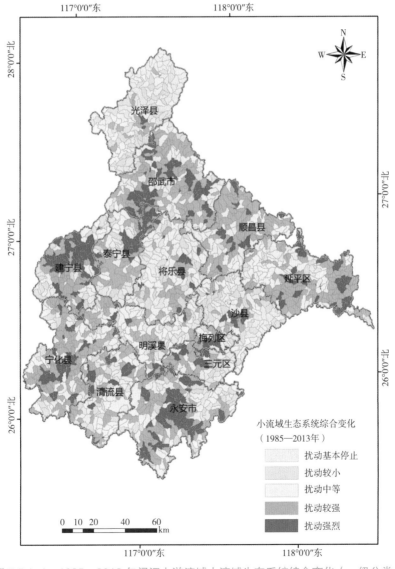

图 7.5.1-1　1985—2013 年闽江上游流域小流域生态系统综合变化（一级分类）

表 7.5.1-1 1985—2013 年闽江上游流域小流域生态系统综合变化率

级别	面积 /km²	比例 /%	小流域个数 / 个	比例 /%
扰动基本停止	2 793.61	10.34	385	17.60
扰动较小	2 973.55	11.01	210	9.60
扰动中等	8 666.42	32.07	592	27.06
扰动较强	8 570.43	31.72	605	27.65
扰动强烈	4 015.88	14.86	396	18.10
合计	27 019.89	100.00	2 188	100.00

7.5.2 小流域生态系统类型转化分析

利用生态系统类型相互转化强度（土地覆被转类指数，LCCI）来表征生态系统类型的相互转换特征。土地覆被转类指数反映土地覆被类型在特定时间内变化的总体趋势。LCCI 值为正时表示此研究区总体上土地覆被类型转好，值为负时表示此研究区总体上土地覆被类型转差。1985—2013 年闽江上游流域土地覆被转类指数分布见图 7.5.2-1，结果显示：闽江上游流域小流域土地覆被类型从 1985—2013 年变化的总体趋势以"恢复缓慢"为主，总计 2 188 个小流域中 1 310 个小流域为"恢复缓慢"，占 59.87%，其面积为 15 609.86 km²，占闽江上游流域总面积的 57.77%；其次为"退化轻微"，小流域个数为 624 个，占总数的 28.52%，其面积为 8 959.45 km²，占闽江上游总面积的 33.16%；闽江上游流域从 1985—2013 年既没有"退化较重"也没有"恢复良好"的区域，"退化较重"和"恢复良好"小流域数量均为零，见表 7.5.2-1。

表 7.5.2-1 1985—2013 年闽江上游流域小流域生态系统类型相互转化强度

级别	面积 /km²	比例 /%	小流域个数 / 个	比例 /%
恢复良好	0	—	0	—
恢复明显	2 214.58	8.20	220	10.05
恢复缓慢	15 609.86	57.77	1 310	59.87
退化轻微	8 959.45	33.16	624	28.52
退化明显	235.99	0.87	34	1.55
退化较重	0	—	0	—
合计	27 019.89	100.00	2 188	100.00

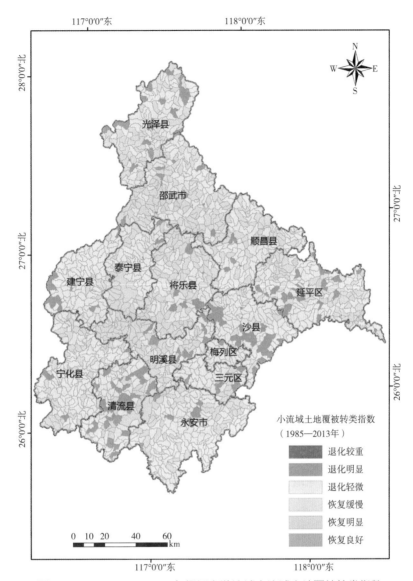

图 7.5.2-1　1985—2013 年闽江上游流域小流域土地覆被转类指数

7.6　小结

（1）草地和稀疏林等自然生态系统面积 30 年来持续减少，减小比例超过 35%；居住地、工业用地、交通用地和采矿场都保持持续增加，大部分增加的比例超过 100%，耕地面积明显减少，减少比例为 4.4%。

（2）生态系统变化强度较大，30 年生态系统综合变化率为 4.0%（一级分类）；生态系统变化仍表现出阶段性特征，近 10 年生态系统类型变化更为剧烈，主要变化类型为草地和其他生态系统转为森林、耕地和森林转为人工表面、森林转为其他生态系统。

（3）区域整体景观破碎化趋势明显；森林、草地、湿地、耕地和其他生态系统破碎化趋势明显，只有人工表面景观格局呈聚集态势。

（4）森林生态系统在区域内所占面积最大，30年间前十五年减少，后十五年增加，森林二级类型间变动较大。草地为其主要转入来源，转出方向多为人工表面。

（5）草地生态系统和湿地生态系统在本区域面积所占的比例较小，其变化对生态系统数量变化影响相对较小，草地转出方向主要为森林和耕地，转入来源也主要为森林和其他生态类型。湿地生态系统的增加主要体现在水库/坑塘面积的增加，湿地生态系统类型间的转化明显，这种转化与人类活动有关。

（6）30年间闽江上游流域耕地面积总体略减少，转入来源主要为森林，转出方向主要是人工表面，耕地景观格局呈现破碎化趋势；人工表面30年间面积持续增加，尤以近10年增加更为明显，且人工表面转入面积远大于转出面积，转入来源主要是森林和耕地，表现出明显的单向转化特征。

（7）人类经济活动是生态系统类型空间格局变化的重要驱动力，30年间有超过45%的生态系统类型变化与耕地生态系统和人工表面生态系统变化有关。

（8）过去30年生态系统变化具有明显区域差异，生态变化主要表现为沿主要河流谷地的线状延伸，主要城镇居民点附近生态系统类型变化较为突出。

（9）1985—2013年闽江上游流域生态系统综合变化率最高的县是三明市，达到6.3%；绝大多数县表现出明显的生态恢复趋势，这种恢复主要发生在后十年，将乐县、三明市、宁化县、永安市和顺昌县表现更为明显；各县主要生态系统变化表现为其他生态系统与林地、草地生态系统与林地的相互转化、人工表面的转入和耕地的转出。

（10）1985—2013年闽江上游流域将乐县森林生态系统增加，沙县减少最多，约1.2%；绝大部分县草地减少，西部建宁县和东部南平市略增；大部分县湿地面积略增，增加最多的是南平市，达19.1%；绝大部分县耕地面积减少，南平市减少最多；全流域各县人工表面迅速增加，增幅最大的为沙县，增加240.3%；其他生态系统多数减少，三明市减少最多，达45.0%。

（11）将乐县和顺昌县景观呈聚集趋势，其余各县景观呈破碎化趋势，其中尤以建宁县、南平县和沙县景观破碎化趋势最为突出。森林景观格局在清流县保持稳定，在其余各县都表现出较为明显的破碎化趋势；草地景观格局在光泽县和顺昌县保持稳定，在其余各县都表现出破碎化趋势；湿地景观格局在南平县和明溪县表现为聚集趋势，在顺昌县保持稳定，在其余各县表现为破碎化趋势；其他类型生态系统景观格局在邵武市、明溪县和将乐县表现为聚集趋势，在光泽县、顺昌县和泰宁县保持稳定，在其余各县表现为破碎化趋势。人工表面景观格局在各县市都表现为明显聚集趋势；耕地景观格局在各县市都表现出较为明显的破碎化趋势。

参考文献

［1］崔鹏，邹强．山洪泥石流风险评估与风险管理理论与方法［J］．地理科学进展，2016,35（2）：137-147.

［2］张平仓，赵健，胡维忠，等．中国山洪灾害防治区划［M］．武汉：长江出版社，2009.

［3］杜俊，丁文峰，任洪玉．四川省不同类型山洪灾害与主要影响因素的关系［J］．长江流域资源与环境，2015,24（11）：1977-1983.

［4］徐新良，刘纪远，邵全琴，等．30年来青海三江源生态系统格局和空间结构动态变化［J］．地理研究，2008,27（4）：829-838.

［5］胡云锋，艳燕，于国茂，等．1975—2009年锡林郭勒盟生态系统宏观格局及其动态变化［J］．地理科学，2012,32（9）：1125-1130.

［6］Zhang X Y, Hu Y F, Zhuang D F, et al.. NDVI spatial pattern andits differentiation on the Mongolian Plateau［J］.Journal of Geographical Sciences, 2009,19（4）：403-415.

［7］Terry L Sohl, Peter R Claggett.Clarity versus complexity：Land-use modeling as a practical tool for decision maker［J］.Journal of Environmental Management, 2013,41（16）：235-243.

［8］周浩，雷国平，赵宇辉，等．基于CA-Markov模型的挠力河流域土地利用动态模拟［J］．生态与农村环境学报，2016,32（2）：252-258.

［9］陆文涛，代超，郭怀成．基于Dyna-CLUE模型的滇池流域土地利用情景设计与模拟［J］．地理研究，2015,34（9）：1619-1629.

［10］王珊，彭培好，刘勤，等．基于GIS的易灾地区小流域植被减洪能力初探——以岷江上游为例［J］．灾害学，2016,31（4）：210-214.

［11］陈美球，赵宝苹，罗志军，等．基于RS与GIS的赣江上游流域生态系统服务价值变化［J］．生态学报，2013,33（9）：2761-2767.

［12］方秀琴，王凯，任立良，等．基于GIS的江西省山洪灾害风险评价与分区［J］．灾害学，2017,32（1）：111-116.

［13］赵彩霞．甘肃白龙江流域生态风险评价［D］．兰州：兰州大学，2013.

［14］岳琦，张林波，刘成程，等．基于GIS的福建闽江上游山洪灾害风险区划［J］．环境工程技术学报，2015,5（4）：293-298.

［15］王钧，宇岩，欧国强，等.岷江上游汶川地震重灾区山洪灾害危险分区研究 ［J］.长江科学院院报，2017,34（1）：54-60.

［16］王婷.黑河流域中上游地区近25年景观格局变化及生态安全动态评价［D］. 兰州：西北师范大学，2015.

［17］刘光旭，戴尔阜，傅辉，等.西南地区泥石流区易灾人口脆弱性评估［J］. 灾害学，2015,30（4）：69-73.

［18］王重玲，朱志玲，白琳波，等.景观格局动态变化对生态服务价值的影 响——以宁夏中部干旱带为例［J］.灾害学，2015,30（4）：69-73.

［19］王伟，曹云，彭昆国，等.基于RS和GIS的江西省生态系统格局和空间结 构动态变化研究［J］.江西科学，2014,32（5）：617-684.

［20］李爱农，周万村，江晓波.岷江上游近30年土地利用/覆被空间格局变化的 图形信息分析［J］.山地学报，2005,23（2）：242-247.

［21］张国防，陈瑞炎，曾建荣，等.闽江流域洪灾与生态环境脆弱性研究［J］. 水土保持通报，2000,20（4）：51-55.

［22］廖彩艳.基于遥感的赣江流域生态环境质量综合评价研究［D］.南昌：江西 理工大学，2015.